专利申请文件撰写指导丛书

发明和实用新型专利申请文件撰写案例剖析

（第3版）

主　编　吴观乐
撰　稿　吴观乐　贺　化　张阿玲
　　　　杨　光　张荣彦　吴忠仁
　　　　茅　红
审　定　吴观乐　贺　化

知识产权出版社
全国百佳图书出版单位

图书在版编目（CIP）数据

发明和实用新型专利申请文件撰写案例剖析/吴观乐主编. —3 版. —北京：知识产权出版社，2011.1（2012.5 重印）（2013.5 重印）（2014.2 重印）（2015.8 重印）（2016.4 重印）（2017.2 重印）（2018.1 重印）（2019.3 重印）（2020.1 重印）（2022.1 重印）

（专利申请文件撰写指导丛书）
ISBN 978-7-5130-0201-1

Ⅰ.①发… Ⅱ.①吴… Ⅲ.①专利申请—文件—写作 Ⅳ.①G306.3

中国版本图书馆 CIP 数据核字（2010）第 209089 号

责任编辑：王　欣　　　　　　责任校对：董志英
文字编辑：胡文彬　　　　　　责任出版：刘译文

专利申请文件撰写指导丛书

发明和实用新型专利申请文件撰写案例剖析（第 3 版）

吴观乐　主编

出版发行：知识产权出版社有限责任公司	网　址：http://www.ipph.cn
社　址：北京市海淀区气象路 50 号院	邮　编：100081
责编电话：010-82000860 转 8116	责编邮箱：wangruipu@cnipr.com
发行电话：010-82000860 转 8101/8102	发行传真：010-82000893/82005070/82000270
印　刷：三河市国英印务有限公司	经　销：各大网上书店、新华书店及相关专业书店
开　本：880mm×1230mm　1/32	印　张：20.5
版　次：2011 年 1 月第 3 版	印　次：2022 年 1 月第 19 次印刷
字　数：506 千字	定　价：65.00 元
ISBN 978-7-5130-0201-1	

出版权专有　侵权必究
如有印装质量问题，本社负责调换。

内 容 提 要

　　本书结合大量实例详细分析了如何撰写发明与实用新型专利申请文件，是了解、学习如何撰写专利申请文件的权威性读物。

　　本书共分三部分。第一部分"发明和实用新型专利申请文件的撰写"主要向读者介绍发明和实用新型专利申请文件中权利要求书和说明书的撰写要求，并结合两个实际案例（其中一个根据2008年全国专利代理人资格考试"专利代理实务"科目试题改编而成）说明如何撰写权利要求书和说明书。第二部分"撰写案例"在第2版的4个案例的基础上又增加了3个案例，拟通过案例的具体撰写练习，使读者进一步掌握如何撰写权利要求书和说明书。第一部分7个案例中的5个，分别根据2000年、2002年、2004年、1994年和1998年全国专利代理人资格考试"专利申请文件撰写"科目机械专业的试题改编而成，其中1994年和1998年的考题，为适应现在考试课程要求的变化作了比较大的改动；另有一个案例根据2007年全国专利代理人资格考试"专利代理实务"科目中专利申请文件撰写的试题改编而成。第三部分"撰写存在问题剖析"共选10个案例，一部分选自实际案例，另一部分案例选用了1994年和1996年全国专利代理人资格考试中"专利申请文件撰写"科目机械专业的试题或备用试题以及国家知识产权局新审查员培训班结业考试中有关专利申请文件撰写的试题。

　　读者对象：全国专利代理人资格考试应试者、专利代理人及专利申请人。

第 3 版前言

发明和实用新型专利申请文件的撰写直接影响专利申请的审批进程：撰写得好，将会加快审查的进展，并使发明创造得到充分保护；撰写得不好，不仅会减慢审批速度，甚至会由于申请文件撰写不当而被驳回专利申请，从而不能取得专利权，不能获得专利保护。

为了满足申请人和专利代理人对学习、实践撰写专利申请文件方面的要求，1997 年 10 月，本书主编吴观乐组织编写、出版了适用于机械和日常生活领域的《发明和实用新型专利申请文件撰写案例剖析》一书，并于 2004 年 5 月根据 2000 年至 2001 年修订的《专利法》《专利法实施细则》和《审查指南》进行修订再版。这本书在出版后受到了读者的欢迎，多次印刷，均在短期内销售一空。2007 年至 2008 年，不少读者和知识产权出版社希望能根据 2006 年的《审查指南》再作一次修订，但考虑到当时《专利法》第三次修订正在进行当中，为使本书的修订稿能全面反映《专利法》第三次修订的内容，本书的修订工作便安排在《专利法》第三次修订完成后进行。鉴于 2008 年 12 月第十一届全国人民代表大会常务委员会第六次会议通过了《关于修改〈中华人民共和国专利法〉的决定》，2010 年 1 月《专利法实施细则》和《专利审查指南》的修订也已完成，现对本书再进行一次修订，作为本书的第 3 版。

本书这一次的修订有两个目的：其一，全面适应《专利法》的第三次修订，进行内容更新；其二，使本书更适宜作为当前全国专利代理人资格考试"专利代理实务"科目中有关专利申请文件撰写的辅导教材。本书这次修订后，仍包括三个部分。第一部分为"发明和实用新型专利申请文件的撰写"，主要向读者介绍发明和实用新型专利申请文件中权利要求书和说明书的撰写要求，并结合案例说明如何撰写权利要求书和说明书。这一部分的修订，主要进行了两方面工作：其一，根据新修订的《专利法》《专利法实施细则》以及《专利审查指南》内容变化对这一部分内容进行修订；其二，为更好地反映历年全国专利代理人资格考试对专利申请文件撰写的考点，新增加了一个案例，该案例素材取自于 2008 年全国专利代理人资格考试"专利代理实务"科目关于答复"审查意见通知书"的试题，并对该试题进行了改编，使得此案例所涉及的内容相对于本书这一部分的第一个具体案例更为丰富、更为全面。第二部分为"撰写案例"，通过对案例的具体撰写练习使感兴趣的读者（申请人或专利代理人）进一步掌握如何撰写权利要求书和说明书。这一部分的修订主要补充了 3 个根据历年全国专利代理人资格考试撰写试题进行改编的案例（案例二、案例三和案例六），其素材分别取自 2002 年和 2004 年全国专利代理人资格考试"专利申请文件撰写"科目机械专业的试题及 2007 年全国专利代理人资格考试"专利代理实务"科目有关申请文件撰写的试题，以便更加适应我国专利代理人资格考试考生的需要。这一部分原有的 4 个撰写案例仍然保留，其中案例一、案例四、案例五分别根据 2000 年、1994 年和 1998 年全国专利代理人资格考试"专利申请文件撰写"科目的试题改编而成，对这 4 个案例的修订主要是适应新修订的《专利法》《专利法实施细则》以及《专利审查指南》内容变化。第三部分为"撰写存在问题剖析"，仍保留本书第二版的 10 个案例，这次修订也是根据新修订的《专利法》《专利法实施细则》以及《专利审查指南》内容变化进行的，有关选择这 10 个案例的考虑参见本书"第 2 版前言"的说明，在此不再重复说明。

为了帮助读者通过阅读本书能取得更好的实践效果，我们对于读者如何阅读本书提出一些参考建议。

专利行业新入门的读者在阅读本书时，首先需要认真阅读本书第一部分的前两章，以了解发明和实用新型专利申请文件中权利要求书和说明书的撰写要求,并通过学习第一部分第三章的内容并结合第一个具体案例初步掌握如何撰写权利要求书和说明书,在积累了一些实践经验后再结合第一部分第三章中的第二个具体案例来提高撰写申请文件的能力和水平。有一定经验的专利工作者或者已经历过专利代理考试实践的考生,可以仅仅阅读第一部分第三章第二个具体案例来进一步提高撰写专利申请文件的水平或者提高应试"专利代理实务"科目中专利申请文件撰写试题的能力。

本书第二部分的 7 个案例均依次给出 3 个方面的内容:"申请案情况介绍""权利要求书和说明书的撰写思路"以及"推荐的专利申请文件"。其中,为帮助读者理解所推荐的专利申请文件是怎样撰写成的,在推荐的专利申请文件之前先论述了权利要求书和说明书的撰写思路。但是,建议读者在阅读这部分案例时采用亲自动手练习的方式,即在阅读了"申请案情况介绍"后,先根据本书第一部分介绍的申请文件撰写要求和撰写方法动手起草一份专利申请文件,即起草权利要求书和说明书及其摘要,然后将所写成的权利要求书和说明书与"推荐的专利申请文件"进行比较,看看两者有何不同,在此基础上再阅读"权利要求书和说明书的撰写思路",从而掌握申请文件的撰写技巧。

本书第三部分的 10 个案例也依次给出 3 个方面的内容:"原专利申请文件""对原专利申请文件的评析"和"修改后的专利申请文件"。为了帮助读者更清晰了解哪些地方应作修改以及为什么需要修改,在修改后的专利申请文件中将对应修改部分用黑体字标出,并在其前的"对原专利申请文件的评析"中指出原专利申请文件存在哪些不符合《专利法》《专利法实施细则》或《专利审查指南》有关规定的地方以及应当如何修改。在每个案例之前还简单列出原专利文件存在的主要缺陷,以便读者在工作中进一步查阅。为了在阅读本书第三部分时取得更好的效果,建议读者在阅读每个案例时,先不要看每个案例前面的简介以及修改后的专利申请文件,而是仅仅阅读"原专利申请文件",然后根据本书第一部分介绍的内容分析此专利申请文件,找出其存在的缺陷,并尝试改写一份申请文件,最后将自己改写的专利申请文件与每个案例中的"修改后申请文件"进行比较,并结合"对原专利申请文件的评析"确定哪些内容已经掌握,哪些内容尚未掌握,对于尚未掌握的部分则可在撰写专利申请文件时加以注意。

总之,边阅读、边思考、边练习、边对比分析的方法能有助于读者更好地掌握专利申请文件的撰写技巧。

最后说明一点,由于本书编写人员水平有限,尤其是这次修订时间比较仓促,每个案例尤其是新增加的案例所给出的推荐文本或修改文本难免有考虑不周之处,希望读者在阅读后能提出更好的建议文本,并与编写人员取得联系,相互切磋,共同提高。此外,在实际专利申请案的审批过程中,申请人或专利代理人要尊重负责审查该专利申请案的审查员的意见,应当以《专利法》《专利法实施细则》和《专利审查指南》作为答复"审查意见通知书"的依据,而不要以本书中建议的修改文本作为依据。

本书第一部分"发明和实用新型专利申请文件的撰写"由吴观乐编写,本次修订也由吴观乐完成。第二部分的案例一、案例四和案例五分别由杜军、韩晓刚、肖光庭提供,吴观乐编写,案例七由吴观乐编写,对上述4个案例的修订由吴观乐完成,新增加的案例二和案例三由张阿玲编写,案例六由吴观乐编写。第三部分的案例一由吴忠仁编写,案例二由楼民发提供、贺化编写,案例三由茅红编写,案例四、五、九、十由吴观乐编写,案例六由贺化编写,案例七由杨光编写,案例八由张荣彦编写,第三部分的所有案例在本书第一版时分别由吴观乐、贺化统编和修改,本次修订由吴观乐完成。在本书第一版时,吴观乐负责全书的组织及统稿工作,并和贺化一起对全书进行了审核,本次修订的组织和统稿工作由吴观乐负责。

2010年6月

第 2 版前言

发明和实用新型专利申请的撰写直接影响该专利申请的审批进程。如果申请文件撰写得好，就将会加快审查的进展，并使发明创造得到充分的保护；相反，如果申请文件撰写得不好，不仅会减慢审批速度，甚至会由于申请文件撰写不当而被驳回专利申请，从而不能取得专利保护。

为帮助申请人和专利代理人撰写出合格的专利申请文件，我们曾于 1990 年 5 月组织编写了《专利申请文件撰写案例剖析》一书；1997 年 10 月考虑到《专利法》的修改以及不同专业读者的需要，我们另行组织编写了适用于机械和日常生活领域的《发明和实用新型专利申请文件撰写案例剖析》一书。这两本书受到了读者的欢迎，多次印刷，均在短期内销售一空。鉴于 2000 年至 2001 年《专利法》《专利法实施细则》和《审查指南》均已作了修订，这两本书的内容也因适应形势需要作出相应修改。所以，我们应知识产权出版社的要求，对《发明和实用新型专利申请文件撰写案例剖析》一书进行修订再版，该书案例都集中在机械和生活领域。

本书共分 3 个部分。第一部分"发明和实用新型专利申请文件的撰写"主要向读者介绍发明和实用新型专利申请文件中权利要求书和说明书的撰写要求，并结合一个实际案例说明如何撰写权利要求书和说明书。第二部分"撰写案例"是这次修订再版新增加的内容，拟通过案例的具体撰写练习使感兴趣的读者（申请人或专利代理人）进一步掌握如何撰写权利要求书和说明书，增加这一部分内容的另一个考虑是为了适应全国专利代理人资格考试有关撰写这一科目要求的变化。鉴于时间关系，这次仅选编了

4个案例,前3个案例分别根据2000年、1994年和1998年全国专利代理人资格考试中机械领域专利申请文件撰写的考题改编的,其中1994年和1998年的考题为适应考试科目要求的变化作了比较大的改动,第四个案例是应部分专利代理人的要求,从实际申请案中选用了一个既涉及产品又涉及方法的案例,由于所选用的案例既要在技术上比较简单又要能反映撰写要求,而选用时间比较仓促,因此该案例并不十分理想,在这里仅作为了解这类专利申请文件撰写思路的参考。第三部分"撰写存在问题剖析"从原有的12个案例减少到10个案例,这部分案例有些选自实际案例,但为了通过较少的案例反映出常见的撰写缺陷,故对这些案例进行了改写,将经常会出现的撰写缺陷集中到这些案例中,使反映的问题更突出、更典型;另一部分案例选用了1996年全国专利代理人资格考试中机械领域专利申请文件撰写的考题以及1994年和1996年的备用考题以及国家知识产权局新审查员培训班结业考试中有关专利申请文件撰写的考题。

在第二部分的4个案例中,每个案例依次给出3个方面的内容:"申请案情况介绍""权利要求书和说明书的撰写思路"以及"推荐的专利申请文件"。其中,为帮助读者理解所推荐的专利申请文件是怎样撰写成的,在推荐的专利申请文件之前先论述了权利要求书和说明书的撰写思路。但是,**建议读者在阅读这部分案例时采用亲自动手练习的方式**,即在阅读了"申请案情况介绍"后,先根据本书第一部分介绍的申请文件撰写要求和撰写方法动手起草一份专利申请文件,即起草权利要求书和说明书及其摘要,然后将所写成的权利要求书和说明书与"推荐的专利申请文件"进行比较,看看两者有何不同,在此基础上再阅读"权利要求书和说明书的撰写思路",从而掌握申请文件的撰写技巧。

在第三部分的10个案例中,每个案例也依次给出3个方面的内容:"原专利申请文件""对原专利申请文件的评析"和"修改后的专利申请文件"。为了帮助读者更清晰了解哪些地方应作修改以及为什么需要作修改,在修改后的专利申请文件中将对应修改部分用黑体字标出,并在其前的"对原专利申请文件的评析"中指出原专利申请文件存在哪些不符合《专利法》《专利法实施细则》或《审查指南》有关规定的地方以及应当如何修改。在每个案例之前还简单列出原专利申请文件存在的主要缺陷,以便读者在工作中进一步查阅。为了在阅读本书第三部分时取得更好的效果,建议读者在阅读每个案例时,先不要看每个案例前面的简介以及修改后的专利申请文件,而是仅仅阅读"原专利申请文件",然后根据本书第一部分中介绍的内容分析此专利申请文件,找出其存在的缺陷,并尝试改写一份申请文件,最后将自己改写的专利申请文件与每个案例中的"修改后的申请文件"进行比较,并结合"对原专利申请文件的评析"确定哪些内容已经掌握,哪些内容尚未掌握,对于尚未掌握的部分则可在撰写专利申请文件时加以注意。

总之,边阅读、边思考、边练习、边对比分析的方法能有助于读者更好地掌握专利申请文件的撰写技巧。

最后说明一点,由于本书编写人员水平有限,每个案例中最后给出的推荐文本或修改文本难免有考虑不周之处,希望读者在阅读后能提出更好的建议文本,并与编写人员取得联系,相互探讨,共同提高。此外,在实际专利申请案的审批过程中,申请人或专利代理人要尊重负责审查该专利申请案的审查员的意见,应当以《专利法》《专利法实施细则》和《审查指南》作为答复"审查意见通知书"的依据,而不要以本书中建议的修改文本作为依据。

本书第一部分"发明和实用新型专利申请文件的撰写"由吴观乐编写。第二部分的案例一、案例二和案例三分别由杜军、韩晓刚、肖光庭提供,吴观乐编写,案例四由吴观乐编写。第三部分的案例一由吴忠仁编写,案例二由楼民发提供、贺化编写,案例三由茅红编写,案例四、五、九、十由吴观乐编写,案例六由贺化编写，案例七由杨光编写，案例八由张荣彦编写，第三部分的所有案例分别由吴观乐、贺化统编、修改。吴观乐负责全书的组织及统稿工作，并和贺化一起对全书进行了审核。

2004 年 3 月

第1版前言

　　发明和实用新型专利申请文件的撰写直接影响该专利申请的审批进程。申请文件撰写得好，将会加快审查的进展，并使发明创造得到充分的保护；相反，申请文件撰写得不好，不仅会减慢审批速度，甚至会由于申请文件撰写不当而被驳回专利申请，从而不能取得专利保护。

　　为帮助申请人和代理人撰写出合格的专利申请文件，我们曾于1990年5月编写出版了《专利申请文件撰写案例剖析》一书，受到了读者的欢迎，多次印刷，均在短期内销售一空。鉴于该书出版在1992年《专利法》修订之前，有些内容已不适用于新修订的《专利法》《专利法实施细则》和《审查指南》，因而应专利文献出版社的要求，重新编写有关发明和实用新型专利申请文件撰写案例的书籍。考虑到不同专业读者的需要和编写组织工作的方便，我们采用了分专业编写的方式，本书为其中的一本，选用的是机械领域和日常生活用品的案例。

　　本书共分两个部分。第一部分"发明和实用新型专利申请文件的撰写"主要向读者介绍发明和实用新型专利申请文件中说明书和权利要求书的撰写要求，并结合一个实际案例说明如何撰写权利要求书和说明书。第二部分"撰写案例剖析"共选编了12个案例。这些案例大部分选自实际案例，为了通过较少的案例反映出常见的撰写缺陷，故对这些案例进行了改写，将经常会出现的撰写缺陷集中到这些案例中，使反映的问题更突出、更典型。另外一部分案例选用的是1994年和1996年全国专利代理人资格统一考试中机械领域专利申请文件撰写的考题和备用考题，以及专利局近两年来新审查员培训班结业考试中有关专利申请文件撰写的考题。

在第二部分的 12 个案例中，每个案例依次给出三方面的内容："原专利申请文件""对原专利申请文件的评析"和"修改后的专利申请文件"。为了帮助读者更清晰了解哪些地方应作修改以及为什么需要作修改，在修改后的专利申请文件中将对应修改部分用黑体字标出，并在其前的"对原专利申请文件的评析"中指出原专利申请文件存在哪些不符合《专利法实施细则》或《审查指南》有关规定的地方以及应如何修改。在每个案例之前还简单列出原专利申请文件存在的主要缺陷，以便读者在工作中进一步查阅。为了在阅读本书第二部分时取得更好的效果，建议读者在阅读每个案例时，先不要看每个案例前面的简介以及修改后的专利申请文件，而是仅仅阅读"原专利申请文件"；然后根据本书第一部分的内容分析此专利申请文件，找出其存在的缺陷，并尝试起草一份申请文件；最后将自己改写的专利申请文件与每个案例中的"修改后的专利申请文件"进行比较，并结合"对原专利申请文件的评析"确定哪些内容已经掌握，哪些尚未掌握，对后者则可提醒自己在撰写专利申请文件时加以注意。采用这种边阅读、边思考、边分析、边对比的方法能有助于读者更好地掌握专利申请文件的撰写技巧。

最后说明一点，由于各案例编写人员水平有限，加上我国实施《专利法》不久，对《专利法实施细则》和《审查指南》的理解存在差异，有些规定、要求尚需逐渐统一，故每个案例中给出的修改文本难免有考虑不周之处，希望读者在阅读后能提出更好的建议文本，并与编写人员取得联系，相互探讨，共同提高。此外，在实际专利申请案审批过程中，申请人或代理人要尊重负责审查该专利申请案的审查员的意见，应以《专利法》《专利法实施细则》和《审查指南》作为答复"审查意见通知书"的依据，而不要以本书中建议的修改文本作为依据。

本书第一部分"发明和实用新型专利申请文件的撰写"由吴观乐同志编写。第二部分的案例一由吴忠仁同志编写，案例二由韩晓刚同志提供、吴观乐同志编写,案例三由楼民发同志提供、贺化同志编写,案例四由茅红同志编写,案例五、六、十、十一由吴观乐同志编写,案例七由贺化同志编写,案例八由杨光同志编写,案例九由张荣彦同志编写,案例十二由卜方同志编写,所有这些案例分别由吴观乐、贺化同志统编、修改。

1997 年 10 月

目　　录

第一部分　发明和实用新型专利申请文件的撰写……………（1）
　第一章　发明和实用新型专利申请文件简介…………………（3）
　第二章　权利要求书和说明书的撰写要求……………………（6）
　第三章　权利要求书和说明书的撰写 ………………………（35）
第二部分　撰写案例……………………………………………（127）
　案例一　易拉罐顶盖上的开启装置……………………………（129）
　案例二　轴密封装置……………………………………………（152）
　案例三　摩擦轮打火机…………………………………………（195）
　案例四　浇包底部的浇铸阀门…………………………………（236）
　案例五　内燃机汽缸活塞上的密封气环………………………（257）
　案例六　封装有可产生或吸收气体的物质的包装体…………（281）
　案例七　透平……………………………………………………（326）
第三部分　撰写存在问题剖析…………………………………（353）
　案例一　磁化防垢除垢器………………………………………（355）
　案例二　防爆板的夹紧措施……………………………………（388）
　案例三　面片层叠设备…………………………………………（415）
　案例四　柱挂式广告板…………………………………………（444）
　案例五　用于沸腾液体的传热壁………………………………（471）
　案例六　水龙头…………………………………………………（504）
　案例七　用于车辆的车身装置…………………………………（532）
　案例八　密封装置………………………………………………（558）
　案例九　带吸墨水腔室的墨水瓶………………………………（587）
　案例十　直流煤粉燃烧器………………………………………（613）

第一部分

发明和实用新型专利申请文件的撰写

第一章　发明和实用新型
专利申请文件简介

一、发明和实用新型的专利申请文件

一项发明创造，必须由有权申请的人以书面形式或国家知识产权局规定的其他形式向国家知识产权局专利局（以下简称"专利局"）提出申请，才有可能取得专利权，这些以书面方式或国家知识产权局规定的其他方式提交的材料称作"专利申请文件"。

专利申请文件是一种法律文件，其作用主要有5个方面：

①启动专利局对专利申请的审批程序。

②向全社会公开发明创造的内容，使所属领域的普通技术人员能够实施。

③阐明申请人对该发明创造所要求的保护范围。

④专利局对专利申请文件的内容进行审查，申请时提交的专利申请文件是审查的原始依据。

⑤专利批准后的授权文本是判断侵权的依据。

根据《专利法》第二十六条第一款的规定，发明和实用新型的专利申请文件包括请求书、说明书及其摘要和权利要求书等文件。

请求书是申请人向专利局表示请求授予专利权愿望的一个文件，由其启动专利申请和审批程序。请求书应当写明发明或实用新型的名称，申请人的名称或姓名、地址，发明人的姓名以及其他事项。专利局统一印制了"发明专利请求书"和"实用新型专利请求书"的表格，申请人或专利代理人只要按照要求填写即可。

说明书的主要作用是作为一项技术文件向全社会充分公开发明

或实用新型的技术内容，并使该领域普通技术人员能够实施，从而对社会的科学技术发展作出贡献。作为这种社会贡献的回报，申请人可取得对该项发明或实用新型的专利权。此外，根据《专利法》第二十六条第四款和第五十九条第一款的规定，说明书是权利要求书的依据，必要时可用来解释权利要求的内容。因此，一项专利申请取得专利权后，如果在专利侵权诉讼中出现权利要求的文字表达不清楚所造成的保护范围不确定时，可以用说明书来解释权利要求的保护范围。

权利要求书的主要作用是用来表述专利权的保护范围，申请时提交的权利要求书反映了申请人当时对该发明或实用新型所要求的保护范围。而授权时批准的权利要求书表述了所取得的发明或实用新型专利权的保护范围，成为专利纠纷调解和诉讼时判断侵权的法律性文件。

请求书、说明书和权利要求书是每件发明或实用新型专利申请在提出申请时必须提交的文件，而其他文件并不是每件申请必须具备的，仅当该申请涉及某一方面特殊问题时才需要提交与此相关的文件。其他文件包括：专利代理委托书（委托专利代理机构办理专利申请手续的）、在先申请文件副本（要求本国优先权或外国优先权的）、不丧失新颖性公开的证明材料（要求享受不丧失新颖性公开宽限的）、生物材料保藏证明和存活证明（涉及生物材料的发明专利申请）、核苷酸或氨基酸序列表的计算机可读形式的副本（涉及核苷酸或氨基酸序列的发明专利申请）、费用减缓请求书（要求费用减缓的）等。

二、发明和实用新型的保护主题

根据《专利法》第二条第二款的规定，发明是指对产品、方法或者其改进所提出的新的技术方案。也就是说，发明专利的保护主题可以是产品，也可以是方法。

但是，并不是所有的产品和方法均给予专利权保护，按照《专利法》第二十五条的规定，共有6种专利申请的主题不授予专利权，除了最后一种"对平面印刷品的图案、色彩或者二者的结合作出的主要起标识作用的设计"是针对外观设计专利规定的不授予专利权的主题外，前5种是针对发明和实用新型规定的不授予专利权的主题：

①科学发现；

②智力活动的规则和方法；

③疾病的诊断和治疗方法；

④动物和植物品种；

⑤原子核变换方法获得的物质（包括原子核变换方法）。

此外，《专利法》第五条还规定：对违反法律、社会公德或者妨害公共利益的发明创造，不授予专利权；对违反法律、行政法规的规定获取或者利用遗传资源，并依赖该遗传资源完成的发明创造，不授予专利权。

根据《专利法》第二条第三款的规定，实用新型是指对产品的形状、构造或者其结合所提出的适于实用的新的技术方案。

同样，《专利法》第五条、第二十五条的规定也适用于实用新型专利。

由上述规定可知，实用新型专利申请可授予专利权利主题与发明专利申请有两个本质的区别，其一是实用新型专利只保护产品，不保护方法；其二是实用新型专利只保护有形状、结构的产品。例如，在结构上作了改进的圆珠笔既可以申请发明专利，也可以申请实用新型专利，而景泰蓝制品的制造工艺只能申请发明专利，不能申请实用新型专利，油墨、化合物等无形状结构的产品也只能申请发明专利。

鉴于此，本书以下部分的部分内容仅与发明专利申请文件有关，而与实用新型专利申请文件无关，如方法权利要求。因而，这些有关内容仅适用于发明专利申请，不适用于实用新型专利申请。为此提醒读者注意加以区分。

第二章 权利要求书和说明书的撰写要求

在发明和实用新型的专利申请文件中,权利要求书和说明书是最重要的两个部分,它们的撰写是一项法律性、技术性很强的工作。其撰写好坏将直接影响发明或实用新型专利申请能否获得专利权以及所获得专利权的保护范围的大小,也会影响该专利申请在专利局的审批进度。为早日取得专利权,发明或实用新型的权利要求书和说明书的撰写必须符合《专利法》《专利法实施细则》的规定。为帮助申请人和专利代理人了解这方面的有关规定,本节对权利要求书和说明书的撰写要求作一简单介绍。

一、权利要求书及其撰写要求

《专利法》第五十九条第一款规定:"发明或者实用新型专利权的保护范围以其权利要求的内容为准,说明书及附图可以用于解释权利要求的内容。"由此可知,权利要求书是用于确定发明或实用新型专利权保护范围的法律文件。一份专利申请的主题是否属于能够授予专利权的范围,所要求保护的发明创造是否具备新颖性、创造性和实用性,专利申请是否符合单一性的规定,他人的实施行为是否侵犯了专利权,都取决于权利要求书的内容或者与权利要求的内容有直接的关联,因此,权利要求书是发明和实用新型专利申请文件中最重要的文件。

（一）权利要求书简介

权利要求书由权利要求组成，一份权利要求书至少有一项权利要求。

权利要求书应当记载发明或实用新型的技术特征，技术特征可以是构成发明或实用新型技术方案的组成要素，也可以是要素之间的相互关系。由此可知，权利要求用技术特征的总和来表示发明或实用新型的技术方案，限定发明和实用新型要求专利保护的范围。

1. 权利要求的类型

按照权利要求所保护技术方案的性质划分，有两种基本类型：产品权利要求和方法权利要求。

产品权利要求，在国际上又称作"物的权利要求"。其给予保护的客体不仅包括常规概念之下的产品，还包括物质、物品、材料、装置、设备、系统等人类技术生产的任何具体的实体。也就是说，它可以是工具、装置、设备、仪器、部件、元件、线路、合金、涂料、水泥、玻璃、组合物、化合物等。

方法权利要求，国际上又称作"活动的权利要求"。它所保护的客体包括有时间过程要素的活动。它可以是制造方法、使用方法、通讯方法、处理方法、安装方法以及将产品用于特定用途的方法。虽然在执行这些方法步骤时也会涉及物，例如材料、设备、工具等，但是其核心不在于对物本身的创新或改进，而是通过方法步骤的组合和执行顺序来实现方法发明所要解决的技术问题。

需要说明的是，按照《专利法》第二条第二款的规定，发明是指对产品、方法或者其改进所提出的新的技术方案。因而发明专利给予保护的客体可以是产品，也可以是方法，也就是说发明专利申请的权利要求书中既可以有产品权利要求，也可以有方法权利要求。而按照《专利法》第二条第三款的规定，实用新型是指对产品的形状、构造或者其结合所提出的适于实用的新的技术方案。由此可知,实用新型专利只保护产品,不保护方法,而且必须是有形状、结构的产品,因而实用新型专利给予保护的客体仅仅是有形状结构的产品,也就是说实用新型专利申请的权利要求书中只允许有产品权利要求,不允许有方法权利要求。

2. 独立权利要求和从属权利要求

《专利法实施细则》第二十条第一款规定:"权利要求书应当有独立权利要求,也可以有从属权利要求。"

在一份权利要求书中,从整体上反映发明或者实用新型的技术方案、记载解决其技术问题的必要技术特征的权利要求为独立权利要求。其中,必要技术特征是指发明或者实用新型为解决其技术问题所不可缺少的技术特征,其总和足以构成发明或者实用新型的保护客体,使之区别于其他技术方案。

当一份权利要求书具有多项权利要求时,如果其中一项权利要求包含了另一项同类型权利要求中的所有技术特征,且对另一项权利要求的技术方案作进一步限定,则该权利要求为另一项权利要求的从属权利要求。从属权利要求用附加技术特征对被引用的权利要求作进一步限定。其中的附加技术特征是指,发明和实用新型为解决其技术问题所不可缺少的技术特征之外再附加的技术特征。它可以是对引用权利要求中的技术特征作进一步限定的技术特征,也可以是增加的技术特征。

从属权利要求只能引用在前的权利要求。被从属权利要求进一步限定的权利要求可以是独立权利要求,也可以是从属权利要求。也就是说,从属权利要求可以引用独立权利要求,也可以引用从属权利要求。

此外,从属权利要求可以仅引用在前的一项权利要求,也可以引用在前的两项或两项以上的权利要求,后者称作"多项从属权利要求"。

在一件申请的权利要求书中，独立权利要求所限定的技术方案的保护范围最宽。由于从属权利要求包含了其引用的权利要求的全部技术特征，所以它的保护范围落在其所引用的权利要求保护范围之内。

《专利法》第三十一条第一款规定，一件发明或者实用新型专利申请应当限于一项发明或者实用新型。而对于一项发明或者实用新型来说，应当只有一项独立权利要求，但还可以包括多项直接或间接对该独立权利要求作限定的从属权利要求。

《专利法》第三十一条第一款还规定，属于一个总的发明构思的两项以上的发明或者实用新型，可以作为一件申请提出。在这种情况下，权利要求书中可以有两项或两项以上独立权利要求。写在前面的独立权利要求称作"第一独立权利要求"，其他独立权利要求称作"并列独立权利要求"。

（二）权利要求书的撰写要求

《专利法》第二十六条第四款、《专利法实施细则》第十九条和第二十条对权利要求书的撰写要求作了明确的规定，《专利审查指南》又对此作了更进一步的规定，现分为实质性要求和形式要求两部分来加以说明。

1. 实质性要求

按照《专利法》第二十六条第四款的规定，权利要求书撰写的实质性要求为：权利要求书以说明书为依据，清楚、简要地限定要求专利保护的范围。

（1）以说明书为依据

《专利法》第二十六条第四款前半句规定，权利要求书应当以说明书为依据，即每项权利要求应当得到说明书的支持。需要强调的是，每项权利要求的技术方案在说明书中存在一致性的表述，并不意味着权利要求必然得到说明书的支持。更确切地说，不能将此理解为说明书中有一段与权利要求相应的文字就认为该权利要求就得到说明书的支持，而是指本领域技术人员能够从说明书充分公开的内容中得到或概括得出每一项权利要求所要求保护的技术方案，即权利要求的保护范围未超出说明书公开的范围。

"权利要求书以说明书为依据"通常包括两层含义：其一是权利要求的概括与说明书中公开的内容相适应；其二是独立权利要求的技术方案和从属权利要求的优选方案应当在说明书中有记载。

权利要求通常由说明书中公开的一个或者多个实施方式或实施例概括而成。权利要求的概括应当适当，使其保护范围正好适应说明书所公开的内容。

①概括范围的宽窄取决于其与现有技术相关的程度。一项开创性技术领域的开拓性发明，比起已知技术领域中的改进性发明，允许有较宽的概括范围。一项概括恰当的权利要求应当与说明书公开的内容相当，既要得到说明书的支持，又不使专利申请人应获得的权益受到损害。

②本领域技术人员能够从说明书中记载的实施例或实施方式联想到此权利要求所概括的技术方案。如果说明书实施例中的技术特征是下位概念，而发明或实用新型的技术方案是利用此下位概念的个性，则不允许在权利要求中将此技术特征概括成此下位概念的上位概念。反之，若发明和实用新型的技术方案是利用了此上位概念技术特征的所有下位概念的共性，则允许在权利要求中将此技术特征概括成上位概念。通常说明书中的实施例或具体实施方式越多，可以允许权利要求的概括程度越大。然而也可以只有一种具体实施方式，但是由这一实施方式概括成权利要求的技术特征对本领域技术人员来说必须是显而易见的。此外，权利要求的概括不得包含一些推测的、其效果又难以预先确定和评价的内容，否则认为这种概括超出了专利申请说明书中所公开的内容。也就是说，当权利要求的概括使本领域技术人员有理由怀疑该上位概括或并列概括所包含

的一种或多种下位概念或选择方式不能解决发明或实用新型所要解决的技术问题,并达到相同的技术效果,则应当认为该权利要求没有得到说明书的支持。

③权利要求中可以采用功能性限定技术特征的方式,其条件是功能性限定更清楚地限定了发明或者实用新型。通常能用形状、结构特征清楚限定技术特征时就不要采用功能限定,只有当说明书中有多个实施方式,用形状、结构特征无法将其限定而采用功能限定方式可清楚限定时,才对此技术特征采用功能限定。当然,如果说明书中仅给出一个具体实施方式,而对其中的某一技术特征本领域的技术人员立即能想到现有技术中还存在其他具有相同功能的类似结构,则也允许对此技术特征采用功能限定。但是,不允许出现纯功能性限定的权利要求,尤其不允许将该权利要求相对于最接近的现有技术的改进表述成与发明或实用新型所要解决技术问题等同的功能性特征。

权利要求的技术方案应当在说明书中有记载,不是指说明书中有一段与其相应的文字,而是指说明书中至少记载了一个与该技术方案相应的具体实施方式或实施例,即至少有一个包含了该技术方案全部技术特征的具体实施方式或实施例。

(2) 清楚地限定要求专利保护的范围

权利要求是否清楚,对于确定发明或者实用新型所要求的保护范围是极其重要的,因此《专利法》第二十六条第四款后半句规定,权利要求书应当清楚地限定要求专利保护的范围。这主要包括两个方面的含义:每一项权利要求清楚;构成权利要求书的所有权利要求作为一个整体也应当清楚。

对于每一项权利要求清楚而言,既要求类型清楚,又要求文字含义清楚地限定保护范围。

①权利要求的类型清楚。产品发明应写成产品权利要求,通常应当用产品的形状、结构、组成等结构型技术特征来描述;而方法发明应写成方法权利要求,通常应当用工艺过程、操作条件、步骤

或流程等方法技术特征来描述。

②权利要求所限定的保护范围清楚，即权利要求中的文字应该清楚、正确地描述发明或者实用新型。为此，权利要求中的用词应当严谨，不应当造成对发明或者实用新型技术方案的误解；对于自然科学名词，国家有统一规定的，应当采用规定的技术术语，不得使用行话、土话或者自行编造的词语，国家没有统一规定的，可以采用本技术领域约定俗成的术语。必要时对于最新出现的技术概念，甚至可以采用自定义词，但不应当采用所属技术领域中具有基本含义的词汇来表示其本意之外的其他含义，以免造成误解或语义混乱，但此时应当在说明书中对该自定义词给出明确的定义。尽可能采用从正面描述发明或实用新型的技术特征，不得采用会导致保护范围不清楚的否定词语来限定技术特征。不要采用多义词或者本技术领域中含义模糊不清的词句。

至于构成权利要求书的所有权利要求作为一个整体也应当清楚，是指权利要求之间的引用关系应当清楚，具体要求将在后面"从属权利要求的撰写规定"部分作进一步说明。

(3) 简要地限定要求专利保护的范围

按照《专利法》第二十六条第四款后半句的规定，权利要求还应当简要地限定要求专利保护的范围。不仅每一项权利要求应当简要，而且所有权利要求作为一个整体也应当简要。

①权利要求的表述应当简要，除记载技术特征外，不得对原因或理由作不必要的描述，也不得采用商业性宣传用语。

②权利要求的数目应当合理。权利要求书中，允许有合理数量的限定发明或者实用新型的优选技术方案的从属权利要求，但那些仅用不同的文字表达而含义完全相同的权利要求应当删除。

2. 形式要求

权利要求书除了需要满足上述实质性要求之外，尚需满足下述形式要求。

①权利要求书中包括几项权利要求的,应当用阿拉伯数字顺序编号。

②若有几项独立权利要求,各自的从属权利要求应尽量紧靠其所引用的权利要求。

③每一项权利要求只允许在其结尾使用句号,以强调其含义是不可分割的整体。

④权利要求书中使用的科技术语应当与说明书中使用的一致。

⑤权利要求书中可以有化学式、化学反应式或者数学式,但不得有插图。

⑥除非绝对必要时,权利要求书中不得使用"如说明书……部分所述"或者"如图……所示"等类似用语。

⑦权利要求书中通常不允许使用表格,除非使用表格能够更清楚地说明发明或实用新型要求保护的客体。

⑧权利要求书中的技术特征可以引用说明书附图中相应的附图标记,但必须带括号,且附图标记不得解释为对权利要求保护范围的限制。

⑨除附图标记或者其他必要情形必须使用括号外,权利要求书中应当尽量避免使用括号。

⑩权利要求书中采用并列选择时,其含义应当是清楚的。

⑪一般情形下,权利要求中不得出现人名、地名、商品名或者商标名称。

(三)独立权利要求的撰写要求

1. 独立权利要求的撰写格式

《专利法实施细则》第二十一条第一款和第二款对独立权利要求的撰写格式作了明确规定。

(1)通常采用两部分格式

按照《专利法实施细则》第二十一条第一款的规定,发明或者实用新型的独立权利要求应当包括前序部分和特征部分。

前序部分写明要求保护的发明或者实用新型技术方案的主题名称以及发明或者实用新型主题与最接近的现有技术共有的必要技术特征，必要时应当反映发明或者实用新型的应用领域。特征部分写明发明或者实用新型区别于最接近的现有技术的技术特征，即本发明或实用新型具有的而未包含在最接近的现有技术中的区别技术特征，这些特征和前序部分写明的特征一起构成发明或实用新型要求保护的技术方案，并限定了其保护范围，这一部分通常以"其特征是……"或者类似的用语开始。这样撰写的独立权利要求既清楚地说明了本发明或实用新型与最接近的现有技术的关系，又强调了其自身相对于最接近的现有技术作出改进的实质内容。

将独立权利要求划分为两部分来撰写并不影响其保护范围，但与不划分两部分的独立权利要求相比，有下述几个方面的优点：

①有助于审查员理解发明创造的实质内容以及它与最接近的现有技术的关系，在判断其是否具备新颖性和创造性时可作出比较正确的评价，从而加快实质审查程序。

②便于公众理解发明创造的实质内容以及它与最接近的现有技术的关系，对其感兴趣的公众可以果断地决定是否采用此项专利技术，并可在签订专利许可证贸易合同时更合理地确定使用费。

③采用两部分方式撰写在一定程度上可使独立权利要求更为简要，对于那些记载在前序部分，属于最接近的现有技术的内容不必进行过于具体的说明。

正由于有上述几个方面的优点，要求按两部分来撰写独立权利要求是合理的、必要的。对于改进型的专利申请案，通常要求将独立权利要求分成前序部分和特征部分来撰写，即要求其相对于最接近的现有技术划清前序和特征两个部分的界限。

（2）几种不适于采用两部分格式写法的情况

按照《专利法实施细则》第二十一条第二款的规定，发明或者实用新型的性质使独立权利要求不适于采用划分前序部分和特征部分的方式来表达的，可采用其他方式撰写。

不适于采用划分前序部分和特征部分的方式撰写的情况有：

①开拓性发明、化学物质发明以及一部分用途发明。

②由几个状态等同的已知技术整体组合而成的发明，其发明实质在组合本身。

③已知方法的改进发明，其改进之处仅在于省去某种物质或材料，或者用一种物质或材料代替另一种物质或材料，或者省去某个步骤。

④已知产品的改进发明，其改进之处在于系统中部件的更换或者其相互关系上的变化。

（3）并列独立权利要求的撰写格式

并列独立权利要求的撰写分为同类型并列独立权利要求和不同类型并列独立权利要求两种情况。

①对于同类型的产品或方法并列独立权利要求，通常其与第一独立权利要求的撰写格式相同，包括前序部分和特征部分。

②不同类型并列独立权利要求为体现其与第一独立权利要求具有一个总的发明构思，可以采用两种格式：一种是回引在前的独立权利要求；另一种是不回引在前的独立权利要求，而对在前独立权利要求的技术方案中的技术特征作重复描述。从简要角度看，通常采用前一种格式。不同类型并列独立权利要求通常也应当包括前序部分和特征部分。

为帮助理解，此处给出一个具有一个总的发明构思的发明案例，它涉及产品、该产品制造方法和制造方法中的专用设备3项独立权利要求，从而说明不同类型并列独立权利要求的撰写格式。为节省篇幅，仅给出与并列独立权利要求撰写格式有关部分的内容。

"1. 一种沸腾液体传热壁，……其特征在于……

2. 一种制造权利要求1所述沸腾液体传热壁的方法……其特征

在于……

3. 一种实现权利要求 2 所述制造沸腾液体传热壁方法中的专用铲刮刀具……其特征在于……"

2. 独立权利要求的实质性要求

独立权利要求除了要按照上述格式来撰写外，更重要的是必须满足下述实质性的要求。

（1）独立权利要求应当清楚、正确地描述发明或实用新型，限定其要求专利保护的范围

①独立权利要求请求保护的主题类型清楚，即产品发明通常应当用产品的结构特征加以限定；方法发明通常应当用工艺过程、操作条件、步骤或者流程等方法技术特征加以限定。

②限定该独立权利要求保护范围的技术特征的用词应当清楚，即应当采用国家统一规定的技术术语，不得使用行话、土话或自行编造的词语，不得使用含义不确定的词语，不得使用导致保护范围不清楚的词语。

③前序部分所写明的技术特征也必须是本发明或实用新型的技术特征，即这部分应当写明本发明或实用新型与最接近的现有技术共有的技术特征，切不可写入那些只属于最接近的现有技术、而不属于本申请的技术特征。

④对于那些已写入前序部分的、与最接近的现有技术所共有的技术特征，切不可在特征部分重复描述，只可在特征部分对其作进一步限定。

⑤特征部分进一步写明的技术特征应当尽可能从前序部分的共有技术特征出发加以说明，至少要给出这些技术特征与前序部分中的某个共有技术特征之间的关系。

⑥产品独立权利要求除了列出产品的部件或结构外，还应写明各部件或各结构之间的位置关系或相互作用关系。

（2）独立权利要求应反映出与现有技术的区别，使其限定的发明或实用新型的技术方案相对于所获知的现有技术具备新颖性和创造性

《专利法》第二十二条对发明和实用新型取得专利权必须具备的新颖性、创造性和实用性作了具体规定。作为从整体上反映发明或实用新型技术方案、限定专利权保护范围的独立权利要求，理所当然也应满足此要求。为此，在撰写独立权利要求时，首先将发明与最接近的现有技术共有的必要技术特征写入前序部分；其次，一定要将反映发明突出的实质性特点和显著的进步或者反映实用新型实质性特点和进步的区别技术特征写入特征部分，使该独立权利要求满足新颖性、创造性的要求。

（3）独立权利要求应当从整体上反映发明或实用新型的技术方案，记载解决技术问题的必要技术特征

《专利法实施细则》第二十条第二款的规定实际上包含两方面的含义。

①独立权利要求应当包括解决发明或实用新型技术问题所必须具备的全部必要技术特征。对产品权利要求，不仅要给出解决技术问题所必需的部件，对于这些部件，还应写明对解决技术问题来说必不可少的、又不属于该领域技术人员普通知识范畴的具体结构及其相对位置关系或作用关系；对方法权利要求，不仅要写明该方法的步骤，还应对每一步骤给出解决技术问题必不可少的、又不属于该领域技术人员普通知识范畴的操作过程和工艺条件。

②独立权利要求只需从整体上反映发明或实用新型的技术方案，不必写入该发明或实用新型的非必要技术特征，即不必写入进一步解决其技术问题的附加技术特征。否则，独立权利要求保护范围过窄，使该专利申请得不到充分的保护。

（4）独立权利要求所限定的技术方案应当以说明书为依据

对于独立权利要求来说，为了得到说明书的支持，在撰写时应该注意：

①独立权利要求描述的技术方案至少应体现在说明书第五部分的一个具体实施方式中。如果说明书中任何一个具体实施方式都未包含独立权利要求的全部技术特征,那么该权利要求就没有得到说明书的支持。

②独立权利要求中出现的概括性描述(包括上位概念)或功能性描述应能从说明书第五部分具体实施方式中记载的内容自然而合理地推出。

③独立权利要求描述的技术方案应当记载在说明书第三部分,即发明和实用新型的内容部分,以发明或者实用新型必要技术特征总和的形式阐明其实质。

(5)一件申请中,多项并列独立权利要求应当属于一个总的发明构思,满足单一性要求

如何确定一组发明或实用新型属于一个总的发明构思呢?如果一组发明或实用新型的技术方案之间存在着技术上的联系,这种技术上的联系具体表现在:其相应的权利要求在技术上相互关联,包含一个或多个相同的或相应的特定技术特征。其中的特定技术特征是指每一项发明或实用新型作为一个整体考虑时,对解决现有技术存在的问题作出贡献的技术特征,也就是使发明或实用新型相对于现有技术具备新颖性和创造性的技术特征。那么就可以认为这一组发明或实用新型属于一个总的发明构思。

对于同类型发明或实用新型(实用新型仅限于同类型产品)来说,如果它们解决同一技术问题、技术方案构思相同(即具有相同或相应的特定技术特征)、取得的效果相近,就可以认为属于一个总的发明构思,满足单一性要求。

对于不同类型发明来说,如果它们解决的技术问题实质相同,技术方案中存在着相应的特定技术特征,以此体现技术上的联系,作为整体解决了现有技术的问题,就可以认为它们属于一个总的发明构思,满足单一性要求。

（四）从属权利要求的撰写要求

1. 从属权利要求的撰写格式

按照《专利法实施细则》第二十二条第一款的规定，从属权利要求应当包括引用部分和限定部分。引用部分应当写明所引用的权利要求的编号及其主题名称。通常先写编号，再重述所引用的权利要求所要求保护的技术方案的主题名称。例如权利要求1请求保护的技术方案为一种能使灌注墨水液面保持在恒定高度的墨水瓶，其主题名称是墨水瓶，则引用此权利要求1的从属权利要求的引用部分可写成："按照权利要求1所述的墨水瓶，……"限定部分紧接在该引用句之后，通常以"其特征是……"开始，然后写明发明或实用新型的附加技术特征，对其引用的权利要求作进一步限定。

2. 从属权利要求的实质性要求

从属权利要求撰写的实质性要求包括3个方面：

（1）作为权利要求书的一部分，从属权利要求也应当清楚地限定发明或实用新型要求专利保护的范围

对于从属权利要求，为了清楚、正确地描述发明或实用新型，除了要满足前面权利要求书撰写中所提到的权利要求类型清楚和文字表述清楚外，还需注意下述两点。

①从属权利要求的限定部分应当用附加技术特征对引用的权利要求作进一步限定，这些附加技术特征可以是对引用的权利要求技术特征的进一步限定的技术特征，也可以是增加的技术特征。在前一种情况下，这些附加技术特征应尽量从引用的权利要求的技术特征出发来加以说明，而在后一种情况下，应清楚地表达这些附加技术特征与引用的权利要求中的某个或某些技术特征之间的结构位置关系或作用关系。

②在限定部分不要重复其引用的权利要求中的技术特征，以免造成对其保护范围的错误表达。

（2）从属权利要求的类型和主题名称应当与其引用权利要求的类型和主题名称相一致

从属权利要求保护的仍应该是其引用权利要求的整个产品或方法，不可变为其引用的权利要求中的一个部件或一个工艺步骤，也不要将其引用的权利要求的技术方案变为该权利要求所要求保护的主题的一个部件或一个工艺步骤。

（3）从属权利要求的保护范围应当对其引用的权利要求的保护范围作进一步限定

从属权利要求的保护范围应当落在其引用的权利要求的保护范围之内，比其引用的权利要求的保护范围小。

3. 从属权利要求的形式要求

《专利法实施细则》第二十二条第二款和《专利审查指南》对从属权利要求的撰写提出了5个方面的要求：

①从属权利要求只能引用其前面的权利要求，不能引用在其后面的权利要求。

②引用两项以上权利要求的多项从属权利要求只能以择一方式引用在前的权利要求，即只能用"或"及其等同语，不得用"和"及其等同语。

③多项从属权利要求不得作为另一项多项从属权利要求的引用基础，即多项从属权利要求不得直接或间接地引用另一项多项从属权利要求。

④有几项从属权利要求时，其引用有先后层次，要有顺序地引用。

⑤直接或间接从属于某一项独立权利要求的所有从属权利要求都应当写在该独立权利要求之后，另一项独立权利要求之前，从而一项从属权利要求不能同时引用在前的两项或两项以上的独立权利

要求。

二、说明书的组成部分及其撰写要求

专利申请文件中的说明书用来详细说明发明或实用新型的具体内容，主要起着向社会公众公开发明或实用新型技术内容的作用。因而，《专利法》第二十六条第三款规定，说明书应当对发明或者实用新型作出清楚、完整的说明，以所属技术领域的技术人员能够实现为准。此外，根据《专利法》第二十六条第四款的规定，权利要求书应当以说明书为依据，即说明书应当支持权利要求，因而说明书公开的内容将会影响该权利要求书请求保护的范围。由此可知，说明书也是发明和实用新型专利申请文件中十分重要的文件。

（一）发明和实用新型说明书的组成部分

《专利法实施细则》对说明书组成部分的规定与 PCT 国际专利申请说明书组成部分的规定基本相同。

按照《专利法实施细则》第十七条第一款的规定，发明或者实用新型专利申请的说明书首先应当写明发明或者实用新型的名称，该名称应当与请求书中的名称一致。

说明书通常应当包括 5 个部分内容，并按照下列顺序撰写。

（1）技术领域

写明发明或者实用新型要求保护的技术方案所属的技术领域。

（2）背景技术

就申请人所知，写明对发明或者实用新型的理解、检索、审查有用的背景技术；有可能的，并引证反映这些背景技术的文件。

（3）发明或实用新型内容

写明发明或者实用新型所要解决的技术问题以及解决其技术问题采用的技术方案，并对照现有技术写明发明或者实用新型的有益效果。

(4) 附图说明

说明书有附图的,对各幅附图作简略说明。

(5) 具体实施方式

详细写明申请人认为实现发明或实用新型的优选方式;必要时,举例说明;有附图的,对照附图。

上述说明书的每一部分之前应当给出这一部分的标题。

作为专利申请文件,说明书应当有一说明书摘要,概述说明书所公开的内容。但它仅是一种技术信息,其内容不属于发明或实用新型原始公开的内容,对该专利申请不具有法律性效力。按照《专利法实施细则》第二十三条第一款的规定,说明书摘要应当写明发明或者实用新型专利申请所公开内容的概要,即写明发明或者实用新型的名称和所属技术领域,并清楚地反映所要解决的技术问题、解决该问题的技术方案的要点以及主要用途。

(二) 说明书应当满足的总体要求

按照《专利法》第二十六条第三款的规定,说明书应当对发明或者实用新型作出清楚、完整的说明,以所属技术领域的技术人员能够实现为准。也就是说,说明书应当充分公开发明或者实用新型的技术内容。按照《专利法实施细则》第十七条第三款的规定,发明或者实用新型说明书应当用词规范、语句清楚。此外,《专利法》第二十六条第四款要求权利要求书应当以说明书为依据,而反过来也就要求说明书支持权利要求书。以上就是发明或者实用新型专利申请说明书应当满足的总体要求。

1. 说明书应当充分公开发明或实用新型的技术内容

按照《专利法》第二十六条第三款的规定,说明书应当对发明或实用新型作出清楚、完整的说明,使所属技术领域的技术人员能够实现。

说明书对发明或者实用新型作出的清楚、完整的说明，应当达到所属技术领域的技术人员能够实现的程度。也就是说，说明书应当满足充分公开发明或者实用新型的要求。

(1) 清楚

说明书清楚是指说明书内容清楚揭示了发明或实用新型的实质。为此说明书中记载的内容应当满足三方面的要求。

①主题明确，清楚揭示发明或实用新型的实质。即从现有技术出发，清楚地写明发明或者实用新型所要解决的技术问题、为解决该技术问题所采用的技术方案以及该方案所能取得的有益技术效果，从而使该领域技术人员能够准确理解该发明或实用新型所要求保护的内容。

②前后内容一致，符合逻辑。即说明书各部分内容相互关联，成为一个整体，尤其是所要解决的技术问题、技术方案和有益技术效果之间应当相互适应，不得相互矛盾或不相关联。其余部分也要紧密围绕所解决的技术问题和技术方案展开描述，各部分内容应当相互依存，相互支持。

③表述准确。即说明书应当使用发明或者实用新型所属技术领域的技术术语。说明书的表述应准确表达发明或者实用新型的技术内容，不得模棱两可、含混不清，以致所属技术领域的技术人员不能清楚、正确地理解发明或者实用新型。

(2) 完整

说明书完整是指说明书包括《专利法实施细则》第十七条第一款规定的组成部分，不得缺少有关理解、再现发明或者实用新型所必需的任何技术内容。一份完整的说明书应当包括下列3项内容。

①帮助理解发明或者实用新型不可缺少的内容。例如，对所属技术领域和背景技术的描述，对附图的说明等。

②确定发明或者实用新型新颖性、创造性和实用性所需的内容。例如所要解决的技术问题、技术方案和有益效果等（对于克服

偏见的发明或实用新型，应对传统偏见作出说明，并解释为什么该发明或实用新型克服了偏见）。

③再现发明或者实用新型所需的内容。例如技术方案的具体实施方式。

凡是所属技术领域的技术人员不能从现有技术中直接、唯一地得出的有关内容，均应当在说明书中作出描述。

（3）能够实现

所属技术领域的技术人员能够实现是指所属技术领域的技术人员按照说明书记载的内容，不需要创造性劳动，就能够实现发明或者实用新型的技术方案、解决其技术问题，并产生预期的技术效果。

以下情况被认为由于说明书缺乏解决技术问题的技术手段而无法实现。

①说明书中只给出任务和/或设想或者只表明愿望和/或结果，而未给出能够实施的技术手段。

②说明书中只给出含混不清、无法具体实施的技术手段。

③说明书中给出的技术手段不能解决所述的技术问题。

④对于由多个技术手段构成的技术方案，其中一个技术手段按照说明书记载的内容不能实施。

⑤说明书中给出了需要实验结果才能证实其成立的技术方案，但说明书中未提供实验证据。

2. 说明书应当支持权利要求书

《专利法》第二十六条第四款规定，权利要求书应当以说明书为依据，此规定说明了权利要求书和说明书之间的关系，也就是说，说明书应当支持权利要求书。

①权利要求书中的每个技术特征，均在说明书中作了说明，且不超出说明书记载的范围。

②对权利要求书中的每一个权利要求来说，至少在说明书中的

一个具体实施方式或一个实施例中得到反映。

③至少在说明书中的一个具体实施方式中包含了独立权利要求中的全部必要技术特征。

④说明书中给出足够的实施方式或实施例,从而对权利要求所要求保护的范围给予支持。

⑤说明书中记载的内容与权利要求的内容相适应,没有矛盾。

3. 说明书应当用词规范,语句清楚

《专利法实施细则》第十七条第三款规定,说明书的内容应当用词规范、语句清楚。

首先,说明书中的文字表达应当力求使本领域的技术人员能正确地理解发明或者实用新型的技术内容。

说明书中应当采用本技术领域的技术术语;对自然科学名词应尽量采用国家规定的统一术语,国家没有统一规定的,可以采用所述技术领域约定俗成的术语,也可以采用鲜为人知或者最新出现的科技术语,或者直接使用外来语(中文音译或意译词),但其含义必须是清楚的,不会造成误解;必要时可以采用自定义词,但必须在说明书中给出明确的定义或者说明,一般来说,不应当使用在所属技术领域中具有基本含义的词汇来表示其本意之外的其他含义;技术术语和符号应前后一致。《专利审查指南》允许在说明书中采用非中文表述形式,其条件是该外文表述形式是本领域技术人员熟知的技术名词和一些计量单位、数学符号、数学公式、各种编程语言、计算机程序、特定意义的表示符号(如中国国家标准缩写 GB)等。

涉及计量单位时,应采用国家法定计量单位,包括国际单位制计量单位和国家选定的其他计量单位。必要时可以在括号内同时标注本领域公知的其他计量单位。

说明书中不可避免使用商品名称时,其后应当注明其型号、规格、性能及制造单位。

说明书中应尽量避免使用注册商标来确定物质或者产品。

(三) 说明书各个组成部分的撰写要求

下面对发明或实用新型说明书各组成部分的撰写要求分别进行说明。

1. 名称

发明或者实用新型的名称应当清楚、简明，写在说明书首页正文部分的上方居中位置。

发明或者实用新型的名称应当按照下列各项要求撰写：

①清楚、简要、全面地反映发明或实用新型要求保护的技术方案的主题名称以及发明的类型。

②采用所属技术领域通用的技术术语，不要采用非技术术语或杜撰的技术名词。

③最好与《国际专利分类表》中的类、组名相应，以利于专利申请的分类。

④不得使用人名、地名、商标、型号或商品名称等，也不得使用商业性宣传用语。

⑤简单、明确，一般不超过25个汉字，特殊情况下，例如化学领域的申请，可以允许最多到40个字。

⑥有特定用途和应用领域的，应在名称中体现。

⑦尽量避免写入发明或实用新型的区别技术特征，否则独立权利要求的前序部分很可能写入了应当写入特征部分的区别技术特征。

2. 技术领域

技术领域这一部分应当写明发明或实用新型要求保护的技术方案的所属技术领域。

发明或者实用新型要求保护的技术方案的所属技术领域是指其所属或者直接应用的具体技术领域，既不是发明或实用新型所属或者应用的广义或上位技术领域，也不是其相邻技术领域，更不是发明或者实用新型本身。

在撰写技术领域部分时应注意下面三点：

①通常可按《国际专利分类表》确定其直接所属技术领域，尽可能确定在其最低的分类位置上。

②应体现发明或者实用新型要求保护的技术方案的主题名称和发明的类型。

③不应写入发明或者实用新型相对于最接近的现有技术作出改进的区别技术特征。

3. 背景技术

背景技术这一部分应当写明对发明或者实用新型的理解、检索、审查有用的背景技术；有可能的话，并引证反映这些背景技术的文件。

除开拓性发明或实用新型外，这一部分至少要引证一篇本申请的最接近的现有技术，即引证包含发明或者实用新型权利要求书中的独立权利要求前序部分技术特征的现有技术文件，必要时再引用几篇较接近的或相关的对比文件。它们可以是专利文件，也可以是非专利文件。

通常对背景技术的描述应当包括三方面内容。

①注明其出处，通常可采用引证对比文件或指出其他公知公用技术两种情况。对专利文件至少要写明专利文件的国别和公开号，最好包括公开日期，对非专利文件要写明这些文件的标题和详细出处，使公众和审查员能从现有技术中检索到这些对比文件；对其他公知公用情况也要给出其具体发生的时间、地点以及可使公众和审查员能调研和了解到该现有技术的其他相关信息。

②简要说明该现有技术的相关技术内容，即简要给出该现有技

术的主要结构和原理。

③客观地、实事求是地指出该现有技术存在的主要问题，但仅限于涉及由发明或实用新型的技术方案所解决的问题和缺点，切忌采用诽谤性语言；在可能的情况下说明存在这种问题和缺点的原因以及解决这些问题时曾经遇到的困难。

在引证对比文件时应当注意下述三点：

①引证文件应当是公开出版物（除纸件形式外还包括电子出版物等）。

②所引证的非专利文件和外国专利文件的公开日应当在本申请的申请日前，所引证的中国专利文件的公开日不能晚于本申请的公开日；也就是说，除了可以引证申请日前公开的非专利文件、外国专利文件和中国专利文件外，还可以引证申请人本人在申请日前或申请日当天向专利局提出申请、但在申请日尚未公开的专利申请文件，对于后一种专利申请文件来说，仅仅在该引证文件的公开不晚于本申请的公开日时，才能认为本申请说明书中公开了该引证文件中的内容。

③引证外国专利或非专利文件的，应当以所引证文件公布或发表时的原文所使用的文字写明引证文件的出处及相关信息，必要时给出中文译文，并将译文放置在括号内。

仅仅在引证文件满足上述要求时，才认为本申请说明书中记载了所引证文件中的内容。

4. 发明或实用新型内容

说明书这一部分应当写明发明或者实用新型所要解决的技术问题以及解决其技术问题采用的技术方案，并对照现有技术写明发明或者实用新型的有益效果。

（1）要解决的技术问题

发明或者实用新型所要解决的技术问题，是指发明或者实用新型要解决的现有技术中存在的技术问题。通常针对最接近的现有技术中存在的技术问题结合本发明所取得的效果提出，也就是发明或实用新型所要完成的任务。

发明或者实用新型所要解决的技术问题在撰写时应当满足下面几点要求：

①应采用正面的、尽可能简洁的语言客观而有根据地反映发明或实用新型要解决的技术问题。

②反映发明或者实用新型要求保护的技术方案的主题名称以及发明的类型。

③应当具体体现出其要解决的技术问题，但又不得包含技术方案的具体内容。

④不得采用广告宣传用语。

⑤除了写明独立权利要求所解决的技术问题外，还可写明从属权利要求的技术方案进一步解决的技术问题，但这些进一步解决的技术问题应当与一个总的发明构思相关。

（2）技术方案

技术方案是说明书的核心部分，是申请人对其要解决的技术问题所采取的技术手段的集合，而技术手段是由技术特征来体现的。技术方案的描述应使所属技术领域的技术人员能够理解，并能解决所要解决的技术问题。

发明或者实用新型的技术方案在撰写时应当满足下面几点要求：

①清楚、完整地写明技术方案，在其第一段内应包括解决其技术问题的全部必要技术特征。

②用语应当与独立权利要求的用语相应或相同，以发明或实用新型必要技术特征的总和形式阐明其实质。

③必要时还可描述从属权利要求的技术方案，写明对其进一步限定的附加技术特征，为避免误解最好另起段描述。

④若有几项独立权利要求，这一部分的描述应当反映这几项独立权利要求技术方案的内容，并在描述时尽量体现它们之间属于一

个总的发明构思。

(3) 有益效果

说明书应当清楚、客观地写明发明或者实用新型与现有技术相比所具有的有益效果。有益效果是指由构成发明或者实用新型的技术特征直接带来的或者是由这些技术特征必然产生的技术效果。

发明或者实用新型的有益效果在撰写时应当满足下面几点要求：

①通常可以通过对发明或者实用新型结构特点的分析和理论说明相结合，或者通过列出实验数据的方式予以说明，不得只断言其具有有益效果。无论采用哪一种方式，都应当通过与现有技术进行比较而得出。

②对机械、电气等技术领域，多半可结合其结构特点或作用方式进行说明，而对化学领域，大多数情况借助实验数据来说明；对于目前尚无可取的测量方法而不得不依赖于人的感官判断的，例如味道、气味等，可以采用统计方法表示的实验结果来说明有益效果。

③引用实验或试验数据说明有益效果时，应当给出必要的实验或试验条件和方法。

5. 附图说明

说明书有附图的，说明书文字部分应在描述发明或实用新型的具体实施方式之前集中对说明书中的各幅附图作简略说明。

附图说明部分应当满足下述几方面要求：

①应当按照机械制图国家标准对附图的图名、图示的内容作简要说明。

②附图不止一幅时，应当对所有的附图按顺序作出说明，且每幅附图应当单编一个图号。

6. 具体实施方式

发明或者实用新型的具体实施方式部分是说明书的重要组成部

分，它对于充分公开、理解和实现发明或实用新型以及支持和理解权利要求来说是十分重要的。这一部分应当详细写明申请人认为实现发明或者实用新型的优选的具体实施方式，必要时举例说明，说明书有附图的应当对照附图作出说明。

在撰写发明或者实用新型的具体实施方式部分时应当注意下述几个方面：

①通常这一部分至少具体描述一个优选的具体实施方式，这些优选的具体实施方式应当体现申请中解决技术问题所采用的技术方案，并应当对权利要求的技术特征给予详细说明，以支持权利要求，如任何一个具体实施方式应当包括一项独立权利要求的全部技术特征，而对于任何一项权利要求来说，至少有一个具体实施方式包括其全部技术特征（即体现该权利要求的技术方案）。

②对优选的具体实施方式的描述应当详细，使所属技术领域的技术人员按照所描述的内容就能够实现发明或者实用新型，而不必再付出创造性劳动，如进一步的摸索研究或实验。

③在权利要求（尤其是独立权利要求）中出现概括性技术特征（包括功能限定的技术特征）而使其覆盖较宽的保护范围时，这部分应当给出多个具体实施方式，除非这种概括对本领域技术人员来说是明显合理的；当权利要求相对于背景技术的改进涉及数值范围时，通常应当给出两端值附近（最好是两端值）的实施例，当数值范围较宽时，还应当给出至少一个中间值的实施例。

④通常对最接近的现有技术或者与最接近的现有技术共有的技术特征不必详细展开说明，但对发明或者实用新型区别于最接近的现有技术的技术特征，以及从属权利要求中出现的、且不是现有技术或公知常识的技术特征，应当足够详细地作出说明，尤其那些对充分公开发明或者实用新型来说必不可少的内容，不能采用引证其他文件的方式撰写，而应当将其具体内容写入说明书。

⑤对于产品发明或者实用新型，实施方式或者实施例应当描述产品的机械构成、电路构成或者化学成分，说明组成产品的各部分

31

之间的相互关系；对于除化学产品以外的其他产品，不同的实施方式是指几种具有同一构思的具体结构，而不是不同结构参数的选择，除非这些参数的选择对技术方案有重要意义；对于可动作的产品，必要时还应说明其动作过程，以帮助对技术方案的理解。

⑥对于方法发明，具体实施方式或实施例应当写明其步骤，包括可以用不同的参数或者参数范围表示的工艺条件。

⑦在结合附图描述实施方式时，应当引用附图标记进行描述，引用时应与附图所示一致，放在相应部件的名称之后，不加括号。

⑧在发明和实用新型的内容比较简单的情况下，即权利要求技术特征的总和限定的技术方案比较简单的情况下，在说明书的发明或者实用新型内容部分已经对发明或者实用新型专利申请所要求保护的主题作出清楚、完整的描述时，则在具体实施方式中可以不必作重复描述。

7. 说明书附图

附图是说明书的一个组成部分，其作用是用图形补充说明文字部分的描述，帮助本领域的技术人员直观、形象化地理解发明和实用新型的每个技术特征和整体技术方案。

对于发明和实用新型的附图应该注意下述几个方面：

①实用新型的说明书中必须有附图，机械、电学、物理领域中涉及有结构的产品的发明说明书也应当有附图。

②发明或者实用新型的说明书有几幅附图时，用阿拉伯数字顺序编号，且每幅附图编一个图号；几幅附图可绘制在一张图纸上，按顺序排列，彼此应明显地分开。

③附图通常应竖直绘制，当零件横向尺寸明显大于竖向尺寸必须水平布置时，应当将该图的顶部置于图纸的左边。同一页上各幅附图的布置应采用同一方式。

④一件专利申请有多幅附图时，在用于表示同一实施方式中的

各幅图中，表示同一组成部分（同一技术特征或者同一对象）的附图标记应当一致，即使用相同的附图标记。说明书中与附图中使用的相同的附图标记应当表示同一组成部分。

⑤说明书文字部分中未提及的附图标记不得在附图中出现，说明书文字部分中出现的附图标记至少应在一幅附图中加以标注。

⑥附图应当用包括计算机在内的制图工具和黑色墨水绘制，线条应当均匀清晰、足够深，不得着色和涂改，不得使用工程蓝图；附图的大小及清晰度应当保证在该图缩小到三分之二时仍能清晰地分辨出图中的各个细节。

⑦附图中除必需的文字外，不得含有其他注释，但对于流程图、框图一类的附图，应当在其框内给出必要的文字或符号。

⑧说明书附图集中放在说明书文字部分之后。

8. 说明书摘要

说明书摘要是与专利有关的科学技术信息，用于概括说明书所记载的内容。

说明书摘要的内容不属于发明或者实用新型原始记载的内容，不能作为以后修改说明书或者权利要求书的根据，也不能用来解释专利权的保护范围。就此意义而言，不具有法律效力。

说明书摘要的撰写应当满足下述要求：

①说明书摘要应当写明发明或者实用新型所公开内容的概要，即写明发明或者实用新型名称和所属技术领域，并清楚地反映所要解决的技术问题、解决该技术问题的技术方案的要点以及主要用途，其中以技术方案的要点为主；摘要可以包含最能说明发明的化学式。

②说明书中有附图的，应当提供一幅最能说明该发明或实用新型技术方案要点的附图作为摘要附图，该摘要的附图应当是说明书附图中的一幅；附图的大小及清晰度应当保证在该图缩小到 4 厘米 ×6 厘米时，仍能清楚地分辨出图中的各个细节。

③摘要应当简单扼要,全文(包括标点符号)不超过300字,摘要不分段。

④摘要中不得出现商业性宣传用语。

⑤摘要文字部分的附图标记应加括号,且摘要文字部分出现的附图标记应当在摘要附图中加以标注。

第三章 权利要求书和说明书的撰写

前一章对权利要求书和说明书的撰写要求作了介绍。为帮助专利代理人和申请人掌握权利要求书和说明书的撰写技巧，本章将进一步具体介绍如何撰写权利要求书和说明书。

权利要求书和说明书的撰写应当在充分理解发明或实用新型具体技术内容以及了解其现有技术状况的基础上进行。通常，在发明或实用新型技术内容比较简单的情况下，可以先撰写权利要求书，再撰写说明书。如果该项发明或实用新型技术内容比较复杂，可以将两者的撰写结合起来，先起草说明书中揭示该发明或实用新型详细内容的第五部分"具体实施方式"，再撰写权利要求书，最后完成说明书的其他部分和进一步完善对发明或实用新型具体实施方式的描述。但在实际撰写中，权利要求书和说明书往往不是一次定稿，撰写人会根据后写的一部分内容修改在先完成的那一部分内容，使其不断完善。

一、发明或实用新型权利要求书和说明书撰写前的准备工作

申请人和专利代理人在撰写发明或实用新型权利要求书和说明书之前，应当做好3项准备工作：通过阅读申请人或发明人所提供的技术交底书以理解发明或实用新型技术内容的实质，就发明和实用新型的技术内容与申请人或发明人进行必要的沟通，以及对相关现有技术进行必要的补充检索。这是撰写好权利要求书和说明书的基础。

1. 理解发明或实用新型的实质内容

申请人和发明人在撰写专利申请文件之前,首先需要对所作发明创造进行分析,以确定所作发明创造的实质内容,即涉及多少技术主题,对每项技术主题来说涉及哪些实质性的改进,其中哪些是改进的关键部分。而专利代理人应通过申请人或发明人对其发明创造的介绍以及对申请人或发明人所提供的技术交底书的阅读、理解和分析,将发明人的发明创造的实质内容弄清楚,以确定该发明创造涉及哪些技术主题,每项技术主题又涉及哪些实质性改进,而对于这些改进,确定哪些技术特征是解决技术问题的关键。只有这样,才有可能写出质量较高的权利要求书和说明书。

在听取申请人或发明人对其发明创造的介绍以及阅读技术交底书时,专利代理人至少需要弄清楚下述 5 个方面的问题。

(1) *所提供的技术交底书和当面介绍时所说明的发明创造涉及哪些主题*

申请人或发明人提供的技术交底书中描述的发明创造多半仅涉及一个主题,在这种情况下仅需要确定这一主题是否属于专利法规定的发明或实用新型的保护客体,并通过对这一主题技术内容的分析,判断其属于方法发明还是产品发明,该项发明创造就这一主题做了哪几方面的改进,这些改进分别解决了哪些技术问题,尤其是该项发明创造所采取的各个技术手段分别在此项发明创造中起到什么样的作用。

但是在实践中,申请人或发明人提供的技术交底书中所描述的发明创造还可能涉及不止一个主题,例如本书第二部分案例六"封装有可产生或吸收气体的物质的包装体"(根据 2007 年全国专利代理人资格考试"专利代理实务"科目申请文件撰写试题改编而成的案例)的技术交底书中所描述的发明创造涉及 4 个主题:封装有可产生或吸收气体的物质的包装体、包装体长带、封装有可产生或吸收气体的物质的透气包装袋的供给方法以及封装有可产生或吸收气体的物质的透气包装袋的供给系统。在这种情况下再判断这些主题中哪些属于《专利法》规定的发明或实用新型的保护客体，以及这些主题分别作出了哪些改进、采取了哪些技术手段和解决了哪些技术问题。

甚至还可能存在这样的情况，通过对申请人或发明人所介绍的发明创造或者所提供的技术交底书的分析，专利代理人发现了一些申请人或发明人并未想到、但实际上可以给予专利保护的主题，例如申请人或发明人原先只想保护一件产品，但专利代理人通过对提供的技术交底书的分析，还发现该产品的生产方法以及该产品中某一部件的材料也是一种属于专利法意义下的发明创造，则应当将该产品的生产方法和这种材料也确定为要求专利保护的主题。

（2）所涉及的这些主题中哪些是属于专利法意义下的发明或实用新型保护客体

《专利法》第二条第二款至第四款对《专利法》第二条第一款规定的给予保护的发明、实用新型和外观设计3种专利客体作了进一步具体的规定，《专利法》第五条和第二十五条依据具体国情又从上述保护范畴中将一部分主题排除在可授予专利权的保护客体之外。因此，在确定了技术交底书所描述的发明创造涉及哪些主题之后，就要判断这些主题是否属于专利法意义下的保护客体，并为其选择合适的专利保护类型。也就是说，首先将不属于专利保护客体的主题排除，然后根据发明创造内容的实质涉及技术方案（包括什么类型的技术方案）还是涉及产品的外观设计来确定申请发明专利、实用新型专利还是外观设计专利。

例如，一种香烟盒，其改进仅在于盒体上留出印刷宣传广告的位置，则由于其不是技术方案，也不是对产品外观的设计方案，因而不符合《专利法》第二条的规定，不可能授予发明或者实用新型专利权，也不可能授予外观设计专利权。

又如，申请人发明了一种汽车防盗装置，其在盗车者开车时会释放一种催眠气体，从而使盗车者失去知觉而便于捕获，这种装置虽然能达到有益的目的，但客观上由于汽车失控而造成对行人的危害，故这种汽车防盗装置因妨害公共利益而属于《专利法》第五条规定的不授予专利权的客体。

再如，申请人想保护一种结构基本上与现有技术相同而仅其外形为独特、憨厚的熊猫造型的挂钟，则其不属于发明和实用新型的保护范畴，应当申请外观设计专利。

如果申请人要求保护的是一种具有不同焊药配方的焊条，则由于其相对于现有技术来说在形状和构造上没有作出任何改进，且仅仅是发明了一种新的焊药，不属于实用新型的保护客体，只可申请发明专利。同样，如果申请要求保护的是一种对烟气成分的分析方法，由于实用新型专利只保护产品，不保护方法，因此也只能申请发明专利，不能申请实用新型专利，除非将此发明创造的主题改变为烟气成分分析仪。

（3）对每一项技术主题，根据其实质内容确定其属于产品发明还是方法发明

专利领域的发明分为产品发明和方法发明。有些技术主题可能既涉及产品发明的内容，又涉及方法发明的内容，此时应当分析其实质究竟是产品发明还是方法发明。如果该发明实质内容既可以描述成产品发明，又可以描述成方法发明时，可以从商业目的出发并根据实际保护效果确定其要保护的客体，或者以哪一个为主。但是，当发明内容从实质上分析只可能是其中一种时，应当作出正确的选择。下面举两个例子加以说明。

第一个例子涉及无接口聚四氟乙烯玻璃纤维环形带，该环形带是塑料封口机热合封口中使用的部件。在现有技术中有多种带接口的环形带，有的具有搭接接口，有的具有斜接口。在实际应用中，这样的环形带由于存在接口而强度不高，因而人们长期盼望制得一种无接口环形带，但由于未找到合适的生产工艺而未能实现。此时，若申请人经过创造性劳动，制得一种无接口环形带，那么应当采用方法发明还是产品发明来保护呢？显然，采用产品保护是不合

适的，因为现有技术中未出现过无接口环形带，并不是该领域技术人员不能设计出这种无接口环形带，而是未找到一种合适的制造工艺来制得无接口环形带。也就是说，该领域技术人员根据现有技术中的有接口的环形带无须创造性的劳动就可以想到采用一种无接口环形带来提高其强度。其对现有技术的贡献是提供了一种制造无接口环形带的工艺方法，因此该发明应作为方法发明提出保护。当然，还可以再写一个由该方法制成的产品并列独立权利要求，从而要求保护由此种方法制成的环形带；但是，按照《专利法》第十一条第一款的规定，方法权利要求的保护可延伸到由该方法直接制得的产品，因而对本例而言这种并列独立权利要求的保护已无实际意义。相反，如果以产品权利要求的方式请求保护一种无接口的环形带，正如前面所述，专利局将会以其不具有创造性为由而不予授权。因为若授予专利权，则他人以其他方法制成的无接口环形带也将侵权，这显然不合理。这是由于申请人的贡献仅在于发明了一种制造无接口环形带的工艺方法，而不是无接口环形带，他人并未采用申请人的工艺方法，因而不应判作侵权。

另一个例子涉及暖气片组，在传统的暖气片组中，各片暖气片之间用螺纹接头连接，在组装暖气片组时需要逐片安装，很不方便。为简化暖气片的组装工作，申请人或发明人设计了一种新的暖气片组结构。各暖气片之间通过进、出水连通管来连接，将各暖气片套装到进、出水连通管上，其间装有密封片，只需从两端借助螺纹结构将各暖气片压紧在进、出水连通管上，从而可以十分方便地组装暖气片组。当然，该暖气片组的组装方法与传统的组装方法也不一样。那么，本发明的实质究竟是暖气片组还是该暖气片组的组装方法呢？显然，该发明的实质是暖气片组的结构，其组装方法由暖气片组的结构来决定，因而应当采用产品发明加以保护。

在此，还需要说明一点，如果最后确定的保护客体是方法，则只能申请发明专利，不能申请实用新型专利；相反，如果最后确定保护客体是产品，而且是从结构和/或形状对其作出改进，那么既

39

可以申请发明专利,也可以申请实用新型专利。

(4) 对每一项技术主题进行仔细认真的研究,以便全面、正确地理解其技术内容

对于每一项技术主题来说,在确定了采用产品发明还是方法发明予以保护后,需要进一步从两个方面进行分析研究:对于涉及多个实施方式的技术主题,分析这些实施方式之间的关系;对该项技术主题作了哪几方面的改进,理清这些改进之间的关系。

对于技术交底书中所描述的技术主题涉及多个实施方式的情况,在撰写权利要求书之前,需要弄清这几个实施方式之间的关系,即分析这几个实施方式之间是并列关系还是主从关系。如果属于并列关系,则应当以概括方式描述其技术方案,使该几个实施方式都落入保护范围,然后再针对并列实施方式进一步限定所要求保护的技术方案,例如本书第二部分案例四中技术交底书所描述的"浇包底部的浇铸阀门"这一技术主题就包括5种并列的实施方式。如果属于主从关系,则针对主要实施方式撰写要求保护的技术方案,然后再针对进一步作出改进的从属实施方式限定所要求保护的技术方案。当然,还可能既存在并列实施方式又存在主从实施方式的情况,例如本书第二部分案例五中技术交底书所描述的"内燃机汽缸活塞上的密封气环"这一技术主题包括3种实施方式,其中第一种实施方式与第二种、第三种实施方式之间是并列关系,而第二种与第三种实施方式之间是从属关系,则应当先以概括方式描述其技术方案,再分别针对第一种和第二种实施方式限定所要求保护的技术方案,然后再对第二种实施方式的技术方案进一步限定成第三种实施方式的技术方案。由此可知,为撰写层次清楚的权利要求书,专利代理人应当在撰写之前先弄清该项技术主题所涉及的实施方式之间是并列关系还是主从关系。

此外,对每一项技术主题还需要分析其作了哪几个方面的改进,这些改进分别解决了什么技术问题,分别以哪些技术手段来解决技术问题。也就是说,通过分析,明确该项技术主题为解决其技

术问题所采取的各个技术手段分别起什么作用，在此基础上理清这些改进之间的关系，从而全面、正确地理解这一项技术主题的技术内容。在本书第二部分案例一中，申请人或发明人对"易拉罐顶盖上的开启装置"这一技术主题作了三方面的改进。专利代理人应当针对这三方面的改进分析其各自采用了什么技术手段，在此基础上弄清这三方面改进的关系，从而为确定该项发明或实用新型要解决的技术问题做好准备，有关如何分析可参见该案例，在此不再作具体说明。

（5）从这些技术主题中确定本件专利申请中最主要的技术主题，并初步分析其他属于发明或实用新型保护客体的技术主题与该最主要的技术主题是否属于一个总的发明构思

在通过对各项属于专利法意义下的发明或实用新型专利保护客体的技术主题进行具体分析之后，专利代理人就应当进一步从这些技术主题中确定一项技术主题，作为本件专利申请中最主要的技术主题。通常可从3个方面考虑：哪一项技术主题是技术交底书中描述的发明创造的核心，哪一项技术主题与其他技术主题的关系更为密切，哪一项技术主题所包含的技术改进最多。

按照《专利法》第三十一条第一款的规定，属于一个总的发明构思的两项以上的发明或者实用新型，可以合案申请。因此，在确定本件专利申请中最主要的技术主题之后，需要初步判断其他技术主题与所确定的最主要的技术主题是否属于一个总的发明构思。若属于一个总的发明构思，则可合案申请。若不属于一个总的发明构思，则应当分案申请，即对那些与最主要的技术主题不属于一个总的发明构思的技术主题另行提出一件专利申请，根据第三次修订的《专利法》，这两件专利申请最好同日提出，否则先提出的那件专利申请有可能成为后一件专利申请的抵触申请，除非将与后一件专利申请要求保护主题有关的内容从先提出的那件专利申请中删去。当然，在后一种情况下，可以仅仅告知申请人或发明人这个初步判断结果，但作为一种专利申请的策略，仍然可以先合案申请，若专利

局在审查过程中指出这些技术主题与最主要的技术主题之间不具有单一性时，再判断这些技术主题是否具有商业上的价值，以便确定对这些技术主题另行分案还是在原专利申请中放弃对这些技术主题的保护。❶

需要说明的是，对于发明专利申请来说，不能包括在一项权利要求内的两项以上属于一个总的发明构思的产品或者方法的同类独立权利要求可以合案申请；此外，两项以上属于一个总的发明构思的不同类独立权利要求（产品和方法独立权利要求）也可合案申请；但对于实用新型专利申请来说，只有那些不能包括在一项权利要求内的两项以上属于一个总的发明构思的产品权利要求才可合案申请，因为方法发明不属于实用新型专利的保护客体。

判断其他技术主题与最主要的技术主题之间是否属于一个总的发明构思时，应当将它们的技术方案进行分析对比，分析各个技术方案之间是否具有技术上的联系，是否具有相同或相应的特定技术特征。也就是说，分别确定整体上反映各项技术主题技术方案的各项独立权利要求相对于现有技术作出新颖性和创造性贡献的特定技术特征，然后对比各项独立权利要求的特定技术特征，判断它们彼此之间有无相同或相应的特定技术特征。若存在一个相同或相应的特定技术特征，则其他技术主题与最主要的技术主题之间满足单一性的要求；若既无相同、又无相应的特定技术特征，则它们之间就不符合《专利法》第三十一条第一款有关单一性的规定。

2. 专利代理人就发明创造的内容与申请人或发明人进行必要的沟通

申请人尤其是发明人虽然熟悉发明创造的具体技术内容，但由于他们对专利知识了解不深，因而提供的技术交底书的内容往往不

---

❶ 在实践中可以采用这种处理方式，但在参加专利代理人资格考试答题时，对于那些与最主要的技术主题不属于一个总的发明构思的技术主题，不应当在同一件申请中要求保护，应当建议申请人另行提出一件专利申请。

能满足撰写专利申请文件的需要。而作为专利代理人，虽然比较熟悉专利法律法规，但由于所撰写的专利申请文件的技术内容往往与以前所学专业或所从事的工作领域不一样，难以全面、深入理解发明创造的技术内容，更何况对该发明创造的市场前景也不清楚，这样就不能撰写出高质量的专利申请文件。因此，在理解发明创造的实质内容期间，应当就发明创造的技术内容与申请人或发明人进行必要的沟通。❶

撰写专利申请文件时，专利代理人与申请人或发明人进行沟通时需要补充了解的内容有以下几个方面。

（1）请申请人或发明人就发明创造作出进一步的具体说明

就这一方面来说，专利代理人需要了解的内容较多：其一，就发明本质与申请人或发明人进行沟通，以扩展发明构思；其二，针对提供材料中存在的不清楚之处请申请人或发明人作展开说明；其三，对于多处作出改进的发明创造，请申请人或发明人进一步说明这几处改进之间的关系，必要时了解市场对该产品的需求。

为帮助申请人或发明人扩展发明构思，通常可从下述两点着手。首先，请申请人就一项具体发明创造说明其改进的基本原理，从而站在一个更宏观的角度来理解该项发明创造的发明构思。例如，目前大部分读者比较熟悉的"可识别安危电压的试电笔"一例中，尽管申请人提供的技术交底书中仅给出一种能识别安危电压试电笔的具体结构，但通过与申请人的沟通，专利代理人了解到该件发明创造的构思是设置一条分流电阻支路，测试时先让此分流电阻支路与限流电阻、氖管支路处于断开状态以确定待测位置是否有电压，一旦指示带电，再使此分流电阻支路与限流电阻、氖管支路处于并联状态以确定是否带有对人体有危险的触电电压，从而在撰写该项发明创造的权利要求

---

❶ 实践中，专利代理人在撰写专利申请文件的整个过程中，需要不断与申请人或发明人进行必要的沟通，因此本部分所写明的内容不仅仅局限于理解发明创造实质内容期间，还包括对现有技术进行必要的补充检索后、甚至在具体撰写权利要求书和说明书期间，都需要与申请人或发明人就发明创造的具体内容作进一步沟通。

书时就不会局限于申请人提供的具体结构，而从该发明的基本构思（设置一条可与限流电阻、氖管支路处于并联和断开两种工作状态的分流电阻支路）出发撰写权利要求书，从而扩展了保护范围。其次，针对该发明创造解决技术问题所采取的各个技术手段，向申请人了解有无替代的其他技术手段，如存在可替代的其他技术手段，则应当针对这些技术手段采用概括表述技术特征的方式来扩展发明构思，为申请人争取更宽的保护范围。

至于请申请人或发明人针对提供资料中存在的不清楚之处作展开说明，至少可包括下述几点：其一，针对该发明创造各方面改进所采取的技术手段说明每一个具体手段在本发明创造中所起的作用，若该具体技术手段由多个技术特征构成，最好还要求申请人或发明人针对每一个技术特征说明其所起的作用；其二，对提供的资料中所提到的某些技术内容作进一步补充说明，例如，某技术手段的采用有无限制条件，某些技术名词的具体含义以及是否为该技术领域已有的技术术语，对提供材料中涉及的试验补充或完善试验条件，对提供材料中出现的矛盾之处作出解释或修改等。鉴于造成提供资料不清楚的情况多种多样，专利代理人应当根据具体情况确定需要展开说明的内容。

对于一项发明创造作了多处改进的情况，专利代理人如果经分析后认为这些改进之处彼此无主从关系而是相互独立的，则需要与申请人或发明人进行沟通，根据市场需求情况以及上市后哪一种改进最容易被仿制，确定如何选择请求保护的技术方案，以使该项发明创造得到较好的保护。当然，如果这几处改进都存在着被单独仿制的情况，专利代理人可以与申请人商议针对这几项改进分别提出专利申请。

(2) 请申请人补充使发明创造充分公开所必需的技术内容

按照《专利法》第二十六条第三款的规定，一件专利申请的说明书应当对发明或实用新型作出清楚、完整的说明，使所属技术领域的技术人员能够实现，即说明书应当充分公开发明或实用新型。

如果一件专利申请的说明书未充分公开发明或实用新型,则该专利申请将被驳回,不能授予专利权。因此,当申请人或发明人提供的技术交底书存在着《专利审查指南》第二部分第二章第2.1.3节中所指出的5种由于缺乏解决技术问题的技术手段而无法实现该发明或实用新型时,专利代理人应当要求申请人或发明人补充必要的技术内容。例如,当提供的资料中对某一技术主题仅仅提出设想时,专利代理人应当要求申请人或发明人补充具体的技术方案;当提供的资料中对技术方案只给出含混不清、无法具体实施的技术手段时,应当请申请人或发明人对该技术方案加以细化,使得本领域的技术人员根据此补充的内容能实现相应的技术手段;当技术方案的成立需要实验数据来证实时,应当请申请人或发明人补充相应的实验数据;当技术方案中涉及一种新的化学物质时,则应当要求申请人或发明人至少补充一种该化学物质的生产方法,并举例说明这种化学物质的用途。

(3)请申请人或发明人针对技术交底书中对某技术主题所要求的保护范围补充必要的具体实施方式和实施例

按照《专利法》第二十六条第四款的规定,权利要求书应当以说明书为依据,即说明书具体实施方式部分的描述应当支持权利要求书所要求保护的范围。如果权利要求书要求保护的范围得不到说明书的支持,则只能将权利要求书所要求的保护范围限定在与说明书公开的内容相适应的范围。因此,如果专利代理人在阅读技术交底书时,体会到申请人或发明人对这项发明创造要求较宽的保护范围,而其提供的技术交底书中所给出的具体实施方式或实施例不足以支持该保护范围时,那么专利代理人应当要求申请人或发明人补充相应的具体实施方式或实施例。现举一例加以说明。笔者在一次发明专利申请的咨询工作中,遇到这样一种情况。申请人要求保护一种常温常压下等离子体处理植物种子的方法,但技术交底书中给出的实施方式仅仅涉及某种蔬菜种子,显然所要求的保护范围得不到说明书的支持。为此,笔者建议申请人补充对粮食、花卉种子进行常温常压下等离子处理的实施方式,且对于蔬菜、粮食、花卉均应当给出几种不同品种种子的实施方式,只有这样才能支持其权利要求的保护范围。当然,对于申请人或发明人想要保护的优选实施方式,专利代理人也应当要求他们补充相应的实施方式。此外,在理解发明或实用新型实质内容期间帮助申请人或发明人扩展发明构思时,还应当请他们就扩展的部分提供相应的实施方式。

(4) 就技术交底书中所涉及的多个技术主题与申请人或发明人商议申请策略

在技术交底书涉及多个技术主题,且这些技术主题之间不属于一个总的发明构思时,专利代理人应当与申请人或发明人进行沟通,以确定申请策略。如果他们急于想取得专利权,则应当建议将那些与最主要的技术主题不属于一个总的发明构思的技术主题另行提出一件专利申请。但是,考虑到不符合《专利法》第三十一条第一款有关单一性的规定仅仅是驳回理由而不是无效理由,而一件专利申请的费用,尤其是授权后的年费对申请人来说,是一笔不小的费用,因而如果他们并不急于想取得专利权,则也可以与他们商议先将这些技术主题合案申请,若审查员认为这些技术主题之间不具有单一性时,再将这件专利申请中的那些不属于一个总的发明构思的技术主题删去,并根据在这一段时间内对这些删去的技术主题的技术发展和市场需求情况的了解,确定是否将这些删去的技术主题另行提出分案申请。当然,如果审查员在审查过程中未指出单一性缺陷而授予了专利权,即使那时公众认为这些技术主题之间不符合单一性也不能以此为理由提出无效宣告请求,这样专利代理人就能为申请人省下一笔不菲的专利申请费和专利年费。

需要说明的是,往往申请人或发明人在提供技术交底书时,并未意识到其发明创造中还包含某一技术主题,从而在技术交底书中不会对该项技术主题作出展开说明。此时,若专利代理人在理解发明或实用新型的实质内容时,认为该项技术主题还有申请专利的价值,则应当提请申请人或发明人考虑要否对这一项技术主题也要求专利保护。如果他们同意对这项技术主题也加以保护，则应当要求他们针对该项技术主题补充前面（1）~（3）中所说明的必要技术内容。在这种情况下，该项技术主题往往与申请人或发明人原先想要保护的技术主题之间不符合单一性的要求，此时可以建议申请人就该项技术主题补充必要的技术内容另行提出一件专利申请。当然，在实践中，也可像前面所指出的那样，首先对该项技术主题补充技术内容，并将该项技术主题与申请人想要保护的其他技术主题合在一起作为一件专利申请提出；然后，在审批过程中根据审查员的审查意见以及当时技术发展和市场需求情况，再决定是否将该项技术主题从该专利申请中删去以及是否另行提出分案申请。❶

3. 对发明或者实用新型的相关现有技术进行检索和调研

通常，申请人或发明人在技术交底书中应当对所了解的与本发明或者实用新型相关的现有技术进行介绍，并会将有关这些现有技术的资料一并提供给专利代理人，专利代理人应当认真研究这些现有技术。但是，申请人或发明人所提供的现有技术多半是在开发研究之前所了解到的，到准备申请时现有技术会有所发展，更何况他们在研发前对现有技术的了解有可能不全面，因此专利代理人在撰写专利申请文件之前，有必要在取得他们同意的基础上再对现有技术进行补充检索和调研。只有更全面地掌握本发明或者实用新型的现有技术，才能撰写出高质量的专利申请文件。

在检索和调研过程中，应当考虑如下4个方面的问题。

（1）将前面确定的要求保护的技术主题与了解到的现有技术进行对比，将那些与现有技术相比不具备新颖性或者明显不具备创造性的技术主题删除

根据《专利法》第二十二条第二款和第三款的规定，具备新颖

---

❶ 需要说明的是，在实践中可以这样处理，但在参加专利代理人资格考试答题时，应当要求申请人补充相应的技术内容后，另行提出一件专利申请。

性和创造性是一件专利申请授予专利权的必要条件。也就是说，如果要求保护的技术主题相对于现有技术不具备新颖性和创造性，则该件专利申请将不会被授权。因此，前面所确定的要求保护的技术主题中若包含有相对于现有技术不具备新颖性或者明显不具备创造性的技术主题，则应当将这些技术主题删除，仅针对那些相对于现有技术具备新颖性和创造性的技术主题来撰写专利申请文件。

当然，还有可能出现某一技术主题的一部分实施方式相对于现有技术不具备新颖性或者明显不具备创造性，而另一些实施方式相对于现有技术具备新颖性和创造性。在这种情况下，专利代理人则应当将该技术主题中那些相对于现有技术不具备新颖性或者明显不具备创造性的具体实施方式删除，而仅仅针对那些相对于现有技术具备新颖性和创造性的具体实施方式撰写要求保护的技术方案。

（2）根据检索和调研到的现有技术，为要求保护的技术主题确定合适的保护范围

对于那些相对于现有技术具备新颖性和创造性的技术主题，分别将这些技术主题与相关的现有技术进行对比分析，确定这些技术主题分别相对于现有技术带来哪些有益技术效果，在此基础上确定各个技术主题所解决的技术问题，从而为各个技术主题确定合适的保护范围。

就一项技术主题而言，如果与检索到的最接近的现有技术相距甚远，就可尽量将其要求保护的范围写得宽一些，使该项技术主题得到更充分的保护。相反，如果要求保护的技术主题与所检索到的现有技术比较接近，就应该将其保护范围写得窄一些，使其相对于最接近的现有技术和相关的现有技术仍然具备新颖性和创造性，这样可加快发明专利申请的审批进程，甚至有可能使该申请在发明实质审查过程中不发出"审查意见通知书"而直接授权。而对于实用新型专利申请在批准授权后其法律地位更为稳固。

例如，申请人在现有技术克丝钳的基础上发明了一种剥线钳，其通过在刀口部位的多个直径不等的刀刃凹口，对不同直径的导线

端部去除绝缘外套，实现剥线功能。如果通过检索对比文件和了解现有技术，根本未找到剥线钳，则可将其保护范围确定得较宽；如找到另一种结构的剥线钳，则应当将其保护范围局限于这种具有多个直径不等的刀刃形凹口具体结构的剥线钳。

（3）进一步判断这些相对于现有技术具备新颖性和创造性的技术主题之间是否仍符合单一性规定

正如前面所指出的那样，判断合案申请的两项或两项以上的发明或实用新型是否属于一个总的发明构思时，要确定它们是否具有相同或相应的特定技术特征，而此特定技术特征是指每一项发明或者实用新型作为整体对现有技术作出新颖性和创造性贡献的技术特征。因此，当这件专利申请涉及多个相对于现有技术具备新颖性和创造性的技术主题时，需要在对现有技术进行调研和检索的基础上，进一步确定各项技术主题的相同或相应的特定技术特征，因为在检索前所认定的相同或相应的特定技术特征，通过检索后有可能会被认定不再是特定技术特征，从而在检索前初步认为具有单一性的几项技术主题会被认为不符合单一性的规定。例如，申请人或发明人在技术交底书中对其发明创造涉及的产品和产品的生产方法这两项技术主题作出的说明归纳如下："为延长产品的寿命，对该产品的结构作了两方面的改进，并且相对于结构上所作的第一方面的改进，对该产品的生产方法作出相应的改进。"此时，专利代理人在理解了这两项技术主题之后，可以初步认为这两项技术主题属于一个总的发明构思，因为针对该产品结构所作出的第一方面改进和针对该产品的生产方法作出的改进是相应的特定技术特征，因此可以合案申请。如果在理解了这两项技术主题后进行了补充检索，由补充检索结果可知现有技术中的产品也对原产品结构作出了第一方面的改进以提高其寿命，但是未作出该产品结构第二方面的改进，则该项产品技术主题仍可作为专利申请的保护客体，但是对该产品结构所作出的第一方面改进不再是该产品技术主题的特定技术特征，该产品技术主题的特定技术特征为对该产品结构作出的第二方面改进，而该产品的生产方法这一技术主题相对于现有技术作出的改进仅仅是针对该产品结构第一方面改进作出的，因而与该产品结构第二方面的改进无关，因此这两项技术主题不再具有相同或相应的特定技术特征，也就是说这两项技术主题不再属于一个总的发明构思，若要合案申请就可能出现单一性问题。

(4) 初步判断可否将一些技术要点作为技术秘密保留起来

作为申请人或发明人，为防止他人未经许可就实施其发明或实用新型，或者为了在商业竞争中取得主动地位，常常希望将一些重要的附加技术要点作为技术秘密保留起来，而不写入说明书中。对于这样的申请案，专利代理人对所属技术领域进行检索和调研就显得更为重要。通常，此时应当到专利局进行新颖性检索。

在检索到最接近的现有技术和相关技术后，应初步判断把这些重要的附加技术要点作为技术秘密保留起来后，该申请相对于现有技术是否仍然具备新颖性和创造性。如果具备新颖性和创造性，就可进一步考虑是否有必要将其保留起来。与此相反，若保留技术秘密有可能使该申请丧失新颖性或创造性，则不要将这些技术要点作为技术秘密保留起来。对于发明专利申请，至少应将其记载在说明书中，否则在实质审查时，审查员若认为该发明不具备新颖性或创造性，就会因原始申请文件中未公开这些技术要点，而不能补入说明书和权利要求书中，失去了修改专利申请文件的机会，从而不能取得专利权。专利代理人最好还应将其写入一个从属权利要求中去，这样在无效宣告程序中专利权会比较稳固。对于实用新型专利申请，不仅要将这些技术要点记载在说明书中，还应当记载在权利要求书中，至少将其写入一项从属权利要求中，以备公众在授权公告后向国家知识产权局专利复审委员会提出无效宣告请求。当这种情况发生时，即使该申请的独立权利要求被宣告无效，申请人还可以就该从属权利要求争取到维持该专利权部分有效的结果。

二、权利要求书的撰写

在理解了发明或实用新型技术内容的实质，与申请人就要求保护的技术主题进行了必要沟通以及对相关现有技术进行调研后，专利代理人就可以开始着手撰写权利要求书。

由于发明专利既保护产品，又保护方法，而实用新型专利只保护有形状、结构改进的产品，不保护方法，因而下面涉及的方法类权利要求的撰写仅适用于发明专利申请，不适用于实用新型专利申请。

（一）撰写权利要求书的主要步骤

为便于读者掌握，先针对仅包括一项技术主题的发明或实用新型，说明如何撰写权利要求书。

对于一项要求保护的技术主题，权利要求书的撰写通常可按下述5个步骤进行。

①在理解发明或实用新型的基础上，找出其主要技术特征，弄清各技术特征之间的关系。

②根据检索和调研得到的现有技术，确定与本发明或实用新型最接近的现有技术。

③根据最接近的现有技术，进一步确定本发明或实用新型要解决的技术问题，从而列出本发明或实用新型为解决此技术问题所必须包括的全部必要技术特征，并应当尽可能用上位概念或并列概括的方式加以概括，以使其具有较宽的保护范围。

④与最接近的现有技术作比较，将它们共同的必要技术特征写入独立权利要求的前序部分，本发明或实用新型区别于最接近的现有技术的必要技术特征写入特征部分，从而完成独立权利要求的撰写。

⑤对其他附加技术特征进行分析,将那些有可能对申请的创造性起作用的技术特征作为对本发明或实用新型进一步限定的附加技术特征,写成相应的从属权利要求。

下面结合一个具体实例"便携式牙刷",来说明如何按上述5个步骤撰写权利要求书。

1. 深入理解发明或实用新型,列出主要技术特征

该案例为一件实用新型专利申请,该便携式旅行牙刷由牙刷本体1、盒体2和牙膏软袋4组成,其结构如图3-1所示。牙刷本体1与盒体2用铰链3连接。盒

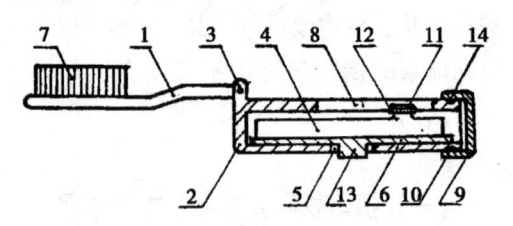

图3-1 便携式旅行牙刷第一种方案的示意图

体2形状是细长方体。盒体2顶壁上有一个形状、大小与牙刷刷毛7相应的空腔8,当牙刷折叠起来放置时,牙刷刷毛7正好落入此刷毛空腔8内。盒体2底部开有孔5,置于盒底的牙膏软袋压板6上有一凸块13,从孔5中伸出。牙膏采用软袋包装,牙膏软袋4放置在压板6上,牙膏出膏口12开在牙膏软袋4上侧与刷毛空腔8位置相对应处。出膏口12上有螺纹,与牙膏旋盖11的螺纹匹配。盒体一端有端盖9,端盖内壁上有2~4个凸起14,它与盒体侧端外壁上的凹孔10相卡紧。使用时,将牙刷本体1转动一个角度,打开牙膏旋盖11,再将牙刷本体1转回来,使刷毛7靠在出膏口12上,按一下压板凸块13,把牙膏挤在刷毛7上,再将牙刷本体1转动180度伸直,盖上牙膏旋盖即可刷牙。

由上述分析可知,本实用新型主要包括下列技术特征:

①牙刷本体。

②兼作刷柄的细长方盒体。

③置于盒体中的牙膏软袋。

④盒体端盖。
⑤牙刷本体与细长方盒体用铰链连接。
⑥盒体顶壁上有一个携带时供刷毛放入的刷毛空腔。
⑦出膏口开在牙膏软袋一侧，牙膏软袋放入盒体后出膏口位置与刷毛空腔位置相对应。
⑧盒体内牙膏软袋下方放置一块带有凸块的、挤压牙膏的压板。
⑨盒体底部开有一个与压板凸块形状相应的孔，压板凸块从其中伸出底部。

2. 根据检索和调研结果，确定最接近的现有技术

经检索和在市场上调查，找到3种便携式牙刷。

第一种便携式牙刷由牙刷本体和带有空腔的牙刷柄组成。携带时，可将牙刷本体带刷毛的那一部分放到牙刷柄的空腔中。使用时，可将牙刷本体取出，让另一端与牙刷柄相连，即可刷牙。

第二种便携式牙刷由盒体、普通牙刷、小袋牙膏组成，用完后将牙刷、小袋牙膏放入盒体，就可携带。

第三种便携式牙刷如图3-2所示，它包括牙刷本体、小袋牙膏、可兼作刷柄的盒体。盒体一侧开有孔，小袋牙膏可从此孔中放到盒体中，牙刷本体安装在此盒体的孔上，即可刷牙。将本申请与上述3种现有技术进行比较，显然可知，第三种便携式牙刷是最接近的现有技术。一方面，它所解决的技术问题与本申请比较相似，牙膏、牙刷结合成一体，便于携带，且携带时不会将刷毛弄脏；另一方面，与前两种现有技术相比，它包含有更多的共有特征。

3. 分析和确定本申请的全部必要技术特征

将本申请与图3-2所示的最接近的现有技术进行比较，可知本申请不仅便于携带、卫生，而且使用起来更方便，不必从盒体中取出牙膏，只要按一下盒底的压板就将牙膏挤在刷毛上。因此，相对于最接近的现有技术来说，本申请要解决的技术问题是提供一种使用更方便的便携式旅行牙刷，使用时不必从盒体中取出牙膏袋。

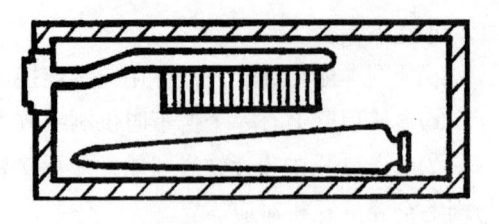

图3-2 现有技术中的便携式牙刷示意图

在上面所描述的本申请主要技术特征中，哪些是解决本申请技术问题的必要技术特征呢？下面对这些主要技术特征逐个进行分析。

显然，前3个特征，即牙刷本体、盒体和牙膏软袋是本实用新型旅行牙刷的主要组成部分，是必要技术特征。但本申请第②个特征盒体形状为细长方体，并不是必要技术特征，也可以采用其他形状，如横截面为半圆形或半椭圆形的细长盒体。而且，从手握持起来更舒服的角度考虑，细长方体反而不如其他形状，因此，盒体为细长方体不应当写入独立权利要求中。

现在来看本申请第④个特征"端盖"。本申请设置端盖的目的是更换牙膏软袋。如果作为一次性使用的旅行牙刷，就不一定非要设置此端盖不可了，故端盖不是本实用新型的必要技术特征。

至于本申请第⑤个特征"牙膏与盒体用铰链连接"中的"铰链"也不是必要技术特征，例如它们之间的连接可以为卡式的，若将铰链连接写入独立权利要求中，则缩小了保护范围，只需指出两者是活动式连接即可。

本申请第⑥个技术特征"盒体顶壁上有一个携带时供刷毛放入的刷毛空腔"保证了旅行牙刷携带时不致弄脏刷毛。本申请第⑦个技术特征"牙膏软袋出膏口位置与刷毛空腔位置相对应"以及由第⑧、第⑨两个特征"牙膏软袋下方的带凸块的压板"和"位于盒体底部的与凸块位置相应的孔"构成的挤压牙膏软袋的装置是为了解决不取出牙膏软袋就可将牙膏挤在刷毛上这个技术问题。因此，第⑥至第⑨技术特征是解决本实用新型技术问题的关键，是必不可少

的技术特征。❶

4. 撰写独立权利要求

在列出上述全部必要技术特征后,再与最接近的现有技术进行比较,将它们共有的必要技术特征,即第①、第②、第③和第⑤个特征,写入独立权利要求的前序部分,而后4个特征是本申请的区别特征,不包含在最接近的现有技术中,则将其写到特征部分。从而最后写成的独立权利要求为:

"1. 一种便携式牙刷,由牙刷本体(1)、兼作刷柄的盒体(2)和置于该盒体(2)内的牙膏软袋(4)组成,该牙刷本体(1)和该盒体(2)之间为活动连接,其特征在于:所述盒体(2)顶壁上有一个形状、大小与牙刷本体(1)上的刷毛(7)相应的空腔(8),携带时该牙刷本体(1)上的刷毛(7)正好位于此空腔(8)内;所述牙膏软袋(4)的出膏口(12)位置与该刷毛空腔(8)位置对应;该牙膏软袋(4)下方有一块带凸块(13)的压板(6),所述盒体(2)底壁上与此压板凸块(13)位置相应处开有一个孔(5),该凸块(13)从此孔(5)中伸出。"

5. 撰写从属权利要求

在权利要求书中撰写从属权利要求有什么作用呢?

在审查程序中,一旦独立权利要求缺少新颖性或创造性,审查员就可进一步判断此从属权利要求是否还有新颖性或创造性,而不必等申请人修改独立权利要求后再继续审查,从而可加快审查程序。

而在无效程序中,从属权利要求的重要性就更为突出了。此时

---

❶ 为使发明或实用新型取得更宽的保护范围,专利代理人撰写权利要求书时不应局限于其具体的实施方式,事实上该申请案中挤压牙膏软袋的装置还可采用其他结构,因而在确定必要技术特征时可采用更概括的描述方式,有关这方面的内容请参见下面"(二)如何撰写出较宽保护范围的独立权利要求"。

若独立权利要求不能成立，一般只允许将从属权利要求上升为独立权利要求，而不允许专利权人将说明书中的技术内容补充到权利要求中去。因此从属权利要求成为无效程序中专利权人的多道防线，为本专利留出退路。

从属权利要求的另一个作用是限定一些比较有商业应用价值的具体解决方案。在侵权诉讼中，这样的从属权利要求使专利权人十分主动，由于它将保护范围限定得十分明确而使对方无纠缠余地。同样，这种从属权利要求在许可证贸易中对专利权人也十分有利。由此可知，撰写好从属权利要求也是十分重要的。

在撰写从属权利要求前，专利代理人应对该申请的附加技术特征逐个进行分析，从其中选出那些重要的、对该申请的新颖性和创造性起作用的技术特征，写成从属权利要求。

在本案例中，由于技术交底书只描述了一个具体实施方式，大部分附加技术特征如盒体是细长方体、牙刷本体与盒体之间为铰链连接等对本申请的创造性没有实质性作用，利用这些特征写成从属权利要求没有什么实际意义。但对于为更换牙膏软袋而设置的端盖这个附加技术特征，可使该申请由一次性使用牙刷的技术方案扩大到多次使用，因此可将其写成一项从属权利要求。对于本申请案，正如第55页中脚注所说明的独立权利要求可以采用更概括的方式来描述，那时需要按其具体实施方式来撰写从属权利要求。在下面"（二）如何撰写出较宽保护范围的独立权利要求"中将对此作进一步说明。

（二）如何撰写出较宽保护范围的独立权利要求

申请人总希望专利申请获批后能取得最大的保护，因此，专利代理人在撰写权利要求书时应尽量撰写出一个保护范围较宽的独立权利要求。为此，专利代理人在撰写时不要局限于发明或实用新型的具体实施方式，应尽可能采用概括性描述来表述技术特征。

申请人或发明人在构思其发明或实用新型时，会设计出一种最佳实施方式。在撰写独立权利要求时，若局限于此实施方式，往往会使其保护范围过窄，第三者在实施时，对其稍作改变，就有可能绕过此独立权利要求的保护范围而不侵权。因此，申请人或其专利代理人应当仔细分析该具体实施方式，确定哪些是解决技术问题必不可少的技术特征，在这些特征之中是否有一部分可用类似的结构达到相同或相近的效果，可否用概括性的描述来表达，以便撰写出保护范围较宽的独立权利要求。

下面仍以"便携式牙刷"为例加以说明。在前一节已指出"盒体顶壁上有一个携带时供刷毛放入的空腔"、"牙膏软袋出膏口位置与刷毛空腔位置相对应"以及"挤压牙膏软袋的装置"是保证使用方便（不取出牙膏软袋即可将牙膏挤在刷毛上）的必要技术特征。在申请人的具体实施方式中，该挤压牙膏软袋的装置是放置在牙膏软袋下方的带凸块的压板上，其凸块从盒体底部的孔中伸出。但是这种挤压装置不是唯一的，还可以设计出许多其他形式，若将这种装置的具体结构写入独立权利要求中，则申请的保护范围就变得比较窄了。第三者生产的便携式牙刷中若采用了其他形式的挤压牙膏软袋的装置就有可能不侵权。为了使该申请取得较充分的保护，可在说明书中再给出另一些挤压牙膏软袋装置的具体结构：如目前市场上可买到的固体胶棒中所采用的螺旋挤夺结构；或者在远离出膏口那一端设置一块可向出膏口方向移动的板，可移动板上有一拨块从盒体底部或侧面的长条形槽中伸出，沿此长条形槽向着出膏口方向拨动此拨块就可使可移动板挤压

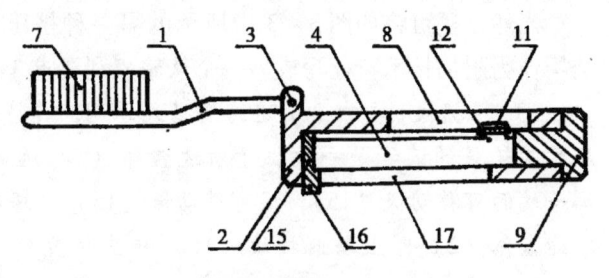

图3-3 便携式旅行牙刷第二种方案的示意图

57

牙膏软袋,将牙膏挤压刷毛上。在说明书补充了上述内容后,就可写出一个保护范围较宽的独立权利要求:

"1. 一种便携式牙刷,由牙刷本体(1)、兼作刷柄的盒体(2)和置于该盒体(2)内的牙膏软袋(4)组成,该牙刷本体(1)与该盒体(2)之间为活动连接,其特征在于:所述盒体(2)顶壁上有一个形状、大小与牙刷本体(1)上的刷毛(7)相应的空腔(8),携带时该牙刷本体(1)上的刷毛(7)正好位于此空腔(8)内;所述牙膏软袋(4)的出膏口(12)位置与该刷毛空腔(8)位置相对应;所述盒体(2)有一个挤压牙膏软袋的装置。"

这样撰写后,独立权利要求的保护范围加大了,但必然会对本专利申请的新颖性、创造性带来影响。为了增加此申请取得专利的可能性和在批准专利后更有利于维护专利权,可按其具体实施方式来撰写从属权利要求。例如可将挤压牙膏软袋装置的具体结构——带凸块的压板和盒体底壁上的开孔作为附加技术特征写成一个从属权利要求2:

"2. 根据权利要求1所述的便携式牙刷,其特征在于:所述挤压牙膏软袋的装置是一块位于所述牙膏软袋(4)下方的、带凸块(13)的压板(6),所述盒体(2)底壁上与此压板凸块(13)位置相应处开有一个孔(5),该凸块(13)从此孔(5)中伸出。"

当然,还可将如图3-3中所示的另一种挤压牙膏软袋装置的结构作为附加技术特征写成另一个从属权利要求3:

"3. 根据权利要求1所述的便携式牙刷,其特征在于:所述挤压牙膏软袋的装置是一块位于所述盒体(2)远离刷毛空腔(8)那一端的可移动板(15),该可移动板(15)边缘有一拨块(16),所述盒体(2)壁上与此拨块(16)相应位置处开有一长条形槽(17),该可移动板(15)上的拨块(16)从此长条形槽(17)中伸出,该拨块(16)可沿此长条形槽(17)移动。"

(三) 并列独立权利要求的撰写

根据《专利法》第三十一条规定，属于一个总的发明构思的两项以上的发明或者实用新型可以作为一件申请提出。这些申请案的权利要求书包含有多项独立权利要求，其中权利要求1是第一独立权利要求，也可称作"主权利要求"，其余几项独立权利要求称作"并列独立权利要求"。这一节简单介绍一下并列独立权利要求的撰写。

1. 同类型产品或方法的并列独立权利要求

在撰写同类型方法发明、同类型产品发明或实用新型的并列独立权利要求时，必须体现出其技术方案与第一独立权利要求属于一个总的发明构思，也就是说两者的技术方案中，尤其是反映其对现有技术所作贡献内容的特征部分包含有相同的或者相应的特定技术特征。

前面所提及的便携式旅行牙刷给出了多种挤压牙膏软袋装置的结构。为帮助读者理解并列独立权利要求的撰写，以其两种具体实施方式为例加以说明。❶

前面"（一）撰写权利要求书的主要步骤"中给出了反映便携式旅行牙刷第一种实施方式的独立权利要求1：

"1. 一种便携式牙刷，由牙刷本体（1）、兼作刷柄的盒体（2）和置于盒体（2）内的牙膏软袋（4）组成，该牙刷本体（1）和该盒体（2）之间为活动连接，其特征在于：所述盒体（2）顶壁上有一个形状、大小与所述牙刷本体（1）上的刷毛（7）相应的空

---

❶ 从取得最宽保护范围角度考虑，应像前面"（二）如何撰写出较宽保护范围的独立权利要求"所述那样写成一项概括多种实施方式的独立权利要求以及两项体现具体实施方式的从属权利要求。此处写成两项独立权利要求只是说明并列独立权利要求如何撰写，以体现其满足单一性要求。

腔（8），携带时该牙刷本体（1）上的刷毛（7）正好位于此空腔（8）内；所述牙膏软袋（4）的出膏口（12）位置与该刷毛空腔（8）位置对应；该牙膏软袋（4）下方有一块带凸块（13）的压板（6），所述盒体（2）底壁上与此压板凸块（13）位置相应处开有一个孔（5），该凸块（13）从此孔（5）中伸出。"

　　在本申请的另一种实施方式中，挤压牙膏软袋的装置是一块位于盒体远离刷毛空腔那一端的、边缘上带有拨块的可移动板和盒体壁上与拨块位置相应处开设的长条形槽，以此来代替第一种具体实施方式中的带凸块的压板和盒体底壁上的孔。它们在本申请中对现有技术所起的贡献相同，与另两个技术特征（顶壁上的刷毛空腔、牙膏软袋出膏口的位置与刷毛空腔位置对应）一起使旅行牙刷的使用更方便，不必取出牙盒软袋就可将牙膏挤在刷毛上，也就是说两者属于一个总的发明构思，可将后一种实施方式写成一个并列的独立权利要求。该独立权利要求的前序部分与第一独立权利要求的前序部分相同；特征部分包含有相同的特定技术特征——顶壁上的刷毛空腔，出膏口位置与刷毛空腔位置对应，还包含有与带凸块压板和底壁上的孔相应的特定技术特征——带拨块的可移动板和盒壁上的长条形槽。该并列独立权利要求可写成：

　　"2. 一种便携式牙刷，由牙刷本体（1）、兼作刷柄的盒体（2）和置于盒体（2）内的牙膏软袋（4）组成，牙刷本体（1）和盒体（2）之间为活动连接，其特征在于：所述盒体（2）顶壁上有一个形状、大小与所述牙刷本体（1）上的刷毛（7）相应的空腔（8），携带时该牙刷本体（1）上的刷毛（7）正好位于此空腔（8）内；所述牙膏软袋（4）的出膏口（12）位置与刷毛空腔（8）位置对应；所述盒体（2）中远离刷毛空腔（8）那一端有一块周边上带有拨块（16）的可移动板（15），该盒体（2）壁上与此拨块（16）相应位置处开有一长条形槽（7），该可移动板（15）上的拨块（16）从此长条形槽（17）中伸出，并可沿此长条形槽（17）移动。"

对于属于一个总的发明构思的方法发明来说，并列独立权利要求的撰写方法大致相同，其前序部分多半与第一独立权利要求相同，特征部分具有相同的方法步骤和/或工艺条件技术特征以及相应的方法步骤和/或工艺条件特定技术特征，以体现这些方法发明属于一个总的发明构思。

但对产品并列独立权利要求来说，还有另一种情况，即两个产品是彼此配套的产品，其中一个产品的改进必然伴随着对另一个产品作出相应的改进，该两个产品往往也属于一个总的发明构思，可以合案申请。此时，并列独立权利要求前序部分和特征部分的技术特征与第一独立权利要求的前序部分和特征部分的技术特征相对应，以体现两者属于一个总的发明构思。现以目前市场上供应的新型两相三脚插头、插座为例加以说明。其第一独立权利要求为：

"1. 一种两相三脚插头，其三个插脚位置呈三角形分布，其特征在于：所述三个插脚为扁金属片，其中地线插脚的横断面沿半径方向延伸，而另两个插脚以地线插脚横断面的径向走向为对称轴，成八字形，其靠近地线插脚的一端与另一端相比更远离对称轴。"

与此相应的并列独立权利要求为：

"2. 一种两相三孔插座，其三个插孔位置呈三角形分布，其特征在于：所述三个插孔横断面形状是扁平长方形，其中地线插孔的横断面沿半径方向延伸，而另两个插孔以地线插孔横断面的径向走向为对称轴，成八字形，其靠近地线插孔的一端与另一端相比更远离对称轴。"

上述两独立权利要求的技术特征明显相对应。然而，有一些配套产品并不像插头、插座那样，他们的特征部分的技术特征并不明显相对应，但只要其特征部分的技术特征体现对于现有技术所作的贡献，即对解决技术问题所起的作用相应即可。例如，无线广播发射接收系统采用一种新的工作频率，则其发射机和接收机可合案申请。一项独立权利要求的保护主题是发射机，另一项是接收机。前者特征部分的技术特征是为了能发射该工作频率信号而作出的改进，后者特征部分的技术特征是为了接收该工作频率信号而作出的改进。

2. 不同类型发明的并列独立权利要求

合案申请中更常见的情况是属于一个总的发明构思的不同类型发明,如产品及其专用于制造该产品的方法,方法和实现该方法的专用设备,产品、专用于制造该产品的方法及该方法的专用设备……在撰写这类并列独立权利要求时,为了体现它们属于一个总的发明构思,并列独立权利要求应能反映出与第一独立权利要求的产品或方法之间的关系,对此可采用两种方法表示:其一是用文字直接描述第一独立权利要求中的产品或方法;其二是采用引用第一独立权利要求的语句。通常用后者更为简洁清楚。这里需要提醒一点,该权利要求仍为独立权利要求,仍分前序部分和特征部分,只是前序部分中包含有引用第一独立权利要求的语句,从表面上看与从属权利要求有些相似,实质上却是独立权利要求。一方面其要求保护的主题名称与被引用的权利要求的保护主题名称不一样;另一方面其前序部分中还应写入与最接近的现有技术共有的技术特征。该并列独立权利要求的特征部分应体现出与第一独立权利要求的技术方案有技术上的联系,即其区别技术特征通常对第一独立权利要求的区别技术特征有依赖关系。

这里给出一件有关产品、该产品的制造方法以及其专用设备的申请案例来说明不同类型发明的并列独立权利要求应如何撰写。该申请案的产品为用于沸腾液体的传热壁,其结构如图3-4所示,在传热管管体1表面6的下方

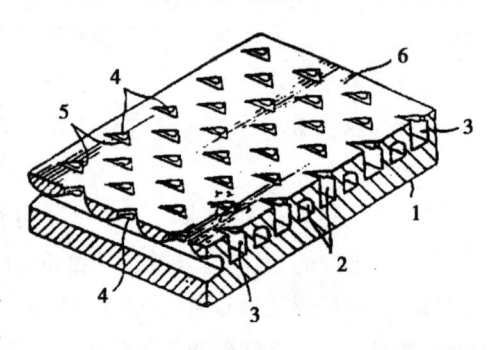

图3-4 用于沸腾液体的传热壁面的结构示意图

有许多平行窄长通道2,这些通道彼此间距很小,通道上方的表面上有许多三角形的孔5,按一定的规则间隔排列着,每个孔中都有一

个非对称的突起4，该突起在小孔横截面上的投影面积小于小孔的横截面面积。这种传热壁面制造方法的主要步骤如图3-5所示：先在金属管外表面上形成多条浅沟槽7，然后用铲刮刀具9沿外表面铲刮起带切口12的肋片11，在这同时，铲刮刀具

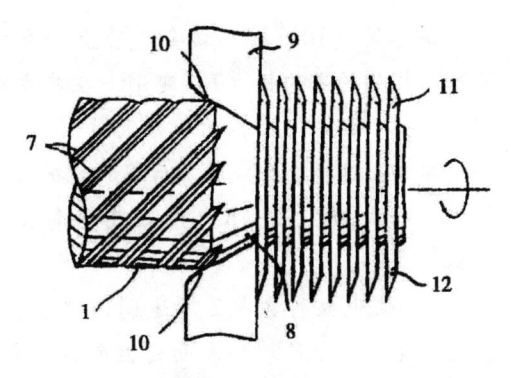

图3-5 用于沸腾液体的传热壁面的制造方法示意图

端部后缘10上的突出部分挤压该金属管上尚未铲刮起的表面，使其相邻的浅沟槽内形成一个隆起，当形成全部肋片后，再将肋片端部折弯，与相邻肋片搭接，从而得到外表面上的小孔内有非对称形突起的传热管壁面。

对于该申请案，3个独立权利要求可按下述方式撰写：

"1. 一种用于沸腾液体的传热壁，该传热壁外表面（6）下方有许多平行、窄长的通道（2），外表面（6）上沿着这些通道（2）间隔地开有小孔（5），使这些通道（2）与传热壁外部相通，其特征在于：所述小孔（5）中有一个从孔壁向孔中心伸出的非对称突起（4），它在小孔（5）横截面上的投影面积与小孔（5）横截面的面积比为0.4~0.8。"

"2. 一种制造权利要求1所述的沸腾液体传热壁的方法，先在管壁上形成彼此间隔很近的、端部带有多个均匀分布切口（12）的成排肋片（11），再将肋片（11）端部折弯，并与相邻肋片（11）搭接，从而在传热壁外表面（6）下方形成平行窄长的通道（2），肋片切口（12）处成为沿通道间隔设置的小孔（5），其特征在于：所述带切口（12）的肋片（11）是按照下述工艺步骤制得的，先在金属管外表面上形成多条浅沟槽（7），此后用铲刮刀具（9）沿外表面铲刮起带切口（12）的肋片（11），在此同时该铲刮刀具

(9)的后缘(10)挤压该金属管上尚未被铲刮起的外表面(8),使与其相邻的浅沟槽(7)变形,在其波谷部分形成隆起,从而在铲刮下一个肋片(11)时,该肋片(11)的切口(12)内有一个隆起部分,这样在形成肋片后将肋片折弯与相邻肋片搭接时,该隆起部分就成为小孔(5)内从孔壁向孔中心伸出的非对称突起(4)。"

"3. 实现权利要求2所述制造沸腾液体传热壁方法中的专用铲刮刀具,该刀具端部表面是倾斜的,形成锐角的铲刮前缘,其特征在于:在所述刀具端部的后缘(10)有一个高出端部斜面可对尚未铲刮起的金属管外表面起挤压作用的突出部分。"

显然,这3个独立权利要求属于一个总的发明构思。第一独立权利要求的技术方案是该传热壁表面上的每个小孔中有非对称的突起。制造方法并列独立权利要求在前序部分用引用方式表明是生产权利要求1所述沸腾液体传热壁的制造方法,而其特征部分的工艺步骤正是为了使该传热壁表面上的小孔中形成非对称突起。专用铲刮刀具的并列独立权利要求在前序部分表明是按权利要求2所述制造方法生产权利要求1中沸腾液体传热壁时所采用的专用刀具,其特征部分中的技术特征正是反映了为使该方法能在小孔中形成非对称突起而对刀具结构作出的改进。所以,这3个独立权利要求不仅从实质上看满足了单一性要求,而且从撰写角度看也体现它们之间属于一个总的发明构思,满足单一性要求。

三、说明书的撰写

(一)说明书的充分公开与保留技术秘密

不少申请人在申请专利时,为了想控制市场或防止被仿制,总想将发明或实用新型的一些关键要点作为技术秘密(即通常所说的"know-how")保留起来而不写入说明书和权利要求书中。但是,《专利法》第二十六条第三款规定,说明书应当对发明或者实用新型作出清楚、完整的说明,以所属技术领域的技术人员能够实现为准。即说明书应当将发明或者实用新型的实质内容充分公开。因此,在这种情况下,申请人或其专利代理人应当撰写出一份既保留了技术秘密,又充分公开发明或实用新型实质内容的说明书。这里以一个实际申请案为例来说明如何处理这两者之间的关系。

1. 判断说明书充分公开的依据

如何判断说明书是否将发明或实用新型充分公开了呢?具体来说,判断标准就是所属技术领域的技术人员能否根据说明书中公开的内容不付出创造性劳动而实现本发明或实用新型权利要求书所要求保护的技术方案。该"实现"包括两方面的意义:再现本申请权利要求书请求保护的产品或方法;该产品或方法能解决所提出的技术问题。

下面结合申请案"生产粉煤灰陶粒的热窑设备及工艺"对此加以说明。

该申请案的独立权利要求请求保护一种粉煤灰陶粒热窑。说明书中公开的粉煤灰陶粒热窑结构如图 3-6 所示。该热窑壁面由内层 1 与外层 3 组成,其间设有保温层 2,控制窑壁的温度在 1150℃ ~ 1250℃之间,从而形成横截面上温度均匀的等温窑,使焙烧的陶粒 4 性能最好。但是,在说明书中并未描述如何设置该保温层以及用什么措施来控制窑壁温度在 1150℃ ~ 1250℃。此外,带有保温层的窑壁结构在热工炉窑中是屡见不鲜的,很容易找到公开这

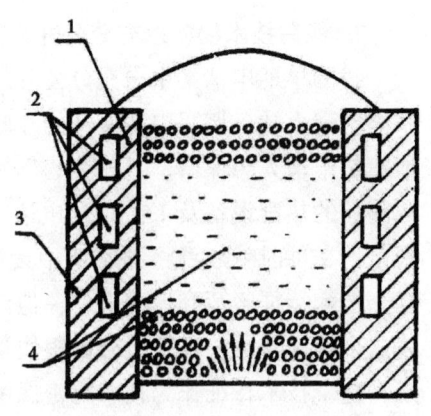

图 3-6 粉煤灰陶粒热窑结构示意图

65

种热工炉窑结构的对比文件。至于窑壁温度控制在1150℃～1250℃之间也是该领域技术人员的普通专业知识,因为从对比文件中可查到陶粒成形的最佳温度为1200℃左右,正落在这个温度区间内。从而,审查员认为该申请不具备创造性。申请人在接到"审查意见通知书"后要求会晤,在会晤中说明该保温层不是一般意义下的保温层,而是一个通道,其中通以烟气、燃气或者高温火焰,这是发明的实质内容。遗憾的是普通技术人员从说明书中并不能得到有关本发明实质内容的启示,对于保温层来说,普通技术人员只能理解成"绝热保温材料制成的保温层"或者"真空保温层",普通技术人员不经过创造性的劳动从说明书和现有技术得不到本发明的主要构思——窑壁内设有通以高温烟气、燃气或高温火焰的通道。即本申请的说明书未充分公开本发明的实质内容。在这种情况下,对说明书进行修改时也不能将这些内容补充进去,最后申请人只得自动撤回本申请,幸亏此时该申请尚未公开,申请人赶在公开日之前又重新提出了另一份充分公开发明实质内容的申请,才得到了补救。

2. 保留技术秘密以充分公开为前提

我国早期申请案中未充分公开的问题比较多,这不仅仅是由于我国申请人缺乏撰写申请文件的经验所造成的,还因为有一部分申请案是申请人想保留"技术秘密"而故意未充分公开。"生产粉煤灰陶粒的热窑设备及工艺"的申请人曾谈到类似的观点,他们在撰写申请文件时就故意将"窑壁中设有可通高温烟气或燃气的通道"这个技术特征不写到说明书中,他们考虑中国是发展中国家,一旦将这个关键特征公开了,外国很快学过去,反过来又超过我国,所以将这个技术特征作为技术秘密保留下来。

之所以出现上述问题是因为申请人未搞清什么是专利申请说明书允许保留的技术秘密。对于一件专利申请,其发明主要构思必须在说明书中充分公开,以使普通技术人员能够实施。可作为技术秘密保留下来的不是解决本发明或实用新型技术问题的必要技术特征,而只是一些附加的技术要点,没有这些附加的技术要点,该领域普通技术人员仍能实施该发明或实用新型,但其效果不如包括这些技术要点的产品或方法,是缺乏市场竞争力的。例如,与包括这些附加技术要点的产品相比,制造出来的产品成本较高或性能较差;与包括这些附加技术要点的方法相比,采用的工艺方法效率较低或者产品合格率较低等。而另外一些会直接影响发明或实用新型能否实施的技术要点(也就是解决技术问题的必要技术特征)就不能作为技术秘密保留起来,必须记载在说明书中,否则就会导致发明或实用新型未充分公开。前面所说的粉煤灰陶粒热窑烧结设备中"窑壁内设有可通高温烟气或燃气的通道"正是不能作为技术秘密保留下来的必要技术特征,应该记载在说明书中。

由此可见,保留技术秘密必须以充分公开为前提。申请人在申请专利并准备保留技术秘密时,就要认真考虑哪些技术要点可以保留不予公开,而哪些不可保留,必须公开。

3. 如何处理充分公开与保留技术秘密之间的关系

为了处理好充分公开与保留技术秘密之间关系,专利申请人或其代理人在撰写带有技术秘密的专利申请文件时,通常应当考虑3个方面的问题。

①首先要考虑哪些技术特征是解决其技术问题的必要技术特征,哪些是使该技术问题解决得更好的附加技术特征,解决技术问题的必要技术特征必须在说明书中充分公开,不得作为技术秘密保留下来。

②进行充分检索,找到最接近的对比文件以及相关对比文件,初步判断把一部分技术要点作为技术秘密保留起来的发明或实用新型是否具备新颖性和创造性,也就是说要考虑该申请在保留技术秘密后,是否会由具备新颖性、创造性而变成丧失新颖性、创造性,如果有这种可能,最好不要保留,否则当审查员提出该申请不具备新颖性、创造性时,则因原说明书未公开此技术要点而不能补充到

67

说明书中去，从而失去取得专利权的可能。

③要考虑这些技术要点作为技术秘密保留有没有实际意义。一般来说，方法发明中的工艺特征作为技术秘密保留下来要比保留市场上流通产品的结构特征有利。对于后者，其结构特征是很难作为技术秘密保留下来的，因为普通技术人员从市场上购来此产品后就能得知其具体结构，这样的技术特征作为技术秘密保留下来而不写入说明书中没有实际意义。

下面结合"生产粉煤灰陶粒的热窑设备及工艺"申请案来进行分析。

前面已经说过，窑壁中的高温烟气通道是解决技术问题的必要技术特征，必须在说明书中充分公开，同时要写入独立权利要求中。但是申请人能否保留一些技术秘密呢？这还是有可能的。如申请人试验过多种结构形状的通道，其中有的形状使窑壁温度更均匀，陶粒成品合格率更高，那么这种通道形状就不一定要在说明书中完全公开，因为普通形状的通道已经能实施本发明，解决其技术问题，通道具体结构形状，尤其最佳结构形状不是解决技术问题的必要技术特征。又如烟气或燃气流过通道的温度和速度也可能会影响陶粒生产的效率和质量，这些最佳速度和最佳温度也可作为技术秘密保留下来。

除此以外，还应当对现有技术进行调研，这对于决定哪些特征可以作为技术秘密也是一个重要的依据。譬如说，经过调研已找到有烟气通道的热窑壁，那么最佳的通道形状就不能作为技术秘密，应当写入说明书中，否则申请就会因失去新颖性或创造性而被驳回。即使经调研未找到有烟气通道的热窑壁，还应当估计一下这样公开后取得专利权的可能性有多大。在没有把握的情况下，还应当在原始说明书中加以披露，否则审查员找到有力的对比文件后，由于原始说明书中未公开通道具体形状，申请人就失去修改权利要求书的机会，而不能取得专利权。当然，在这种情况下，不必将该技术特征补充到独立权利要求中去，但可以将其写成一个对独立权利要求作进一步限定的从属权利要求。

最后，再分析这些技术特征作为技术秘密保留下来有无实际意义。显然，烟气、燃气流过通道的最佳速度和最佳温度是有保留技术秘密价值的。一般说来，产品具体结构特征作为技术秘密保留价值不大，但在此热窑设备中窑壁通道具体形状还是可以作为技术秘密保留下来的，一方面因为它不是市场上流通的产品，第三者不能得知其具体通道形状；另一方面凡是购买此发明专利使用权的企业虽可获悉通道具体形状，但他们从本单位利益出发通常不会将其泄露给其他第三者。

综上分析可知，此申请案在撰写说明书时应当将"窑壁内设有通以高温烟气、燃气的通道"写到说明书中，使发明得到充分公开，与此同时，将此结构特征作为解决其技术问题的必要技术特征写入独立权利要求中。至于烟气通道最佳结构形状，在一些情况下（如检索后可肯定独立权利要求有新颖性和创造性时）可以作为技术秘密加以保留，在说明书中不予披露。而在另一些情况下（如对独立权利要求的新颖性、创造性没有把握时）不作为技术秘密保留，在说明书中予以披露，并作为附加技术特征写入从属权利要求中。

（二）说明书各个组成部分及其摘要的撰写

前面第二章中已写明说明书各个组成部分及其摘要的撰写要求。这里将以"便携式旅行牙刷"为例，具体说明如何撰写说明书。通常撰写专利申请文件时，在充分理解发明和实用新型内容的基础上，先起草权利要求书，然后再撰写说明书。在本章之二中已经给出"便携式旅行牙刷"的一个独立权利要求以及两个重要的从属权利要求，现以此独立权利要求和两个从属权利要求为基础来撰写说明书。

发明和实用新型说明书除发明或实用新型名称外，一般情况下包括 5 个组成部分，每个部分至少使用一个自然段，在每个部分之前加上小标题，标题单独成行，位于该行之左，且不加顺序编号。下面对说明书的名称和其 5 个组成部分的撰写加以说明。

1. 名称

在确定发明或实用新型名称时，应当尽量满足前面第二章之二（三）中所述 7 个方面的要求。

通常可以根据权利要求请求保护的技术方案的主题名称来确定发明或实用新型名称。如果权利要求书中仅有一个独立权利要求或者有多项技术方案主题名称相同的独立权利要求，就可用独立权利要求技术方案的主题名称作"为发明或者实用新型的名称"。

对于便携式牙刷申请来说仅有一项产品权利要求，因此该申请的名称应当体现出其主题为产品。在《国际专利分类表》中，对于刷类产品，按功能分类，该申请的分类号为 A46B 11/02，即为"带有用压力从贮存容器中释放出物料的刷类"，但未反映出其应用领域"牙刷"，考虑到后者为本领域的通用技术名词，看来采用后一名称为好。当然，也可在牙刷名称之前用 A46B 11/02 分类号的小组名加以限定，但考虑到简明的要求，最后将名称定为"便携式牙刷"。

如果权利要求书中有多项独立权利要求，且它们所请求保护的技术方案的主题名称不一样，则发明或者实用新型的名称应当反映这些独立权利要求技术方案的主题名称和发明的类型。当反映多项独立权利要求技术方案主题名称的发明名称过长，超过 25 个字时，则对后几项并列独立权利要求的主题名称可采用简写方式。例如本章之二（三）中涉及传热壁、其制造方法和专用刀具 3 项不同类的独立权利要求情况，可将发明名称写成"用于沸腾液体的传热壁、其制造方法以及专用铲刮刀具"。

2. 技术领域

根据《专利审查指南》第二部分第二章第 2.2.2 节的规定，发明或实用新型的技术领域应当是要求保护的发明或实用新型技术方案所属或者直接应用的技术领域,既不是发明或实用新型所属或者应用的广义技术领域,也不是其相邻技术领域,更不是发明或实用新型本身。因此,该申请的直接应用领域是牙刷,不应当写成其上位的广义技术领域"刷类",更不可写成其相邻技术领域"鞋刷"、"衣服刷"或其他刷类,也不要写成该专利申请本身,即不要将有关顶壁上有空腔、出膏口与空腔位置对应以及挤压装置写进去。

一般来说,可按《国际专利分类表》确定直接所属的技术领域,尽可能地确定在最低的分类位置上。通常其内容应与独立权利要求的前序部分相对应,但可以更简洁些。

这一部分也应体现发明或实用新型要求保护的技术方案的主题名称以及发明的类型。如发明是一种产品和该产品的制造方法,则发明所属技术领域也应当包括产品和其制造方法。

这部分常用的格式语句是:"本发明(或本实用新型)涉及一种……"或"本发明(或本实用新型)属于……"

综上所述,该专利申请所属技术领域应当写成"本实用新型涉及一种便携式牙刷",为了更清楚起见,可进一步写明"尤其是一种由牙刷本体和兼作刷柄的盒体所组成的便携式牙刷"。

最后,还想强调一下,尽管发明或实用新型所属技术领域在说明书中并不是关键的部分,但是正确说明其技术领域也十分重要。若表达不好,也可能会影响其审查结果,因此也必须给予足够的重视。

3. 背景技术

发明和实用新型以解决现有技术中存在的问题作为要解决的技术问题,所以这部分应对申请日前的现有技术进行描述和客观评价,即记载就申请人所知,且对理解、检索、审查该申请有参考作用的背景技术。

除开拓性发明外,至少要引证一篇与本申请最接近的现有技术，必要时可再引用几篇较接近的对比文件，以便使公众和审查员了解现有技术大体发展状况以及本申请与现有技术之间的关系，但不必详细说明形成现有技术的整个发展过程。

简要介绍现有技术需包括3个方面的内容。

①注明其出处，通常可采用给出对比文件（专利文献或非专利文献）或指出其他公知公用情况两种方式。

②简要说明其主要结构和原理，一般不必结合附图作详细描述。

③客观地指出其存在的主要问题。

就便携式牙刷申请来说，通过对现有技术的检索和调研，一共找到3项相关的现有技术。其中两项是目前国内市场上经常可买到的便携式牙刷；另一项是本申请最接近的现有技术———一篇日本实用新型公开说明书。根据《专利法实施细则》第十七条第一款以及《专利审查指南》第二部分第二章第2.2.3节的有关规定，这一部分应当对这3项现有技术，尤其是那篇作为最接近的现有技术的日本实用新型申请公开说明书作一简要说明，给出其出处、其主要结构和原理以及其客观存在的主要问题。

4. 发明或者实用新型的内容

按照《专利法实施细则》第十七条第一款的规定，说明书这一部分包括三方面的内容：发明或者实用新型要解决的技术问题、解决其技术问题采用的技术方案以及发明或者实用新型相对于现有技术所带来的有益效果。

需要说明的是，这一部分只要反映上述三方面的内容即可，并不要求必须按顺序分成三方面来写。但是最好先针对现有技术，尤其是最接近的现有技术存在的问题提出本发明或实用新型所要解决的技术问题，然后再写明解决该技术问题的技术方案和该技术方案所带来的有益效果。在撰写后两方面内容时，可以先描述独立权利要求的技术方案，接着写明该独立权利要求带来的有益效果，然后再写明对本发明或者实用新型作出进一步改进的从属权利要求的技术方案，并说明其带来的有益效果。也可以先描述独立权利要求的技术方案，接着另起段给出重要的从属权利要求的技术方案，然后再分析独立权利要求的技术方案和这些重要的从属权利要求所带来的有益效果。

下面分别对这三方面内容的撰写作出说明。

(1) 发明或者实用新型要解决的技术问题

在对背景技术作了简要描述和评价的基础上，撰写者应针对现有技术，尤其是最接近的现有技术所存在的问题结合本发明或者实用新型所能取得的技术效果提出本发明或实用新型要解决的技术问题，也就是本发明或实用新型要解决的任务。这一部分应当以社会对其客观需要为依据，用尽可能简洁的语言客观而有根据地阐明。

这一部分采用的格式语句是："本发明（或本实用新型）要解决的技术问题是提供一种……"

正如前面第二章之二（三）中所指出的，这一部分应当体现发明或实用新型要求保护的技术方案的主题名称以及发明的类型，并应当采用正面语句直接、清楚地写明发明或实用新型所要解决的技术问题。

对于便携式牙刷申请案来说，由于只涉及产品便携式牙刷，因此发明要解决的技术问题只需反映是针对便携式牙刷提出的即可。本申请相对于最接近的现有技术来说，该便携式牙刷的使用、携带更方便，牙刷与牙膏软袋合为一体，使用时不必从牙膏盒中取出牙刷软袋。因此，撰写时应当直接、清楚地写明其要解决的技术问题。注意不要将其仅写成"提供一种使用、携带更方便的牙刷"，因为未体现出要解决什么具体的技术问题。当然，也不要写成"本发明要解决的技术问题是提供一种盒体带有直接可将牙膏挤到牙刷刷毛上的挤压装置的便携式牙刷"，因为其中"盒体带有直接可将牙膏挤到牙刷刷毛上的挤压装置"是技术方案的主要内容，而不是其要解决的技术问题。

对于便携式牙刷申请案，建议将其写成："本实用新型要解决的技术问题是提供一种使用、携带更方便的便携式牙刷，不仅携带时牙刷与牙膏软袋合成一体，而且在使用时不必从盒体中来回取放牙膏软袋即可刷牙"。

（2）发明或实用新型的技术方案

《专利审查指南》第二部分第二章第2.2.4节中指出，发明或者实用新型专利申请的核心是其在说明书中记载的技术方案。因此撰写时应当对这方面的内容给予足够的重视。

通常，先用一个自然段说明发明或实用新型的主要构思，以发明必要技术特征总和形式来阐明发明或实用新型的实质。

对于只有一项独立权利要求的申请案来说，这一段应针对独立权利要求的技术方案进行描述，其用语应当与独立权利要求的用语相同或相应，即采用独立权利要求的概括性词句来阐明其技术方案。

对于有两项或两项以上同类型发明或实用新型的独立权利要求的申请案来说，最好先用一个自然段来说明这些权利要求技术方案的共同构思，然后再用几个自然段分别描述这几项独立权利要求的技术方案。当然也可以直接分成几个自然段分别描述这几项独立权利要求的技术方案，但此时最好在文字上能明显体现它们之间属于一个总的发明构思。

对于有两项或两项以上不同类型发明独立权利要求的申请案来说，应当分成两个或多个自然段描述，所描述的内容应当体现出这些独立权利要求属于一个总的发明构思，而且分别用相应的独立权利要求的词句来阐明它们的技术方案。

在上述3种情况下，撰写人还要对其重要的从属权利要求的附加技术特征逐一进行简单描述。对于每个重要的从属权利要求，可以用一个自然段来描述。

便携式牙刷申请的权利要求书中只有一项独立权利要求，因此应当先用一个自然段来描述该独立权利要求的技术方案，可采用该独立权利要求的概括性词句进行描述。对于该申请来说,有两个重要的实施方式,相应有两个重要的从属权利要求,因此还应当另起一段描述这两个重要的从属权利要求的技术方案,即分别对独立权利要求的挤压牙膏软袋装置作进一步限定。

这一部分的起始句可采用格式语句:"为解决上述技术问题,本发明的技术方案为:……"

(3)发明或实用新型与背景技术相比的有益效果

这部分内容与发明或实用新型要解决的技术问题有关,但又不相同。要解决的技术问题是指发明或实用新型所要解决的现有技术中存在的技术问题,而有益效果是指本发明或实用新型与现有技术相比具有的优点,也就是构成本发明或实用新型技术方案的技术特征所带来的有益效果。

在说明发明或实用新型的有益效果时应具体进行分析,不能只给出断言,尤其是不得采用广告性宣传语言,作不切实际的宣传。通常可以通过对发明或者实用新型结构特点的分析和理论说明相结合的方式,或者通过列出实验数据方式予以说明。

对于便携式牙刷申请案,可采用对结构特点的分析和理论说明相结合的方式来说明有益效果,即从独立权利要求特征部分的技术特征——顶壁上的刷毛空腔、牙膏软袋出膏口位置与刷毛空腔相对应以及挤压牙膏软袋装置——出发来分析本申请的有益效果。

5. 附图说明

对于实用新型专利申请以及说明书有附图的发明专利申请,在发明或实用新型的内容之后应当给出附图说明。

这部分通常以下述格式句开始:"下面结合附图对本发明(或实用新型)的具体实施方式作进一步详细的说明"。在这之后再集中给出各幅附图的图名。

对于便携式牙刷申请案来说,便携式牙刷共有两个实施方式,至少应当给出描述这两个具体实施方式的附图。在这部分,集中给出这两幅附图的图名。

6. 发明或实用新型的具体实施方式

说明书中这部分内容是说明书充分公开发明或实用新型的关键所在，是公众理解、实施该发明和实用新型的关键所在，因此，这部分应当详细、具体地描述实现发明或实用新型的优选方式，在适当情况下举例说明，从而清楚地说明整个发明或实用新型，如何通过独立权利要求的必要技术特征以及从属权利要求中的附加技术特征来解决发明或实用新型的技术问题，使所属技术领域的普通技术人员按照其记载能够重现发明或实用新型。对于实用新型以及说明书有附图的发明，这部分应结合附图进行描述。

此外，权利要求书是否从实质上得到说明书的支持也取决于这一部分的撰写。除少数特别简单的情况，这部分至少应该给出一个最佳实施方式或具体实施方式。如果独立权利要求中出现概括性（上位概念概括、并列选择概括或功能性限定）的技术特征，这部分应当给出几个实施方式，除非这种概括对于本领域技术人员来说是显而易见的。此外，所有从属权利要求的优选方案也应当在这一部分的具体实施方式中得到体现。

这一部分一般不必给出产品结构的具体尺寸，不要将化学领域的特殊要求不恰当地应用到机械、电学和物理领域中。在化学领域中的具体工艺条件如温度、压力等可作为技术方案实施例中的参数选择，而在机械、电学和物理领域，只有当这些具体结构尺寸有特定的选择含义才需要以实施例给出。通常，对产品发明或实用新型来说，不同实施方式是指那些有同一构思、但结构不同的实施方式，而不是具体的结构尺寸。

在便携式牙刷申请案中，有两个具体实施方式，这一部分应当结合这两个具体实施方式进行描述。但描述时，可重点描述其中一个，另一个在这基础上作简要描述，即主要只对挤压牙膏软袋装置结构进行描述，而与前一实施方式的内容相同部分可以省略。

7. 说明书附图

说明书中附图的作用在于用图形补充说明书文字部分的描述，更清楚、完整地公开发明或者实用新型内容，对于实用新型来说，其说明书至少应当包括一幅附图；对于发明来说，除了那些根本不需要附图的情况，也尽可能借助附图描述发明的具体实施方式。

对于便携式牙刷申请案来说，应当给出两个具体实施方式的结构图。

绘制附图时应当满足前面第二章之二（三）中所写明的要求，在此不再重复说明。

8. 说明书摘要

根据《专利法实施细则》第二十三条的规定，说明书摘要应当写明发明或者实用新型的名称和所属技术领域、所要解决的技术问题、解决该技术问题的技术方案的要点以及主要用途。重点应放在发明或实用新型技术方案的要点上，将发明或实用新型最本质的内容公开出来。而其他部分应该用尽量少的文字（甚至一句话）来表达更多的内容，使摘要简单扼要，全文（包括标点符号）不超过300字。如果发明既涉及产品发明，又涉及方法发明，或者发明或实用新型包括几项主题名称不同的同类型独立权利要求，则也应在说明书摘要中得到体现。此外摘要不分段，不得出现广告性宣传用语。

说明书摘要可采用下述起始格式句："本发明（或实用新型）涉及了一种……"或"本发明（或实用新型）公开了一种……"

对于实用新型申请案或者说明书有附图的发明申请案，应当指定并提供一幅最能说明发明或实用新型技术方案要点的附图。摘要文字部分出现的附图标记应当加上括号，且这些附图标记必须标注在该摘要附图中。

便携式牙刷申请案说明书摘要的重点应当写明本申请的主要构

思,文字与独立权利要求的特征部分相应。由于文字尚有富余,概要地写明与从属权利要求相应的两个具体实施方式。

四、一份基本满足撰写要求的权利要求书和说明书

为帮助读者更好地理解本章的内容,现以本章之二和三中提到的便携式牙刷为例撰写出一份完整的权利要求书、说明书及其摘要,以供参考。

权 利 要 求 书

1. 一种便携式牙刷，由牙刷本体（1）、兼作刷柄的盒体（2）和置于该盒体（2）内的牙膏软袋（4）组成，该牙刷本体（1）与该盒体（2）之间为活动连接，其特征在于：所述盒体（2）壁上有一个形状、大小与所述牙刷本体（1）上的刷毛（7）相应的空腔（8），携带时该牙刷本体（1）上的刷毛（7）正好位于此空腔（8）内；所述牙膏软袋（4）的出膏口（12）位置与此刷毛空腔（8）位置相应；该盒体（2）有一个挤压牙膏软袋（4）的装置。

2. 按照权利要求1所述的便携式牙刷，其特征在于：所述挤压牙膏软袋（4）的装置是一块位于该牙膏软袋（4）下方的、带凸块（13）的压板（6）；所述盒体（2）底壁上与该压板凸块（13）相应位置处开有一个孔（5），该压板凸块（13）从此孔（5）中伸出。

3. 按照权利要求1所述的便携式牙刷，其特征在于：所述挤压牙膏软袋（4）的装置是一块位于所述盒体（2）远离所述刷毛空腔（8）那一端的可移动板（15），该可移动板（15）边缘上有一拨块（16）；所述盒体（2）壁上与此拨块（16）相应位置处开有一条长条形槽（17）；该可移动板（15）上的拨块（16）从此长条形槽（17）中伸出，并可沿此长条形槽（17）移动。

4. 按照权利要求1至3中任一项所述的便携式牙刷，其特征在于：所述盒体上有一个可供更换所述牙膏软袋（4）的开口和一个与此开口相配的盖（9）。

说 明 书

便携式牙刷

技术领域

本实用新型涉及一种便携式牙刷，尤其是由牙刷本体和兼作刷柄的盒体组成的便携式牙刷。

背景技术

人们到外地工作、旅行，日常洗漱用品是随身之物。为了携带方便和保持刷毛卫生，出现了便携式旅行漱具。目前市场上最常见的便携式漱具有两种：一种便携式漱具由漱具盒、普通牙刷、牙膏袋组成，携带时将牙刷、牙膏袋放入漱具盒中，使用时从盒中取出即可，但这样的漱具盒太大，不便携带。随后，出现了便携式牙刷，由牙刷本体和兼作刷柄的盒体组成，牙刷本体可以活动地装在此盒体上。不使用时，可将牙刷本体从盒体一侧的开口插入此盒，防止刷毛在旅行携带时被弄脏；使用时将牙刷本体取出，倒过来安装在盒体上，即可刷牙。这样的牙刷体积小，便于携带，但在旅行时还需另带牙膏，牙刷和牙膏是分开的。

日本实用新型公开说明书 JP 实开昭××-××××公开了一种牙刷、牙膏袋在携带时合为一体的旅行牙刷，此旅行牙刷也有一个兼作刷柄的盒体，此盒体容积比上面所述市场上见到的便携式牙刷的盒体略大一些，其内还可放置一管旅行用的小包装牙膏袋，携带时可将此小包装牙膏袋从盒体上的开口放到兼作刷柄的盒体内，因此三者在携带时成为一体，比较方便。但是，在每次使用牙刷时，还必须从盒体中取出牙膏软袋，用毕后再放回。

实用新型内容

本实用新型要解决的技术问题是提供一种使用、携带更方便的便携式牙刷,不仅携带时牙刷与牙膏软袋合成一体,而且在使用时不必从盒体中来回取放牙膏软袋就可刷牙。

为解决上述技术问题,本实用新型的便携式牙刷由牙刷本体、兼作刷柄的盒体和置于盒体内的牙膏软袋组成,牙刷本体与盒体之间为活动连接;盒体壁上有一个形状、大小与牙刷本体上的刷毛相应的空腔,该空腔的位置可使携带时牙刷本体上的刷毛正好位于此空腔内;牙膏软袋出膏口的位置与此刷毛空腔位置相对应,该盒体有一个挤压牙膏软袋的装置。

此挤压牙膏软袋的装置可以是一块位于牙膏软袋下方的、带凸块的压板,盒体底壁上与此压板凸块位置相应处开有一个孔,凸块从此孔中伸出。

此挤压牙膏软袋的装置还可以是一块位于远离刷毛空腔那一端的可移动板,该可移动板边缘上有一拨块,盒体壁上与此拨块相应位置处开有一条长条形槽,可移动板上的拨块从此长条形槽中伸出,并可沿此长条形槽移动。

采用这样的结构后,由于盒体壁上设置了接纳刷毛的空腔,旅行携带时,刷毛就置于此空腔内,从而可保持刷毛清洁,符合卫生要求。又由于牙膏软袋出膏口与刷毛空腔位置相应,盒体中又有一挤压牙膏软袋的装置,使用时通过挤压牙膏软袋装置,例如按压带凸块的压板或沿长条形槽拨动带拨块的可移动板,就可以在不取出牙膏软袋的条件下将牙膏从出膏口挤到牙刷刷毛上,进行漱洗,从而使用十分方便。

附图说明

下面结合附图和具体实施方式对本实用新型作进一步详细的说明。

图1是本实用新型便携式牙刷第一种实施方式的剖视图。

图2是本实用新型便携式牙刷第二种实施方式的剖视图。

具体实施方式

　　图1所示便携式牙刷由牙刷本体1、兼作刷柄的盒体2和牙膏软袋4组成，牙刷本体1与盒体2用铰链3连接，牙膏软袋4置于盒体2中。盒体2形状是细长方体，盒体2顶壁上有一个形状、大小与刷毛7相应的空腔8，当牙刷折叠起来放置时，牙刷刷毛7正好落在此刷毛空腔8内。盒体2底壁上开有孔5，置于盒底的牙膏软袋压板6的下方有一凸块13，从此孔5中伸出。牙膏软袋4采用软袋包装，放在压板6上。牙膏出膏口12开在牙膏软袋4上侧与刷毛空腔8位置相应处。出膏口12上有螺纹，与牙膏旋盖11相匹配。盒体2一端有端盖9，端盖9内壁上有2至4个突起14，它与盒体2侧端外壁上的凹孔10相卡紧。

　　图2给出另一种便携式牙刷的剖视图，其中采用了另一种挤压牙膏软袋4的装置。在盒体2远离刷毛空腔8那一端设置了一块可移动板15来代替图1中的压板6，该可移动板15侧面有一个突出的拨块16，盒体2壁上与此拨块16相对应的位置处开有一条沿盒体2长边走向的长条形槽17，可移动板15上的拨块16从此长条形槽17中伸出，沿着长条形槽17拨动拨块16时，可以使可移动板15沿着盒体2长边方向移动。

　　使用时，将牙刷本体1转动一个角度，打开牙膏旋盖11，再将牙刷本体1转回来，使刷毛7靠在出膏口12上，用手按动压板6的凸块13或拨动可移动板15上的拨块16，即可将牙膏挤在刷毛7上，再将牙刷本体1转动180度伸直，盖上旋盖11即可刷牙。

　　当然，此挤压牙膏软袋4的装置还可采用其他结构，如目前市场上可买到的固体胶棒中的螺旋送进机构、青岛日用化工厂生产的马牌润面油的送进机构。同样，牙刷本体与盒体之间的连接不局限于铰链连接，还可采用其他活动式连接方式，如卡入式连接。兼作刷柄盒体的截面形状可为半圆形、半椭圆形或其他适用形状。这样的变换均落在本实用新型的保护范围之内。

说 明 书 附 图

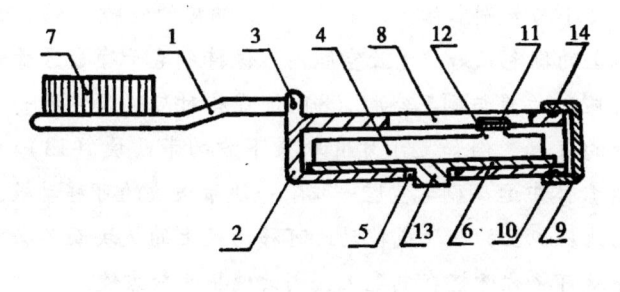

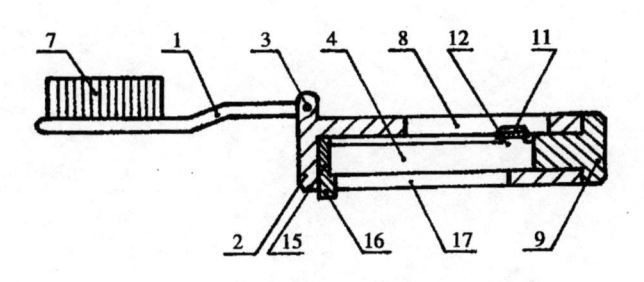

图1

图2

说　明　书　摘　要

　　本实用新型涉及一种便携式牙刷由牙刷本体（1）、兼作刷柄的盒体（2）和置于盒体内的牙膏软袋（4）组成。盒体顶壁上有一个形状、大小与牙刷本体上的刷毛（7）相应的空腔（8），携带时牙刷本体上的刷毛正好位于此空腔内，保持刷毛干净。牙膏软袋的出膏口（12）位置与刷毛空腔（8）位置相对应；盒体有一个挤压牙膏软袋的装置，例如置于牙膏软袋下方的带凸块（13）的压板（6）或者盒体中远离刷毛空腔一端有一块带拨块的可移动板，这样只需按动此压板上的凸块或拨动此可移动板上的拨块而不必将牙膏软袋取出就可将牙膏挤在刷毛上，因此使用十分方便。

摘 要 附 图

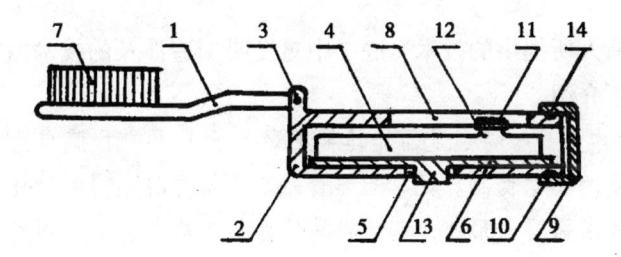

五、一件发明专利申请文件的撰写案例

为了帮助读者更清楚地了解一件发明或实用新型专利申请文件撰写的全过程,下面对 2008 年全国专利代理人资格考试"专利代理实务"科目试题所涉及的具体内容进行改编,作为一件发明专利申请文件撰写的范例介绍给读者。

(一) 阅读和理解技术交底书中所介绍的发明创造技术内容

申请人所提供的技术交底书中对发明创造涉及的技术内容主要作了如下介绍。

"油炸食品、特别是油炸马铃薯薄片因其具有松脆口感而成为人们喜爱的小吃食品。现有油炸食品通常是这样制得的:先将食品原料制成所需要的形状,例如将马铃薯加工成薄片状;再将食品原料如马铃薯薄片放入油炸器皿中油炸,油炸温度大体控制在 170℃~190℃;将已炸好的油炸食品取出沥油后进行离心去油。按照此油炸方法得到的油炸食品一般含有 25%~35%(重量百分比)的油脂,显然这样的油炸食品含油量过高,对食用者的健康不利,且不便长期保存,尤其是高温油炸会在油炸食品中产生对人体有害的物质。

本发明旨在得到一种低油脂含量的油炸食品,如油炸马铃薯薄片、油炸玉米饼薄片、油炸丸子、油炸春卷、油炸排叉、油炸蔬菜、油炸水果等,其含油量降至 18%~22%(重量百分比),优选为 14%~18%(重量百分比),尤其是 14%~16%(重量百分比)。

为得到这种低油脂含量的油炸食品,可以在油炸之前先对食品原料进行焙烤;然后在真空条件下对经过焙烤过的食品原料进行油炸,此后再对经过油炸后的食品进行离心脱油处理,从而可得到低油脂含量的油炸食品。

为了制得这种低油脂含量的油炸食品,相应地设计出能实现上述油炸方法的设备。

下面以油炸马铃薯薄片为例,对本发明制作油炸食品的方法、制作油炸食品的设备以及所制得的油炸食品作详细说明。

在本发明制作油炸马铃薯薄片的方法中,首先在油炸之前对马铃薯薄片进行焙烤。在焙烤过程中,由于马铃薯薄片局部脱水,会在其表面结成一个个小鼓泡。焙烤之后再进行油炸,可使小鼓泡继续膨胀,形成较大鼓泡,从而改善马铃薯薄片的口感。通常可以采用常规烤箱对马铃薯薄片进行焙烤。

本发明制作油炸马铃薯薄片方法中的油炸过程在真空条件下进行,真空度可以在较宽的数值范围内选取,因为在常规的真空条件下,就可以明显降低油温,这不仅有助于防止产生对人体有害的物质,还可降低油炸食品的油脂含量。通过大量的实验表明,真空度保持在0.02MPa~0.08MPa较为适宜,可以使油脂沸腾温度降低至80℃~110℃,既可以有效地防止产生对人体有害的物质和降低油炸马铃薯薄片的油脂含量,又可以达到所需的油炸效果。

在真空条件下对马铃薯薄片油炸之后,对油炸后的马铃薯薄片进行离心处理。通过离心处理,可以将油炸后留在马铃薯薄片表面上的油脂脱去,降低其油脂含量。真空油炸后的马铃薯薄片通常含有约25%~30%(重量百分比)的油脂,在上述优选真空度0.02MPa~0.08MPa的条件下,可达到25%~28%(重量百分比);经离心处理后,马铃薯薄片的油脂含量可以降低至约18%~22%(重量百分比),其中优选条件下为18%~20%(重量百分比)。由此可知,在本发明制作油炸马铃薯薄片的方法中,经过离心处理后可以制得低油脂含量且表面具有鼓泡的油炸马铃薯薄片。但在实践中发现,对经过油炸的马铃薯薄片立即在常压条件下进行离心处理,容易导致马铃薯薄片破碎,致使无法获得完整的油炸食品。为解决这一问题,将经过油炸的马铃薯薄片在真空条件下进行离心脱油处理,从而有效地防止马铃薯薄片破碎,使其保持完整外形。另外，还发现，在真空条件下进行离心脱油处理，可以使油炸马铃薯薄片表面上的油脂不易渗入薄片内部，这样有利于进一步改善离心脱油效果并提高脱油效率。通过真空离心处理，马铃薯薄片油脂含量可进一步降低至约14%~18%（重量百分比），其中在优选真空度0.02MPa~0.08MPa的条件下进行油炸的油脂含量可降低到14%~16%（重量百分比）。

另外，在油炸过程中容易出现马铃薯薄片之间相粘连的现象，也容易出现油脂起泡现象。马铃薯薄片之间相粘连会影响油炸效果，油脂起泡则容易造成油脂飞溅，因此，应当尽量避免油炸过程中出现前述两种现象。为此，在本发明制作油炸马铃薯片的方法中还可以在油脂中添加一种新组配成的组合物。这种组合物由防粘剂、消泡剂和风味保持剂组成。其中，所述防粘剂可以选自卵磷脂、硬脂酸中的一种或者它们的混合物；消泡剂可以选自有机硅聚合物、二氧化硅中的一种或者它们的混合物；风味保持剂可以选自鸟苷酸二钠、肌苷酸二钠中的一种或者它们的混合物。这种组合物中含有30%~40%（重量百分比）防粘剂、40%~50%（重量百分比）消泡剂和10%~20%（重量百分比）风味保持剂。这种组合物可以在油炸前加入到油脂中，也可以在油炸过程中添加到油脂中。

为实现上述制作马铃薯薄片方法，设计了如图一、图二两种结构的制作马铃薯薄片的设备。为简化起见，在图一和图二中仅示出了与本发明制作方法内容密切相关的必要组件，而略去了例如注油装置、加热装置等其他组件。

图一示出了本发明第一种制作马铃薯薄片设备的结构。如图一所示，制作油炸食品的设备包括原料供应装置101、进料阀102、油炸装置103、抽真空装置104、油槽105、传送带106、传送带驱动装置107、出料阀108、离心装置109、产品送出装置110。其中，油炸装置103的一侧设有输入口，通过进料阀102与原料供应装置101的出料口密封固定连接；油炸装置103的另一侧设有输出口，通过出料阀108与离心装置109的输入口密封固定连接。油炸

图一

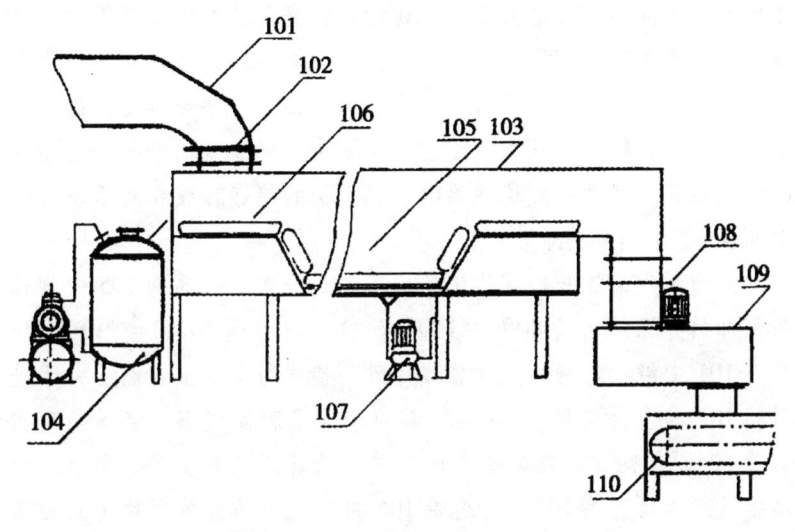

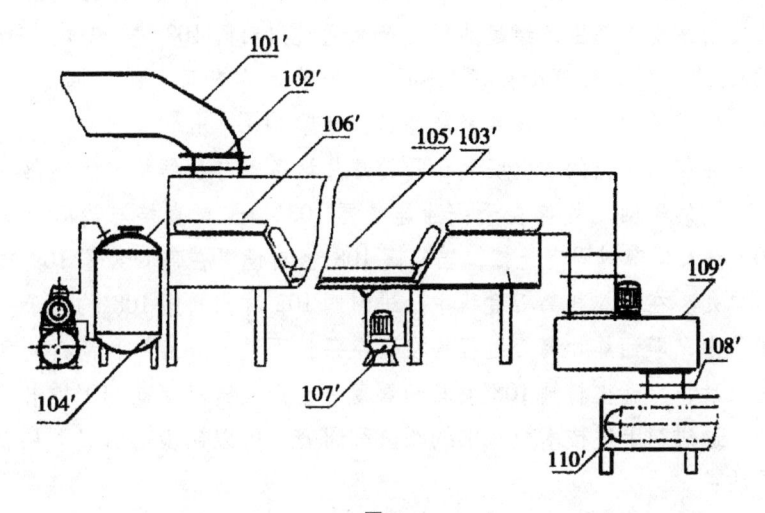

图二

装置103内部设有具有一定宽度的传送带106，由正对油炸装置103输入口下方的位置延伸到邻近油炸装置103输出口上方的位置，其中间部位沉降到用于容纳油脂的下凹油槽105中。使油炸装置保持在真空条件下的抽真空装置104和传送带驱动装置107设置在油炸

89

装置103外部。产品送出装置110设置在离心装置109的下方,其输入口与离心装置109输出口相连接。为提高对马铃薯薄片进行离心脱油的效率,并确保马铃薯薄片从离心装置中全部排出,离心装置109的旋转轴线(图中未示出)以相对于垂直方向倾斜一定角度的方式设置。经试验发现,离心装置109的旋转轴线相对于垂直方向倾斜30°的角度为最佳。

上述制作油炸马铃薯片设备的工作过程为:将油槽105中的油脂预加热并保持在约80℃~110℃。打开进料阀102,使原料供应装置101中经过焙烤的马铃薯薄片落到传送带106上。然后关闭进料阀102和出料阀108,使油炸装置103呈密闭状态。启动抽真空装置104,使油炸装置103内达到并保持稳定的真空度。之后,启动传送带驱动装置107,传送带106将其上的马铃薯薄片送入油槽105内的油脂中进行油炸。油炸完毕后,打开出料阀108,使油炸装置内恢复大气压,经过油炸的产品通过出料阀108进入离心装置109,在其中通过离心处理将油炸马铃薯薄片表面上的油脂除去。离心处理后的马铃薯薄片经产品送出装置110排出。

在图二示出的本发明制作马铃薯片设备第二种结构与上述第一种结构的不同之处仅在于:油炸装置103′输出口直接与离心装置109′输入口密封固定连接,出料阀108′密封设置在离心装置109′输出口处。在油炸和离心过程中,进料阀102′和出料阀108′均处于关闭状态,即油炸和离心过程均在真空条件下进行。油炸和离心处理结束后,打开出料阀108′使马铃薯薄片经产品送出装置110′排出。"

通过对上述技术交底书的阅读和研究,可以初步得出以下几点看法:

(1)申请人对本发明创造要求保护3个主题:油炸食品、制作油炸食品的方法和制作油炸食品的设备。这3个主题均为技术主题,因而属于《专利法》的保护客体。从介绍的内容来看,其均与技术内容有关,而与产品的外观无关,不属于外观设计专利的保护客体,因此不能申请外观设计专利。在这3个技术主题中,制作油炸食品的方法只属于发明专利的保护客体，只能申请发明专利，而另两个主题属于发明专利和实用新型专利的保护客体，既可以申请发明专利，又可以申请实用新型专利。

（2）按照技术交底书的介绍，其还新组配了一种可用于添加到制作油炸食品的油脂中的组合物，其既可以作为本发明制作油炸食品方法中的一项技术措施，但也有可能作为一个技术主题要求给予保护。但是，该技术主题涉及一种新材料，不属于实用新型专利的保护客体，因此不能申请实用新型专利，只能申请发明专利。但是，根据技术交底书所介绍的内容，有关该组合物的说明存在着一些不清楚之处，此外未针对组合物的不同组分及其含量给出足够的实施例，需要请申请人作补充说明，有关这部分内容在后面与申请人进行沟通时再作具体说明。

（3）由技术交底书介绍的内容可知，该油炸食品的油脂含量明显低于现有技术中的油炸食品，因而可以初步认为其具备新颖性和创造性，可以作为要求保护的技术主题。

（4）由技术交底书介绍的内容可知，制作油炸食品的方法主要采取了4项措施：油炸前的焙烤、真空油炸、油炸后离心脱油处理或者真空离心脱油处理、油炸前或油炸过程中向油脂中添加组合物。通过对该发明技术内容的理解，其相对于申请人所了解的现有技术来说，其主要技术手段是真空油炸和离心处理，真空离心脱油是其一种优选的离心脱油方式，而向油脂中添加新组配的组合物是一种辅助手段。至于油炸前的焙烤，从技术交底书的介绍方式看似乎是一种必要的技术手段，但从其所起的作用来看相对于申请人在技术交底书中所写明的本发明目的来看可以将其作为一种辅助手段，这一点应当在与申请人沟通时请申请人予以认定。

（5）申请人要求保护的3个技术主题，都是针对油炸食品，尽管列举了该油炸食品可以是油炸马铃薯薄片、油炸玉米饼薄片、油炸丸子、油炸春卷、油炸排叉、油炸蔬菜、油炸水果等，但仅针对油炸马铃薯薄片作了具体说明，而缺少对其他油炸食品的说明，为了防止在审批或无效程序中认为权利要求所限定的保护客体未以说明书为依据,应当建议申请人补充其他油炸食品的实施例。

(6) 技术交底书对制作油炸食品的设备提供了两种实施方式,通过分析来看第二种实施方式是对第一种实施方式的进一步改进。在第一种实施方式中,抽真空装置使油炸装置保持在真空状态,而在第二种实施方式中,该抽真空装置同时对油炸装置和离心装置抽真空,使油炸装置和离心装置同时保持在真空运行状态。

(7) 通过对上述4项技术主题的分析,如果作为一件发明专利申请,确定最主要的技术主题可以有两种方式,一种是以制作油炸食品方法为最主要的技术主题,因为本发明实质是针对方法作出的改进,另一种是以油炸食品为最主要的技术主题,因为方法和设备都是为了得到这种低油脂含量的油炸食品而作出的改进。当然就制作油炸食品方法、设备和油炸食品这3项技术主题而言,三者属于一个总的发明构思,因而可以在一件发明专利申请中合案申请。但添加到油脂中的新组配的组合物与这3项技术主题没有相同或相应的特定技术特征,因此与这3项技术主题不属于一个总的发明构思。

(二) 对检索和调研到的现有技术进行分析

通过检索和调研,如果找到两篇如2008年全国专利代理人资格考试"专利代理实务"科目试题中所给出的对比文件:对比文件1和对比文件2,就应当针对这两项现有技术对本发明作进一步的分析。

其中对比文件1公开了以下内容。

"本发明提供一种油炸薯片的制备方法,包括将准备好的马铃薯片送入油炸装置内,油炸装置内保持约0.08MPa~0.10MPa的真空度,油炸温度约为105℃~130℃;将经过油炸的马铃薯片送入离心脱油机中进行脱油;经脱油处理的薯片最后被排出,该薯片的含油量可降低到18%～22%（重量百分比）。

　　本发明还提供一种实现上述油炸薯片制备方法的设备。如附图所示，本发明设备包括进料装置、油炸装置、输送网带、离心脱油装置、出料室和抽真空装置等。油炸装置包括一个外壳，在该外壳上设有输入口和输出口。油炸装置外壳输入口通过一进料阀与进料装置的出料口密封固定连接，油炸装置外壳输出口通过一出料阀与离心脱油装置的输入口密封固定连接。可采用任何常规的抽真空装置使油炸装置外壳内保持真空状态。在油炸装置中设置有输送网带，输送网带的输入端正对于外壳输入口，其输出端正对于外壳输出口（即离心脱油装置输入口）。离心脱油装置的输出口与出料室的输入口连接。最终通过出料室输出口将经过离心处理的油炸薯片排出。

　　本发明设备的工作过程如下：打开进料阀，使经切片和预成型的物料落到油炸装置中的输送网带上。然后关闭进料阀和出料阀，使油炸装置呈密闭状态。启动抽真空装置，使油炸装置外壳内达到并保持稳定的真空度。启动输送网带使其连续运转，其上的物料被带入油锅中进行油炸。油炸完毕后，打开出料阀，使油炸装置内恢复大气压。经过油炸的产品通过出料阀被送入离心脱油装置进行离心处理。离心处理后的产品经出料室被排出。"

　　对比文件2公开了如下内容。

　　"本发明涉及一种制备油炸马铃薯薄片的方法。该方法包括以下步骤：1）将马铃薯加工成薄片状；2）将马铃薯薄片进行焙烤；3）将经焙烤的马铃薯薄片引入油炸器中进行油炸；4）使经油炸的马铃薯薄片与过热蒸汽接触，以达到去除部分油脂的目的；5）对与过热蒸汽接触过的马铃薯薄片进行脱水处理。

　　可采用任何常规方法对马铃薯薄片进行焙烤。在焙烤过程中，会在马铃薯薄片表面结成一个个小鼓泡。之后对马铃薯薄片进行油炸，适宜的油炸温度为约165℃～195℃，优选油温为约175℃～180℃。在油炸过程中，马铃薯薄片表面的小鼓泡会继续膨胀，形

附图

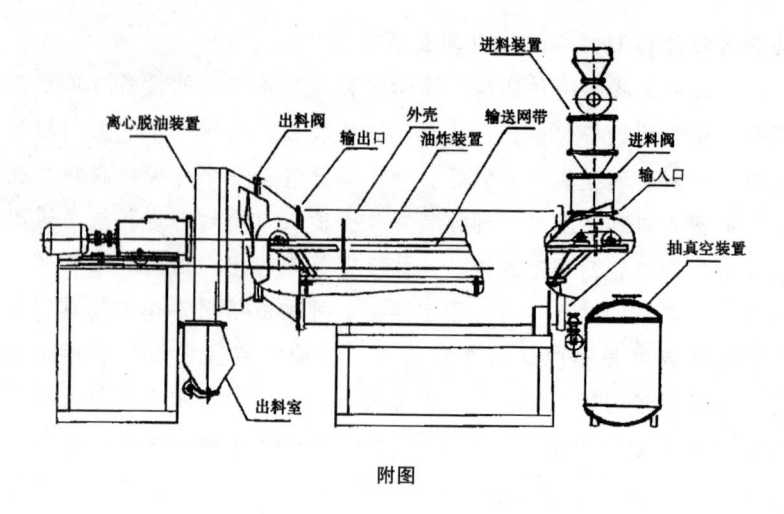

成较大鼓泡,从而改善马铃薯薄片口感。

将经过油炸的马铃薯薄片送入脱油箱使其与过热蒸汽接触,以便从薄片表面去除油脂。过热蒸汽温度优选保持在约150℃~175℃。通过使油炸马铃薯薄片与过热蒸汽相接触,可以明显降低马铃薯薄片的含油量。一般说来,采用常规方法生产的油炸马铃薯薄片含有约25%~30%(重量百分比)的油脂。根据本发明所述方法,可以生产出含油量约为13%~18%(重量百分比)的油炸马铃薯薄片,而且所生产的油炸马铃薯薄片表面具有鼓泡。"

通过将本发明与两篇对比文件所披露的内容进行比较,可以得出以下几点看法:

(1)低油脂含量的油炸薯片(油脂含量约为13%~18%重量百分比)已被对比文件2公开,因此技术交底书中有关油炸食品的技术主题相对于对比文件2中的油炸薯片不具备新颖性,因此在专利申请中应当将油炸食品的技术主题去除。

(2)就制作油炸食品的方法这一技术主题而言,对比文件1已公开了在真空度为0.08MPa~0.10MPa条件下对马铃薯片进行油炸以及对经油炸过的马铃薯薄片进行离心脱油处理的内容,因此对该技术主题的改进不能仅确定为对食品原料进行真空油炸和油炸后对其离心脱油，若如此确定其要求保护的主题，则该技术主题相对于对比文件1不具备新颖性而不能授予专利权。此外，在对比文件2中，为了使油炸马铃薯薄片形成较大鼓泡而改善其口感，在油炸之前先对马铃薯薄片进行焙烤以在表面形成小鼓泡，由此可知，即使该技术主题的改进再增加油炸前焙烤的内容，则该技术主题将会因其相对于现有技术（即相对于这两篇对比文件）不具备创造性而不能授权。通过上述分析可知，对于制作油炸食品的方法来说，应当从油炸在更高的真空度（0.02MPa～0.08MPa）下进行、在真空条件下进行离心脱油处理以及向油脂中添加新组配的组合物这3个方面加以选择。

（3）对于制作油炸食品的设备这一技术主题而言，由于技术交底书中介绍的第一种结构已经被对比文件1公开，即这种结构的制作油炸食品设备的实施方式相对于对比文件1不具备新颖性，因此应当将这种实施方式排除在要求保护的技术主题之外，即仅针对第二种结构制作油炸食品设备的实施方式要求专利保护。

（4）鉴于现有技术中未给出有关由防粘剂、消泡剂和风味保持剂组成、用作油脂添加剂的组合物的技术内容，因而可以针对该技术主题要求专利保护，有必要在与申请人沟通时提出有关这方面的建议。

（5）正如前面所指出的，补充检索后，已确定将油炸食品这一技术主题从要求保护的客体中去除，因此应当将油炸食品的制作方法作为本专利申请最主要的技术主题。

（6）在确定了制作油炸食品方法作为本专利申请最主要的技术主题后，需要分析申请人在技术交底书中提到的另一个技术主题制作油炸食品的设备以及在理解技术交底书时新发现的另一个有可能授权的技术主题（用作油脂添加剂的组合物）与油炸食品制作方法之间是否具有一个总的发明构思。此分析结果与制作油炸食品方法这一技术主题改进点的确定有关。若将油炸食品制作方法的改进点确定为在更高真空度条件下进行油炸，则针对第二种结构制作油炸食品设备与该制作方法这两个技术主题就会因不存在相同或相应的特定技术特征而不属于一个总的发明构思，不能与该制作方法合案申请；同样，用作油脂添加剂的组合物也与该制作方法之间不存在相同或相应的技术特征，因而也不属于一个总的发明构思，不能与该制作方法合案申请。若将油炸食品的制作方法的改进点确定在真空离心脱油，则第二种结构制作油炸食品设备具有与制作油炸食品方法中的真空离心脱油相应的特定结构，因此这两个技术主题之间属于一个总的发明构思；但是用作油脂添加剂的组合物仍然与该制作方法之间不存在相同或相应的技术特征，与第二种结构制作油炸食品设备也没有相同或相应的特定技术特征，因而不能与该制作油炸食品的方法和制作油炸食品的设备合案申请。若将油炸食品的制作方法的改进点确定在向油脂中添加组合物，则第二种结构制作油炸食品设备与油炸食品制作方法这个技术主题之间不存在相同或相应的特定技术特征，不属于一个总的发明构思，因而不能与该制作方法合案申请；但是在这种情况下，用作油脂添加剂的组合物与该制作方法之间具有"新组配的组合物"这一相同的特定技术特征，因此属于一个总的发明构思，可以合案申请。

（7）通过上述对3个技术主题是否属于一个总的发明构思的分析可知，该制作油炸食品的方法的改进点应当在真空离心处理和向油脂中添加组合物两者之间选择，通常应当在与申请人沟通后请申请人定夺。但是，考虑到申请人在技术交底书中的原意，也可以先将改进点确定在真空离心处理；而对于另一种可能性，可在与申请人沟通时告知申请人，以便申请人确定要否另行提出一件专利申请。同样，在与申请人沟通时，还应当将改进点确定在更高真空度下进行油炸的技术方案告知申请人，请申请人进一步研究分析更高真空度是否产生特别有效的技术效果，若采用更高真空度能产生预料不到的技术效果，申请人可考虑再提出一件专利申请，若未产生预料不到的技术效果，则这样的技术方案将会因相对于现有技术不具备创造性而不能授予专利权，因此就不必再另行提出一件专利申请。

(三) 与申请人就本发明技术内容进行沟通所得知的信息

在前面两个过程中与申请人就本发明的技术内容共进行了6个方面的沟通，申请人对这6个方面给出如下补充意见。

(1) 对于油炸前焙烤马铃薯薄片这一工艺步骤，申请人明确了是一种可选择的步骤，由于焙烤在马铃薯薄片表面产生小鼓泡，从而在油炸后形成较大的鼓泡以改善口感，从降低油炸食品的油脂含量来看并不是必经的步骤。此外，油炸前的焙烤步骤仅适用于油炸马铃薯片、油炸苹果片等经焙烤后表面能形成小鼓泡的油炸食品，而不适用于油炸素丸子、油炸排叉等经焙烤后表面不会形成鼓泡或烤熟后不便油炸的油炸食品。

(2) 技术交底书中写明，真空油炸过程中真空度保持在0.02MPa~0.08MPa较为适宜，相应的油脂沸腾温度降低为80℃~110℃。对此，在与申请人沟通时，需要了解真空度与油炸温度两者之间的对应关系，是否存在着使油脂温度维持在80℃~110℃的其他措施。申请人告知在本发明中就是通过控制真空度将油脂温度维持在较低温度。

(3) 针对技术交底书中对新组配的组合物所存在的不清楚之处，在沟通时申请人作了下述补充说明：对本领域技术人员来说，防粘剂、消泡剂和风味保持剂是已知的，但现有技术中只是分别使用，而未将它们组合在一起使用，本发明通过试验发现，将这3种成分按照技术交底书中给出的重量百分比混合而成的组合物可以在防粘、消泡和保持风味3个方面同时取得较好的效果；技术交底书中对于防粘剂、消泡剂和风味保持剂这3种成分的组分选择还可以选用现有技术中的其他已知的防粘剂、消泡剂和风味保持剂，技术交底书中给出的是优选；这种组合物的制备并无特殊要求，按常规的方式将这3种组分混合在一起即可。

(4) 在与申请人沟通后，申请人针对该新组配的组合物补充了多种不同组分、不同含量组合物的实施例，以支持其在技术交底书中针对这 3 种成分给出的组分选择和含量选择的范围。

(5) 在与申请人沟通后，为了支持其在技术交底书中要求保护制作油炸食品的方法和设备这两个保护范围较宽的技术主题，申请人进一步补充了油炸排叉、油炸素丸子和油炸苹果片的实施例。

(6) 与申请人沟通后，本件专利申请作为发明专利申请提出，在这件专利申请中，仍确定制作油炸食品的方法和制作油炸食品的设备这两个技术主题为要求保护的客体，因此将真空离心脱油处理作为制作油炸食品的方法这一技术主题的主要改进之处，而其他几方面作为本专利申请中对该技术主题的进一步改进。此外，申请人还同意另提出一件发明专利申请，包含两个要求保护的技术主题：该新组配的组合物和该新组配组合物在油炸食品中作为油脂添加剂的应用，或者以向油脂中添加新组配的组合物为主要改进之处的制作油炸食品的方法和该新组配的组合物；至于以更高真空度为主要改进之处的制作油炸食品方法这一技术主题，考虑到这一技术方案并未产生预料不到的技术效果，因此申请人不准备另行提出一件专利申请。

（四）撰写权利要求书

鉴于与申请人沟通后已确定本专利申请要求保护的两个技术主题是制作油炸食品的方法和制作油炸食品的设备，现分别针对这两个技术主题撰写权利要求书。如前面分析所述，本专利申请要求保护的最主要的技术主题是制作油炸食品的方法，因此先针对这一技术主题说明如何撰写独立权利要求和从属权利要求。

1. 对制作油炸食品方法这一技术主题撰写独立权利要求和从属权利要求

由于前面在阅读和理解技术交底书、对现有技术的检索和调研以及与申请人沟通时已对制作油炸食品方法这一技术主题以及补充检索到现有技术进行了充分的分析，下面以此为基础撰写权利要求书。

（1）对制作油炸食品方法这一技术主题所涉及技术特征的分析

由前面分析可知，制作油炸食品的方法这一技术主题包括下述几个特征：❶

①油炸前对食品原料进行焙烤的步骤。

②在真空条件下进行油炸的步骤。

③真空油炸步骤中的真空度保持在 0.02MPa～0.08MPa❷。

④向真空油炸所使用的油脂中添加由防粘剂、消泡剂和风味保持剂组成的组合物。

⑤在该组合物中，防粘剂为30%～40%（重量百分比），消泡剂为40%～50%（重量百分比），风味保持剂为10%～20%（重量百分比）。

⑥防粘剂选自卵磷脂、硬脂酸中的一种或者它们的混合物。

⑦消泡剂选自有机硅聚合物、二氧化硅中的一种或者它们的混合物。

---

❶ 此处分析技术特征过程，对于制作油炸食品的方法只列出了3个步骤：焙烤、真空油炸和离心脱油，并未像2008年专利代理人资格考试"专利代理实务"试题中的参考答案"修改后的权利要求书范文"那样，还包括"将所述油炸食品排出的步骤"，这是由于在此处为专利申请文件的撰写，而对于"将食品原料送入"和"将油炸食品排出"这种现有技术必定存在的步骤，从权利要求简要出发可以不写入独立权利要求的前序部分，因而在进行技术特征分析时不再列入。而作为2008年专利代理人资格考试"专利代理实务"试题，由于考题是答复"审查意见通知书"时对权利要求书进行修改，鉴于申请时的权利要求1中已包含有将油炸食品排出的内容，在答复审查意见时通常不应删去权利要求1中的技术特征，因而参考答案中修改后的独立权利要求1仍包含了"将所述油炸食品排出的步骤"这一技术特征。

❷ 通过与申请人的沟通，专利代理人明确了真空度与油脂沸腾温度之间为对应关系，即真空度保持在0.02MPa～0.08MPa时油脂沸腾温度就必定降低到80℃～110℃，且在本发明中仅仅通过控制真空度将油脂维持在较低温度，因此确定以真空度保持在0.02MPa～0.08MPa为制作油炸食品方法的一个技术特征后，就不应再将油脂沸腾温度为80℃～110℃确定为制作油炸食品方法的一个技术特征。

⑧风味保持剂选自乌苷酸二钠、肌苷酸二钠中的一种或者它们的混合物。

⑨该组合物在油炸之前或者油炸过程中添加到油脂中。

⑩将经过真空油炸的油炸食品进行离心脱油处理的步骤。

⑪上述离心脱油处理是在真空条件下进行的。

⑫上述油炸食品为油炸马铃薯片、油炸排叉、油炸素丸子或油炸苹果片。

（2）确定最接近的现有技术及相对于该最接近的现有技术解决的技术问题

显然，申请人在技术交底书中所说明的现有技术、对比文件1和对比文件2三者与本发明专利申请中的制作油炸食品方法都属于相同的技术领域。对比文件1公开的现有技术与申请人技术交底书中所说明的现有技术相比还披露了真空油炸的技术内容，与对比文件2公开的现有技术相比还披露了真空油炸和离心脱油的内容，由此可知对比文件1与另两项现有技术相比披露了本发明更多的技术特征。对比文件2与另两项现有技术相比就其所解决的技术问题降低油炸食品的油脂含量来说所达到的技术效果与本发明更为接近。因此，可以从对比文件1和对比文件2中确定一篇最接近的现有技术。但就本发明制作油炸食品方法的主要改进而言，对比文件1相对于对比文件2披露了本发明制作油炸食品方法中的两个重要的技术特征：真空油炸和离心去油，因此确定对比文件1是本发明制作油炸食品方法的最接近的现有技术。

在确定本发明制作油炸食品方法的最接近的现有技术为对比文件1后，专利代理人应进一步确定本发明相对于对比文件1所解决的技术问题。对比文件1中制作油炸食品的方法相对于技术交底书中现有技术制作油炸食品的方法来说，减少了油炸食品的油脂含量，但本发明制作油炸食品的方法在真空条件下离心脱油所得到的油炸食品的油脂含量更低，因此，将本发明要解决的技术问题确定为提供一种能得到油脂含量更低例如油脂含量为14%～18%（重量百分比）的油炸食品的制作方法。

(3) 确定本发明制作油炸食品方法这一技术主题解决上述技术问题的必要技术特征

本发明制作油炸食品的方法包括 3 个步骤：焙烤、真空油炸和离心脱油，即前面分析中列出的①、②和⑩3 个技术特征。但是，由对技术交底书中技术内容的分析可知，"油炸前对油炸食品的原料进行焙烤"是为了使最后得到的油炸食品表面形成较大的鼓泡而改善口感，与降低油炸食品的油脂含量无关，因此不是解决油炸食品油脂含量过高这一技术问题的必要技术特征，这一点在与申请人沟通时得到了确认，因而应当将"油炸前对油炸食品的原料进行焙烤"的步骤排除在本发明制作油炸食品方法这一技术主题的必要技术特征之外。而对于真空油炸和离心脱油这两个步骤，其作用是为了降低油炸食品的油脂含量，因此这两个步骤是制作油炸食品方法这一技术主题的必要技术特征。

此后，再对其他技术特征进行分析。通过对技术交底书内容的分析可知，前述第③~⑨个技术特征是对真空油炸步骤的进一步限定，其中第④~⑨个技术特征是有关添加组合物的技术内容，正如前面所分析的那样，这些技术特征所起的作用是为了防粘、防油溅和保持风味，与降低油炸食品的油脂含量并无直接关系，因此这几个特征也不是本发明制作油炸食品方法为解决油炸食品油脂含量过高这一技术问题的必要技术特征。至于第③个技术特征"真空油炸步骤中的真空度保持在 0.02MPa~0.08MPa"虽然也起到了降低油炸食品油脂含量的作用，但从技术交底书中介绍的材料来看，在常规的真空度下进行油炸，只要离心脱油步骤是在真空条件下进行，就能得到更低油脂含量的油炸食品，因此这一技术特征中所保持的真空度是一种优选方案，因此也不应当将其作为本发明制作油炸食品方法的必要技术特征。

至于上述第⑪个技术特征是将离心脱油步骤进一步限定在真空

条件下进行，由技术交底书介绍的内容来看，这一技术特征的作用既起到了防止油炸食品破碎、又可提高脱油效率，即该技术特征相对于本发明要解决的技术问题来看也可进一步降低油炸食品的油脂含量。鉴于对比文件1已披露了真空油炸和离心脱油这两个步骤，因此为使本发明制作油炸食品的方法相对于对比文件1中的方法具备新颖性、创造性以及得到更低油脂含量的油炸食品，应当将这一个技术特征作为本发明制作油炸食品的方法的必要技术特征。考虑到该技术特征作为必要技术特征加入后，还可以起到防止油炸食品破碎的作用，因此，可以考虑将本发明要解决的技术问题确定为提供一种能得到具有完整外形、不易破碎、且油脂含量更低的油炸食品的制作方法。

至于上述第⑫个技术特征是对食品原料的限定，由于与申请人沟通后申请人已补充了足够的实施例，此时为使本发明制作油炸食品的方法取得更宽保护范围，不应当将对食品原料进行限定的这一技术特征作为必要技术特征。

通过上述分析可知，前面所列出的12个技术特征中，仅仅②、⑩、⑪这3个技术特征是本发明制作油炸食品的方法这一技术主题的必要技术特征。专利代理人应该在此基础上撰写独立权利要求。

（4）撰写独立权利要求

在确定了本发明制作油炸食品方法的必要技术特征之后，将其与对比文件1所公开的制作油炸食品方法进行对比分析。由于对比文件1中制作油炸食品的方法也公开了上述第②个技术特征"真空油炸"和第⑩个技术特征"离心脱油"，即这两个技术特征是本发明制作油炸食品方法与对比文件1共有的技术特征，因此将这两个技术特征写入独立权利要求1的前序部分中；而第⑪个技术特征"离心脱油在真空条件下进行"在对比文件1中没有公开，可知这一个技术特征是本发明相对于对比文件1的区别技术特征，则将它写入独立权利要求的特征部分。由此完成独立权利要求1的撰写：

"1. 一种制作油炸食品的方法，该方法包括如下步骤：

将待油炸的食品原料在真空条件下进行油炸，

然后对所述经过油炸的食品进行离心脱油处理，

其特征在于：所述离心脱油处理步骤也是在真空条件下进行的。"

（5）撰写从属权利要求

下面针对前面列出的其他附加技术特征撰写从属权利要求。

首先，通过对上述附加技术特征之间的关系分析，专利代理人可以明确：除了上述第④～⑨个技术特征与添加的组合物有关外，其余的附加技术特征分别对本发明制作油炸食品的方法作出进一步限定：第①个技术特征限定在真空油炸步骤前先对食品原料进行焙烤，第③个技术特征将真空油炸步骤中的真空度限定在 0.02MPa～0.08MPa 范围，第⑫个技术特征对油炸食品的原料进行了限定，显然这 3 个技术特征之间以及他们与第④～⑨个这一组技术特征之间没有直接相关的关系。鉴于有关组合物技术内容将会另行提出一件专利申请，因而在本专利申请中不将其作为一组最重要的附加技术特征来考虑，而首先针对另 3 个附加技术特征来撰写从属权利要求。由于《专利法实施细则》第二十二条第二款规定了多项从属权利要求不得作为另一项多项从属权利要求的基础，且又不希望为遵从这一规定而写入过多的从属权利要求，因此，专利代理人有必要与申请人进一步沟通一下，这 3 个附加技术特征中哪一个或哪两个在本发明制作油炸食品的方法中更为重要，从而先对这一个或这两个附加技术特征撰写从属权利要求。通过沟通后，认为对比文件 2 中已公开了在油炸前对食品原料进行焙烤的内容，因而这一附加技术特征相对而言应当不如另两个附加技术特征重要；而对另两个附加技术特征来说，申请人认为市场上的油炸食品最常见的是油炸马铃薯片、油炸排叉、油炸素丸子，希望将食品原料作为重要的附加技术特征来考虑，但为了体现油炸食品中还可以包括油炸水果，因而根据申请人补充的油炸苹果片实施例还增加了一种油炸苹果片的选择，此外，考虑到真空油炸步骤中优选的真空度是现有技术中未披露过的内容，且从降低油炸食品油脂含量角度能带来更好的技术效果，所以应针对这两个附加技术特征直接写成独立权利要求的从属权利要求。然后再针对焙烤步骤和向油脂中添加组合物撰写下一层次的从属权利要求。但考虑到油炸马铃薯薄片和油炸苹果片适宜于在真空油炸前先进行焙烤，而油炸排叉和油炸素丸子不适宜于先焙烤再进行真空油炸，因此可以将食品原料的选择分成两个从属权利要求来写，以便针对焙烤步骤撰写下一层次的从属权利要求时将两者区分开来。

对于第④~⑨个这一组有关组合物的附加技术特征，首先应当在从属权利要求中写入第④个技术特征，向真空油炸所使用的油脂中添加由防粘剂、消泡剂和风味保持剂组成的组合物。但是，根据沟通时申请人所作说明：现有技术中已经出现过防粘剂、消泡剂和风味保持剂，但只是分别使用，而未将它们组合在一起使用，本发明通过试验发现，将这3种成分按照技术交底书中给出的重量百分比混合而成的组合物可以在防粘、消泡和保持风味三方面同时取得较好的效果，因而在该项从属权利要求中还应当对这3种成分的含量加以限定，即还应当写入第⑤个技术特征：该组合物中，防粘剂为30%~40%（重量百分比），消泡剂为40%~50%（重量百分比），风味保持剂为10%~20%（重量百分比）。然后，再针对该项从属权利要求分别从添加时间、组分选择、撰写更下一层的从属权利要求。

至此，针对制作油炸食品的方法撰写的9项从属权利要求如下。

"2. 按照权利要求1所述制作油炸食品的方法，其特征在于：所述真空油炸过程所保持真空条件的真空度为0.02MPa~0.08MPa。

3. 按照权利要求1所述制作油炸食品的方法，其特征在于：所述油炸食品为油炸排叉或者油炸素丸子。

4. 按照权利要求1所述制作油炸食品的方法，其特征在于：所述油炸食品为油炸马铃薯片或者油炸苹果片。

5. 按照权利要求 4 所述制作油炸食品的方法，其特征在于：在油炸之前，先对所述待油炸的马铃薯片或苹果片进行焙烤。

6. 按照权利要求 1 至 5 中任一项所述制作油炸食品的方法，其特征在于：在用于油炸的油脂中添加由防粘剂、消泡剂和风味保持剂组成的组合物，其中防粘剂占 30%～40%（重量百分比），消泡剂占 40%～50%（重量百分比），风味保持剂占 10%～20%（重量百分比）。

7. 按照权利要求 6 所述制作油炸食品的方法，其特征在于：所述组合物的添加是在进行油炸之前或者在油炸过程中加入到油脂中的。

8. 按照权利要求 6 所述制作油炸食品的方法，其特征在于：所述防粘剂选自卵磷脂、硬脂酸中的一种或者它们的混合物。

9. 按照权利要求 6 所述制作油炸食品的方法，其特征在于：所述消泡剂选自有机硅聚合物、二氧化硅中的一种或者它们的混合物。

10. 按照权利要求 6 所述制作油炸食品的方法，其特征在于：所述风味保持剂选自乌苷酸二钠、肌苷酸二钠中的一种或者它们的混合物。"

2. 对制作油炸食品设备这一技术主题撰写独立权利要求和从属权利要求

为简化起见，对制作油炸食品的设备这一技术主题不再像制作油炸食品的方法那样一步一步地完成独立权利要求和从属权利要求的撰写，只是在对撰写独立权利要求和从属权利要求应当注意的几个方面的问题作简要说明的基础上，给出该技术主题的独立权利要求和从属权利要求。

对于独立权利要求来说，应当对制作油炸食品设备的几个主要装置加以说明，如油炸装置、离心装置、抽真空装置。此外，还应当写明使油炸装置、离心装置同时处于真空运行状态的结构，这包括写明进料阀以密封连接方式固定设置在油炸装置的输入口处，油炸装置输出口直接与离心装置输入口密封连接，出料阀以密封连接方式固定设置在离心装置输出口处，以及抽真空装置与油炸装置、离心装置之间的作用关系。

为体现该产品独立权利要求与前面的方法独立权利要求之间具有单一性，该独立权利要求的主题名称最好写明其与方法独立权利要求之间的关系，即将其主题名称写为"一种实现权利要求1所述制作油炸食品方法的设备"。此外，为体现其与方法独立权利要求之间具有相应的特定技术特征，其特征部分的技术特征应当反映使该离心装置在真空条件下运行的结构。

根据技术交底书的介绍，真空油炸前的焙烤过程可以在单独的常规烤箱中进行，当然也可以在该制作油炸食品的设备中将焙烤装置组装在真空油炸装置之前，因此应针对这种带有焙烤装置的油炸食品制作设备撰写一项从属权利要求。

根据技术交底书对制作油炸食品设备的介绍，离心装置的旋转轴线相对于垂直方向倾斜能提高离心脱油的效率，并便于产品从离心装置排送到产品送出装置，因此可以将离心装置旋转轴线倾斜设置以及其优选倾斜角度作为附加技术特征写成从属权利要求。

对于产品权利要求最好在其部件名称之后标注上带括号的相应附图标记。❶

最后撰写成的制作油炸食品设备的独立权利要求和3项从属权利要求如下。

"11. 一种用于实现权利要求1所述制作油炸食品方法的设备，

---

❶ 鉴于技术交底书中的第一种结构的制作油炸食品设备相对于对比文件1不具备新颖性，因此所撰写的专利申请文件的说明书中将不再包含第一种结构的制作油炸食品设备的附图，而只包含第二种结构的制作油炸食品设备的附图，与此相应，说明书附图中将表示第二种结构的制作油炸食品设备附图的附图标记右上角的"'"号去掉，因此下面撰写的权利要求中的附图标记也不带有右上角的"'"号。此外，为结合附图对本发明具体实施方式的描述更方便一些，将离心装置的附图标记改为108，而出料阀的附图标记改为109。

包括油炸装置（103），对经油炸的食品进行离心脱油的离心装置（108），用于使油炸装置（103）保持于真空条件的抽真空装置（104）以及进料阀（102）和出料阀（109），所述油炸装置（103）的一侧设有输入口，另一侧设有输出口，所述进料阀（102）以密封连接方式固定设置在所述油炸装置（103）的输入口处，其特征在于：所述油炸装置（103）的输出口直接与所述离心装置（108）的输入口密封固定连接，所述出料阀（109）以密封连接方式固定设置在所述离心装置（108）的输出口处。❶

12. 按照权利要求11所述的设备，其特征在于：该设备还包括一个设置在所述油炸装置（103）之前的焙烤装置，所述油炸装置（103）的输入口与焙烤装置的输出口相连接。

13. 按照权利要求11或12所述的设备，其特征在于：所述离心装置（108）的旋转轴线以相对于垂直方向倾斜的方式设置。

14. 按照权利要求13所述的设备，其特征在于：所述离心装置（108）旋转轴线相对于垂直方向倾斜的角度为30°。"

---

❶ 此处撰写的制作油炸食品设备独立权利要求，并未像2008年专利代理人资格考试"专利代理实务"试题中的参考答案"修改后的权利要求书范文"那样，还包括"原料供应装置"和"产品排出装置"，这是由于在此处为专利申请文件的撰写，而不是答复"审查意见通知书"时修改权利要求书。鉴于上市销售的该设备可以用"产品收集盘"来代替"产品排出装置"，或者销售的设备根本没有"产品排出装置"，而由购买者自行配备"产品排出装置"或"产品收集盘"，因此若将"产品排出装置"写入独立权利要求就会使该技术主题得不到充分的保护。同样，上市销售的该设备也可以不包括"原料供应装置"，而由购买者自行配置，因此不写入"原料供应装置"可以得到更充分的保护，更何况在销售的设备还包括焙烤装置时，则进料阀就不可能像参考答案"修改后的权利要求书范文"那样，油炸装置一侧的输入口"通过进料阀与原料供应装置的出料口密封固定连接"。出于上述考虑，在撰写制作油炸食品设备的独立权利要求时，未写入"原料供应装置"和"产品排出装置"。作为2008年全国专利代理人资格考试"专利代理实务"试题，考题是答复"审查意见通知书"时对权利要求书进行修改，由于申请时的制作油炸食品设备的独立权利要求中已包含有"原料供应装置"和"产品排出装置"，因而参考答案中修改后的设备独立权利要求中就应当还包含"原料供应装置"和"产品排出装置"这两个技术特征。

（五）撰写说明书

鉴于在本章之三中已结合便携式旅行牙刷案例详细说明了如何撰写说明书，为避免不必要的重复，在这里不再对此项制作油炸食品的方法和设备发明专利申请说明书的撰写作详细的说明，只是重点说明一下撰写说明书各个组成部分时应当注意什么，读者可结合下面"（六）最后完成的权利要求书和说明书文本"中推荐的说明书的具体内容来加深理解。

1. 名称

由于本专利申请的权利要求书中涉及两项独立权利要求，其主题名称分别为制作油炸食品的方法和制作油炸食品的设备，因此发明名称应当反映这两项独立权利要求的主题名称，建议写成"制作油炸食品的方法和设备"或者写成"制作油炸食品的方法和实现该方法的设备"。

2. 技术领域

同样，由于本专利申请的两项独立权利要求的技术方案具有不同的主题名称，因此也应当反映这两项独立权利要求的技术领域。对于每一项独立权利要求的技术领域，说明书既应当反映其主题名称，也可以包括其前序部分的全部或一部分技术特征，但不要写入区别技术特征。建议可写成：

"本发明涉及一种制作油炸食品的方法，包括真空油炸步骤和离心脱油处理步骤。

本发明还涉及一种制作油炸食品的设备，包括油炸装置，对经油炸的食品进行离心脱油的离心装置，用于使油炸装置保持于真空条件的抽真空装置以及进料阀和出料阀。"

3. 背景技术

在这一部分至少应当对最接近的现有技术作出说明，对本专利申请来说，至少应当在这部分引用对比文件 1，并简要说明该对比文件 1 中所公开的制作油炸食品方法的主要步骤和制作油炸食品设备的主要结构，然后相对于本发明专利申请客观地指出其所存在的问题。如果认为必要的话，还可以对比较重要的其他现有技术（如对比文件 2）作简要说明。

4. 发明内容部分

在这一部分包括三部分的内容，其一是本发明要解决的技术问题，其二是本发明的技术方案，其三是有益技术效果。对此项制作油炸食品的方法和设备发明专利申请的情况，作者倾向于采用如下的撰写方式：首先针对两项技术主题写明本发明要解决的技术问题是提供一种制作具有完整外形、不易破碎且油脂含量更低的油炸食品的方法和设备；然后针对制作油炸食品方法的独立权利要求给出其技术方案，在此基础上说明该技术方案带来的有益技术效果，在这之后再另起段写明该独立权利要求的几项重要的从属权利要求的技术方案，并结合这些技术方案说明其进一步带来的有益技术效果；最后再针对制作油炸食品设备的独立权利要求给出其技术方案，在此基础上说明该技术方案带来的有益技术效果，同样在此之后另起段写明设备独立权利要求的从属权利要求的技术方案及进一步带来的有益技术效果。

5. 附图及附图说明

鉴于技术交底书中给出的反映第一种制作油炸食品设备的结构（即图一所示的制作油炸食品设备）相对于补充检索到的对比文件 1 不具备新颖性，在说明书中就不应当再将这种结构的油炸食品设备称作"本发明的实施方式"，因而在说明书中应当不再包括这一幅附图，而仅保留技术交底书中的图二作为本发明专利申请说明书的附图。在这种情况下，应当对图二中的附图标记进行修改，去掉附图标记右上角的"'"号。在这种情况下，说明书附图说明部分仅对此附图作出说明。

当然，还可以采用另一种处理方式：对于图一，作为本发明制作油炸食品设备的最接近的现有技术加以说明；然后再针对图二对本发明制作油炸食品设备的结构作具体详细说明，此时在附图说明和具体实施方式部分不能再将图一称作"本发明的具体实施方式"，而应当明确写明为现有技术中的制作油炸食品设备的示意图。但从本案例来看，还是仅保留图二的撰写方式更为恰当。

6. 具体实施方式

具体实施方式部分所描述的内容一定要将本发明充分公开，并且应当支持所撰写的权利要求书限定的每一项技术方案的保护范围。对于本案例来说，除了根据技术交底书提供的本发明具体技术内容进行描述外，还应当包括与申请人在沟通后所补充的必要技术内容：例如，有关清楚说明新组配组合物的内容，为支持新组配组合物中有关组分选择、含量范围所补充的技术内容，为支持独立权利要求保护范围所补充的有关油炸排叉、油炸素丸子和油炸苹果片的技术内容等。其中，有关需要实施例支持权利要求保护范围的内容涉及化学领域中有关组分选择和含量选择的内容，可采用化学领域中列举实施例的方式来加以说明；而对于不同油炸食品原料，从简化角度出发，可以采用列表给出实施例的方式。

此外，在撰写具体实施方式时，还应当为审批阶段对权利要求书进行修改做好准备：即对于在审批阶段修改权利要求时可能出现的权利要求的技术方案，也应当在具体实施方式部分给出明确说明。

7. 说明书摘要

说明书摘要部分首先写明本发明专利申请的名称，然后重点对制作油炸食品方法独立权利要求和制作油炸食品设备独立权利要求的技术方案的要点作出说明，在此基础上进一步说明其解决的技术问题和有益效果。

此外，还应当将图二作为说明书摘要附图。

（六）最后完成的权利要求书和说明书文本❶

按照上述分析，完成权利要求和说明书文本的撰写，下面给出最后完成的权利要求书和说明书文本。

---

❶ 受专业领域的局限，作者在此对于沟通后申请人所补充的内容难于给出准确的描述，因此，在最后完成的说明书中对其中一部分补充内容仅仅说明在哪些位置需要补充些什么内容，而未再对补充的内容给出具体的说明。

111

权利要求书

1. 一种制作油炸食品的方法,该方法包括如下步骤:

将待油炸的食品原料在真空条件下进行油炸,

然后对所述经过油炸的食品进行离心脱油处理,

其特征在于:所述离心脱油处理步骤也是在真空条件下进行的。

2. 按照权利要求1所述制作油炸食品的方法,其特征在于:所述真空油炸过程所保持真空条件的真空度为0.02MPa~0.08MPa。

3. 按照权利要求1所述制作油炸食品的方法,其特征在于:所述油炸食品为油炸排叉或者油炸素丸子。

4. 按照权利要求1所述制作油炸食品的方法,其特征在于:所述油炸食品为油炸马铃薯片或者油炸苹果片。

5. 按照权利要求4所述制作油炸食品的方法,其特征在于:在油炸之前,先对所述待油炸的马铃薯片或苹果片进行焙烤。

6. 按照权利要求1至5中任一项所述制作油炸食品的方法,其特征在于:在用于油炸的油脂中添加由防粘剂、消泡剂和风味保持剂组成的组合物,其中防粘剂占30%~40%(重量百分比),消泡剂占40%~50%(重量百分比),风味保持剂占10%~20%(重量百分比)。

7. 按照权利要求6所述制作油炸食品的方法,其特征在于:所述组合物的添加是在进行油炸之前或者在油炸过程中加入到油脂中的。

8. 按照权利要求6所述制作油炸食品的方法,其特征在于:所述防粘剂选自卵磷脂、硬脂酸中的一种或者它们的混合物。

9. 按照权利要求6所述制作油炸食品的方法,其特征在于:所述消泡剂选自有机硅聚合物、二氧化硅中的一种或者它们的混合物。

10. 按照权利要求6所述制作油炸食品的方法,其特征在于:

所述风味保持剂选自乌苷酸二钠、肌苷酸二钠中的一种或者它们的混合物。

11. 一种用于实现权利要求1所述制作油炸食品方法的设备，包括油炸装置（103），对经油炸的食品进行离心脱油的离心装置（108），用于使油炸装置（103）保持于真空条件的抽真空装置（104）以及进料阀（102）和出料阀（109），所述油炸装置（103）的一侧设有输入口，另一侧设有输出口，所述进料阀（102）以密封连接方式固定设置在所述油炸装置（103）的输入口处，其特征在于：所述油炸装置（103）的输出口直接与所述离心装置（108）的输入口密封固定连接，所述出料阀（109）以密封连接方式固定设置在所述离心装置（108）的输出口处。

12. 按照权利要求11所述的设备，其特征在于：该设备还包括一个设置在所述油炸装置（103）之前的焙烤装置，所述油炸装置（103）的输入口与焙烤装置的输出口相连接。❶

13. 按照权利要求11或12所述的设备，其特征在于：所述离心装置（108）的旋转轴线以相对于垂直方向倾斜的方式设置。

14. 按照权利要求13所述的设备，其特征在于：所述离心装置（108）旋转轴线相对于垂直方向倾斜的角度为30°。"

---

❶ 2008年全国专利代理人资格"考试专利代理实务"试题中的参考答案"修改后的权利要求书范文"中并没有这一项设备从属权利要求，因为原说明书中没有记载这一技术方案，在答复"审查意见通知书"时修改的权利要求书中若给出这一从属权利要求，则修改超出了原说明书和权利要求书的记载范围，不符合《专利法》第三十三条的规定。而目前推荐的文本是专利申请文件的撰写文本，允许写入这一项设备从属权利要求，只要在说明书具体实施方式中对该项设备从属权利要求的技术方案进行了描述即可。

说 明 书

制作油炸食品的方法和实现该方法的设备

技术领域

本发明涉及一种制作油炸食品的方法，包括真空油炸步骤和离心脱油处理步骤。

本发明还涉及一种制作油炸食品的设备，包括油炸装置，对经油炸的食品进行离心脱油的离心装置，用于使油炸装置保持于真空条件的抽真空装置以及进料阀和出料阀。

背景技术

油炸食品尤其是油炸马铃薯片、油炸排叉、油炸薄脆等，因其具有松脆口感而成为人们喜爱的小吃食品。最初的油炸食品是这样制得的：先将食品原料制成所需要的形状，如将马铃薯加工成薄片状，或者将已揉好的面团擀平分切成条状、必要时再折叠成所需形状；再将制成所需形状的食品原料放入油炸器皿中油炸，油炸温度大体控制在170℃~190℃；然后将已炸好的油炸食品取出沥油、去油。按照此油炸方法得到的油炸食品一般含有25%~35%重量百分比的油脂，显然这样的油炸食品含油量过高，对食用者的健康不利，且不便长期保存，尤其是高温油炸会在油炸食品中产生对人体有害的物质。

为此，近十年来，人们一直在致力于对油炸方法的改进，例如，在真空条件下对油炸食品进行油炸以降低油温，在油炸后将已炸好的油炸食品进行离心脱油，从而可使油炸食品的油脂含量降低到22%（重量百分比）以下。中国发明专利公开说明书CN1（××××××）A公开了一种油炸薯片的制备方法，包括将准备好的马铃薯片送入油炸装置内，油炸装置内保持约0.08MPa~

0.10MPa的真空度，油炸温度约为105℃~130℃；将经过油炸的马铃薯片送入离心脱油机中进行常压脱油；经脱油处理的薯片最后被排出。在该发明说明书中还公开了一种实现上述油炸薯片制备方法的设备，该设备主要包括进料装置、油炸装置、对经油炸的食品进行离心脱油的离心装置、出料室以及用于使油炸装置保持于真空条件的抽真空装置等。在上述油炸薯片制备方法和制备设备中所生产得到的油炸薯片的含油量可降低到18%~22%（重量百分比）。但是，这样制得的油炸薯片存在着容易破碎的缺陷，不能使其保持完整外形，不仅影响油炸食品的外观，也影响油炸食品的口感。

发明内容

为克服上述制备油炸食品的方法和设备所存在的缺陷，本发明所要解决的技术问题提供一种能得到具有完整外形、不易破碎、且油脂含量更低的油炸食品的制作方法。

与此相应，本发明另一个要解决的技术问题是提供一种能得到具有完整外形、不易破碎且油脂含量更低的油炸食品的制作设备。

就油炸食品制作方法而言，本发明解决上述技术问题的制作方法包括如下步骤：将待油炸的食品原料在真空条件下进行油炸，然后对经过油炸的食品在真空条件下进行离心脱油处理。

由于经油炸的食品在真空条件下进行离心脱油处理，就能有效地防止油炸食品破碎，使其保持完整外形；尤其在真空条件下进行离心脱油处理，可以使油炸食品表面上的油脂不易渗入其内部，这样有利于改善离心脱油效果并提高脱油效率，例如对于马铃薯薄片的油脂含量进一步降低到约14%~18%（重量百分比）。

作为本发明制作油炸食品方法的改进，可以将真空油炸过程的真空度保持在0.02MPa~0.08MPa，在此真空油炸条件下制得的最终油炸食品的油脂含量可进一步降低到14%~16%（重量百分比）。

本发明制作油炸食品的方法适用于制作油炸马铃薯薄片、油炸玉米饼薄片、油炸丸子、油炸春卷、油炸排叉、油炸蔬菜、油炸水果（如油炸苹果片）等油炸食品。

对于油炸食品为油炸马铃薯薄片和油炸苹果片时，本发明制作油炸食品方法可作出进一步改进：在真空油炸之前，先对待油炸的马铃薯片或苹果片进行焙烤。在焙烤过程中，会在待油炸的马铃薯片或苹果片的表面形成一个个小鼓泡，焙烤之后再进行真空油炸，可使小鼓泡继续膨胀，形成较大鼓泡，从而进一步改善马铃薯片或苹果片的口感。

作为本发明制作油炸食品方法的另一种改进，还可以在用于油炸的油脂中添加由防粘剂、消泡剂和风味保持剂组成的组合物，其中防粘剂占30%～40%（重量百分比），消泡剂占40%～50%（重量百分比），风味保持剂占10%～20%（重量百分比）。由于加入的组合物中包含有防粘剂，从而可防止油炸食品原料粘接在一起而影响其油炸效果；由于加入的组合物中包含有消泡剂，从而在真空油炸时不会出现油脂起泡，也就不会引起油脂飞溅，减少油脂的损失；由于加入的组物中包含有风味保持剂，可以保持油炸食品独特的口感。通过上述三种组合物组分含量的搭配，可以同时在这三方面达到较好的效果。

对于这种组合物中的防粘剂，可以优选自卵磷脂、硬脂酸中的一种或者它们的混合物；对于其中的消泡剂，可以优选自有机硅聚合物、二氧化硅中的一种或者它们的混合物；而对于其中的风味保持剂，可以选自乌苷酸二钠、肌苷酸二钠中的一种或者它们的混合物。

在本发明制作油炸食品方法的上述改进中，可以在油炸前将这种组合物加入到油脂中，也可以在油炸过程中将这种组合物添加到油脂中。

就油炸食品制作设备而言，本发明为解决所述技术问题的制作设备包括油炸装置，对经油炸的食品进行离心脱油的离心装置，用于使油炸装置保持于真空条件的抽真空装置以及进料阀和出料阀；油炸装置的一侧设有输入口，进料阀以密封连接方式固定设置在油炸装置的输入口处，油炸装置的另一侧设有输出口，该输出口直接与离心装置的输入口密封固定连接，出料阀以密封连接方式固定设置在离心装置的输出口处。

  采用上述结构的设备，由于油炸装置与离心装置直接密封固定连接，因此离心装置与油炸装置均处于真空状态，从而油炸后的食品在真空条件下进行离心脱油，正如前面所指出的那样，不仅有效地防止油炸食品破碎，使其保持完整外形，而且改善离心脱油效果并提高脱油效率，使最后制得的油炸食品的油脂含量降低到约14%～18%（重量百分比）。

  作为本发明制作油炸食品设备的改进，该设备还包括一个设置在油炸装置之前的焙烤装置，油炸装置的输入口与焙烤装置的输出口相连接。采用这种结构的油炸食品设备，在真空油炸之前先对油炸食品原料进行焙烤，正如前面所指出的那样，这种设备所制得的油炸食品表面形成较大的鼓泡，进一步改善油炸食品的口感。

  作为本发明制作油炸食品设备的进一步改进，离心装置的旋转轴线以相对于垂直方向倾斜的方式设置，优选相对于垂直方向倾斜的角度为30°。采用这种结构的制作油炸食品的设备，可提高对油炸食品离心脱油的效率，并确保油炸食品从离心装置中全部排出。

附图说明

  图1是本发明制作油炸食品设备的示意图。

具体实施方式

  下面先以油炸马铃薯薄片为例，对本发明的具体实施方式进行描述。

本发明制作油炸马铃薯薄片的方法主要包括三个步骤：对油炸食品的原料马铃薯薄片进行焙烤、对马铃薯薄片进行真空油炸以及将经油炸的马铃薯薄片进行真空离心脱油。但是，在这三个步骤中，对马铃薯薄片进行焙烤的步骤并不是必需的，只是一个优选的步骤。

本发明制作油炸食品的方法优选在真空油炸之前对马铃薯薄片进行焙烤。在焙烤过程中，由于马铃薯薄片局部脱水，会在其表面形成一个个小鼓泡。之后，再对其进行油炸，可使小鼓泡继续膨胀，形成较大鼓泡，从而改善油炸马铃薯薄片的口感。这一焙烤过程可以在独立的焙烤装置如在常规烤箱中完成，再将经焙烤的马铃薯薄片送往制作油炸食品的设备，在该设备中进行真空油炸和真空离心脱油。当然也可以将焙烤装置作为整个油炸设备的一个组成部分，先在该制作油炸食品设备的焙烤装置中对马铃薯薄片进行焙烤，再将经焙烤的马铃薯薄片输送到真空油炸装置进行真空油炸。

本发明制作油炸食品方法中的油炸过程维持在真空条件下进行是必要的。真空度可以在较宽的数值范围内选取，因为在常规的真空条件下，就可以明显降低油温，这不仅有助于防止产生对人体有害的物质，还可降低油炸食品的油脂含量。通过大量的实验表明，真空度保持在 0.02MPa～0.08MPa 较为适宜，可以使油脂沸腾温度降低至 80℃～110℃，既可以有效地防止产生对人体有害的物质和降低油炸马铃薯薄片的油脂含量，又可以达到所需的油炸效果。

在真空条件下对马铃薯薄片油炸之后，需要对油炸后的马铃薯薄片进行脱油处理。在实践中发现，对经过油炸的马铃薯薄片立即在常压条件下进行离心处理，虽然马铃薯薄片的油脂含量可以降低至 18%～20%（重量百分比），但是油炸后的马铃薯薄片十分易碎，致使无法获得完整的油炸食品。为解决这一问题，在本发明的制作方法中，对油炸的马铃薯薄片的离心脱油处理也是在真空条件下进行的，这样一来可以有效地防止马铃薯薄片破碎，使其保持完整外形。另外，还发现在真空条件下进行离心脱油处理，可以使油炸马铃薯薄片表面上的油脂不易渗入薄片内部，这样有利于进一步改善离心脱油效果并提高脱油效率，对经过真空油炸的马铃薯薄片进行真空离心处理，可以使马铃薯薄片油脂含量进一步降低至约14%~18%（重量百分比），其中在优选真空度0.02MPa~0.08MPa的条件下进行油炸的，最后制得的油炸马铃薯薄片的油脂含量可降低到14%~16%（重量百分比）。

在油炸过程中容易出现马铃薯薄片之间相粘连的现象，也容易出现油脂起泡现象。马铃薯薄片之间相粘连会影响油炸效果，油脂起泡则容易造成油脂飞溅，为尽量避免油炸过程中出现上述两种现象，在本发明制作油炸马铃薯薄片的方法中还可以向油脂中添加一种由油炸过程中常用的防粘剂、消泡剂和风味保持剂组成的组合物。经过实践得知，当这种组合物中含有30%~40%（重量百分比）防粘剂、40%~50%（重量百分比）消泡剂和10%~20%（重量百分比）风味保持剂时，在真空油炸过程中不仅马铃薯薄片之间不会出现相粘接，从而不会影响油炸效果，而且也不会出现油脂起泡，避免油脂飞溅而浪费油脂，还可以使制得的油炸马铃薯薄片具有所想要的独特风味口感。在这种组合物中，防粘剂可以选自卵磷脂、硬脂酸中的一种或者它们的混合物；消泡剂可以选自有机硅聚合物、二氧化硅中的一种或者它们的混合物；风味保持剂可以选自乌苷酸二钠、肌苷酸二钠中的一种或者它们的混合物。这种组合物可以在油炸前加入到油脂中，也可以在油炸过程中添加到油脂中。

（注：为使权利要求中的技术方案得到说明书的支持，在此处应当补充至少三组不同组合物组分和含量的实施例，当然给出更多组更好。在每一个实施例中对这三个组分分别给出具体的组分选择和含量，例如该组合物由30%卵磷脂、50%二氧化硅以及20%乌苷酸二钠和肌苷酸二钠的混合物组成，且针对每一个实施例给出在添加了这种组合物进行真空油炸后所得到的油炸马铃薯片所具有的良好性能。而就所有的实施例而言，对于防粘剂，既有以卵磷脂为防粘剂的，也有以硬脂酸为防粘剂的，还有以卵磷脂和硬脂酸的混合物为防粘剂的，且其含

量至少有30%和40%的，当然还可以有35%的；对于消泡剂，既有以有机硅聚合物为消泡剂的，也有以二氧化硅为消泡剂的，还有以有机硅聚合物和二氧化硅的混合物为消泡剂的，且其含量至少有40%和50%的，当然还可以有45%的；对于风味保持剂，既有以乌苷酸二钠为风味保持剂的，也有以肌苷酸二钠为风味保持剂的，还有以乌苷酸二钠和肌苷酸二钠的混合物为风味保持剂的，且其含量至少有10%和20%的，当然还可以有15%的。为了满足化学物质充分公开的要求，最好在描述实施例时给出一种该组合物的制备方法）

本发明制作油炸食品的方法，除了应用于油炸马铃薯薄片外，还应用于其他油炸食品，如油炸玉米饼薄片、油炸丸子、油炸春卷、油炸排叉、油炸蔬菜、油炸水果等油炸食品。下面表1给出有关油炸马铃薯薄片、油炸排叉、油炸素丸子和油炸苹果片四种具体油炸食品的油脂含量的测试结果。

表1 不同食品原料、不同油炸工艺所得到的油炸食品性能测试结果❶

食品原料	马铃薯薄片	排叉	素丸子	苹果片
主要加工步骤	焙烤、真空油炸、真空离心脱油	真空油炸、真空离心脱油	真空油炸、真空离心脱油	焙烤、真空油炸、真空离心脱油
真空度	0.02MPa	0.02MPa	0.08MPa	0.10MPa
组合物添加	真空油炸前加入	未添加	真空油炸过程加入	真空油炸前加入
成品油脂含量	14%（重量）	15%（重量）	16%（重量）	17%（重量）
成品口感	松脆，风味口感	较松脆	较松脆，风味口感	松脆，风味口感

图1示出了本发明制作油炸食品设备的结构。如图1所示，制作油炸食品的设备包括原料供应装置101、进料阀102、油炸装置103、抽真空装置104、油槽105、传送带106、传送带驱动装置107、离心装置108、出料阀109、产品送出装置110。其中，油炸

---

❶ 作者受专业领域的局限，本表中给出的内容并不一定准确，只是作为一种推荐的撰写格式供参考。

装置103的一侧设有输入口，通过进料阀102与原料供应装置101的出料口密封固定连接；油炸装置103的另一侧设有输出口，该输出口直接与离心装置108输入口密封固定连接，出料阀109密封设置在离心装置108输出口处。油炸装置103内部设有具有一定宽度的传送带106，由正对油炸装置103输入口下方的位置延伸到邻近油炸装置103输出口上方的位置，其中间部位沉降到用于容纳油脂的下凹油槽105中。使油炸装置103和离心装置108保持在真空条件下的抽真空装置104和传送带驱动装置107设置在油炸装置103和离心装置108外部。产品送出装置110设置在离心装置108的下方，其输入口与离心装置108输出口相连接。为提高对油炸食品进行离心脱油的效率，并确保油炸食品从离心装置中全部排出，离心装置108的旋转轴线（图中未示出）以相对于垂直方向倾斜一定角度的方式设置。经试验发现，离心装置108的旋转轴线相对于垂直方向倾斜30°的角度为最佳。

上述制作油炸食品设备的工作过程为：将油槽105中的油脂预加热并保持在约80℃～110℃。打开进料阀102，使原料供应装置101中的油炸食品原料落到传送带106上。然后关闭进料阀102和出料阀109，使油炸装置103和离心装置108呈密闭状态。启动抽真空装置104，使油炸装置103和离心装置108内达到并保持稳定的真空度。之后，启动传送带驱动装置107，传送带106将其上的油炸食品原料送入油槽105内的油脂中进行油炸。油炸完毕后，再通过传送带106将已油炸过的食品送入离心装置108，在其中通过离心处理将油炸食品表面上的油脂除去。离心脱油完毕后，打开出料阀109，使油炸装置103和离心装置108内恢复大气压，经过油炸的产品经出料阀109进入产品送出装置110排出。

对于那些可以在真空油炸前先进行焙烤的食品原料，如马铃薯片或苹果片既可以先放在独立的焙烤装置如在常规烤箱中进行焙烤，完成焙烤后再运送到本发明制作油炸食品设备的原料供应装置101中。当然，本发明制作油炸食品设备本身还可以包括一个位于油炸装置103之前的焙烤装置（图1中未示出），油炸装置103的输入口通过进料阀102与焙烤装置的输出口相连接，原料供应装置101的输出口与焙烤装置的输入口相连接。在这种结构的制作油炸食品设备中，原料供应装置101先将食品原料（如马铃薯片或苹果片）送入焙烤装置进行焙烤，此时进料阀102是关闭的。焙烤完成后，打开进料阀102，并将经过焙烤的食品原料（如马铃薯片或苹果片）送入油炸装置103，然后再关闭进料阀102和出料阀109，使油炸装置103和离心装置108呈密闭状态。启动抽真空装置104，使油炸装置103和离心装置108内达到并保持稳定的真空度。随后如同前面所述那样进行真空油炸和真空离心脱油，直到将油炸食品成品经出料阀109送至产品送出装置110排出。

上面结合附图对本发明优选的具体实施方式和实施例作了详细说明，但是本发明并不限于上述实施方式和实施例，在本领域技术人员所具备的知识范围内，还可以在不脱离本发明构思的前提下作出各种变化。

说 明 书 附 图

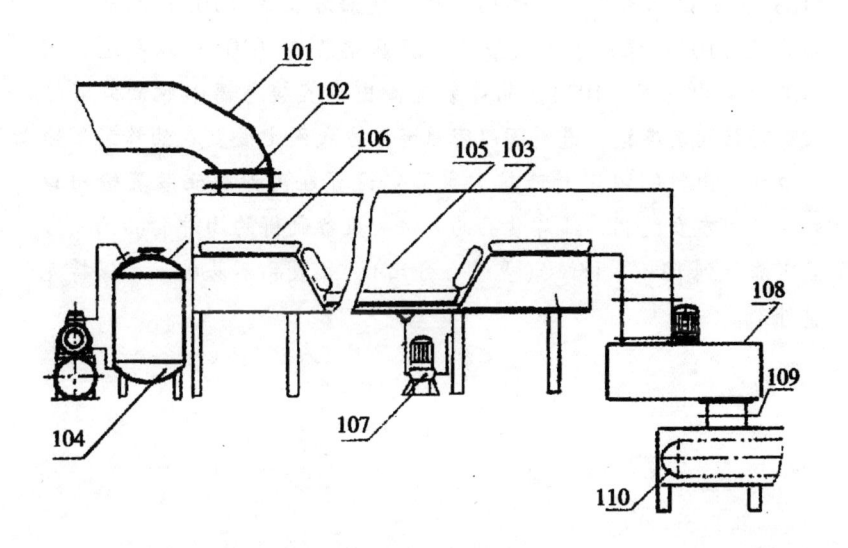

图 1

说　明　书　摘　要

　　本发明涉及制作油炸食品的方法和实现该方法的设备。制作油炸食品的方法包括如下步骤：将食品原料在真空条件下油炸，然后再在真空条件下离心脱油。实现该方法的设备包括油炸装置(103)，离心脱油装置(109)，用于使油炸装置(103)和离心脱油装置(109)保持于真空条件的抽真空装置(104)以及进料阀(102)和出料阀(102)，油炸装置输出口直接与离心脱油装置输入口密封固定连接，进料阀以密封连接方式固定设置在油炸装置输入口处，出料阀以密封连接方式固定设置在离心脱油装置输出口处。采用本发明制作油炸食品的方法和设备制得的油炸食品油脂含量可降低到14%~18%（重量百分比），且成品不易破碎，保持完整外形。

摘 要 附 图

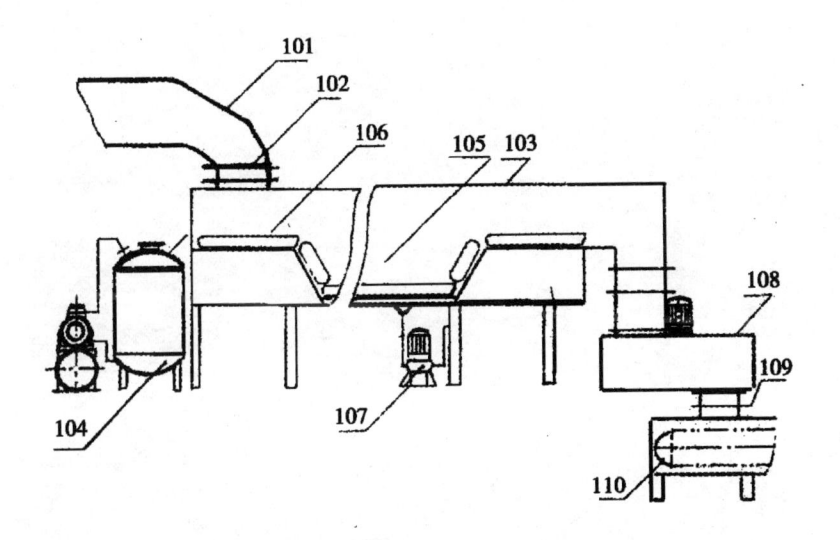

第二部分

撰写案例

案例一 易拉罐顶盖上的开启装置[1]

一、申请案情况介绍

本案例是一件有关易拉罐开启装置的发明专利申请案。

某厂早期生产了一种如图一所示易拉罐开启装置。该开启装置位于易拉罐顶盖上的凹入区内,它包括拉片75、铆钉62 和由封闭刻痕线部分 42、43、44、45 构成的封闭片 40。拉片的一端是拉环 74,铆钉 62 位于拉片中间略靠前大约为全长 1/3 处的位置。当使用者用手指向上拉

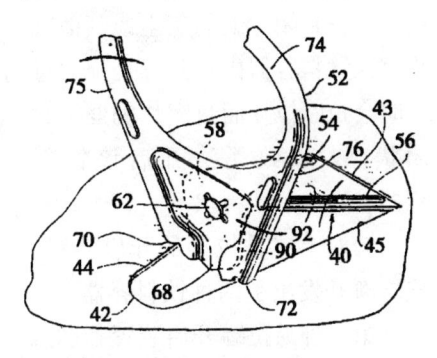

图一 作为本发明基础的现有技术中的易拉罐开启装置

起拉片时,拉片以铆钉为支点翻转。拉片的拉环向上移动,拉片的另一端 68 下压封闭片邻近刻痕线部分 42 的端部 90,首先撕裂封闭片端部附近的刻痕线部分 42,并使封闭片的端部向下弯曲。继续拉动拉环,牵引封闭片向上翻转,逐渐撕裂封闭片两侧的刻痕线部分 44、45,最终撕裂封闭片另一端部的刻痕线 43。此时,拉片和封闭片两者形成人字形,使封闭片完全脱离饮料容器顶盖,打开易拉罐的开口。

---

[1] 此案例根据 2000 年全国专利代理人资格考试"专利申请文件撰写"科目机械专业试题改编而成。

该厂在其生产实践中发现这种易拉罐顶盖上的开启装置存在3个缺点：其一是封闭片由封闭的刻痕线围成，在打开易拉罐开口后，封闭开启装置完全脱离顶盖，有可能被随意丢弃而污染环境；其二是拉片与封闭片的连接点设置在封闭片中部靠前约1/3处，当拉起拉片时拉片和封闭片仍有一部分会向下弯曲，会使封闭片上的灰尘或其他脏物落入饮料容器内；其三是施力过大时会拉断拉片而封闭片仍处于封闭状态，以致无法开启该饮料容器。

针对上述易拉罐的开启装置，该厂新开发出了两种饮料容器。

第一种易拉罐开启装置如图二至图五所示。

由图二至图四可知，易拉罐顶盖1上有一个凹入区5，主要由封闭片2及与该封闭片相连接的拉片3组成的开启装置10位于此凹入区内。封闭片的圆弧形端部21位于易拉罐顶盖的边缘附近，封闭片的根部22位于易拉罐顶盖的中部附近。从图五中可以看到，封闭片的U形刻痕线11是非封闭的。封闭片端部的刻痕线呈圆弧形，封闭片的圆弧形端部和根部之间的刻痕线为两根相互平行的直线，此两

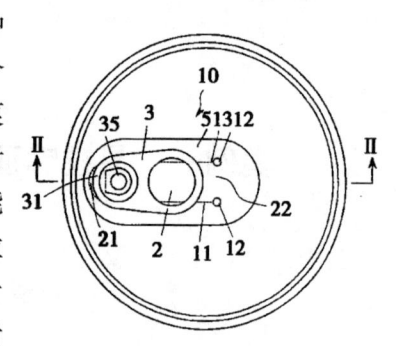

图二　易拉罐的俯视图

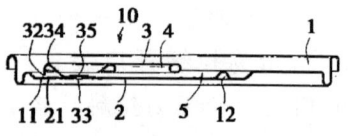

图三　易拉罐顶盖部分沿图二中II—II线的侧剖视图（开启装置处于关闭状态时）

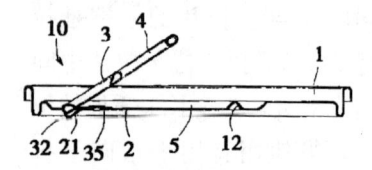

图四　易拉罐顶盖部分沿图二中II—II线的侧剖视图（开启装置处于刚打开封闭片的位置）

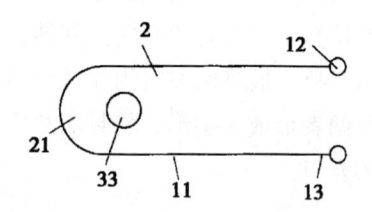

图五　第一种封闭片的局部放大图

130

根平行的直线终止于封闭片的根部，构成该刻痕线的两端13，它们彼此相隔开。采用上述结构后，在拉起封闭片打开封闭开口后，封闭片借助其根部依然连接在顶盖上，因此不会被任意丢弃而污染环境。在刻痕线的两端还可以设有凸起12，在打开封闭片时，可以有效地使撕裂的刻痕线终止于刻痕线两端的凸起处。

由图二至图五可知，在封闭片的圆弧形端部附近设有孔33，拉片与封闭片借助该孔和铆钉35连接在一起，显然还可以采用其他方式，如通过焊接将拉片与封闭片连接在一起。由于拉片与封闭片的连接点设置在紧靠封闭片的圆弧形端部附近，当使用者拉起拉片，首先撕裂封闭片圆弧形端部的刻痕线，再撕裂封闭片中部的刻痕线，直到封闭片的根部，这样打开封闭开口时就可使封闭片基本上全部向外弯曲，不会使封闭片上的灰尘或其他脏物落入易拉罐内。

由图二至图四可知，该拉片有一个可供手指握持的拉环4。拉片上与拉环相对且邻近封闭片圆弧形端部的一端31的下方，设有向下延伸的凸尖32，凸尖的锋利顶端靠近易拉罐顶盖的上表面。这样，如图四所示，当使用者拉起拉环向上翻转时，拉片以铆钉为杠杆支点，使拉片端部向下延伸的凸尖向下对封闭片端部施加压力，由于凸尖具有锋利的顶尖部分，而且，拉片与封闭片的铆接点位于封闭片的圆弧形端部附近，因此，只需要施加很小的作用力，大约5~8牛顿，就可撕裂封闭片端部处的刻痕线，即在凸尖压力作用下，向下破坏封闭片端部的刻痕线，随后在使用者手指向上拉力的作用下，撕裂全部刻痕线，很容易打开封闭的开口，同时可以避免由于施加过大的力而导致顶盖变形，或拉片被拉断而封闭片仍处于封闭状态以致无法开启。

该厂的第二种易拉罐中，除封闭片的形状外，其开启装置的拉片和封闭片的结构与第一种易拉罐的开启装置结构基本相同。图六是第二种易拉罐封闭片2的局部放大图，其与第一种易拉罐的区别仅在于：该封闭片的刻痕线大致呈两头小中间大且被截去一端头的橄榄形。从图六中可以看到，封闭片具有圆弧形的端部，从封闭片的圆弧形端部到根部，封闭片的宽度先逐渐增大，然后再逐渐减小，而在其根部封闭片的刻痕线形成间隔不大的两端。与第一种易拉罐一样，刻痕线两端还可以设有凸起。与第一种易拉罐相比，这种结构的开启装置可增大其开口，便于倒出易拉罐内的饮料。

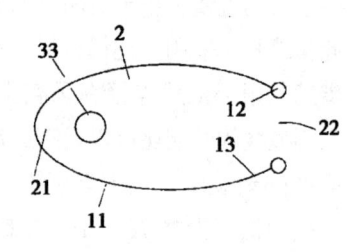

图六　第二种封闭片的局部放大图

开发出上述产品后，在为发明专利申请撰写权利要求书、说明书之前应当进行一次检索。在此检索期间，找到一些相关的对比文件，其中在一篇美国专利说明书US××××××××A中披露了易拉罐顶盖上有一个如图七所示的开启装置。由该易拉罐的俯视图可知，位于顶盖86

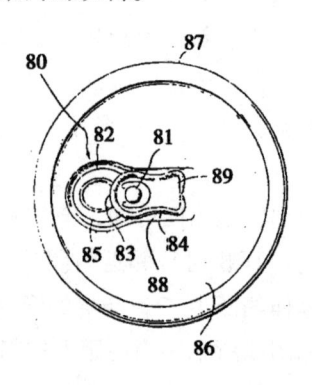

图七　检索到的一种易拉罐开启装置

上凹入区88的开启装置80包括拉片84、铆钉81和由刻痕线82围成的封闭片85。该刻痕线的形状接近两头小中间大且被截去一端头的橄榄形，该刻痕线的两端彼此隔开，也为不封闭的刻痕线。铆钉位于封闭片的根部附近，当使用者用手指向上（离开纸面向外的方向）拉起拉片的拉环89，拉片以铆钉为支点旋转，随着拉环向上拉动，拉片的另一端向下压封闭片，撕裂刻痕线，封闭片向下（进入纸面内的方向）弯曲，伸入易拉罐内部，从而打开易拉罐顶盖上封闭片所封闭的开口。虽然此时该封闭片仍然连接在顶盖上，但可从此开口将易拉罐中的饮料倒出。

在上述工作基础上，着手为本发明专利申请撰写权利要求书、说明书及其摘要。其中撰写的独立权利要求应当相对于图一和图七这两项现有技术具备新颖性和创造性。

二、权利要求书和说明书的撰写思路

对于前面所介绍的易拉罐开启装置专利申请案来说，仅涉及一项可授予专利权的技术主题"易拉罐开启装置"。对于这样一项发明创造，可以按照下述主要思路来撰写权利要求书和说明书。

1. 确定本申请案相对于两项现有技术所作出的主要改进

图二至图六反映的本发明与图一所示的现有技术相比，主要作了下述三点改进：

①将带有封闭刻痕线的封闭片改为非封闭刻痕线，在非封闭刻痕线的两端设有凸起物。

②将拉片与封闭片的连接点（如铆钉）位置从位于封闭片中部靠前约1/3处移至紧靠封闭片圆弧形前端部附近。

③在拉片前端部下方设置了向下延伸的凸尖，凸尖的锋利顶端靠近易拉罐顶盖上封闭片圆弧形端部的刻痕线。

由于所述将封闭刻痕线改为非封闭刻痕线，则打开开启装置后封闭片仍连接在顶盖上，不会被任意丢弃而污染环境，其中刻痕线两端的凸起物可以有效地使撕裂的刻痕线终止在该两凸起物处，进一步确保打开开启装置后封闭片仍连接在顶盖上。

由于将拉片与封闭片的连接点位置移至紧靠封闭片圆弧形前端部，从而拉起拉片时使封闭片基本上向外弯曲，不会使封闭片上的灰尘或其他脏物落入易拉罐。

由于在拉片前端下方设置了向下延伸的凸尖，加上将拉片与封闭片的连接点位置前移，从而在拉起拉片，凸尖锋利顶尖向下很容易撕裂封闭片圆弧形前端部的刻痕线，因而可以很方便地打开封闭

133

开口，且避免了由于施加过大的力而导致拉片拉断而无法开启❶。

图二至图六所示本发明与图七所示检索到的现有技术相比，主要作了下述两点改进：

①将拉片与封闭片的连接点位置从位于封闭片根部附近移到紧靠封闭片圆弧形前端部附近。

②在拉片前端部下方设置了向下延伸的凸尖，凸尖的锋利顶端靠近易拉罐顶盖上封闭片圆弧形端部的刻痕线。

由于将拉片与封闭片的连接点移至紧靠封闭片圆弧形前端部附近，因而拉片向上拉时使封闭片向外弯曲，并不是像现有技术那样是向下弯曲，而伸入易拉罐内部，因而不会使封闭片上的灰尘落入易拉罐饮料中。

由于在拉片前端部下方设置了向下延伸的凸尖，加上拉片与封闭片的连接点位置前移，凸尖锋利顶尖很容易撕开封闭片前端部的刻痕线，因而不需用太大力量即可打开封闭开口。

2. 从两项相关的现有技术中确定最接近的现有技术

《专利审查指南》第二部分第四章第 3.2.1.1 节中给出了确定最接近的现有技术的原则：首先选出那些与要求保护的发明技术领域相同的现有技术；其次从技术领域相同的现有技术中选出所要解决的技术问题、技术效果或者用途最接近和/或公开了发明的技术特征最多的那一项现有技术作为最接近的现有技术。

如图一和图七所示的两项现有技术的技术领域都是易拉罐上的开启装置，与本发明技术领域相同。

而将图一、图七所示的现有技术分别与本发明相比，可知图七

---

❶ 在 2000 年机械试题中，为使答案尽量统一，题中给定同时采用"向下延伸的凸尖"和"拉片与封闭片连接点位置前移"两个手段才能方便地打开封闭片开口。而实际上，仅有"向下延伸的凸尖"就可方便地打开封闭片开口，进一步再采取使"拉片与封闭片连接点位置前移"后，施加更小的力就能打开封闭片开口了。面临这种实际情况，将在后面相应部分以脚注方式说明如何撰写权利要求书。

所示检索到的对比文件比图一中的现有技术披露了本发明更多的技术特征，即多披露了封闭片的刻痕线不封闭这个技术特征，这样在打开这种开启装置后拉片和封闭片仍连接在易拉罐顶盖上，即其所解决的技术问题、技术效果比图一所示现有技术更接近本发明。由此可知，这两项现有技术中应当将图七所示检索到的对比文件作为本发明专利申请的最接近现有技术。

3. 根据所选定的最接近的现有技术确定本发明专利申请所解决的技术问题

根据该厂提供的有关其发明情况的介绍来看，该发明相对其早期的易拉罐解决了3个技术问题：开启装置打开后与饮料容器未完全脱离，因而减少了对环境的污染；打开开启装置时不会使拉片或封闭片上的灰尘或其他脏物落入易拉罐中；可以比较方便地打开开启装置的封闭片，不会由于施力过大拉断拉片后无法打开封闭片。

经检索到图七所示的易拉罐开启装置后，得知这种易拉罐开启装置也采用了带有不封闭刻痕线的封闭片，从而开启装置打开后封闭片与易拉罐未完全脱离，不会污染环境，因而已解决了上述第一个技术问题。这样就不能将此作为本发明要解决的技术问题。为使本发明专利取得较宽的保护范围，可从另两个技术问题中选择一个。从该厂介绍的发明内容来看，为了在打开开启装置时不会使拉片或封闭片上的灰尘和其他脏物落入易拉罐中，只要将拉片与封闭片的连接点设置在紧靠封闭片的端部即可；而为了方便打开封闭片，即不致出现拉断拉片而无法打开封闭片，则不仅要在拉片下方邻近封闭片端部设有向下延伸的锋利凸尖，还要将拉片与封闭片的连接点设置在紧靠封闭片的端部。由此可知，若选择前者作为本发明要解决的技术问题撰写独立权利要求，可以取得较宽的保护范围，因而将本发明要解决的技术问题确定为"提供一种易拉罐的开启装置，在利用该开启装置打开封闭片时不会使拉片或封闭片上的

灰尘和其他脏物落入到易拉罐中"。❶

4. 完成独立权利要求的撰写

根据该最接近的现有技术和本发明要解决的技术问题确定其全部必要技术特征，以完成独立权利要求的撰写。

前面已指出本发明相对于图七所示检索到的最接近的现有技术来说，其要解决的技术问题是提供一种开启时不会使拉片或封闭片上的灰尘和其他脏物落入到易拉罐中。

通过对本发明的技术特征逐个进行分析，可知要解决上述技术问题的必要技术特征为：由刻痕线围成的封闭片；与封闭片连接在一起的拉片；封闭片包括一个可被撕开的端部和一个根部；拉片与封闭片相互连接的部位邻近封闭片的端部。其中前3个技术特征是与最接近的现有技术的共有技术特征，应当写入独立权利要求的前序部分，最后一个技术特征是本发明区别于最接近的现有技术的区别技术特征，将其写入独立权利要求的特征部分。这样一来，其独立权利要求为：

---

❶ 正如本案例"二、权利要求书和说明书的撰写思路"之1中的脚注❶所说明的，在实际中仅仅在拉片下方邻近封闭片端部设有向下延伸的锋利凸尖就能方便打开封闭片。也就是说，以这两个技术问题中任何一个作为要解决的技术问题来撰写独立权利要求，所取得的保护范围虽然不同，但也难以区分何者保护范围更大。面对这种情况，专利代理人应当与委托人沟通，往往根据市场上更关心哪一种改进来确定本发明要解决的技术问题。若这两种改进都能得到市场的关注，可考虑对这两种技术方案都要求保护，即写成两项独立权利要求。由于这两项独立权利要求极有可能被认为不符合单一性规定，因而若委托人急于取得专利，可以针对这两项独立权利要求同日各提出一件专利申请，若委托人不急于取得专利而更想节省费用，就可先合案申请，权利要求书中包含两项独立权利要求，当审查员发出两者之间不具有单一性的通知之后再提出分案申请。如果全国专利代理人资格考试的试题中明确了"设置向下延伸凸尖就能方便打开封闭片"，则答题时针对其中之一撰写独立权利要求和相应的从属权利要求，并建议申请人对另一项独立权利要求另行提出一件专利申请。

"1. 一种易拉罐的开启装置，包括由刻痕线❶围成的封闭片以及与该封闭片连接在一起的拉片，该封闭片包括一个可被撕开的端部和一个根部，其特征在于：所述拉片与所述封闭片相互连接的位置邻近该封闭片的端部。"❷

这样撰写成的独立权利要求相对于目前所获知的现有技术（即图一、图七两项现有技术）来说具备新颖性和创造性。

该厂提供的如图一所示的现有技术未披露上述独立权利要求特征部分的技术特征：拉片与封闭片相互连接的位置邻近封闭片的端部。也就是说，该独立权利要求记载的技术方案未被该现有技术披露，其相对于该现有技术来说可以防止封闭片和拉片表面的灰尘或其他脏物落入易拉罐中，因而其相对于该现有技术具备《专利法》第二十二条第二款规定的新颖性。

同样，检索到的如图七所示的现有技术也未披露该独立权利要求特征部分的技术特征：拉片与封闭片相互连接的位置邻近封闭片的端部。也就是说，该独立权利要求的技术方案也未被该检索到的现有技术披露。同理，该独立权利要求相对于该检索到的现有技术也具备《专利法》第二十二条第二款规定的新颖性。

该独立权利要求的最接近的现有技术为图七所示检索到的对比文件，该独立权利要求与该对比文件的区别为：拉片与封闭片连接的位置邻近该封闭片的端部。而该区别技术特征在该厂所提供的现

---

❶ 注意：在这里，千万不要将刻痕线限定成非封闭刻痕线，因为非封闭刻痕线并不是解决"防止灰尘和脏物落入到易拉罐中"的必要技术特征。应当为申请人争取更宽的保护范围。

❷ 当年试题答案中，所确定的独立权利要求的主题名称为"易拉罐的开启装置"。现考虑到，由于易拉罐的开启装置与罐体是连成一体的，在市场上并不会出现易拉罐开启装置这样的产品，因此将主题名称确定为"易拉罐"不会给客户带来任何不利影响，加上原试题中客户介绍发明材料时虽然主要针对其容器顶盖上的开启装置作了详细说明，但提到的发明为两种饮料容器，因此也可将权利要求的主题名称确定为易拉罐。相应的独立权利要求为："一种易拉罐，包括开启装置，该开启装置包括由刻痕线围成的封闭片以及与该封闭片连接在一起的拉片，该封闭片包括一个可被撕开的端部和一个根部，其特征在于：所述拉片与所述封闭片相互连接的位置邻近该封闭片的端部。"

有技术中也未披露，并且也不属于本领域技术人员的普通知识，因而该厂提供的现有技术与本领域的公知常识中没有给出将上述区别技术特征用于本发明最接近的现有技术（即检索的对比文件）中以解决防止封闭片和拉片表面的灰尘或其他脏物落入易拉罐而污染内装食品的技术启示，由此可知，独立权利要求相对于检索到的对比文件、该厂提供的现有技术和本领域的公知常识具备突出的实质性特点。采用这样的结构后，就可以在开启易拉罐时，不会使封闭片和拉片表面的灰尘或其他脏物落入罐中，即相对于上述两项现有技术具有显著的进步。这说明独立权利要求相对于上述两项现有技术和本领域的公知常识具备《专利法》第二十二条第三款规定的创造性。

5. 完成从属权利要求的撰写

对本发明的其他技术特征进行分析，将那些对申请的创造性起作用的技术特征作为对本发明进一步限定的附加技术特征，写成相应的从属权利要求。

在撰写了独立权利要求后，就应当对本申请的其他技术特征进行分析。

拉片端部下方设有向下延伸的锋利凸尖是一项比较重要的附加技术特征，其与独立权利要求特征部分的特征一起，可起到便于开启装置打开的作用，因而可将其作为附加技术特征写成一项从属权利要求。

至于封闭片由非封闭刻痕线围成这个技术特征来说，由于其已被检索到的对比文件公开，因而仅将其作为附加技术特征写成一个从属权利要求必要性不大。但是，考虑到本发明对此手段作了进一步改进，在该非封闭刻痕线的两端设有凸起，从而在开启易拉罐时使该封闭片撕开到该凸起物就停止，即可以有效地确保该封闭片在撕开后仍连接在易拉罐盖上，而不至于污染环境，因而可以将非封闭的刻痕线与刻痕线两端设有凸起物结合起来写成一项从属权利要求。当然也可以先将封闭片由非封闭刻痕线围成作为附加技术特征写成一项从属权利要求,然后再以刻痕线端部设有凸起物作为附加技术特征对该项从属权利要求作进一步限定,写成该项从属权利要求的从属权利要求。当然,相比之下前一种方式更好,因为其更为简明。但如果当权利要求书中总的权利要求项数未超过 10 项时,就不需要缴纳权利要求附加费,因而采用后一种方式也可以,因为这不会给申请人带来任何损失。

至于该厂所介绍的两种封闭片刻痕线形状,可以写成进一步限定的两项从属权利要求。

至于封闭片与拉片通过铆接或焊接而连接成一体这个技术特征来说,由于其不会对本申请的创造性起作用,因而可不必将其作为附加技术特征写成从属权利要求。但由于本申请总的权利要求项数不会超过 10 项,因而将其写成一项从属权利要求也未尝不可。

根据上述考虑,共撰写了 5 项从属权利要求,具体内容见后面给出的权利要求书。在撰写这些从属权利要求时,需要注意其引用关系。一方面,要使其所限定成的从属权利要求清楚地表述其保护范围,即其进一步要作限定的技术特征应当是其所引用权利要求中包含的技术特征,而且表述两项并列技术方案的从属权利要求之间不能相互引用;另一方面要满足《专利法实施细则》第二十二条第二款对从属权利要求引用关系的形式要求,即多项从属权利要求只能以择一方式引用在前的权利要求,且不能直接或间接引用另一项多项从属权利要求。例如,权利要求 4 和权利要求 5 是对非封闭刻痕线从形状上作进一步限定的两项并列技术方案,因而它们之间不能相互引用。又由于非封闭刻痕线这个技术特征仅出现在权利要求 3 的技术方案中,而未包含在权利要求 1 或权利要求 2 的技术方案中,因而从属权利要求 4 或权利要求 5 都只能引用权利要求 3,而不能引用权利要求 1 和权利要求 2。此外,权利要求 3 是引用权利要求 1 和权利要求 2 的多项从属权利要求,因而采用了"或"这种择一引用方式。另外权利要求 6 也是多项从属权利要求,因而其不能直接引用多项从属权利要求3，此外，其也不能引用权利要求4或权利要求5，否则间接引用了多项从属权利要求3，也就是说，权利要求6也只能引用权利要求1或2。

6. 在撰写成的权利要求书的基础上完成说明书及其摘要的撰写

由于本申请只有一项发明，因而说明书的名称可按照独立权利要求的名称来确定，即本发明专利申请的名称为"易拉罐的开启装置"。

对于技术领域部分，由于本发明只涉及产品，因而技术领域只涉及易拉罐的开启装置，可参照独立权利要求的前序部分加以说明。

背景技术部分可分别对该厂提供的现有技术以及所检索到的作为最接近的现有技术的对比文件作一简要介绍。对这两项现有技术应写明其出处、对其主要结构作扼要说明并客观地指出其存在的问题。

在发明内容部分首先写明本发明相对于所检索到的对比文件所解决的技术问题。然后另起段写明独立权利要求的技术方案。在此基础上通过对特征部分的技术特征（拉片与封闭片相互连接的位置邻近封闭片的端部）的分析，说明该技术特征为本发明带来的有益效果。接着再对重要的从属权利要求技术方案加以说明，并说明这些附加技术特征带来的有益效果。当然也可以在写明要解决的技术问题后，先分段说明独立权利要求和重要的从属权利要求的技术方案。然后再分析这些技术方案带来的有益效果。

将上述图二至图六作为本说明书附图中的图1至图5，在附图说明部分集中给出这五幅附图的图名。

在具体实施方式部分结合上述五幅附图对本发明作进一步展开说明。其中对该厂提供的第一种易拉罐实施方式作详细说明。而对第二种易拉罐实施方式重点说明其与第一种实施方式的不同之处，而对其相同部分可以采用简写方式。

按照修改后的《专利法实施细则》第十七条第二款的规定，在上述五个部分（技术领域、背景技术、发明内容、附图说明、具体实施方式）之前给出这五个部分的标题。

至于说明书摘要，应当重点写明发明名称和独立权利要求的技术方案的要点。然后，可对其重要的从属权利要求的附加技术特征作简要说明。此外应当在摘要中尽可能反映其要解决的技术问题，说明其主要用途。当然，应当从这五幅说明书附图中选择一幅摘要附图。

三、推荐的专利申请文件

现根据该厂提供的有关本发明"易拉罐开启装置"的资料和现有技术情况及最接近的现有技术（即检索到的对比文件）给出推荐的发明专利申请撰写文本。

权 利 要 求 书

1. 一种易拉罐开启装置，包括由刻痕线（11）围成的封闭片（2）以及与该封闭片（2）连接在一起的拉片（3），该封闭片（2）包括一个可被撕开的端部（21）和一个根部（22），其特征在于：所述拉片（3）与所述封闭片（2）相互连接的位置邻近该封闭片（2）的端部（21）。

2. 按照权利要求1所述的易拉罐开启装置，其特征在于：所述拉片（3）对应于所述封闭片（2）端部（21）的一端下方设有向下延伸的锋利凸尖（32），其尖端靠近易拉罐顶盖（1）的上表面。

3. 按照权利要求1或2所述的易拉罐开启装置，其特征在于：所述围绕成封闭片（2）的刻痕线（11）是非封闭的，其彼此分隔开的两端（13）终止在该封闭片（2）根部（22），在该封闭片（2）根部（22）上刻痕线（11）两端的终止位置设有凸起（12）。

4. 按照权利要求3所述的易拉罐开启装置，其特征在于：所述围绕成封闭片（2）的非封闭刻痕线（11）呈U形，其在该封闭片（2）的端部（21）为圆弧形，在该封闭片的端部（21）和根部（22）之间为两根相互平行的直线。

5. 按照权利要求3所述的易拉罐开启装置，其特征在于：所述围绕成封闭片（2）的非封闭刻痕线（11）大致成两头小中间大、且被截去一端头的橄榄形，其在该封闭片（2）的端部为圆弧形，从该封闭片（2）的端部（21）到其根部（22）该封闭片（2）的宽度先逐渐增大再逐渐减小。

6. 按照权利要求1或2所述的易拉罐开启装置，其特征在于：所述封闭片（2）与所述拉片（3）通过铆接或焊接而连接成一体。

说 明 书

易拉罐的开启装置

技术领域

本发明涉及一种易拉罐的开启装置，其包括一个由刻痕线围成的封闭片和一个与该封闭片连接在一起的拉片，该封闭片包括一个可被撕开的端部和一个根部。

背景技术

本申请人早期生产的饮料易拉罐在其顶盖上的开启装置包括一个由封闭刻痕线围成的封闭片和一个通过铆接与封闭片连接在一起的拉片，该铆接位置位于拉片中间略靠前（大约为全长三分之一）的位置。这种易拉罐开启时先使封闭片端部向下弯，然后再向上拉动离开易拉罐顶盖，封闭片形成人字形，因而封闭片或拉片上的灰尘或其他脏物很可能落入到易拉罐中的饮料中。而且由于其为封闭的刻痕线，开启时通过拉片拉动封闭片会使整个封闭片与易拉罐相分离，从而有可能造成随手丢弃该开启装置，而不利于环境卫生。

美国专利说明书US××××××A公开了另一种易拉罐开启装置，该开启装置包括一个由非封闭刻痕线围成的封闭片和一个通过铆接与该封闭片相连接的拉片，该连接位置位于封闭片的根部附近。虽然该开启装置采用了非封闭刻痕线的封闭片，在打开时拉片和封闭片仍保留在易拉罐顶盖上而不会污染环境，但是由于拉片与封闭片的连接位置位于封闭片根部附近，因而开启时拉片将封闭片向下压，因而封闭片和拉片上的灰尘和其他脏物仍然会落入到易拉罐的饮料中。

发明内容

本发明要解决的技术问题是提供一种易拉罐开启装置,在利用该开启装置打开封闭片时不会使拉片或封闭片上的灰尘和其他脏物落入到易拉罐中。

为解决上述技术问题,本发明的易拉罐开启装置包括一个由刻痕线围成的封闭片和一个与该封闭片相连接的拉片,封闭片有一个可被撕开的端部和一个根部,该拉片与封闭片的连接位置邻近该封闭片的端部。

通过将拉片与封闭片的连接位置向前移至邻近该封闭片的端部,这样当通过拉起拉片来拉动封闭片时,该拉片基本上在压开封闭片端部后立即将封闭片向上拉,从而整个封闭片很快向上翻转,因此拉片和封闭片上的灰尘或其他脏物就不易落入到易拉罐中。

作为本发明的一种改进,在拉片对应于封闭片端部的一端下方,设有向下延伸的锋利凸尖,其尖端靠近易拉罐顶盖的上表面。当采用这种结构后,由于拉片与封闭片的连接部位靠近封闭片的端部,向上拉动拉片的拉环就会通过这些向下延伸的锋利凸尖向着封闭片端部的刻痕线向下施加一个相当大的压力,从而可十分方便地将封闭片端部刻痕线压开,因此在对这种结构的开启装置通过拉动拉片将其打开时,就不容易出现像前面所提到的两种现有技术的开启装置在打开封闭片时由于施力不当使拉片与封闭片相脱开而导致无法打开该易拉罐。

作为本发明的另一种改进,围成封闭片的刻痕线是非封闭的,其彼此分隔开的两端终止在封闭片根部,在封闭片根部刻痕线的终止位置设有凸起。由于采用这样的非封闭刻痕线和设置在封闭片根部的凸起,在通过拉片拉动封闭片时,仅将封闭片撕开到封闭片根部的凸起,不容易将该封闭片继续撕裂,从而确保该拉片和封闭片仍连接在易拉罐的顶盖上,而不会将该开启装置随便乱丢,有利于保持环境卫生。

对于封闭片刻痕线的形状,可以为 U 形,在封闭片端部为圆弧形,封闭片端部和根部之间为两根平行的直线;也可以为两头小中间大且被截去一端头的橄榄形,封闭片端部为圆弧形,封闭片的宽度沿着从封闭片端部到根部的方向先逐渐增大再逐渐减小。采用前一种形状的刻痕线,打开封闭片比较方便,而采用后一种形状的刻痕线可增大其开口,便于倒出易拉罐内的饮料。

附图说明

下面结合附图和具体实施方式对本发明作进一步详细的说明:

图1为本发明易拉罐的俯视图。

图2为图1所示易拉罐的顶盖部分沿图1中的Ⅱ-Ⅱ线的侧剖视图,其中易拉罐的开启装置处于未打开状态。

图3为图1所示易拉罐的顶盖部分沿图1中的Ⅱ-Ⅱ线的侧剖视图,其中易拉罐的开启装置处于刚打开封闭片的状态。

图4为易拉罐开启装置第一种封闭片刻痕线的局部放大图。

图5为易拉罐开启装置另一种封闭片刻痕线的局部放大图。

具体实施方式

由图1所示易拉罐俯视图以及图2和图3所示易拉罐顶盖部分的侧剖视图可知,易拉罐顶盖1上有一个凹入区5,主要由封闭片2及与该封闭片2相连接的拉片3组成的开启装置10位于此凹入区5内。该封闭片2的圆弧形端部21位于易拉罐顶盖1的边缘附近,而封闭片2的根部22位于易拉罐顶盖1的中部附近。在封闭片2的圆弧形端部21附近设有孔33,拉片3借助于该孔33和铆钉35与封闭片2连接在一起,显然还可以采用其他方式,如通过焊接将拉片3与封闭片2连接在一起。由于拉片3与封闭片2的连接点设置在紧靠封闭片2的圆弧形端部21附近,当使用者拉起拉片3,首先撕裂封闭片2圆弧形端部21的刻痕线11,再撕裂封闭片2中部的刻痕线11,直到封闭片2的根部22,这样打开封闭开口时就可使封闭片基本上全部向外弯曲,不会使封闭片2和拉片3上的灰尘或其他脏物落入易拉罐内。

由图1至图3可知，拉片3有一个可供手指握持的拉环4。拉片3上与拉环4相对置且邻近封闭片2圆弧形端部21的一端31的下方设有向下延伸的凸尖32，凸尖32的锋利尖端靠近易拉罐顶盖1的上表面。这样，如图3所示，当使用者拉起拉环4向上翻转时，拉片3以铆钉35为杠杆支点，使拉片3端部向下延伸的凸尖32向下对封闭片2的端部21施加压力，由于凸尖32具有锋利的尖端，加上拉片3与封闭片2的铆接点位于封闭片2的圆弧形端部21，因此只需要施加很小的作用力，大约5~8牛顿，就可撕裂封闭片2端部21处的刻痕线11，即在凸尖32压力作用下，向下破坏封闭片2端部21的刻痕线11，随后在使用者手指向上拉力的作用下，撕裂全部刻痕线11，很容易打开封闭的开口，同时可以避免由于施加过大的力而导致顶盖1变形，或拉片3被拉断而封闭片2仍处于封闭状态以致无法开启。

图4示出了本发明易拉罐开启装置10中第一种围成封闭片2的刻痕线11。可以看出，封闭片2的U形刻痕线是非封闭的，其中封闭片2端部21的刻痕线11呈圆弧形，封闭片2圆弧形端部21和根部22之间的刻痕线为两根相互平行的直线，此两根平行的直线终止于封闭片2的根部22，构成该刻痕线11的两端13，它们彼此相隔开。采用上述结构后，在拉起封闭片2打开封闭开口后，封闭片2借助其根部22依然连接在顶盖上，因此不会被任意丢弃而污染环境。在刻痕线11的两端13还可以设有凸起12，在打开封闭片2时，可以有效地使撕裂的刻痕线11终止于刻痕线11两端的凸起12处。

图5示出了本发明易拉罐开启装置10中的另一种围成封闭片2的刻痕线11。该刻痕线11的形状与第一种刻痕线不同，大致呈两头小中间大且被截去一端头的橄榄形。由图5可知，封闭片2具有圆弧形的端部21，从圆弧形端部21到根部22该封闭片2的宽度先逐渐增大，再逐渐减小，而在其根部22的刻痕线11形成间隔不大

的两端13。同样，在此刻痕线11的两端13也可以设有凸起12。与前一种刻痕线围成的封闭片相比，这种结构的封闭片2具有较大的开口，这样在打开开启装置后便于倒出易拉罐中的饮料。

  本发明不局限于上述具体实施方式，只要易拉罐开启装置中将拉片与封闭片的连接位置设置得靠近封闭片的端部，不论封闭片的刻痕线是否封闭、拉片端部下方是否设有向下延伸的凸尖、围成封闭片的刻痕线采用何种形状，均落在本发明的保护范围之中。

说 明 书 附 图

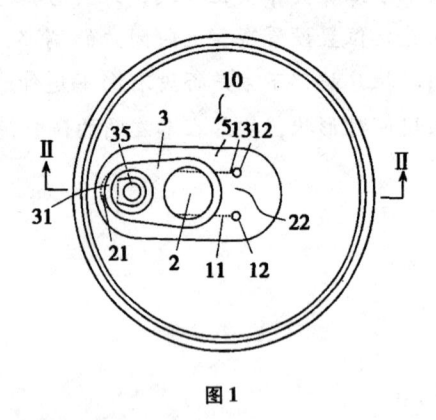

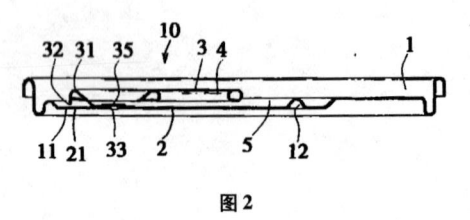

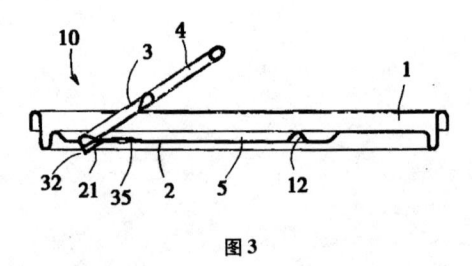

图1

图2

图3

148

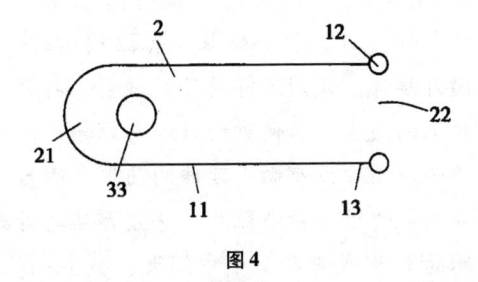

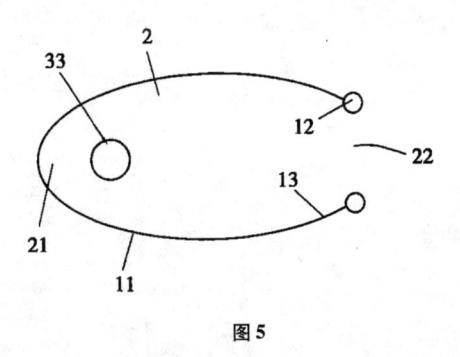

图 4

图 5

说　明　书　摘　要

　　本发明涉及一种易拉罐开启装置，包括由刻痕线（11）围成的封闭片（2）及与该封闭片（2）相连接的拉片（3），封闭片包括一个可被撕开的端部（21）和一个根部（22），拉片与封闭片的连接位置邻近封闭片端部。采用这样的开启装置，打开封闭片时不会使封闭片和拉片上的灰尘和其他脏物落入易拉罐内。如果在拉片对着封闭片端部的一端下方设有向下延伸的凸尖，则可方便地打开开启装置，而不会因施力过大拉断拉片而导致无法打开封闭片。优选刻痕线为非封闭的 U 形或者两头小中间大、截去一端头的橄榄形，其两端（13）终止在该封闭片根部的凸起（12）处，从而可以有效地使打开的封闭片仍连接在易拉罐顶盖上，不致任意丢弃而污染环境。

摘 要 附 图

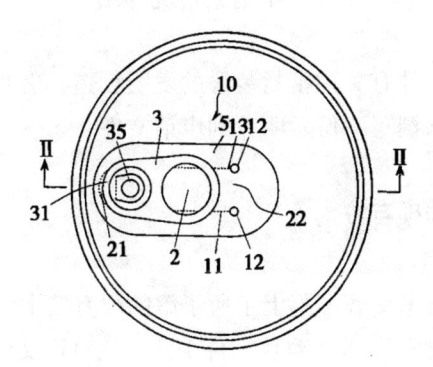

案例二 轴密封装置[1]

一、申请案情况介绍

本案例是一件有关轴密封装置的发明创造,客户要求针对所提供的技术交底书撰写一份发明专利申请文件。

客户提供的现有技术

客户随其技术交底书附上了所了解的现有技术(以下简称"客户提供的现有技术"或"对比文件1"),该对比文件1公开了一种使用压盖填料的轴密封装置。其具体结构如图一所示,该轴密封装

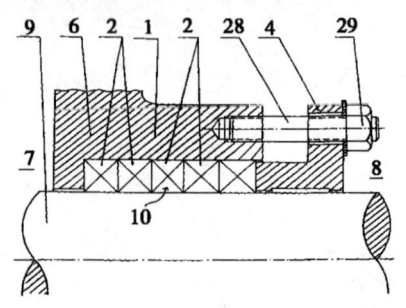

图一 现有技术的轴密封装置纵剖视图

置在机器壳体6的内部区域(即封液区域)7,装有具有一定压力

---

[1] 此案例根据2002年全国专利代理人资格考试"专利申请文件撰写"科目机械专业试题改编而成。

的流体（气体或液体）。转轴9可旋转地贯穿该机器壳体6，并从内部区域7延伸到外部区域（即大气压区域）8。在流体压力的作用下，机器壳体6内的流体可能会从封液区域7向大气压区域8泄漏。为保证机器正常运转，对转轴9与相邻部件之间进行密封。

在图一所示的使用压盖填料的轴密封装置中，机器壳体6与转轴9之间形成圆筒形密封空间10。在该密封空间10内，沿转轴9的轴向并列地配置了多个填料2。用配置在密封空间10的大气压区域8一侧的压盖4夹压这些填料2，使其产生沿转轴9径向的位移，实现对机器壳体6的内部区域（即封液区域）7和外部区域（即大气压区域）8之间的轴密封。

机器壳体6兼作填料箱，即其与填料箱1为一体结构。大气压区域8侧的压盖4支承在螺纹轴28上并可沿轴线方向移动，螺纹轴28固定在填料箱1上。旋拧螺母29，便可通过压盖4将填料2向封液区域7的方向推压。螺母29的拧紧程度对填料2所承受的压力起调节作用。

客户指出，使用这种轴密封装置时，其在密封效果上存在两方面问题。其一，由于填料箱1与机器壳体6为整体结构，因此，只能从大气压区域8侧拧紧螺母29以使压盖4向封液区域7的移动来推压填料2，该推压力F（见图二）直接作用在最靠近大气压区域8的填料2上，依次向靠近封液区域7的填料2传递，作用在填料2上的夹紧压力（轴向压缩力）越接近封液区域7越小。填料2与转轴9及填料箱1的接触压力，即轴密封力P如图二所示，最靠近封液区域7的填料2处的轴密封力P最小。这样，流体会从轴密封力P最小处向轴密

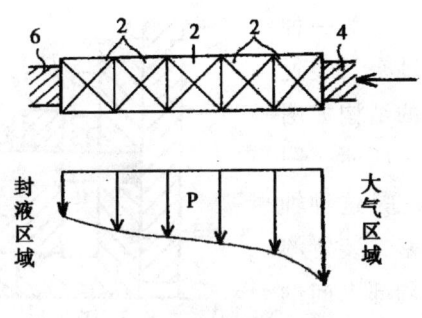

图二　表示图一轴密封装置填料所承受的轴密封力的分布

封力 P 最大处泄漏，从而导致轴密封不良，不能实现良好而可靠的轴密封。其二，由于填料箱 1 与机器壳体 6 为整体结构，在转轴 9 产生轴向振动或由偏心产生径向跳动的情况下，填料箱 1 与转轴 9 的相对位置可能在轴向和/或径向上发生变化，从而造成转轴 9 与填料 2 间的接触压力在圆周方向上分布不均匀。在接触压力增大处，填料 2 与转轴 9 接触紧密，容易产生异常磨损，在接触压力减小处，填料 2 甚至会处于过分松弛状态，这种接触压力的周期性变化，加速了填料的老化，进一步导致轴密封不良，总体轴密封效果下降，随着使用时间变长，甚至导致轴密封功能的丧失，也就是说不能实现良好且稳定的轴密封。

客户为克服现有轴密封装置的上述缺点，发明了两种使用压盖填料的轴密封装置。

客户发明的第一种使用压盖填料的轴密封装置

第一种轴密封装置的结构如图三所示，图三是这种轴密封装置的局部纵向剖视图，其中仅示出其上部结构，省略了与之对称的下部。

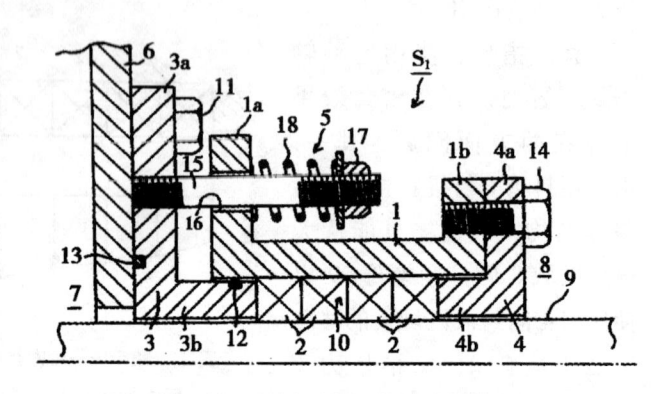

图三　第一种轴密封装置的纵向剖视图

为叙述方便，下文中所称的"左"、"右"与附图本身的左、右方向一致。第一种使用压盖填料的轴密封装置简称为"轴密封装置 S1"，封液区域 7 侧（此侧为左）的压盖简称为"第一压盖"；

154

大气压区域8侧（此侧为右）的压盖简称为"第二压盖"。

如图三所示，填料箱1呈圆筒形，套装于转轴9以及其上的部件上，转轴9贯穿机器壳体6，由封液区域7延伸到大气区域8，在填料箱1的左右端部分别形成第一凸缘1a和第二凸缘1b。为了在填料箱1的内周面与转轴9的外周面之间形成必要且充分的环形密封空间10，以便装入填料2，应当根据转轴9的外径适宜地设定填料箱1的内径。填料2填充在密封空间10内，沿着转轴9的轴线方向左右并列配置，填料2的左、右两侧分别被封液区域7侧的第一压盖3和大气区域8侧的第二压盖4夹压。第一压盖3位于填料箱1的左侧，即靠近封液区域7的一侧，它具有向密封空间10突出的轴向突出部3b，成为一圆筒形构件。通过螺栓等固定件11将第一压盖3左端部一体形成的环状凸缘3a安装在机器壳体6上，使第一压盖3固定在机器壳体6上。另外，在第一压盖3的轴向突出部3b与填料箱1的相向周面之间以及在凸缘3a与机器壳体6的接触端面之间，分别装入O形密封环12、13。第二压盖4位于填料箱1的右侧，即靠近大气压区域8的一侧，它是向密封空间10突出的圆筒形构件。通过螺栓等固定件14将第二压盖4右端部一体形成的环状凸缘4a安装在填料箱1的第二凸缘1b上。

填料夹紧机构5这样构成：在第一压盖3的凸缘3a上设有多个以规定间隔沿圆周方向分布的螺纹孔，以便将两端带有螺纹的螺纹轴15的一端以螺纹连接方式固定在第一压盖3的凸缘3a上，在填料箱1的第一凸缘1a上与凸缘3a上的螺纹孔位置相对应处设有多个孔径大于螺纹轴15直径一个预定量的通孔16，供螺纹轴15的另一端穿过。将螺母17拧在螺纹轴15穿过第一凸缘1a的另一端螺纹上，且将一个螺旋压缩弹簧18套装在第一凸缘1a与螺母17之间的螺纹轴上，以这样的填料夹紧机构5将填料箱1和第一压盖3连接起来。

对于具有上述结构的轴密封装置S1，由于填料箱1左侧具有第一压盖3，且该第一压盖3具有向密封空间10突出的轴向突出部

3b，因此拧紧螺母 17（使螺母向左移动）时，填料箱 1 与第二压盖 4 一起向左移动，即第一压盖 3 相对于填料箱 1 和第二压盖 4 向右移动，因而从封液区域 7 侧伸进密封空间 10 的轴向突出部 3b 将填料 2 向大气区域 8 侧的第二

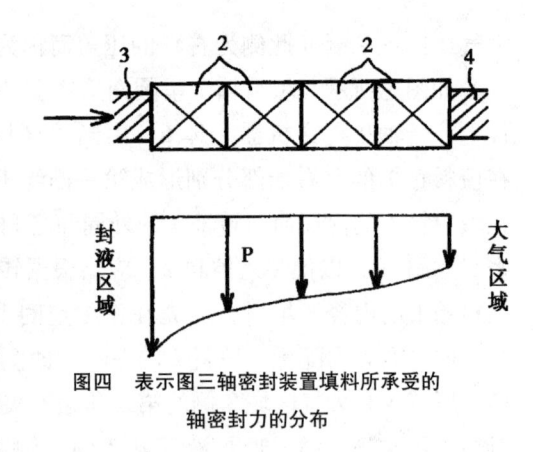

图四 表示图三轴密封装置填料所承受的轴密封力的分布

压盖 4 推压，从而调节填料 2 承受的夹紧压力。因此，与现有技术中的轴密封装置相反，填料 2 承受的夹紧压力即轴密封力 P 在最靠近封液区域 7 的填料 2 处最大，如图四（表示轴密封装置 S1 的填料所承受的轴密封力分布示意图）所示。由于流体不易从轴密封力 P 最大处向轴密封力 P 最小处泄漏，因此能够实现良好而可靠的轴密封。

在具有上述结构的轴密封装置 S1 中，由于在填料箱 1 的第一凸缘 1a 上设置的通孔 16 的孔径大于螺纹轴 15 的直径，该填料箱 1 就可以随着转轴 9 一起径向移动，其径向移动的范围取决于螺纹轴 15 与通孔 16 的直径之差，于是可根据转轴 9 的加工偏心度来确定螺纹轴 15 与通孔 16 的直径之差，这样就可保证填料箱 1 与转轴 9 之间的相对位置不因转轴 9 的偏心而改变。由于在填料箱 1 的第一凸缘 1a 与螺母 17 之间的螺纹轴上装有螺旋压缩弹簧 18，当转轴 9 发生轴向振动时，填料箱 1 可以随着转轴 9 一起轴向移动，其轴向移动的范围取决于弹簧 18 的伸缩范围，只要根据预计的转轴 9 的轴向振动选用弹簧 18 使该弹簧的伸缩范围与转轴 9 的轴向振动相当，就可以保证填料箱 1 与转轴 9 之间的相对位置不因转轴 9 的轴向振动而改变。由此可知，采用这样的结构，填料箱 1 以可沿轴向和径向移动的方式间接地支承在机器壳体 6 上，因此当转轴 9 产生

轴向振动和/或由偏心产生径向跳动时，填料箱1随之移动，但它与转轴9之间的相对位置不发生变化而保持一定。也就是说，填料箱1和转轴9之间的密封空间10内的填料2对转轴9及填料箱1的接触压力不发生变化，实现了良好且稳定的轴密封。

客户发明的第二种使用压盖填料的轴密封装置

第二种轴密封装置的结构如图五所示，图五是这种轴密封装置的局部纵向剖视图，其中仅示出其上部结构，省略了与之对称的下部。

这种使用压盖填料的轴密封装置简称为"轴密封装置S2"，除了在填料箱1与第二压盖4之间设置第二填料夹紧机构20以外，其他与轴密封装置S1的结构相同，为了简便，下文仅叙述不同部分。

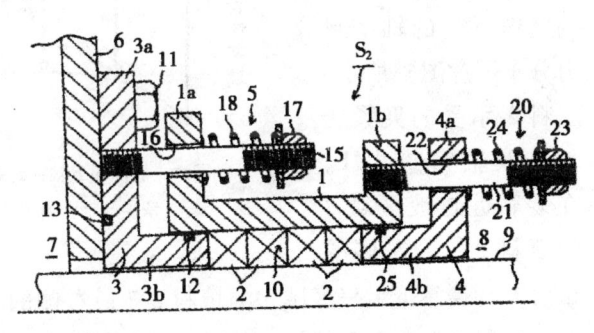

图五 第二种轴密封装置的纵向剖视图

第二填料夹紧机构20的结构和原理类似于第一填料夹紧机构5，具体为：在填料箱1的第二凸缘1b上设有多个以规定间隔沿圆周方向分布的螺纹孔，以便将两端带有螺纹的螺纹轴21的一端以螺纹连接方式固定在填料箱1的第二凸缘1b上，在第二压盖4的凸缘4a上与填料箱1的第二凸缘1b上的螺纹孔位置相对应处设有多个孔径大于螺纹轴21直径一个预定量的通孔22，供螺纹轴21的另一端穿过。将螺母23拧在螺纹轴21穿过通孔22的另一端螺纹上，且在凸缘4a与螺母23之间的螺纹轴上套装有螺旋压缩簧24。

157

这样，就将填料箱1和第二压盖4可相对移动地连接起来。利用第二填料夹紧机构20，当拧紧螺母23向左移动时，两凸缘1b、4a相互接近，第二压盖4向着密封空间10伸出的轴向突出部4b向左移动，从大气区域8侧将填料2向左推压。另外，在第二压盖4轴向突出部4b与填料箱1的相向周面之间装入O形密封环25。

在轴密封装置S2中，通过拧紧螺母17、23，分别从左右两侧夹紧填料2，如图六（轴密封装置S2的填料承受的轴密封力分布示意图）所示，填料2承受的夹紧压力以及轴密封力P，在最靠近封液区域7的填料2（最左侧的填料）和最靠近大气区域8的填料2（最右侧的填料）两处最大，总的轴密封力P大于仅仅从左侧或右侧推压填料2的轴密封装置的轴密封力。鉴于两侧大中间小的轴密封力分布和总的轴密封力加大，可以确保有较好的密封效果，因而能实现良好而可靠的轴密封。

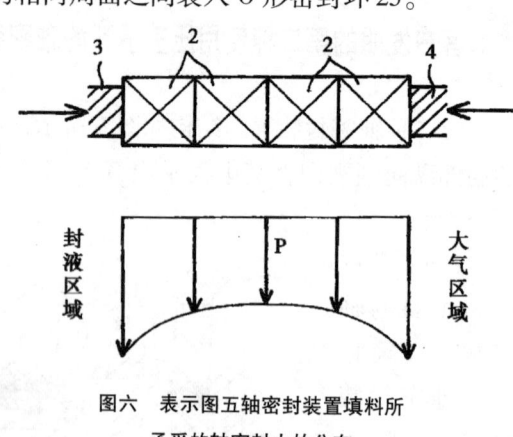

与第一种轴密封装置S1相类似，即使转轴9产生轴向振动和/或由偏心造成的径向跳动，通过第一和第二填料夹紧机构5、20，可调节填料箱1相对于第一压盖3或第二压盖4的相对位置。也就是说，填料箱1和第二压盖4随动于转轴9移动，因此轴向振动和/或由偏心造成的径向跳动不会周期性地作用于填料2上，从而能够实现良好而稳定的轴密封。

需要说明的是，图三、图五所示的夹紧机构5、20中采用的是螺旋压缩弹簧18、24，但并不仅限于此，可以用可压缩的其他弹性部件如橡胶弹性套筒部件等代替。

另外，上述的轴密封装置 S1、S2 和各构成部件，除了填料 2 及 O 形密封环 12、13、25 以外，其他均由根据轴密封条件选定的金属材料构成。

检索到的现有技术

开发出上述产品后，在为发明专利申请撰写权利要求书和说明书之前，最好建议客户对现有技术再进行一次检索。本案中，在为客户进行补充检索过程中，又检索到了一篇相关的对比文件（以下简称"检索到的对比文件"或"对比文件 2"）。该对比文件 2 也公开了一种使用压盖填料的轴密封装置，其具体结构如图七所示。

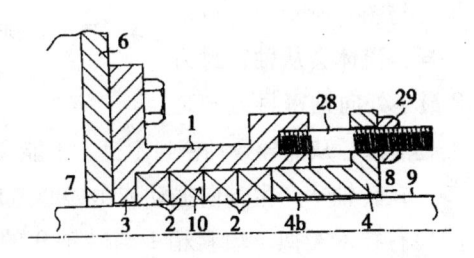

图七 检索到的轴密封装置的纵向剖视图

图七所示的使用压盖填料的轴密封装置与客户提供的现有技术在结构上的不同点在于：围绕转轴 9 设置有圆筒形填料箱 1，该填料箱 1 与机器壳体 6 为分体结构，而与压盖 3 为整体结构，通过螺栓等安装在机器壳体 6 上。在该填料箱 1 与转轴 9 之间形成圆筒形密封空间 10。在该圆筒形密封空间 10 内，在转轴 9 的轴向上，左右并列地装有多个填料 2。通过用配置在密封空间 10 内的大气压区域 8 侧的压盖 4 夹压这些填料 2，在机器壳体 6 的内部区域即封液区域 7 和外部区域即大气压区域 8 之间实现轴密封。

但是，如图七所示的轴密封装置，由于填料箱 1 与压盖 3 为整体结构，通过螺栓等安装在机器壳体 6 上，即填料箱 1 固定在机器壳体 6 上，与机器壳体 6 构成整体结构，所以，也只能从大气压区域 8 侧，通过压盖 4 向封液区域 7 的移动来推压填料 2，该推压力

159

F（见图八）直接作用在最靠近大气压区域 8 的填料 2 上，依次向靠近封液区域 7 的填料 2 传递，作用在填料 2 上的夹紧压力（轴线方向的压缩力）越接近封液区域 7 越小。结果，与图一所示现有技术一样，流体会从轴密封力 P 最小处向轴密封力 P 是大处泄漏，从而导致轴密封不良，不能实现良好而可靠的轴密封。

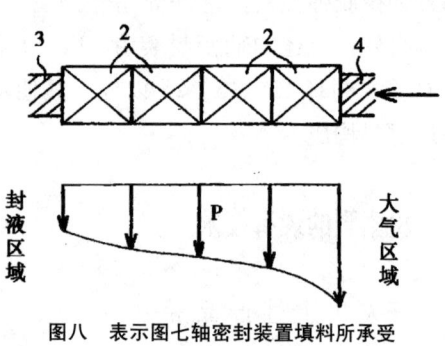

图八 表示图七轴密封装置填料所承受的轴密封力的分布

在转轴 9 产生轴向振动或由偏心造成径向跳动时，与图一所示的现有技术类似，填料箱 1 与转轴 9 的相对位置可能在轴向和/或径向上发生变化，从而造成转轴 9 与填料 2 间的接触压力在圆周方向上分布不均匀。在接触压力增大处，填料 2 与转轴 9 接触紧密，容易产生异常磨损，在接触压力减小处，填料 2 甚至会处于过分松弛状态，这种接触压力的周期性变化，加速了填料的老化，进一步导致轴密封不良，总体轴密封效果下降，随着使用时间变长，甚至导致轴密封功能的丧失，也就是说不能实现良好且稳定的轴密封。

在理解客户技术交底书中介绍的发明内容和现有技术对比文件 1 以及检索到的对比文件 2 的基础上，着手为本发明专利申请撰写权利要求书、说明书及其摘要。其中，撰写的独立权利要求应当相对于图一、图二、图七及图八两项现有技术具备新颖性和创造性。

二、权利要求书和说明书的撰写思路

对于前面所介绍的轴密封装置专利申请案来说，仅涉及一项可授予专利权的技术主题"使用压盖填料的轴密封装置"。对于这样一项发明创造，可以按照下述主要思路来撰写权利要求书和说明书。

1. 确定本申请案相对于现有技术所作出的主要改进

图三至图六反映的本发明与图一所示的现有技术相比,其改进之处如下。

(1)填料箱1与机器壳体6为分体结构,两者之间设置有第一压盖3,且填料箱1与第一压盖3也为分体结构;第一压盖3具有伸向密封空间10中的轴向突出部3b;并通过螺栓等固定件11,将第一压盖3固定在机器壳体6上。

(2)对于具有上述结构第一压盖的轴密封装置,在第一压盖3和填料箱1之间用填料夹紧机构5来连接,例如该填料夹紧机构5可以由至少一端带有螺纹的螺纹轴15及可拧在该螺纹轴端部螺纹上的螺母17构成。在图三所示的本发明第一种实施方式中,第二压盖4与填料箱1之间固定连接。采用这样的结构,在拧紧填料夹紧机构5的螺母17时,将使填料箱1沿着第一压盖3的轴向伸出的突出部3b向着封液区域7作轴向移动,即轴向伸出的突出部3b推压填料2,向填料2施加夹紧压力(即轴向压缩力),使最靠近封液区域7的填料2的轴密封力P最大,鉴于流体不易从轴密封力最大处向轴密封力P最小处泄漏,因此能够实现良好而可靠的轴密封。

(3)对于本发明具有上述结构第一压盖3和填料夹紧机构5的第一种实施方式,当填料箱1的第一凸缘1a上供螺纹轴15穿过的通孔16与螺纹轴15之间的间隙与转轴9的加工偏心度相适应时,就可使填料箱1以可自动调节其相对于第一压盖3的径向位置的方式(即可使填料箱1以可沿径向作相对移动的方式)连接到第一压盖3上,这样就可保证填料箱1与转轴9之间的径向相对位置不因转轴9的偏心而改变,即转轴9与填料2间的径向接触压力不会出现周期性的变化,填料2使用较长时间也不易老化,从而实现良好而稳定的轴密封。

(4) 对于本发明具有上述结构第一压盖 3 和填料夹紧机构 5 的第一种实施方式,当在填料箱 1 的第一凸缘 1a 和填料夹紧机构 5 的螺母 17 之间设置了如螺旋压缩弹簧 18 或橡胶弹性套筒那样的弹性部件时,就可使填料箱 1 以可自动调节其相对于第一压盖 3 的轴向位置的方式(即可使填料箱 1 以可沿轴向作相对移动的方式)连接到第一压盖 3 上,这样就可保证填料箱 1 与转轴 9 之间的轴向相对位置不因转轴 9 的轴向振动而改变,即转轴 9 与填料 2 间的轴向接触压力不会出现周期性的变化,填料 2 使用较长时间也不易老化,从而实现良好而稳定的轴密封。

(5) 在图五所反映的本发明的第二种实施方式中,在填料箱 1 与具有伸向密封空间 10 中的轴向突出部 4b 的第二压盖 4 之间,还采用一个与图一所示现有技术中的填料夹紧机构结构相同或相类似的填料夹紧机构 20 来连接。对于这种在左、右两侧均采用了填料夹紧机构的轴密封装置,可以从两侧夹压填料 2,填料 2 所受的夹紧压力以及轴密封力,在最靠近封液区域 7 的填料和最靠近大气区域 8 的填料两处最大,且总的轴密封力 P 大于仅仅从一侧推压填料 2 的轴密封装置的轴密封力,因而能实现良好而可靠的轴密封。同样,对该填料夹紧机构 20 还可以采用类似于上面第(3)点和/或第(4)点中的改进技术手段,那么就可以通过该填料夹紧机构 20 使填料箱 1 以可自动调节填料箱 1 相对于第二压盖 4 的径向和/或轴向位置的方式连接到第二压盖 4 上,从而可进一步实现良好而稳定的轴密封。

图三至图六反映的本发明与图七所示的检索到的现有技术相比,其改进之处除上述第(1)点和略有不同外,其余部分基本相同。具体说来,其所做改进如下。

(1) 填料箱 1 与第一压盖 3 为分体结构;第一压盖 3 具有伸向密封空间 10 中的轴向突出部 3b;并通过螺栓等固定件 11,将第一压盖 3 固定在机器壳体 6 上;填料箱 1 靠近封液区域侧的一端具有一径向向外伸出的第一凸缘 1a。

(2) 对于具有上述结构第一压盖的轴密封装置，在第一压盖 3 和填料箱 1 之间用填料夹紧机构 5 来连接，例如该填料夹紧机构 5 可以由至少一端带有螺纹的螺纹轴 15 及可拧在该螺纹轴端部螺纹上的螺母 17 构成。在图三所示的本发明第一种实施方式中，第二压盖 4 与填料箱 1 之间固定连接。采用这样的结构，在拧紧填料夹紧机构 5 的螺母 17 时，将使填料箱 1 沿着第一压盖 3 的轴向伸出的突出部 3b 向着封液区域 7 作轴向移动，即轴向伸出的突出部 3b 推压填料 2，向填料 2 施加夹紧压力（即轴向压缩力），使最靠近封液区域 7 的填料 2 的轴密封力 P 最大，鉴于流体不易从轴密封力最大处向轴密封力 P 最小处泄漏，因此能够实现良好而可靠的轴密封。

(3) 对于本发明具有上述结构第一压盖 3 和填料夹紧机构 5 的第一种实施方式，当填料箱 1 的第一凸缘 1a 上供螺纹轴 15 穿过的通孔 16 与螺纹轴 15 之间的间隙与转轴 9 的加工偏心度相适应时，就可使填料箱 1 以可自动调节其相对于第一压盖 3 的径向位置的方式（即可使填料箱 1 以可沿径向作相对移动的方式）连接到第一压盖 3 上，这样就可保证填料箱 1 与转轴 9 之间的径向相对位置不因转轴 9 的偏心而改变，即转轴 9 与填料 2 间的径向接触压力不会出现周期性的变化，填料 2 使用较长时间也不易老化，从而实现良好而稳定的轴密封。

(4) 对于本发明具有上述结构第一压盖 3 和填料夹紧机构 5 的第一种实施方式，当在填料箱 1 的第一凸缘 1a 和填料夹紧机构 5 的螺母 17 之间设置了如螺旋压缩弹簧 18 或橡胶弹性套筒那样的弹性部件时，就可使填料箱 1 以可自动调节其相对于第一压盖 3 的轴向位置的方式（即可使填料箱 1 以可沿轴向作相对移动的方式）连接到第一压盖 3 上，这样就可保证填料箱 1 与转轴 9 之间的轴向相对位置不因转轴 9 的轴向振动而改变，即转轴 9 与填料 2 间的轴向接触压力不会出现周期性的变化，填料 2 使用较长时间也不易老化，从而实现良好而稳定的轴密封。

(5) 在图五所反映的本发明的第二种实施方式中，在填料箱 1 与具有伸向密封空间 10 中的轴向突出部 4b 的第二压盖 4 之间，还采用一个与图一所示现有技术中的填料夹紧机构结构相同或相类似的填料夹紧机构 20 来连接。对于这种在左、右两侧均采用了填料夹紧机构的轴密封装置，可以从两侧夹压填料 2，填料 2 所受的夹紧压力以及轴密封力，在最靠近封液区域 7 的填料和最靠近大气区域 8 的填料两处最大，且总的轴密封力 P 大于仅仅从一侧推压填料 2 的轴密封装置的轴密封力，因而能实现良好而可靠的轴密封。同样，对该填料夹紧机构 20 还可以采用上面类似于第（3）点和/或第（4）点中的改进技术手段，那么就可以通过该填料夹紧机构 20 使填料箱 1 以可自动调节填料箱 1 相对于第二压盖 4 的径向和/或轴向位置的方式连接到第二压盖 4 上，从而可进一步实现良好而稳定的轴密封。

由上述分析可知，不论是设置一个填料夹紧机构的技术方案，还是设置两个填料夹紧机构的技术方案，都可以确保从封液区域来推压填料，使填料所受的夹紧压力和轴密封力在最靠近封液区域的填料处达到最大，从而可有效地防止流体从封液区域向大气区域泄漏，以实现良好而可靠的密封。在此基础上，通过采取与前面第（3）点和/或第（4）点中的进一步改进技术措施，就能将填料箱 1 以可自动调节填料箱 1 相对于第一压盖 3 的径向和/或轴向位置的方式连接到第一压盖 3 上，保证填料箱 1 与转轴 9 之间的相对位置不因转轴 9 的轴向振动和/或由偏心产生的径向振动而改变，从而实现良好而稳定的密封。

2. 从两项相关的现有技术中确定最接近的现有技术

《专利审查指南》第二部分第四章第 3.2.1.1 节中给出了确定最接近的现有技术的原则，首先选出那些与要求保护的发明技术领域相同或相近的现有技术，而从撰写专利申请文件的权利要求书而言，应当选择相同技术领域的现有技术；其次从这些现有技术中选出所要解决的技术问题、技术效果或者用途最接近和/或公开了发明的技术特征最多的那一项现有技术作为最接近的现有技术。

图一与图二、图七与图八所示的两项现有技术都是使用压盖填料的轴密封装置，这两项现有技术与本发明的技术领域相同。

从所解决的技术问题和技术效果角度来看，这两项现有技术都存在着不能实现良好而可靠的轴密封和不能实现良好而稳定的轴密封问题，因此本发明相对于这两项现有技术都能实现良好而可靠的轴密封以及良好而稳定的轴密封，因此无法区分何者与本发明更接近。

而就公开了发明的技术特征数量而言，通过将图一与图二、图七与图八所示的两项现有技术分别与本发明相比，可知检索到的对比文件2与客户提供的现有技术对比文件1相比，还多披露了"填料箱1与机器壳体6为分体结构"、"轴密封装置还包括第一压盖3（尽管其与填料箱成一体结构）"这两个技术特征，因此对比文件2公开的本发明的技术特征更多。

通过上述分析可知：对比文件2与本发明的技术领域相同；与对比文件1相比，其要解决的技术问题和技术效果与本发明的接近程度差不多，但公开了本发明更多的技术特征，因此应当以对比文件2作为本发明最接近的现有技术。

3. 根据所选定的最接近的现有技术确定本发明专利申请所要解决的技术问题

正如前面所指出的，本发明相对于最接近的现有技术对比文件2来说，主要作了五方面的改进：其一，第一压盖与填料箱为分体结构，且第一压盖具有可伸入密封空间的轴向突出部；其二，在第一压盖和填料箱之间采用了填料夹紧机构；其三，供螺纹轴穿过的通孔与螺纹轴之间的间隙根据转轴的加工偏心度来确定；其四，在填料夹紧机构的螺母与填料箱的第一凸缘之间设置弹性部件；其五，对于填料箱与第二压盖之间所采用的填料夹紧机构也采取了类似于第三方面和第四方面改进的技术手段。

通过前两方面的改进。可以使靠近封液区域的填料承受最大的轴密封力，从而解决了最接近的现有技术轴密封装置可能出现的由封液区域侧向大气压区域侧的流体泄漏问题，即通过改善轴密封力的分布以获得良好而可靠的轴密封效果。

在上述改进的基础上，对轴密封装置采取第三方面和/或第四方面的改进措施，就可将填料箱以可自动调节填料箱相对于第一压盖的径向和/或轴向位置的方式连接到第一压盖上，这样就保证填料箱与转轴之间的径向和/或轴向相对位置不因转轴的偏心或轴向振动而改变，从而实现良好而稳定的轴密封。

在上述改进的基础上，还可作出第五方面的改进，以进一步实现良好而可靠的轴密封和良好而稳定的轴密封。

由上述分析可知，实现良好而稳定的轴密封是在实现良好而可靠轴密封的基础上进一步作出的改进。也就是说，实现良好而可靠的轴密封只需要作出前两方面的改进即可，而为了实现良好而稳定的轴密封，必须在作出前两方面改进的基础上再作出第三方面或者第四方面的改进。由此可知，以实现良好而可靠的轴密封作为本发明要解决的技术问题，比以实现良好而稳定的轴密封作为本发明要解决的技术问题，能取得更宽的保护范围。因而，为更充分地保护申请人的权益，应当以"能实现良好而可靠的轴密封"作为本发明要解决的技术问题，而将"能实现良好而稳定的轴密封"作为本发明从属权利要求进一步带来的有益效果或者从属权利要求进一步要解决的技术问题。

4. 完成独立权利要求的撰写

根据最接近的现有技术对比文件2和所确定的本发明要解决的技术问题确定其全部必要技术特征，并按照《专利法实施细则》第二十一条第一款规定的格式划分前序部分和特征部分，完成独立权利要求的撰写。

在撰写独立权利要求之前，首先需要分析一下第一种实施方式和第二种实施方式的主要不同之点。第一种实施方式和第二种实施方式的主要区别在于填料箱与第二压盖的连接方式，在第一种实施方式中为用螺栓固定连接，而在第二种实施方式是采用填料夹紧机构来连接。而由前面分析可知，两者的区别对于解决本发明的技术问题而言是一种优选方案，因此在撰写独立权利要求时无须考虑两者的区别，而应当考虑能否对两者的区别采用概括表述方式：如果能找到合适的概括方式，独立权利要求中就可以采用这种概括方式表述这一技术特征，从而写成一项独立权利要求；相反，如果不能采用概括方式表述，就可考虑写成两项独立权利要求，即针对每一种实施方式撰写一项独立权利要求。对本专利申请而言，对于这两种实施方式可以采用概括的表述方式，即仅仅说明填料箱与第二压盖两者相连接即可，从而写成一项独立权利要求。

（1）确定本发明两种具体实施方式中解决上述技术问题的全部必要技术特征

正如在确定本发明要解决的技术问题中所说明的，为了实现良好而可靠的密封，应当包含相对于最接近的现有技术对比文件2所作出的前两个方面的改进：填料箱1与第一压盖3为分体结构，第一压盖3具有伸向密封空间10中的轴向突出部3b，第一压盖3与机器壳体6固定连接；在第一压盖3和填料箱1之间用一个填料夹紧机构5来连接，在拧紧该填料夹紧机构5时，可使填料箱1沿着第一压盖3的轴向突出部3b的外表面作轴向移动。再考虑为使独立权利要求清楚地限定要求专利保护的范围，则本发明"使用压盖填料的轴密封装置"相对于最接近的现有技术对比文件2解决"实现良好而可靠轴密封"这一技术问题的必要技术特征为：

①位于封液区域侧且固定在机器壳体上的第一压盖；

②套装于转轴上的填料箱；

③位于大气区域侧且与该填料箱靠近大气区域侧的一端相连接的第二压盖；

④置于填料箱的内壁和转轴之间的密封空间内且被第一压盖和第二压盖夹住的填料；

⑤填料箱和第一压盖是分体的；

⑥填料箱靠近封液区域侧的一端具有一径向向外伸出的第一凸缘；

⑦第一压盖具有朝着密封空间方向伸出的轴向突出部；

⑧填料箱的第一凸缘通过第一填料夹紧机构与第一压盖相连接，在拧紧第一填料夹紧机构时可使填料箱沿第一压盖的轴向突出部的外表面作轴向移动。

（2）确定本发明与最接近的现有技术的共有技术特征和区别技术特征，完成独立权利要求的撰写

显然，在上述本发明的全部必要技术特征中，最接近的现有技术对比文件2中的轴密封装置包含有前四个技术特征，即前四个技术特征是本发明与最接近的现有技术共有的技术特征，因此应当将这四个技术特征写入独立权利要求1的前序部分，而后四个技术特征在最接近的现有技术对比文件2中未予披露，是本发明与对比文件2中轴密封装置的区别技术特征，应当将其写入到独立权利要求的特征部分。

最后，完成的独立权利要求1为：

"1. 一种使用压盖填料的轴密封装置，其包括

— 位于封液区域侧且固定在机器壳体（6）上的第一压盖（3）；

— 套装于转轴（9）上的填料箱（1）；

— 位于大气区域侧且与该填料箱（1）靠近大气区域侧的一端相连接的第二压盖（4）；以及

— 置于该填料箱（1）的内壁和该转轴（9）之间的密封空间（10）内且被第一压盖（3）和第二压盖（4）夹住的填料（2）；

其特征在于：

所述填料箱（1）与所述第一压盖（3）是分体的；

所述填料箱（1）靠近封液区域侧的一端具有径向向外伸出的第一凸缘（1a）；

所述第一压盖（3）具有朝着所述密封空间（10）方向伸出的轴向突出部（3b）；

所述填料箱（1）的第一凸缘（1a）通过第一填料夹紧机构（5）与所述第一压盖（3）相连接，在拧紧第一填料夹紧机构（5）时，可使所述填料箱（1）沿着所述第一压盖（3）的轴向突出部（3b）的外表面作轴向移动。"

(3) 所撰写的独立权利要求具备新颖性和创造性

对于客户提供的现有技术对比文件1中所披露的轴密封装置来说，机器壳体兼作填料箱，因而，该轴密封装置由大气区域侧的压盖、在机器壳体上生成的填料箱以及置于密封空间内的填料构成，由此可知，这种轴密封装置不仅未披露独立权利要求1前序部分中有关"第一压盖"的技术特征，更未披露其特征部分的所有区别特征。也就是说，独立权利要求1的技术方案未被该现有技术披露，其相对于该现有技术来说可以实现良好而可靠的轴密封，因而独立权利要求1相对于客户提供的现有技术对比文件1具备《专利法》第二十二条第二款规定的新颖性。

对于检索到的对比文件2所披露的轴密封装置来说，其第一压盖与填料箱是整体的，当然也就没有使两者相连接的填料夹紧机构，因此检索到的对比文件2未披露独立权利要求1特征部分的全部技术特征，也就是说，独立权利要求1的技术方案未被该对比文件2披露，其相对于该对比文件2来说可以实现良好而可靠的轴密封，因而独立权利要求1相对于检索到的对比文件2具备《专利法》第二十二条第二款规定的新颖性。

正如前面所指出的，在这两项现有技术中，检索到的对比文件2是本发明最接近的现有技术。独立权利要求1与该最接近的现有技术对比文件2的区别在于特征部分的四个技术特征：填料箱与第一压盖是分体的；填料箱靠近封液区域侧的一端具有径向向外伸出的第一凸缘；第一压盖具有朝着密封空间方向突出的轴向突出部：填料箱的第一凸缘通过第一填料夹紧机构与第一压盖相连接，在拧紧第一填料夹紧机构时，可使填料箱沿着第一压盖的轴向突出部的外表面作轴向移动。从而独立权利要求1相对于最接近的现有技术对比文件2实际要解决的技术问题是提供一种能够实现良好而可靠轴密封的轴密封装置。上述区别技术特征在检索到的对比文件2的其他部分未被披露，在申请人提供的现有技术对比文件1中也未披露，也不属于本领域技术人员解决良好而可靠轴密封的惯用技术手段，即也不属于本领域技术人员的公知常识，因而，上述对比文件1以及本领域的公知常识没有给出将上述区别技术特征应用到最接近的现有技术对比文件2中以解决上述技术问题的启示，由此可知，该独立权利要求1相对于检索到的对比文件2、客户提供的现有技术对比文件1以及本领域的公知常识是非显而易见的，具有突出的实质性特点。

此外，采用独立权利要求1的结构，可使得在靠近封液区域的填料承受最大的夹紧压力和轴密封力，通过改善轴密封力的分布来有效阻止流体由封液区域向大气区域泄漏，以获得良好而可靠的轴密封效果，即独立权利要求的技术方案相对于上述两项现有技术具有有益的技术效果，即具有显著的进步。

由上述分析可知，独立权利要求1的技术方案相对于检索到的对比文件2、客户提供的现有技术对比文件1以及所属技术领域的公知常识具有突出的实质性特点和显著的进步，具备《专利法》第二十二条第三款规定的创造性。

5. 完成从属权利要求的撰写

在撰写从属权利要求时，首先可针对第一种实施方式的优选方案写一组从属权利要求，即针对第一填料夹紧机构的结构、第一填料夹紧机构与其他部件的结构关系，以及其他部件为适应该填料夹紧机构而采取的优选措施撰写一组从属权利要求，其次可针对第二压盖与填料箱的不同连接方式、尤其是采用第二填料夹紧机构的方式撰写一组从属权利要求，当然还可针对由这两种实施方式所采用的一些替代手段撰写从属权利要求。

其中，针对第一种实施方式的优选方案所写的从属权利要求至少可撰写出如下几方面的从属权利要求，如：反映该填料夹紧机构包括可固定在第一压盖上的螺纹轴和与之相配的螺母的从属权利要求；对第一凸缘上的通孔与螺纹轴之间的间隙进行限定的从属权利要求；反映在第一凸缘和螺母之间设置螺旋压缩弹簧或橡胶弹性套筒的从属权利要求；反映在填料箱和轴向突出部的相向周面之间设置O形密封环的从属权利要求。

在第一种实施方式中，第一凸盖是用螺栓固定在机器壳体上的，并不排除在机器壳体上直接生成第一压盖，因此为了表明独立权利要求1的保护范围也包括这一种情况，可以针对这种情况撰写一项从属权利要求。

在前面所撰写的独立权利要求1中，考虑到填料箱与第二压盖之间的连接方式可以类似于两项现有技术那样，在填料箱大气区域侧的端部不带有径向向外伸出的凸缘，因此在独立权利要求1中未将"填料箱具有第二凸缘"这一技术特征写入，以争取更宽的保护范围，但是可以将此作为一项从属权利要求写入。

撰写这些从属权利要求时，考虑到还要针对第二压盖与填料箱的不同连接方式，尤其是采用第二填料夹紧机构的方式撰写一组从属权利要求，而这后一组从属权利要求是在前一组从属权利要求基础上作出的改进，为防止后一组从属权利要求中出现多项从属权利要求引用多项从属权利要求的缺陷，这前一组从属权利要求应当尽可能采用引用一项在前权利要求的方式；对于其中比较重要的优选方案且需要引用两项在前权利要求的，可将其拆成两项或多项从属权利要求（参见下面给出的权利要求4和5），而对于一些可以引用在前多项权利要求但该优选方案不太重要的，则仅选择其中之一而将其他的方案放弃（参见下面的权利要求6、7和8）。最后，对于前一组从属权利要求可以撰写如下7项从属权利要求。

"2. 根据权利要求1所述的使用压盖填料的轴密封装置,其特征在于:所述第一填料夹紧机构(5)包括以螺纹连接方式固定在第一压盖(3)上并向着所述填料箱(1)延伸的螺纹轴(15)以及可拧在该螺纹轴(15)端部螺纹上的螺母(17),所述填料箱(1)的第一凸缘(1a)上设有供该螺纹轴(15)穿过的通孔(16)。

3. 根据权利要求2所述的使用压盖填料的轴密封装置,其特征在于:所述填料箱(1)的第一凸缘(1a)上的通孔(16)孔径与穿过该通孔(16)的第一填料夹紧机构(5)的螺纹轴(15)直径之差根据所述转轴(9)的加工偏心度来确定。

4. 根据权利要求3所述的使用压盖填料的轴密封装置,其特征在于:在所述填料箱(1)的第一凸缘(1a)和所述第一填料夹紧机构(5)的螺母(17)之间设置有套装在所述螺纹轴(9)上的螺旋压缩弹簧(18)或橡胶弹性套筒。❶

5. 根据权利要求2所述的使用压盖填料的轴密封装置,其特征在于:在所述填料箱(1)的第一凸缘(1a)和所述第一填料夹紧机构(5)的螺母(17)之间设置有套装在所述螺纹轴(9)上的螺旋压缩弹簧(18)或橡胶弹性套筒。

6. 根据权利要求1所述的使用压盖填料的轴密封装置,其特征在于:在所述第一压盖(3)的轴向突出部(3b)和所述填料箱(1)相向周面之间设置O形密封环(12)。

7. 根据权利要求1所述的使用压盖填料的轴密封装置,其特征在于:所述固定在机器壳体(6)上的第一压盖(3)与所述机器

---

❶ 在平时的撰写实务中还可以先撰写一项保护范围更宽一些的从属权利要求,采用螺旋压缩弹簧和橡胶弹性套筒的上位概括"弹性部件",然后再写一项将"弹性部件"进一步限定为螺旋压缩弹簧或橡胶弹性套筒的从属权利要求。

壳体（6）是一体件。❶

8. 根据权利要求1所述的使用压盖填料的轴密封装置，其特征在于：所述填料箱（1）在靠近大气区域侧的一端还具有径向向外伸出的第二凸缘（1b），所述第二压盖（4）和所述填料箱（1）靠近大气区域侧一端的连接位置位于此第二凸缘（1b）处。"

对于后一组反映第二压盖与填料箱不同连接方式的从属权利要求来说，相对于两种实施方式有两种连接方式：用螺栓固定连接和用第二填料夹紧机构连接，当然对于第一种实施方式可以很容易地联想到其另一种等效结构：第二压盖与填料箱是一体件，因此至少可针对这3种不同连接方式撰写3项从属权利要求。其中，对于采用螺栓固定连接的方式，第二压盖可以具有朝着密封空间伸出的轴向突出部，但也可以不具有朝着密封空间伸出的轴向突出部，因此这一从属权利要求中无须将这一技术特征写入；而对于采用第二填料夹紧机构的连接方式，第二压盖必须要具有朝着密封空间伸出的轴向突出部，因此应当将这一技术特征写入从属权利要求。对于具有第二填料夹紧机构的第二种实施方式而言，其也可以类似于前一组从属权利要求2至6那样，为其优选方案再撰写几项从属权利要求。最后，对于后一组从属权利要求可以撰写如下8项从属权利要求。

"9. 根据权利要求1至8中任一项所述的使用压盖填料的轴密封装置，其特征在于：所述第二压盖（4）和所述填料箱（1）靠近大气区域侧一端的连接采用了固定连接。

10. 根据权利要求1至8中任一项所述的使用压盖填料的轴密封装置，其特征在于：所述第二压盖（4）和所述填料箱（1）为

---

❶ 该项从属权利要求是从平时撰写实务应当尽可能为客户争取更宽的保护范围考虑加上的，而在全国专利代理人资格考试时由于试题中没有相应这一从属权利要求的实施方式，因此在考试时不需要作这样的扩展。

一体件。❶

11. 根据权利要求1至8中任一项所述的使用压盖填料的轴密封装置,其特征在于:所述第二压盖(4)具有环状凸缘(4a)和朝着所述密封空间(10)方向伸出的轴向突出部(4b),所述第二压盖(4)的环状凸缘(4a)通过第二填料夹紧机构(20)与所述填料箱(1)靠近大气区域侧的一端相连接,拧紧第二填料夹紧机构(20)时,可使所述第二压盖(4)的轴向突出部(4b)沿着所述填料箱(1)的内壁作轴向移动。

12. 根据权利要求11所述的使用压盖填料的轴密封装置,其特征在于:所述第二填料夹紧机构(20)包括以螺纹连接方式固定在所述填料箱(1)上并向着所述第二压盖(4)的环状凸缘(4a)延伸的螺纹轴(21)以及可拧在该螺纹轴(21)端部螺纹上的螺母(23),所述第二压盖(4)的环状凸缘(4a)上设有供该螺纹轴(21)穿过的通孔(22)。

13. 根据权利要求12所述的使用压盖填料的轴密封装置,其特征在于:第二压盖(4)的环状凸缘(4a)上通孔(22)的孔径与第二填料夹紧机构(20)的螺纹轴(21)直径之差根据所述转轴(9)的加工偏心度来确定。

14. 根据权利要求13所述的使用压盖填料的轴密封装置,其特征在于:在所述第二压盖(4)的环状凸缘(4a)和所述第二填料夹紧机构(20)的螺母(23)之间设置有螺旋压缩弹簧(24)或橡胶弹性套筒。

15. 根据权利要求12所述的使用压盖填料的轴密封装置,其特征在于:在所述第二压盖(4)的环状凸缘(4a)和所述第二填料夹紧机构(20)的螺母(23)之间设置有螺旋压缩弹簧(24)或橡胶弹性套筒。

---

❶ 该项从属权利要求是从平时撰写实务应当尽可能为客户争取更宽的保护范围考虑加上的,而在全国专利代理人资格考试时由于试题中没有相应这一从属权利要求的实施方式,因此在考试时不需要作这样的扩展。

16. 根据权利要求 11 所述的使用压盖填料的轴密封装置，其特征在于：在所述填料箱（1）内壁和所述第二压盖（4）的轴向突出部（4b）的相向周面之间设置 O 形密封环（25）。"

6. 在撰写的权利要求书的基础上完成说明书及其摘要的撰写

说明书及其摘要的撰写应当按照《专利法实施细则》第十七条、第十八条和第二十三条的规定撰写。

由于本发明只涉及一项独立权利要求，为了在发明名称中反映保护的主题、类型，根据独立权利要求所要求保护的主题名称，将发明名称确定为：使用压盖填料的轴密封装置。

对于技术领域部分，由于本发明只涉及产品"使用压盖填料的轴密封装置"，说明书的技术领域也应当针对该产品作进一步具体说明，可参照独立权利要求的前序部分加以说明。

按照《专利法实施细则》第十七条的规定，在背景技术部分，要写明对发明或者实用新型的理解、检索、审查有用的背景技术；有可能的，并引证反映这些背景技术的文件。就本专利申请来说，可以简明扼要地对申请人提供的现有技术和检索到的对比文件 2 公开的轴密封装置及所存在的问题作出说明。

发明内容部分首先写明发明相对所检索到的对比文件 2 所要解决的技术问题：提供一种能实现良好且可靠轴密封的轴密封装置。然后，另起段写明解决该技术问题的独立权利要求的技术方案。在此基础上，通过对独立权利要求区别特征的分析，说明这些区别特征为本发明带来的技术效果。

此后，在发明内容部分中对重要的从属权利要求的技术方案及其有益效果加以叙述。

本申请有附图，所以需要有附图说明部分。首先，本申请说明书中应当包含反映两种具体实施方式的 4 幅附图。就本发明专利申请而言，为了更清楚地说明本发明相对于现有技术作出的改进，还有必要引入本发明最接近的现有技术检索到的对比文件 2 的附图。

这样共有 6 幅附图，在附图说明部分集中对这 6 幅附图的图名作简略说明。

在具体实施方式部分，首先可结合检索到的对比文件 2 的附图对本发明最接近的现有技术中的轴密封装置作简要说明，作为描述本发明两种实施方式的基础。然后，结合本发明两种实施方式的附图对本发明作详细说明：先重点对第一种实施方式的附图作出详细说明；在此基础上，再对第二种实施方式进行详细说明，但其中与第一种实施方式相同的部分可以作简要说明，重点放在第二种实施方式与第一种具体实施方式的不同之处。

在撰写说明书的上述内容时，应当按照《专利法实施细则》第十七条第二款的规定，在说明书的 5 个部分（技术领域、背景技术、发明内容、附图说明、具体实施方式）之前写明这 5 个部分的标题。

在完成说明书的撰写之后，按照《专利法实施细则》第二十三条的规定撰写说明书摘要：写明发明的名称和所属技术领域，清楚地反映所要解决的技术问题、解决该问题的技术方案的要点以及主要用途。在考虑不超过 300 个字的前提下，至少写明本发明的名称和独立权利要求技术方案的要点，最好还能写明采用该技术方案所获得的技术效果。对于本申请来说，还应当采用一幅最能反映本发明技术方案的说明书附图作为摘要附图。

三、推荐的专利申请文件

根据以上客户提供的介绍本发明压盖填料轴密封装置的资料和提供的现有技术对比文件 1 及检索到的最接近的现有技术对比文件 2，给出推荐的发明专利申请撰写文本。

权利要求书

1. 一种使用压盖填料的轴密封装置,其包括

－位于封液区域侧且固定在机器壳体(6)上的第一压盖(3);

－套装于转轴(9)上的填料箱(1);

－位于大气区域侧且与该填料箱(1)靠近大气区域侧的一端相连接的第二压盖(4);以及

－置于该填料箱(1)的内壁和该转轴(9)之间的密封空间(10)内且被第一压盖(3)和第二压盖(4)夹住的填料(2);

其特征在于:

所述填料箱(1)与所述第一压盖(3)是分体的;

所述填料箱(1)靠近封液区域侧的一端具有径向向外伸出的第一凸缘(1a);

所述第一压盖(3)具有朝着所述密封空间(10)方向伸出的轴向突出部(3b);

所述填料箱(1)的第一凸缘(1a)通过第一填料夹紧机构(5)与所述第一压盖(3)相连接,在拧紧第一填料夹紧机构(5)时,可使所述填料箱(1)沿着所述第一压盖(3)的轴向突出部(3b)的外表面作轴向移动。

2. 根据权利要求1所述的使用压盖填料的轴密封装置,其特征在于:在所述第一填料夹紧机构(5)包括以螺纹连接方式固定在第一压盖(3)上并向着所述填料箱(1)延伸的螺纹轴(15)以及可拧在该螺纹轴(15)端部螺纹上的螺母(17),所述填料箱(1)的第一凸缘(1a)上设有供该螺纹轴(15)穿过的通孔(16)。

3. 根据权利要求2所述的使用压盖填料的轴密封装置,其特征在于:在所述填料箱(1)的第一凸缘(1a)上的通孔(16)孔径与穿过该通孔(16)的第一填料夹紧机构(5)的螺纹轴(15)直径之差根据所述转轴(9)的加工偏心度来确定。

4. 根据权利要求3所述的使用压盖填料的轴密封装置，其特征在于：在所述填料箱（1）的第一凸缘（1a）和所述第一填料夹紧机构（5）的螺母（17）之间设置有套装在所述螺纹轴（9）上的螺旋压缩弹簧（18）或橡胶弹性套筒。

5. 根据权利要求2所述的使用压盖填料的轴密封装置，其特征在于：在所述填料箱（1）的第一凸缘（1a）和所述第一填料夹紧机构（5）的螺母（17）之间设置有套装在所述螺纹轴（9）上的螺旋压缩弹簧（18）或橡胶弹性套筒。

6. 根据权利要求1所述的使用压盖填料的轴密封装置，其特征在于：在所述第一压盖（3）的轴向突出部（3b）和所述填料箱（1）相向周面之间设置O形密封环（12）。

7. 根据权利要求1所述的使用压盖填料的轴密封装置，其特征在于：所述固定在机器壳体（6）上的第一压盖（3）与所述机器壳体（6）是一体件。

8. 根据权利要求1所述的使用压盖填料的轴密封装置，其特征在于：所述填料箱（1）在靠近大气区域侧的一端还具有径向向外伸出的第二凸缘（1b），所述第二压盖（4）和所述填料箱（1）靠近大气区域侧一端的连接位置位于此第二凸缘（1b）处。

9. 根据权利要求1至8中任一项所述的使用压盖填料的轴密封装置，其特征在于：所述第二压盖（4）和所述填料箱（1）靠近大气区域侧一端的连接采用了固定连接。

10. 根据权利要求1至8中任一项所述的使用压盖填料的轴密封装置，其特征在于：所述第二压盖（4）和所述填料箱（1）为一体件。

11. 根据权利要求1至8中任一项所述的使用压盖填料的轴密封装置，其特征在于：所述第二压盖（4）具有环状凸缘（4a）和朝着所述密封空间（10）方向伸出的轴向突出部（4b），所述第二压盖（4）的环状凸缘（4a）通过第二填料夹紧机构（20）与所述填料箱（1）靠近大气区域侧的一端相连接，拧紧第二填料夹紧机构（20）时，可使所述第二压盖（4）的轴向突出部（4b）沿着所述填料箱（1）的内壁作轴向移动。

12. 根据权利要求 11 所述的使用压盖填料的轴密封装置，其特征在于：所述第二填料夹紧机构（20）包括以螺纹连接方式固定在所述填料箱（1）上并向着所述第二压盖（4）的环状凸缘（4a）延伸的螺纹轴（21）以及可拧在该螺纹轴（21）端部螺纹上的螺母（23），所述第二压盖（4）的环状凸缘（4a）上设有供该螺纹轴（21）穿过的通孔（22）。

13. 根据权利要求 12 所述的使用压盖填料的轴密封装置，其特征在于：第二压盖（4）的环状凸缘（4a）上通孔（22）的孔径与第二填料夹紧机构（20）的螺纹轴（21）直径之差根据所述转轴（9）的加工偏心度来确定。

14. 根据权利要求 13 所述的使用压盖填料的轴密封装置，其特征在于：在所述第二压盖（4）的环状凸缘（4a）和所述第二填料夹紧机构（20）的螺母（23）之间设置有螺旋压缩弹簧（24）或橡胶弹性套筒。

15. 根据权利要求 12 所述的使用压盖填料的轴密封装置，其特征在于：在所述第二压盖（4）的环状凸缘（4a）和所述第二填料夹紧机构（20）的螺母（23）之间设置有螺旋压缩弹簧（24）或橡胶弹性套筒。

16. 根据权利要求 11 所述的使用压盖填料的轴密封装置，其特征在于：在所述填料箱（1）内壁和所述第二压盖（4）的轴向突出部（4b）的相向周面之间设置 O 形密封环（25）。

说 明 书

使用压盖填料的轴密封装置

技术领域

本发明涉及一种使用压盖填料的轴密封装置，包括固定在机器壳体上的第一压盖，套装于转轴上的填料箱，与填料箱靠近大气区域侧一端相连接的第二压盖，以及置于填料箱和转轴之间且被第一压盖和第二压盖夹住的填料。

背景技术

现有技术中，为防止机器内部具有一定压力的流体（如润滑油）沿着贯穿机器壳体的旋转轴向机器外部泄漏，在该转轴穿过机器壳体的部位设置了使用压盖填料的轴密封装置。在中国实用新型专利说明书 CN2×××××××中公开了一种使用压盖填料的轴密封装置，这种轴密封装置直接在机器壳体上生成填料箱，在该填料箱的另一端上设置了压盖，通过拧紧压盖与填料箱之间的连接件，向置于填料箱与转轴之间的填料施加轴密封力。在中国发明专利申请公开说明书 CN1×××××××中也公开了一种使用压盖填料的轴密封装置，这种轴密封装置包括填料箱和两个压盖，其中靠近机器壳体一侧的压盖与填料箱是一体的，而该填料箱与机器壳体是分体的，通过螺栓固定在机器壳体上，多个填料并列放置在填料箱和与转轴之间形成的密封空间内，位于填料箱另一端的压盖具有向着密封空间伸出的轴向突出部，从而在拧紧该压盖与填料箱之间的连接件时，向置于填料箱与转轴之间的填料施加轴密封力。

在这两种使用压盖填料的轴密封装置中，由于仅仅从填料箱远离机器壳体的外端向填料施加轴向密封力，则位于填料箱中的填料中最靠近机器壳体的填料所承受的轴向密封力最小，而最远离机器壳体的填料所承受的轴向力最大，在这种轴向力分布下，具有压力的流体就可能发生从机器内部向外部的泄漏，因而不能实现良好而可靠的密封。此外，在这两种使用压盖填料的轴密封装置中，在转轴产生轴向振动或偏心的情况下，填料箱与转轴的相对位置可能在轴向和/或径向上发生变化，转轴将会产生径向跳动，从而造成转轴与填料间的接触压力在圆周方向上分布不均匀，接触压力这种周期性不均匀的变化将会导致填料老化，也就是说，随着使用时间的增加，轴密封效果下降，甚至导致轴密封功能的丧失，从而不能实现良好而稳定的密封。

发明内容

本发明针对上述现有技术存在的问题作出改进，即本发明要解决的技术问题是提供一种使用压盖填料的轴密封装置，这种轴密封装置能够防止具有压力的流体从机器内部向外泄漏，从而实现良好而可靠的轴密封。

为解决上述技术问题，本发明使用压盖填料的轴密封装置包括位于封液区域侧且固定在机器壳体上的第一压盖，套装于轴上的填料箱，位于大气区域侧且与该填料箱靠近大气区域侧的一端相连接的第二压盖，以及置于该填料箱的内壁和该转轴之间的密封空间内且被第一压盖和第二压盖夹住的填料；所述填料箱与所述第一压盖是分体的；所述填料箱靠近封液区域侧的一端具有径向向外伸出的第一凸缘；所述第一压盖具有朝着所述密封空间方向伸出的轴向突出部；所述填料箱的第一凸缘通过第一填料夹紧机构与所述第一压盖相连接，在拧紧第一填料夹紧机构时，可使所述填料箱沿着所述第一压盖的轴向突出部的外表面作轴向移动。

在上述技术方案中，由于填料箱与第一压盖采用了分体结构，且第一压盖具有朝着密封空间方向伸出的轴向突出部，因此在拧紧连接填料箱第一凸缘和第一压盖的第一填料夹紧机构时，就可以使填料箱沿着第一压盖的轴向突出部的外表面作轴向移动，从而由填料箱靠近封液区域的一侧向位于密封空间内的填料施加夹紧压力（即轴向压缩力），使最靠近封液区域的填料的轴密封力最大，鉴于流体不易从轴密封力最大处向轴密封力最小处泄漏，因此能够实现良好而可靠的轴密封。

作为针对上述技术方案的进一步改进，本发明进一步要解决的技术问题是提供一种使用压盖填料的轴密封装置，这种轴密封装置使填料箱与转轴的相对位置不因转轴的偏心或/和轴向振动而发生变化，从而能实现良好而稳定的轴密封。

为此，在本发明进一步改进的技术方案中，第一填料夹紧机构包括以螺纹连接方式固定在第一压盖上并向着所述填料箱延伸的螺纹轴以及可拧在该螺纹轴端部螺纹上的螺母，所述填料箱的第一凸缘上设有供该螺纹轴穿过的通孔；当填料箱的第一凸缘上的通孔孔径与穿过该通孔的第一填料夹紧机构的螺纹轴直径之差根据所述转轴的加工偏心度来确定，或/和所述填料箱的第一凸缘和所述第一填料夹紧机构的螺母之间设置有套装在所述螺纹轴上的螺旋压缩弹簧或橡胶弹性套筒时，就可将填料箱以可沿径向相对移动的方式或/和以可沿轴向相对移动的方式连接到第一压盖上，这样就可保证填料箱与转轴之间的径向相对位置不因转轴的偏心而改变或/和两者轴向位置不因转轴的轴向振动而改变，即转轴与填料间的径向接触压力和/或轴向接触压力不会出现周期性的变化，因而填料使用较长时间也不易老化，实现良好而稳定的轴密封。

此外，在上述技术方案中，还可以使第二压盖具有环状凸缘和朝着所述密封空间方向伸出的轴向突出部，且第二压盖的环状凸缘通过第二填料夹紧机构与填料箱靠近大气区域侧的一端相连接，拧紧第二填料夹紧机构时，可使第二压盖的轴向突出部沿着填料箱的内壁作轴向移动。这样一来，在安装填料时，就可以从两侧夹压填料，使其所受的夹紧压力以及轴密封力在最靠近封液区域和最靠近大气区域两处最大，且总的轴密封力大于仅仅从一侧推压填料的轴密封装置的轴密封力，因而也能实现良好而可靠的轴密封。同样，对该第二填料夹紧机构也采用与第一填料夹紧机构相同的结构,即第二压盖上通孔的孔径与第二填料夹紧机构的螺纹轴直径之差根据转轴的加工偏心度来确定,或/和在所述第二压盖和第二填料夹紧机构的螺母之间设置有螺旋压缩弹簧或橡胶弹性套筒,就可进一步保证填料箱与转轴之间的径向相对位置不因转轴的偏心而改变或/和两者轴向位置不因转轴的轴向振动而改变,从而进一步实现良好而稳定的轴密封。

附图说明

下面结合附图对本发明的具体实施方式作进一步详细说明,其中:

图1是现有技术中的使用压盖填料的轴密封装置的局部纵向剖视图,其中仅示出与其下部对称的上部结构;

图2是图1所示现有技术轴密封装置的填料所承受的轴密封力分布示意图;

图3是本发明第一种实施方式的使用压盖填料轴密封装置的局部纵向剖视图,其中仅示出了与其下部对称的上部结构;

图4是表示如图3所示第一种实施方式轴密封装置的填料所承受的轴密封力的分布示意图;

图5是本发明第二种实施方式的使用压盖填料轴密封装置的局部纵向剖视图,其中仅示出与其下部对称的上部结构;

图6是表示如图5所示第二种实施方式轴密封装置的填料所承受的轴密封力的分布示意图。

具体实施方式

为了更好地理解本发明相对于现有技术所作出的改进,在对本发明的两种具体实施方式进行详细说明之前,先对背景技术部分所提到的现有技术结合附图加以说明。

图1和图2分别示出了现有技术中国发明专利申请公开说明书

CN1×××××××中所公开的使用压盖填料的轴密封装置的具体结构以及该轴密封装置中的填料承受的轴密封力分布。

在机器壳体6的内部区域（即封液区域）7，装有具有一定压力的流体（气体或液体）。转轴9可旋转地贯穿该机器壳体6，并且从内部区域7延伸到外部区域（即大气压区域）8。在流体压力的作用下，机器壳体6内的流体可能会从封液区域7向大气压区域8泄漏。为保证机器正常运转，需要对转轴9与相邻部件之间进行密封，最常用的密封手段就是在转轴9穿过机器壳体6的位置设置使用密封填料的轴密封装置。

在图1所示的使用压盖填料的轴密封装置中，围绕转轴9设置有圆筒形填料箱1，该填料箱1与靠近封液区域7的压盖3为整体结构，通过螺栓安装在机器壳体6上。在该填料箱1与转轴9之间形成圆筒形密封空间10。在该圆筒形密封空间10内，在转轴9的轴向上，左右并列地装有多个填料2。该轴密封装置在填料箱1靠近大气区域一侧还有一个与填料箱1成分体结构的压盖4，该压盖4具有沿轴向伸向密封空间10的轴向突出部4b，大气压区域8侧的压盖4与填料箱1之间用多对沿圆周方向均匀分布的螺纹轴28和螺母29相连接。首先将螺纹轴28固定在填料箱1上，再将压盖4支承在螺纹轴28上，旋拧螺母29，可使压盖4沿轴线方向移动，压盖4的轴向突出部4b向封液区域7的方向推压这些填料2，使其产生沿转轴9径向的位移，从而实现对机器壳体6的内部区域（即封液区域7）和外部区域（即大气压区域8）之间的轴密封。

对于这种轴密封装置，在拧紧螺母29时，只能从大气压区域8侧，通过压盖4向封液区域7的移动来推压填料2。如图2所示，该推压力F直接作用在最靠近大气压区域8侧的填料2上，依次向靠近封液区域7的填料2传递，作用在填料2上的夹紧压力（轴线方向的压缩力）越接近封液区域7越小。从而填料2对转轴9及填料箱1的接触压力即轴密封力P在最靠近封液区域7侧的填料2处的轴密封力P最小。这样，流体会从轴密封力P最小处向轴密封力

P最大处泄漏,也就是说,这种轴密封装置不能实现可靠的轴密封。

本发明的两种实施方式就是针对现有技术中的轴密封装置不能实现良好而可靠的密封作出的改进。下面分别对这两种具体实施方式作出详细说明。

图3是本发明第一种实施方式的使用压盖填料轴密封装置的局部纵向剖视图。为简洁起见,图中仅示出该轴密封装置的上部结构,省略了与之相对称的下部结构。图4是表示图3所示该轴密封装置的填料所承受的轴密封力的分布示意图。

为叙述方便,下文中所称的"左"、"右"与附图本身的左、右方向一致,但并不对本发明的结构起限定作用。此外,为简洁起见,该轴密封装置位于封液区域7侧(在图中此侧为左)的压盖简称为"第一压盖";位于大气压区域8侧(此侧为右)的压盖简称为"第二压盖"。

如图3所示,填料箱1呈圆筒形,套装于转轴9以及其上的部件上,转轴9贯穿机器壳体6,由封液区域7延伸到大气区域8。该填料箱1至少在其左端形成第一凸缘1a;在图3中,该填料箱的右端也形成第二凸缘1b,但也可以不形成第二凸缘1b。为了在填料箱1的内周面与转轴9的外周面之间形成必要且充分的环形密封空间10,以便填入填料2,应当根据转轴9的外径适宜地设定填料箱1的内径。

填料2填充在密封空间10内,沿着转轴9的轴线方向左右并列配置,填料2的左右两侧分别被封液区域7侧的第一压盖3和大气区域8侧的第二压盖4夹压。

第一压盖3位于填料箱1的左侧,即靠近封液区域7的一侧。第一压盖3具有一个环状凸缘3a和一个朝着密封空间10伸出的轴向突出部3b。通过螺栓等固定件11,将第一压盖3的环状凸缘3a安装在机器壳体6上,使第一压盖3固定在机器壳体6上,此时在第一压盖3的环状凸缘3a与机器壳体6的接触端面之间装入O形环13。作为一种替换方式，也可以在机器壳体6上直接形成第一压盖3，即第一压盖3与机器壳体6为一体件。

第二压盖4位于填料箱1的右侧，即靠近大气压区域8的一侧。在图3中，第二压盖4具有一个环状凸缘4a和一个伸向密封空间10的轴向突出部4b；但是第二压盖4也可以没有此轴向突出部而仅仅是一个扁平的环状压盖。通过螺栓14等固定件，将第二压盖4与填料箱1的右端连接起来。在图3中，该螺栓14将第二压盖的环状凸缘4a安装在填料箱1的第二凸缘1b上；但对于前面所提到的没有第二凸缘1b的填料箱1来说，则由螺栓14将环状凸缘4a安装在填料箱1的右端面上。作为第二压盖4与填料箱1用固定件连接的一种替换方式，在本发明第一种实施方式中还可以将填料箱1与第二压盖4制成一体件。

在本发明第一种实施方式中，填料箱1与第一压盖3的连接采用了第一填料夹紧机构5。在图3中，该第一填料夹紧机构5主要由两端具有螺纹的螺纹轴15和与螺纹轴15相配的螺母17构成。如图3所示，可以沿着第一压盖3的圆周方向、优选均匀分布地将螺纹轴15以螺纹连接方式固定在第一压盖3的环状凸缘3a上，在填料箱1的第一凸缘1a上设有供这些向右侧伸出的螺纹轴15穿过的通孔16，将螺母17拧在穿过通孔16的螺纹轴端部的螺纹上，从而在拧紧螺母17时，螺母17向左移动，填料箱1与第二压盖4一起随着螺母17向左移动，相对而言，第一压盖3相对于填料箱1向右移动，则第一压盖3的轴向突出部3b沿着填料箱1的内壁向右移动，伸进到密封空间10内，将填料2向大气区域8侧的第二压盖4的方向推压，使填料2产生沿转轴9径向的位移，从而实现轴密封。作为一种优选，为进一步防止流体从第一压盖3的轴向突出部3b和填料箱1的内壁之间作相对移动的间隙向外泄漏，可以如图3所示，在第一压盖3的轴向突出部3b与填料箱1的相向周面之间装入O形环12。此外，在如图3所示的本发明第一种实施方式中，第一填料夹紧机构5的螺纹轴15以螺纹连接方式固定在第一压盖3的环状凸缘3a上,并不排除还可以其他方式固定在第一压盖3的环状凸缘3a上,甚至可以将第一压盖3与螺纹轴15制成一体件。

在本发明的第一种实施方式中,由于从封液区域7侧将填料2向大气区域8侧的第二压盖4推压。因此,填料2承受夹紧压力的分布正好与前面现有技术的情况相反,轴密封力P在最靠近封液区域7侧的填料2处最大,在最靠近大气区域8侧的填料2处最小,如图4所示。在这样的轴密封力分布下,流体不会从轴密封力P最大处向轴密封力P最小处泄漏,从而实现良好而可靠的轴密封。

在如图3所示的本发明第一种实施方式中,对于第一填料夹紧机构5还可以作出如下改进:加大填料箱1的第一凸缘1a上通孔16孔径,使得该通孔16与穿过该通孔16的螺纹轴15之间的间隙与转轴9的加工偏心度相适应,即根据转轴9的加工偏心度来确定填料箱1的第一凸缘1a上的通孔16孔径与穿过该通孔16的螺纹轴15直径之差;以及/或者在填料箱1的第一凸缘1a与螺母17之间的螺纹轴上装有螺旋压缩弹簧18(作为替换方式,该螺旋压缩弹簧18可以用其他可压缩的弹性部件如橡胶弹性套筒部件来代替)。对于作出上述改进的本发明第一种实施方式,其不仅可以实现良好而可靠的轴密封,还可以实现良好而稳定的轴密封。也就是说,在具有上述结构的轴密封装置中,填料箱1以可沿径向和/或轴向移动的方式间接地支承在机器壳体6上,因此当转轴9出现由偏心造成的径向跳动和/或轴向振动时,填料箱1可以随着转轴9一起径向移动,其径向移动的范围取决于螺纹轴15与通孔16的直径之差,而且还可以随着转轴9一起轴向移动,其轴向移动的范围取决于弹簧18的伸缩范围。只要通孔16与螺纹轴15的直径之差根据预计的转轴9的偏心的程度来设定以及/或者弹簧18的伸缩范围根据预计的转轴9的轴向振动来设定,就可以保证填料箱1与转轴9之间的相对位置不因转轴9的偏心和/或轴向振动而改变,即转轴与填料间的径向接触压力和/或轴向接触压力不会出现周期性的变化，从而填料使用较长时间也不易老化，实现良好而稳定的轴密封。

图5是本发明第二种实施方式的使用压盖填料轴密封装置的局部纵向剖视图，为简洁起见，图5中仅示出该轴密封装置的上部结构，省略了与之相对称的下部结构。图6是表示图5所示该轴密封装置的填料所承受的轴密封力的分布示意图。

在本发明第二种实施方式中的使用压盖填料的轴密封装置中，除了在填料箱1与第二压盖4之间设置第二填料夹紧机构20以外，其他与本发明第一种实施方式中的使用压盖填料的轴密封装置的结构基本相同。

在本发明的第二种实施方式中，第二压盖4必定包括一个环状凸缘4a和一个朝着密封空间10方向伸出的轴向突出部4b。第二填料夹紧机构20的结构和原理类似于第一填料夹紧机构5，具体为：将向右延伸的螺纹轴21固定（例如以螺纹连接方式）在填料箱1上，对于如图5所示填料箱1具有第二凸缘1b的情况，固定在填料箱1的第二凸缘1b上。在第二压盖4的环状凸缘4a上设有通孔22（其中优选该通孔的直径与螺纹轴21直径之差根据转轴9的加工偏心度来确定），将螺母23拧在穿过通孔22的螺纹轴21上（同样可以优选在第二压盖的环状凸缘4a与螺母23之间的螺纹轴部分装有螺旋压缩簧24或者橡胶弹性套筒部件等可压缩的弹性部件）。采用这种第二填料夹紧机构20，就将填料箱1和第二压盖4以可沿轴向相对移动的方式连接起来，当拧紧螺母23向左移动时，填料箱1与第二压盖的环状凸缘4a相互接近，第二压盖4的轴向突出部4b在密封空间10内向左移动，从大气区域8侧将填料2向左推压。对于本发明的第二种实施方式，在将轴密封装置安装到转轴9上时，就可以通过拧紧螺母17、23，从左右两侧夹紧填料2，如图6所示。此时填料2承受的夹紧压力以及轴密封力P也如图6所示，在最靠近封液区域7的填料2（最左侧的填料）和最靠近大气区域8的填料2（最右侧的填料）两处最大，而且总的轴密封力P大于仅仅从左侧或右侧推压填料2的轴密封装置的轴密封力，从而可以取得更好且更可靠的轴密封效果。作为一种优选，如图5所示，在第二压盖4的轴向突出部4b与填料箱1的相向周面之间装入O形环25。

在优选根据转轴9加工偏心度来确定第二压盖4环状凸缘4a上的通孔22与第二填料夹紧机构20的螺纹轴21的直径之差，以及/或者在第二压盖的环状凸缘4a与第二填料夹紧机构20的螺母23之间的螺纹轴部分装有螺旋压缩簧24或橡胶弹性套筒部件等可压缩的弹性部件的情况下，当转轴9产生由偏心造成的径向跳动和/或轴向振动，通过第一填料夹紧机构和第二填料夹紧机构5、20，可调节填料箱1相对于第一压盖3或第二压盖4的相对位置。也就是说，除了如第一种实施方式那样，填料箱1能随动于转轴9的径向跳动和/或轴向振动外，第二压盖4也能随动于转轴9的径向跳动和/或轴向振动，也就是说，在本发明第二种实施方式中，填料箱1和第二压盖4一起随动于转轴9的径向跳动和/或轴向振动，因此转轴9偏心和/或轴向振动产生的荷载不会作用于填料2上，从而能够实现良好而稳定的轴密封。

在本发明的第二种实施方式中，对于第二填料夹紧机构20，其螺纹轴21可以与第一填料夹紧机构5一样，以其他方式固定在填料箱1上，甚至直接形成在填料箱1上，即与填料箱1成一体件。此外，对于填料箱1在右端具有第二凸缘1b的情况，还可以将第二凸缘1b上的螺纹孔改为直通孔，采用螺栓来代替螺纹轴，与螺母一起构成第二填料夹紧机构20。

需要说明的是，上述两种实施方式中的轴密封装置的各构成部件，除了填料2及O形环12、13、25以外，其他均由根据轴密封条件选定的金属材料构成。

上面结合附图对本发明的实施方式作了详细说明，但是本发明并不限于上述实施方式，在本领域普通技术人员所具备的知识范围内，还可以在不脱离本发明宗旨的前提下作出各种变化。

说 明 书 附 图

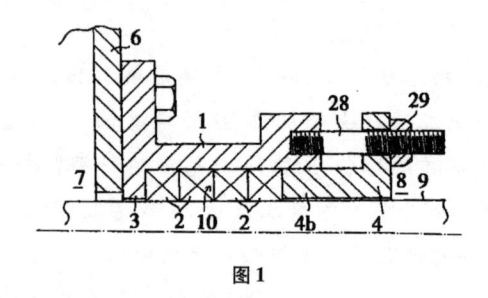

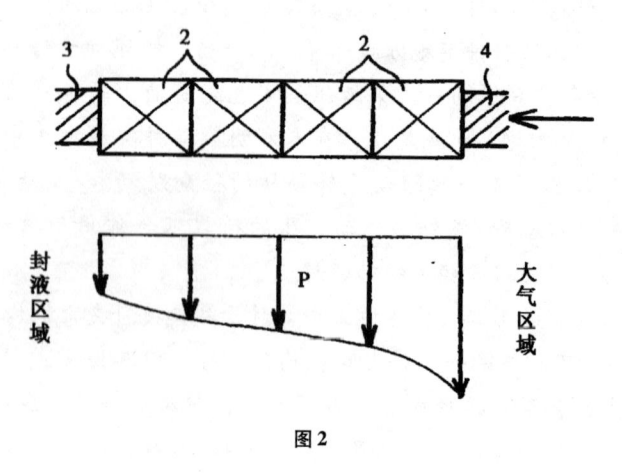

图1

图2

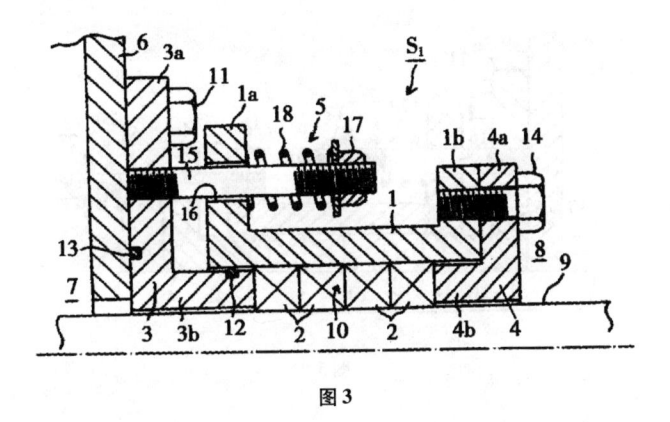

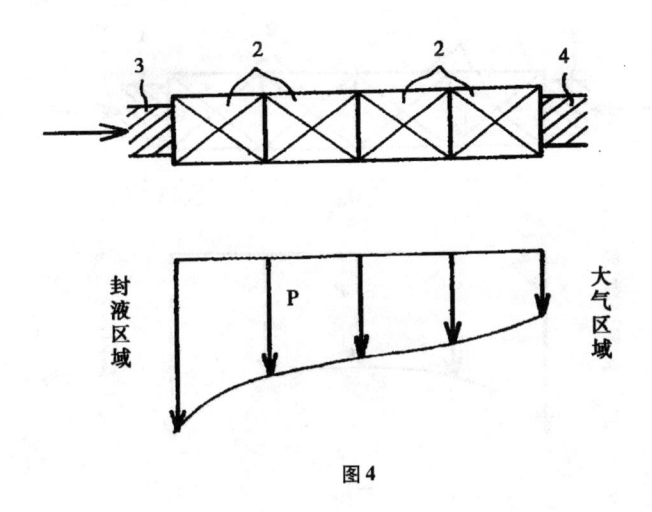

图 3

图 4

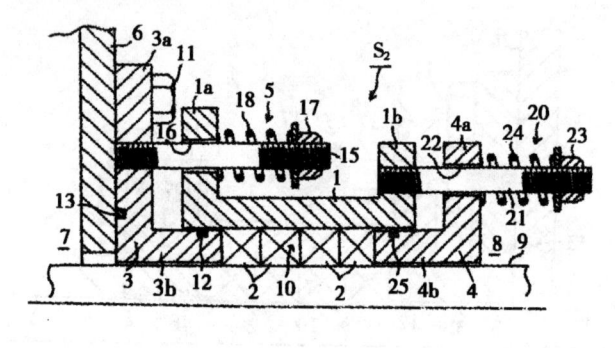

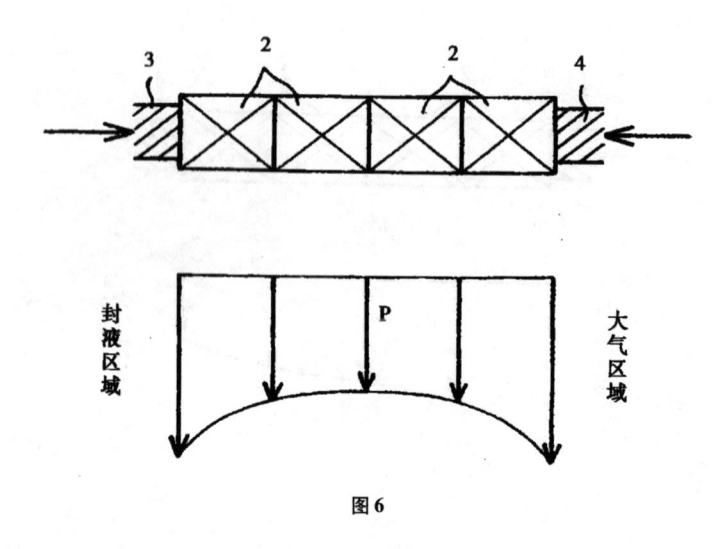

图 5

图 6

说 明 书 摘 要

一种使用压盖填料的轴密封装置,包括第一压盖(3)、填料箱(1)、第二压盖(4)和位于密封空间内的填料(2);填料箱与第一压盖分体,其在封液区侧具有第一凸缘(1a),第一压盖具有伸向密封空间的轴向突出部(3b);填料箱用第一填料夹紧机构(5)与第一压盖连接,拧紧该夹紧机构时,可使填料箱沿第一压盖的轴向突出部外表面作轴向移动。采用此结构,可从封液区侧推压填料,使位于封液区侧的填料承受最大轴向密封力,实现良好而可靠轴密封。优选如附图所示第一填料夹紧机构使填料箱随动于转轴的轴向振动和/或由偏心造成的径向跳动,以实现良好而稳定的轴密封。作为本发明进一步优选,采用类似的第二填料夹紧机构(20)连接第二压盖和填料箱。

摘 要 附 图

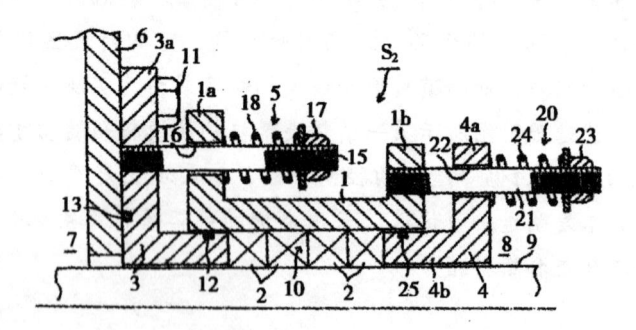

案例三 摩擦轮打火机[1]

一、申请案情况介绍

本案例是一件有关摩擦轮打火机的发明创造，客户要求针对其所提供的技术交底书向专利局提出一件发明专利申请。

客户提供的现有技术

客户随其技术交底书附上了所了解的现有技术（以下简称"客户提供的现有技术"或"对比文件1"），该对比文件1公开了一种摩擦轮打火机，其具体结构如图一所示。该摩擦轮打火机机体1中设有一储存可燃液化气的容器和一装有弹簧和火石2的孔。机体1向上部延伸形成两个凸耳3和4，每个凸耳上都有一个与转动轴5相配合的孔，该转动轴5作为摩擦轮6的枢轴。摩擦轮6装在两个圆盘7和8之间，圆盘7和8装在同一转动轴5

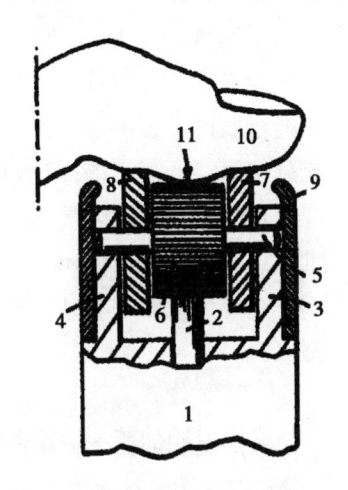

图一 客户提供的现有技术摩擦轮打火机的局部剖视图

---

[1] 此案例根据2004年全国专利代理人资格考试"专利申请文件撰写"科目机械专业试题改编而成。

上。金属护板 9 装在两个凸耳 3 和 4 周边，并限制转动轴 5 的轴向移动。圆盘 7 和 8 的直径大于摩擦轮 6 的直径，圆盘 7 和 8 高出金属护板 9 的部分大于摩擦轮 6 高出金属护板 9 的部分。圆盘 7 和 8 以及摩擦轮 6 均以可自由转动的方式安装在转动轴 5 上，但圆盘 7 和 8 与摩擦轮 6 之间不存在任何固定连接，因而圆盘 7 和 8 的转动不能带动摩擦轮 6 转动。

成年人想点燃打火机时，需将其拇指 10 放在两个圆盘 7 和 8 上，拇指 10 的部分肌肉 11 产生变形并与摩擦轮 6 接触，按照一般操作方法就能驱动摩擦轮 6 转动，点燃打火机。

由于儿童手指上的肌肉不如成年人的多，如果儿童像成年人那样操作打火机，其手指肌肉将不能产生相同的变形，也就不能与摩擦轮 6 保持接触。因此，其结果只能使圆盘 7 和 8 转动，而不会使摩擦轮 6 转动，不会摩擦火石产生点燃气体的火花。

采用这种打火机，使用者是通过拇指肌肉在两圆盘 7 和 8 之间产生变形后直接驱动摩擦轮 6，由于拇指肌肉的状况因人而异，对于拇指肌肉不多的成年人来说，其拇指肌肉的变形难以与摩擦轮 6 充分接触，从而不能产生足够的驱动力使摩擦轮 6 旋转摩擦火石，产生足够的火花点燃气体。所以这种打火机对于一些成年人来说也难以点燃以及正常使用。

客户为克服现有摩擦轮打火机的上述缺点，发明了两种摩擦轮打火机。

客户发明的第一种摩擦轮打火机

客户发明的第一种摩擦轮打火机（以下简称"第一种实施方式"）如图二所示。

图二是第一种实施方式的摩擦轮打火机上部的立体图；图三是沿图二中Ⅱ–Ⅱ线的打火机上部的纵向剖面图；图四是沿图三中Ⅲ–Ⅲ线的纵向剖面图。

如图二所示,打火机1包括一个装有可燃液化气的容器机体2,容器机体2的上部带有阀,平常保持关闭状态,可通过按压件4将其打开。由于弹簧5对按压件4的作用,使阀经常处于关闭状态。打火机点火装置包括摩擦轮7和火石6,摩擦轮7可在拇指按压轮10的作用下转动,与火石6相摩擦,产生出火花。

摩擦轮7通过压紧配合或者其他方式固定在转动轴8的中部;两拇指按压轮10分别设置在摩擦轮7的两端,拇指按压轮10有中心孔12,套装在转动轴8上。中心孔12与转动轴8之间留有间隙,使拇指按压轮10可以相对于转动轴8径向移动。两个拇指按压轮10朝向摩擦轮7的一侧设有凸起环13,凸起环13的内径稍大于摩擦轮7的直径,并向摩擦轮7的中部轴向延伸,环绕摩擦轮7的一部分外圆周表面7a,两者之间具有一定的间隙,从而凸起环13的内圆周表面13a和摩擦轮7的部分外圆周表面7a之间形成一对彼此对置的间隔表面。凸起环13的内圆周表面13a具有适当的摩擦系数,可以通过采用适合的材料制作凸起环13、在内圆周表面13a上形成涂层或者对内圆

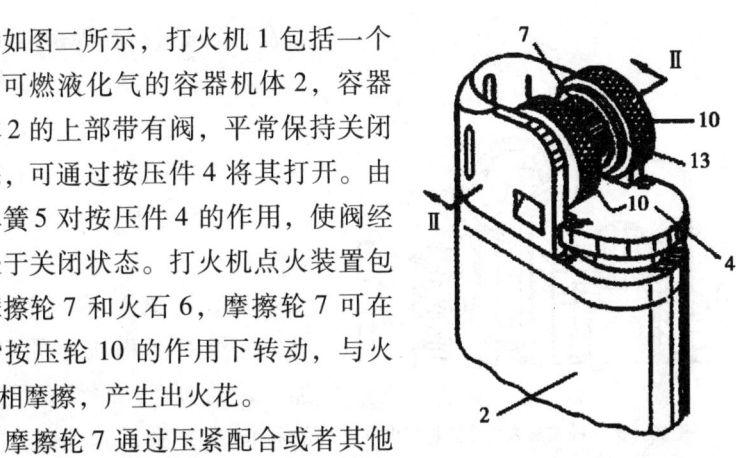

图二 第一种实施方式摩擦轮打火机上部立体图

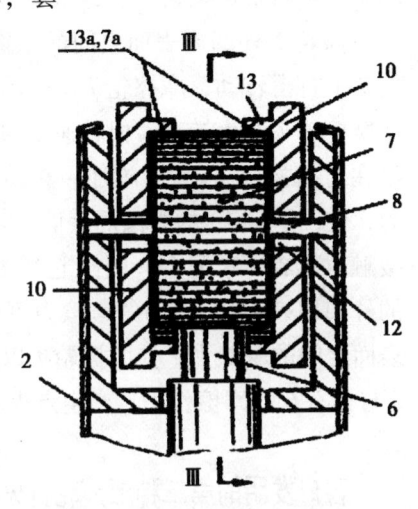

图三 第一种实施方式摩擦轮打火机沿图二中Ⅱ-Ⅱ线的纵向剖面图

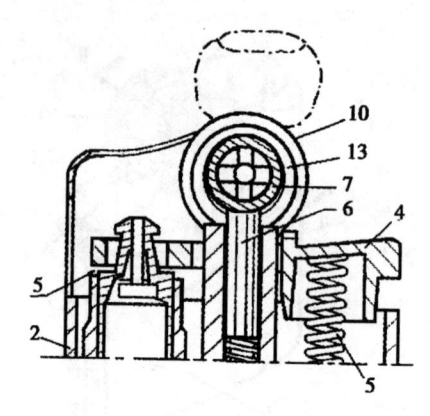

图四 第一种实施方式摩擦轮打火机沿图三中Ⅲ－Ⅲ线的纵向剖面图

周表面 13a 进行处理来实现。

转动轴 8 和拇指按压轮 10 中心孔 12 之间的间隙大于凸起环 13 内圆周表面 13a 和摩擦轮 7 外圆周表面 7a 之间的间隙。

在使用该摩擦轮打火机时，如果对拇指按压轮 10 施加一转动力矩，而没有足够大的径向力，则凸起环 13 的内圆周表面 13a 与摩擦轮 7 外圆周表面 7a 两者之间的相对移动未使两者形成紧密接触，从而所产生的摩擦力不足以克服火石 6 与摩擦轮 7 外圆周表面之间的摩擦力，导致拇指按压轮 10 在摩擦轮 7 上打滑转动，摩擦轮 7 不转动，不能产生火花；或者虽然可以使摩擦轮 7 产生转动，但转速不够快，不能产生所需要的火花。如果在对拇指按压轮 10 施加一转动力矩的同时，施加足够大的径向力，使凸起环 13 的内圆周表面 13a 与摩擦轮 7 外圆周表面 7a 紧密接触，形成压紧配合，则凸起环 13 的内圆周表面 13a 与摩擦轮 7 的外圆周表面 7a 之间的摩擦力可以克服火石 6 与摩擦轮 7 外圆周表面之间的摩擦力，使摩擦轮 7 以足够快的转速旋转，通过摩擦轮 7 与火石 6 的摩擦作用，产生点火所需的火花。

客户发明的第二种摩擦轮打火机

客户发明的第二种摩擦轮打火机（以下简称"第二种实施方式"）如图五所示。

图五是第二种摩擦轮打火机上部的点火装置的纵向剖面图，该点火装置包括摩擦轮 7、转动轴 8 和拇指按压轮 10。

如图五所示，摩擦轮7内部有一空腔31，该空腔31套装在由两根阶梯轴构成的转动轴8上。

每根转动轴8由如下所述的同轴线的几个圆柱形部分构成，包括：

嵌入部分8a，其直径稍大于摩擦轮7的空腔31的直径，以便两者之间形成紧配合；

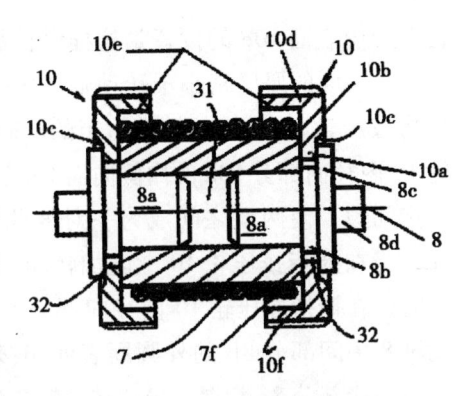

图五 第二种打火机上部的摩擦轮组件横向剖面图

中间部分8b，其直径稍大于嵌入部分8a的直径；

凸缘部分8c，其直径大于中间部分8b的直径；

支撑部分8d，插入机体2上部的两平行耳部的相应孔中，并可在其中转动。

拇指按压轮10由内径向部分10a、外径向部分10b和圆筒形部分10d构成。内径向部分10a有一中心孔，其直径大于所述转动轴8中间部分8b的直径，但小于转动轴8凸缘部件8c的直径。拇指按压轮10的内径向部分10a的厚度稍小于转动轴8中间部分8b的轴向宽度，拇指按压轮10外径向部分10b的中心孔具有由内向外扩展的锥台形内表面10c，其底部位于拇指按压轮10的外径向部分10b的外端面。

通过紧配合或者粘接等方式，将转动轴8的嵌入部分8a固定安装在摩擦轮7的空腔31内，使拇指按压轮10的内径向部分10a被限制在摩擦轮7的端部和转动轴8的凸缘部分8c之间。在转动轴8中间部分8b的外圆周表面与拇指按压轮10的内径向部分10a中心孔的内圆周表面之间形成了径向间隙32。

转动轴8的中间部分8b、凸缘部分8c和拇指按压轮10的内径向部分10a的直径，以及拇指按压轮10外径向部分10b中心孔的

199

锥台形内表面 10c 的位置是这样设计的：由于拇指按压轮 10 内径向部分 10a 的厚度稍小于转动轴 8 中间部分 8b 的轴向宽度，当在拇指按压轮 10 上施加转动力矩的同时未施加径向力时，拇指按压轮 10 内径向部分 10a 的内侧向面 10f 与摩擦轮 7 的端面 7f 之间具有一定间隙，使两者之间成为一对彼此对置并可相对移近的间隔表面；当在拇指按压轮 10 上施加转动力矩的同时施加足够大的径向力时，在拇指按压轮 10 内径向部分 10a 中心孔的内圆周表面与转动轴 8 中间部分 8b 的外圆周表面相接触之前，锥台形内表面 10c 先与凸缘部分 8c 相遇，导致转动轴 8 的凸缘部分 8c 对拇指按压轮 10 的内径向部分 10a 产生一轴向推力。使拇指按压轮 10 的内径向部分 10a 向着摩擦轮 7 的方向移动，因此使拇指按压轮 10 内径向部分 10a 的内侧向面 10f 与摩擦轮 7 的端面 7f 之间紧密接触，形成摩擦面。通过选择适合的材料、形成涂层或进行表面处理等方式，使拇指按压轮 10 的内侧向面 10f 与摩擦轮 7 的端面 7f 具有适当的摩擦系数，因此产生的摩擦力足以克服摩擦轮 7 与火石（图四中未示出）之间的摩擦力，带动摩擦轮 7 以足够的转速旋转，与火石 6 摩擦，产生出点火所需火花。当在拇指按压轮 10 上未施加足够的径向力时，拇指按压轮 10 内径向部分 10a 的内侧向面 10f 与摩擦轮 7 的端面 7f 之间产生的摩擦力不够大，摩擦轮 7 不转动或者虽有转动但转速不快，因此不能产生点火所需火花。

转动轴 8 最好采用塑料、铝、钢或黄铜等材料制成。这些材料应当具有一定的弹性，特别是凸缘部分 8c 应具有一定的弹性变形能力，在拇指按压轮 10 外径向部分 10b 中心孔的锥台形内表面 10c 的压迫下能够产生弹性变形。在去除施加在拇指按压轮 10 上的径向压力时，转动轴 8 的凸缘部分 8c 可借助于其自身材料的弹性力，回复到平常的位置。

此外，拇指按压轮 10 的圆筒形部分 10d 沿轴向向中间延伸，提供了与使用者拇指相接触的较大表面，以便使用者施加转动力矩和径向力。

检索到的现有技术

开发出上述产品后,在为发明专利申请撰写权利要求书和说明书之前,应当进行一次检索。在检索过程中,找到一篇相关的对比文件(以下简称"对比文件2")。该对比文件2公开了一种摩擦轮打火机的摩擦点火装置,具体结构如图六、图七所示。

图六和图七是检索到的一种摩擦轮打火机点火装置部件分解图和剖视图。

该摩擦轮打火机的点火装置由一个摩擦轮10、一对外侧轮20和一对内侧轮30组成。其中,摩擦轮10用于摩擦火石,其中心设有用于和内侧轮30连接用的中心轴孔11。在摩擦轮10两侧各装有一个内侧轮30和一个外侧轮20。为了达到防止小孩打火的目的,外侧轮20和内侧轮30在外侧轮未受侧向外力时处于非接触状态,只有在外侧轮20受到侧向外力时,外侧轮20和内侧轮30才会啮合。为此,在外侧轮20和内侧轮30的相向侧设置了啮合结构,使得外侧轮20在受到侧向外力时,才可使两者相互啮合转动,并带动摩擦轮10摩擦火石点火。

在外侧轮20和内侧轮30的相向侧轮面上各设有一个可通过摩擦啮合的环形摩擦面21、31,该环形摩擦面可以为粗糙表面,也可以在外侧轮20或内侧轮30的接触表面上粘一层橡胶或其他软性材料,形成不同软硬材质的摩擦面。

外侧轮20的内侧为凹形圆盘,其圆盘面上设有与内侧轮30啮合的环形摩擦面21,其中心开有供内侧轮轴32穿过的轴孔

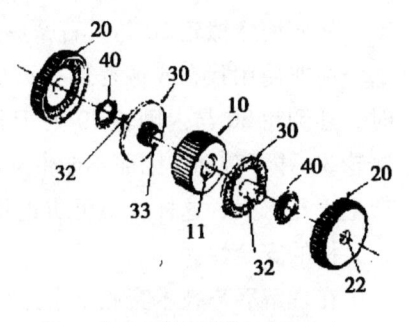

图六 检索到的摩擦轮打火机点火装置的部件分解图

22。所述内侧轮 30 朝向外侧轮 20 的侧面上设有与外侧轮 20 的环形摩擦面 21 相啮合的环形摩擦面 31。内侧轮 30 的一侧设有可插入到打火机机体上部两平行耳部相应孔中的轮轴 32，其另一侧设有与摩擦轮 10 连接用的短轴 33。

在外侧轮 20 和内侧轮 30 之间装有弹簧 40，使外侧轮 20 与内侧轮 30 在处于未使用状态时保持一定间隔。

图七 检索到的摩擦轮打火机点火装置的剖视图

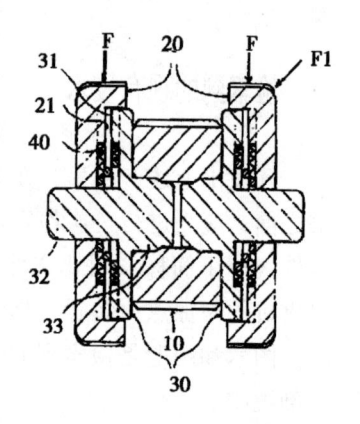

将两个内侧轮 30 的短轴 33 以紧配合方式压入摩擦轮的中心轴孔 11 内，从而使内侧轮 30 与摩擦轮 10 固定连接，在内侧轮 30 的轮轴 32 上套装弹簧 40，然后将外侧轮 20 装到内侧轮的轮轴 32 上。

如果在向外侧轮 20 上施加转动力矩的同时，向外侧轮 20 施加既具有径向分力又具有轴向分力的外力 F1 时，外侧轮 20 受到轴向分力的作用向内移动，使其摩擦面 21 与内侧轮的摩擦面 31 相接触，通过两摩擦面 21、31 的啮合带动内侧轮及摩擦轮 10 同步转动，从而使摩擦轮 10 与火石摩擦产生火花而点火。

在非使用状态或像普通打火机一样对外侧轮 20 施加转动力矩时，外侧轮 20 与内侧轮 30 处于非啮合状态，外侧轮 20 转动时内侧轮 30 并不转动，因而不能带动摩擦轮 10 转动来摩擦火石，不能产生火花点火，这样，就可防止儿童按普通打火方式点火，提高了打火机的安全性。

在理解客户技术交底书中介绍的发明内容和现有技术对比文件 1 以及检索到的对比文件 2 的基础上，着手为本发明专利申请撰写权利要求书、说明书及其摘要。其中，撰写的独立权利要求应当相对于图一、图六及图七两项现有技术具备新颖性和创造性。

二、权利要求书和说明书的撰写思路

对于前面所介绍的摩擦轮打火机专利申请案来说,可以按照下述主要思路来撰写权利要求书和说明书。

1. 确定本申请案相对于现有技术作出的主要改进

对于客户提供的现有技术对比文件 1 中的摩擦轮打火机,使用者在点火时通过拇指肌肉在两圆盘之间产生变形后直接驱动摩擦轮,因此可防止儿童用该打火机点火。但是,这样的摩擦轮打火机对于一些拇指肌肉不多的成年人来说,必须大拇指十分用力才能接触到摩擦轮,因此使用起来很不方便。

客户在其技术交底书中作详细说明的两种摩擦轮打火机(以下简称"本发明的两种实施方式")就是针对对比文件 1 所存在的问题而作出的改进:不仅可防止儿童用该打火机点火以提高其安全性,而且对所有成年人使用起来均很方便。

对于这两种实施方式,在前一部分已作出了比较详细的说明。考虑到这两种实施方式之间无从属关系,即两者是并列的实施方式,则需要针对这两种具体实施方式作出三方面的分析:哪些是两者共同的技术手段;哪些是两者所采取的不同技术手段;对于两者所采取的不同技术手段,可否采用概括性技术特征的表述方式。

(1)这两种实施方式的共同技术手段

第一种实施方式和第二种实施方式两者的共同技术手段为:打火机点火装置包括可与火石 6 摩擦而产生火花的摩擦轮 7,其以压紧配合或其他固定方式安装在转动轴上;两个拇指按压轮 10 分别设置在摩擦轮 7 的两端,拇指按压轮 10 有中心孔 12,套装在转动轴 8 上,中心孔 12 与转动轴 8 之间留有间隙,使拇指按压轮 10 可以相对于转动轴 8 转动。

（2）两种具体实施方式为防止小孩使用打火机所采取的不同技术手段

现对两种具体实施方式为防止小孩使用打火机所采取的不同技术手段分别进行具体说明。

在第一种实施方式中，两个拇指按压轮10朝向摩擦轮7的一侧设有凸起环13，凸起环13的内径稍大于摩擦轮7的直径，并向摩擦轮7的中部轴向延伸，环绕摩擦轮7的部分外圆周表面7a，从而拇指按压轮10的凸起环13的内圆周表面13a与摩擦轮7上与凸起环13相对的外圆周表面7a形成一对彼此对置的间隔表面。转动轴8和拇指按压轮10中心孔12之间的间隙大于凸起环13内圆周表面13a和摩擦轮7外圆周表面7a之间的间隙，从而在对拇指按压轮10施加一转动力矩的同时，施加足够大的径向力，就可使凸起环13的内圆周表面13a向着摩擦轮7外圆周表面7a作相对移动，并使这对彼此对置的间隔表面紧密接触，形成压紧配合的摩擦面。于是凸起环13的内圆周表面13a与摩擦轮7的外圆周表面7a之间的摩擦力可以克服火石6与摩擦轮7外圆周表面7a之间的摩擦力，使摩擦轮7以足够快的转速旋转，通过摩擦轮7与火石6的摩擦作用，产生点火所需的火花。

第二种实施方式为防止小孩使用打火机所采取的技术手段相对来说比较复杂，为清楚起见，分段加以说明。

第二种实施方式中的两个拇指按压轮10至少由内径向部分10a和外径向部分10b构成，内径向部分10a的内径小于外径向部分10b的内径，外径向部分10b的中心孔为从内向外扩展的锥台形内表面10c；作为优选，两个拇指按压轮还可以包括从内径向部分10a向着摩擦轮方向延伸、并环绕摩擦轮7的部分外圆周表面的圆筒形部分10d。

在这种实施方式中共有两根阶梯状转动轴8，每根转动轴8由如下四个同轴的圆柱形部分组成：与摩擦轮7紧配合或者以粘接等固定方式安装在一起的嵌入部分8a；与拇指按压轮10的内径向部分相对置且直径大于嵌入部分 8a 的中间部分 8b；与拇指按压轮 10 的外径向部分 10b 相对置且直径大于中间部分 8b 的凸缘部分 8c；以及支撑在打火机机体 2 上部两平行耳部通孔中的支撑部分 8d。

拇指按压轮 10 内径向部分 10a 位于摩擦轮 7 的端部与转动轴 8 凸缘部分 8c 之间，其厚度稍小于转动轴中间部分 8b 的轴向宽度，从而在拇指按压轮 10 的内径向部分 10a 的内侧向面 10f 与摩擦轮 7 的端面 7f 之间形成彼此对置的间隔表面。

转动轴 8 中间部分 8b 的外圆周表面与拇指按压轮 10 内径向部分 10a 中心孔的内圆周表面之间形成径向间隙 32。

在上述第二种实施方式的结构中，当在拇指按压轮 10 上施加一转动力矩的同时施加足够大的径向压力时，在拇指按压轮 10 的内径向部分 10a 中心孔的内圆周表面与转动轴 8 中间部分 8b 的外圆周表面相接触之前，其外径向部分 10b 的锥台形内表面 10c 先与转动轴 8 凸缘部分 8c 相遇，导致转动轴 8 凸缘部分 8c 对拇指按压轮 10 的内径向部分 10a 产生一轴向推力。使拇指按压轮 10 的内径向部分 10a 向着摩擦轮 7 作相对移动，从而使拇指按压轮 10 内径向部分 10a 的内侧向面 10f 紧靠在摩擦轮 7 的端面 7f 上，从而形成摩擦面。

(3) 对这两种实施方式为防止小孩使用打火机所采用的不同技术手段进行概括

在这两种实施方式中，为防止小孩使用打火机所采用的技术手段在结构上有较大的差别，如果直接将其分别作为独立权利要求来撰写，显然保护范围过窄，不利于保护申请人的利益，因此作为专利代理人应当考虑能否对两者的结构特征采用概括表述的方式。通过仔细对比分析，注意到这些不同的结构部分也仍然具有两个可给予概括表述的技术特征：其一，两者的拇指按压轮与摩擦轮之间具有一对彼此对置的间隔表面，对于第一种实施方式位于摩擦轮的外圆周表面，对于第二种实施方式位于摩擦轮的端部表面；其二，两者的拇指按压轮与摩擦轮之间具有一个可使拇指按压轮与摩擦轮之间的上述间隔表面作相对移动的配合结构，在向拇指按压轮施加转动力矩的同时仅施加足够大的径向力时，该配合结构可使拇指按压轮与摩擦轮的上述间隔表面作相对移动（在第一种实施方式中的拇指按压轮相对于摩擦轮作径向移动，在第二种实施方式中的拇指按压轮相对于摩擦轮作轴向移动），直到上述间隔表面紧贴在一起形成摩擦接触，从而使拇指按压轮的转动带动摩擦轮转动。

2. 从两项相关的现有技术中确定最接近的现有技术

《专利审查指南》第二部分第四章第3.2.1.1节中给出了确定最接近的现有技术的原则，首先选出那些与要求保护的发明技术领域相同或相近的现有技术；其次从技术领域相同或相近的现有技术中选出所要解决的技术问题、技术效果或者用途最接近和/或公开了发明的技术特征最多的那一项现有技术作为最接近的现有技术。

鉴于在撰写专利申请文件前又为客户进行了补充检索，检索到了另一项现有技术对比文件2，因此需要从客户提供的现有技术对比文件1和检索到的对比文件2中确定哪一件是本发明的最接近的现有技术。

对比文件1涉及现有技术中的摩擦轮打火机，本发明专利申请是对这种摩擦轮打火机的改进，因此，属于相同的技术领域。对比文件2涉及现有技术中的摩擦轮打火机的点火装置，而本发明专利申请相对于现有技术摩擦轮打火机的改进之处也仅在于其中的点火装置，因此对比文件2公开的摩擦轮打火机点火装置与本发明也属于相同的技术领域。

既然对比文件1和对比文件2披露的两项现有技术均与本发明属于相同技术领域，因此需要进一步对这两项现有技术进行更具体的分析，也就是说，按照《专利审查指南》第二部分第四章第3.2.1.1节规定的确定最接近的现有技术的原则，分析两者之间，哪一件与本发明所要解决的技术问题、技术效果或者用途最接近和/或公开的发明技术特征最多。

对比文件1中的摩擦轮打火机点火装置为防止小孩打火的具体结构是：两个圆盘7和8自由转动地安装在转动轴5上，不能带动摩擦轮6转动。两圆盘的直径大于摩擦轮的直径，两圆盘高出金属护板9的部分大于摩擦轮高出金属护板的部分。当成年人想点燃打火机时，需将其拇指放在两个圆盘上，拇指的部分肌肉产生变形并与摩擦轮接触，按照一般操作方法，能够驱动摩擦轮转动，点燃打火机，而对于小孩而言，也将拇指放在两个圆盘上时，由于该拇指肌肉不能产生相同的变形，不能与摩擦轮保持接触，因此就不能驱动摩擦轮来点燃打火机。可见，对比文件2是通过拇指变形来完成点火过程，因此对于一些拇指肌肉不多的成年人来说，也难以正常使用该打火机。

对比文件2披露的摩擦轮打火机点火装置包括一个摩擦轮10、一对外侧轮20和一对内侧轮30。内侧轮30的轴以紧配合的方式压入摩擦轮10的中心轴孔中，因而内侧轮30与摩擦轮10同步转动。外侧轮20与内侧轮30的相向侧面上，即外侧轮20的内侧与内侧轮30的外侧设有一对可通过相对移动而紧密接触的环形摩擦面21、31，外侧轮20与内侧轮30之间装有弹簧40以使它们在摩擦轮打火机处于未使用状态时保持一定间隔。当成人使用打火机时，其在转动外侧轮时，同时向外侧轮施加一个既具有径向分力又具有轴向分力的外力，则外侧轮在轴向分力的作用下克服位于外侧轮和内侧轮之间的弹簧作用力而向内移动，使外侧轮内侧的环形摩擦面21与内侧轮外侧的环形摩擦面31紧密接触，通过外侧轮的转动带动内侧轮及摩擦轮同步转动，从而使摩擦轮与火石摩擦产生火花而点火。当儿童使用该打火机时，由于未施加带有轴向分力的外力，外侧轮的内侧与内侧轮的外侧处于非啮合状态，则转动外侧轮时，内侧轮并不转动，因而不会产生火花点火。这样的摩擦轮打火机不仅可以防止儿童按普通打火方式点火，而且对于成年人使用起来也比较方便。

通过对检索到的对比文件2所述摩擦轮打火机工作方式的分析

可知，对比文件2在一定程度上已能解决本发明客户原定相对于客户提供的对比文件1所要解决的技术问题，其技术效果或者用途与对比文件1相比更接近本发明。

此外，对比文件2与对比文件1相比，不仅披露了本发明与对比文件1所共有的技术特征，而且其中的外侧轮与本发明中的拇指按压轮一样在受到使用者施加的外力后会带动摩擦轮转动的驱动轮，也就是说对比文件2与对比文件1相比所披露的与本发明的技术特征更多。

由此可知，对比文件2与本发明的技术领域相同，与客户提供的现有技术对比文件1相比，其要解决的技术问题、技术效果或者用途更接近本发明，披露本发明的技术特征更多，因而应当将对比文件2作为本发明最接近的现有技术。

3. 根据所选定的最接近的现有技术确定本发明专利申请所要解决的技术问题

当以对比文件2作为本发明的最接近的现有技术，则客户原定要解决的技术问题，也就是不仅可防止儿童用该打火机点火以提高其安全性，而且对所有成年人使用起来均很方便，基本上已经被对比文件2披露的摩擦轮打火机解决，因此需要按照客户所提供的本发明实施方式来重新确定其相对于对比文件2所解决的技术问题。

采用对比文件2披露的现有技术打火机，使用者在转动外侧轮时，必须同时向外侧轮施加一个既具有径向分力又具有轴向分力的侧向外力，使外侧轮内侧的环形摩擦面与内侧轮外侧的环形摩擦面紧密接触，同时通过外侧轮的转动带动内侧轮及摩擦轮同步转动，从而使摩擦轮与火石摩擦产生火花而点火。这种方式带来了两方面的问题：第一，这种使用方式会让使用者感到不方便，操作比较困难；第二，对外侧轮施加侧向外力容易使打火机损坏。

通过将本客户提供的两种实施方式与对比文件2的摩擦轮打火机的点火装置进行比较，可知本发明实施方式的结构比对比文件2

中的摩擦轮打火机的点火装置结构更加简单，仅施加径向作用力就可以实现既防止儿童用该打火机点火，又方便所有成年人使用；此外，采用本发明的两种实施方式，使用者均不需要对拇指按压轮施加侧向外力，因此克服了对比文件2披露的现有技术需要使用者施加斜向力所导致的容易损坏打火机的缺点。

由此可知，本发明相对于最接近的现有技术对比文件2所解决的技术问题是提供一种摩擦轮打火机，其不仅可防止儿童用其进行点火以确保安全，且方便成人使用，又不容易损坏打火机。

4. 完成独立权利要求的撰写

在确定本发明相对于最接近的现有技术对比文件2要解决的技术问题后，就应当确定本发明解决这一技术问题的全部必要技术特征，在此基础上按照《专利法实施细则》第二十一条第一款的规定的格式相对于最接近的现有技术对比文件2划分独立权利要求的前序部分和特征部分，以完成独立权利要求的撰写。

（1）确定要保护的技术方案的主题名称

由于客户所提供的本发明两种实施方式仅仅对普通摩擦轮打火机的点火装置作出了改进，因此本发明要求保护的技术方案的主题名称既可以确定为摩擦轮打火机，又可以确定为摩擦轮打火机的点火装置。考虑到摩擦轮打火机在市场上是整体出售的，通常不会单独销售其中的点火装置，因而无论将本发明技术方案的主题名称确定为摩擦轮打火机还是确定为摩擦轮打火机的点火装置，均不会对本发明保护范围产生实质影响。

由于本发明仅仅对摩擦轮打火机的点火装置作出改进，因此如果以摩擦轮打火机作为保护客体的主题名称，则该独立权利要求前序部分仅需要写明与本发明改进部分密切相关的必要技术特征，而对于与本发明改进部分点火装置无密切关系的摩擦轮打火机的其他结构部件，例如打火机壳体、内装可燃液化气的容器、该容器出口处的阀门等，均可不必在独立权利要求前序部分写明（当然也可以在前序部分写明,前提是写明的程度必须不影响其保护范围),即写为:一种摩擦轮打火机,包括一点火装置。其后的写法与将主题名称写为"一种摩擦轮打火机的点火装置"的写法相同。

(2) 确定本发明解决上述技术问题的必要技术特征

在确定本发明独立权利要求的必要技术特征时,除了前面针对两种不同实施方式所概括成的两个关键技术特征(拇指按压轮与摩擦轮具有一对彼此对置的间隔表面、点火装置还具有使拇指按压轮与摩擦轮作相对移动以使上述间隔表面紧密接触的配合结构)必定属于必要技术特征外,还应当从这两种实施方式的共同特征中找出必要技术特征。

根据前面所作分析可知,为实现上述要解决的技术问题,打火机点火装置应当包括如下技术特征:

可与火石摩擦而产生火花的摩擦轮,以紧配合方式安装在转动轴上或者与转动轴固定连接在一起;

一对设置在摩擦轮两端、套装在转动轴上并可相对于摩擦轮转动的拇指按压轮;

拇指按压轮与摩擦轮具有一对彼此对置且可通过相对移动形成紧密接触的间隔表面;

点火装置还具有使拇指按压轮和摩擦轮作相对移动的配合结构,当向拇指按压轮施加足够径向力,该配合结构即可使拇指按压轮和摩擦轮的上述彼此对置的间隔表面紧密接触,形成摩擦啮合,从而使拇指按压轮的转动带动摩擦轮转动。

(3) 完成独立权利要求的撰写

在确定本发明解决技术问题的必要技术特征后,就应当相对于最接近的现有技术对比文件 2 划分前序部分和特征部分,以完成独立权利要求的撰写。

在上述必要技术特征中,前两个为与现有技术对比文件 2 中点火装置共有的技术特征,应当写入到独立权利要求 1 前序部分中去;后两个则是本发明的区别技术特征,应当写在特征部分。

依照上述思路撰写的独立权利要求1为：

"1.一种摩擦轮打火机，包含有点火装置，该点火装置包括：

一个可与火石（6）摩擦而产生火花的摩擦轮（7），以紧配合方式安装在转动轴（8）上或者与转动轴（8）固定连接在一起；

一对设置在所述摩擦轮（7）两端、套装在所述转动轴（8）上并可相对于所述摩擦轮（7）转动的拇指按压轮（10）；

其特征在于：

所述拇指按压轮（10）与所述摩擦轮（7）具有一对彼此对置且可通过相对移动形成紧密接触的间隔表面（13a，7a；10f，7f）；

该点火装置还具有使所述拇指按压轮（10）与所述摩擦轮（7）作相对移动的配合结构，当向所述拇指按压轮（10）施加足够径向力，该配合结构即可使所述拇指按压轮（10）的上述对置表面（13a；10f）移向所述摩擦轮（7）上的上述对置表面（7a；7f），使两者紧密接触，形成摩擦啮合，从而使所述拇指按压轮（10）的转动带动所述摩擦轮（7）转动。"

独立权利要求1也可写成：

"1.一种摩擦轮打火机的点火装置，包括：

一个可与火石（6）摩擦而产生火花的摩擦轮（7），以紧配合方式安装在转动轴（8）上或者与转动轴（8）固定连接在一起；

一对设置在所述摩擦轮（7）两端、套装在所述转动轴（8）上并可相对于所述摩擦轮（7）转动的拇指按压轮（10）；

其特征在于：

所述拇指按压轮（10）与所述摩擦轮（7）具有一对彼此对置且可通过相对移动形成紧密接触的间隔表面（13a，7a；10f，7f）；

该点火装置还具有使所述拇指按压轮（10）与所述摩擦轮（7）作相对移动的配合结构，当向所述拇指按压轮（10）施加足够径向力，该配合结构即可使所述拇指按压轮（10）的上述对置表面（13a；10f）移向所述摩擦轮（7）上的上述对置表面（7a；7f），使两者紧密接触，形成摩擦啮合，从而使所述拇指按压轮

(10) 的转动带动所述摩擦轮 (7) 转动。"

当然，采用前一种独立权利要求的写法时，如果在前序部分写明摩擦轮打火机包含有打火机壳体、位于壳体内且装有可燃液化气的容器、位于该容器出口处的常闭阀和点火装置也是允许的，由于所有的摩擦轮打火机都有这些部件，因此不会影响该权利要求的保护范围。但是，这样写成的独立权利要求，从权利要求应当简要限定要求专利保护的范围来看，并不是最好的写法。

(4) 所撰写的独立权利要求具备新颖性和创造性

对比文件1中摩擦轮打火机的点火装置仅包括一个固定安装在转动轴上的摩擦轮和两个位于摩擦轮两端、可在转动轴上自由转动的圆盘，该两圆盘与摩擦轮之间既无可直接紧贴的摩擦接触面，也无通过其他部件而啮合的间接摩擦接触面，也就是说该圆盘仅起到阻止儿童拇指接触摩擦轮的作用，而不能起到带动摩擦轮转动的拇指按压轮的作用，由此可知，对比文件1没有披露上述两个独立权利要求中前序部分的"一对设置在摩擦轮两端并可相对于摩擦轮转动的拇指按压轮"这一技术特征以及特征部分反映拇指按压轮和摩擦轮结构关系的两个技术特征。由此可知，上述"摩擦轮打火机"（或者"摩擦轮打火机的点火装置"）的独立权利要求所要求保护的技术方案，相对于对比文件1具备《专利法》第二十二条第二款规定的新颖性。

对比文件2中摩擦轮打火机的点火装置包括一个摩擦轮、一对外侧轮（相当于本发明的拇指按压轮）和一对内侧轮，其外侧轮与内侧轮之间具有一对可通过摩擦啮合的环形摩擦面，但是该点火装置需要使用者对外侧轮施加一个侧向外力，才能形成摩擦接触并使摩擦轮转动，而独立权利要求1的技术方案中是在拇指按压轮与摩擦轮之间设置一对彼此对置且可通过相对移动形成紧密接触的间隔表面，并且具有一个在向拇指按压轮施加径向力时可使上述对置表面紧密接触的配合结构，从而使所述拇指按压轮的转动带动摩擦轮转动。因此，对于本发明独立权利要求1的技术方案而言，只需要向拇指按压轮施加一个径向作用力，就可以实现拇指按压轮与摩擦轮的摩擦啮合，通过转动拇指按压轮来带动摩擦轮转动。由此可知，对比文件2中没有披露上述两个独立权利要求1中特征部分的两个技术特征："拇指按压轮与摩擦轮具有一对彼此对置且可通过相对移动形成紧密接触的间隔表面"和"该点火装置还包括使拇指按压轮与摩擦轮作相对移动的配合结构，当向拇指按压轮施加足够径向力，该配合结构即可使拇指按压轮的上述对置表面移向摩擦轮上的上述对置表面，使两者紧密接触，形成摩擦啮合，从而使拇指按压轮的转动带动摩擦轮转动"，因此，上述"摩擦轮打火机"（或者"摩擦轮打火机的点火装置"）的独立权利要求所要求保护的技术方案，相对于对比文件2具备《专利法》第二十二条第二款规定的新颖性。

  正如前面指出的，在这两项现有技术中，检索到的对比文件2是本发明最接近的现有技术。独立权利要求1与该最接近的现有技术对比文件2的区别在于特征部分的两个技术特征：拇指按压轮与摩擦轮具有一对彼此对置且可通过相对移动形成紧密接触的间隔表面；该点火装置还包括使拇指按压轮与摩擦轮作相对移动的配合结构，当向拇指按压轮施加足够径向力，该配合结构即可使拇指按压轮的上述对置表面移向摩擦轮上的上述对置表面，使两者紧密接触，形成摩擦啮合，从而使拇指按压轮的转动带动摩擦轮转动。从而，本发明独立权利要求1的技术方案相对于最接近的现有技术对比文件2实际解决的技术问题是提供一种摩擦轮打火机，其不仅可防止儿童用其进行点火以确保安全和便于成人方便使用，而且不易损坏、使用寿命长。由于上述区别技术特征在检索到的对比文件2的其他部分未被披露，在申请人提供的现有技术对比文件1中也未披露，也不属于本领域技术人员为解决上述实际要解决的技术问题（防止儿童用其进行点火以确保安全和便于成人方便使用且不易损坏）的惯用技术手段，即也不属于本领域技术人员的公知常识，因而对比文件1与本领域的公知常识中未给出将上述区别技术特征应用到对比文件2中的摩擦轮打火机以解决该实际要解决的技术问题的技术启示，也就是说由对比文件2和对比文件1及本领域的公知常识得到独立权利要求1的技术方案对本领域的技术人员来说是非显而易见的，因此独立权利要求1的技术方案相对于对比文件2和对比文件1及本领域的公知常识具有突出的实质性特点。

由于独立权利要求1的技术方案相对于对比文件2具有明显的有益效果，在防止儿童用其进行点火以确保安全和便于成人方便使用方面达到同样效果的条件下操作更加方便，不会损坏打火机，因此独立权利要求的技术方案相对于现有技术有显著的进步。

综上所述，本发明独立权利要求1的技术方案具有《专利法》第二十二条第三款规定的创造性。

5. 完成从属权利要求的撰写

（1）撰写从属权利要求

针对"摩擦轮打火机"及"摩擦轮打火机的点火装置"两种保护客体的独立权利要求，其从属权利要求的撰写基本相同，仅仅从属权利要求引用部分的主题名称应当与独立权利要求的主题名称一样。为简洁起见，这里仅针对保护客体主题名称为"摩擦轮打火机"的独立权利要求给出一组从属权利要求。

在撰写从属权利要求时，要对那些未写入独立权利要求中的其他技术特征进行分析，将那些对申请的创造性起作用的技术特征作为对本申请发明进一步限定的附加技术特征，写成相应的从属权利要求。对于本申请来说，首先，可以针对两种实施方式分别撰写一项从属权利要求，此外，由技术交底书可知，对于第一种实施方式来说，其技术方案比较简单，没有进一步的优选技术手段，而对第二种实施方式，存在着一些优选技术手段，例如"转动轴由弹性材料制成"、"拇指按压轮的圆筒形部分"等，可以将这些优选技术手段作为附加技术特征，撰写成相应的从属权利要求。最后，对本申请可以撰写出下述一组从属权利要求。

"2. 按照权利要求1所述的摩擦轮打火机，其特征在于：

所述拇指按压轮（10）设有向所述摩擦轮（7）中部轴向延伸的凸起环（13），其内径大于该摩擦轮（7）的直径；

所述拇指按压轮（10）与所述摩擦轮（7）上的一对彼此对置的间隔表面为所述凸起环（13）的内圆周表面（13a）和所述摩擦轮（7）上与所述凸起环（13）的内圆周表面（13a）相对的外圆周表面（7a）；

所述使拇指按压轮（10）与摩擦轮（7）相对移动的配合结构这样实现，所述拇指按压轮（10）的中心孔（12）与所述转动轴（8）之间的间隙大于所述凸起环（13）的内圆周表面（13a）与所述摩擦轮（7）的外圆周表面（7a）之间的间隙。

3. 按照权利要求1所述的摩擦轮打火机，其特征在于：

所述摩擦轮（7）内部有空腔（31）；

所述拇指按压轮（10）包括内径向部分（10a）和外径向部分（10b）；

所述转动轴（8）为两根分别从所述摩擦轮（8）两端之一嵌入到所述摩擦轮（7）空腔（31）内的阶梯状转动轴，每根阶梯状转动轴（8）包括：

（i）与所述摩擦轮（7）内部空腔（31）紧密配合或者固定在一起的嵌入部分（8a），

（ii）与所述拇指按压轮（10）的内径向部分（10a）相对应的中间部分（8b），其直径大于嵌入部分（8a）的直径，

（iii）其直径大于中间部分（8b）直径的凸缘部分（8c）；

所述拇指按压轮（10）与所述摩擦轮（7）上的一对彼此对置的间隔表面为所述拇指按压轮（10）内径向部分（10a）的内向端面（10f）和所述摩擦轮（7）上与之相对的端面（7f）；

所述使拇指按压轮（10）与摩擦轮（7）相对移动的配合结构这样来实现，

(i) 所述拇指按压轮（10）的外径向部分（10b）具有一个面向所述转动轴（8）凸缘部分（8c）且从内向外扩展的锥台形内表面（10c），

(ii) 所述拇指按压轮（10）的内径向部分（10a）的厚度稍小于所述转动轴（8）中间部分（8b）的轴向宽度，

(iii) 所述拇指按压轮（10）内径向部分（10a）中心孔的内圆周表面与所述转动轴（8）中间部分（8b）的外圆周表面之间的径向间隙（32）大于所述转动轴（8）凸缘部分（8c）外圆周表面与所述拇指按压轮（10）外径向部分（10b）的锥台形内表面（10c）之间的最小间距。

4. 按照权利要求3所述的摩擦轮打火机，其特征在于：所述转动轴（8）由弹性材料制成，其凸缘部分（8c）在所述拇指按压轮（10）外径向部分（10b）的锥台形内表面（10c）的挤压下能够产生弹性变形。

5. 按照权利要求3或4所述的摩擦轮打火机，其特征在于：所述拇指按压轮（10）具有一个从其内径向部分（10a）的外圆周部位朝着所述摩擦轮（7）的中间部位沿轴向延伸的圆筒形部分（10d）。"

（2）撰写从属权利要求时应当满足的要求

从属权利要求的撰写应当符合《专利法》第二十六条第四款以及《专利法实施细则》第二十二条的规定；也就是说，所撰写的从属权利要求应当清楚、简要地限定要求专利保护的范围，并应当符合《专利法实施细则》第二十二条规定的格式要求。

就本申请而言，在撰写从属权利要求时应当特别注意下述四个方面的问题。

① 从属权利要求技术方案的主题名称（即其引用部分所写明的主题名称）应当与其所引用的权利要求的主题名称一致。对于上述这组从属权利要求来说，其是对独立权利要求摩擦轮打火机的进一步限定，因而这组从属权利要求技术方案的主题名称均应当为摩

擦轮打火机。如果采用前面所给出的第二种独立权利要求的写法，其保护客体的主题名称为摩擦轮打火机的点火装置，则相应写成的一组从属权利要求技术方案的主题名称均应当为摩擦轮打火机的点火装置。

② 从属权利要求引用关系恰当，以确保从属权利要求清楚地限定要求专利保护的范围。例如，权利要求 2 和权利要求 3 是两项并列的技术方案，因而权利要求 3 不能引用权利要求 2，只能引用权利要求 1；又如，权利要求 4 和权利要求 5 是本发明第二种实施方式的进一步改进，即针对权利要求 3 技术方案的具体结构作进一步限定，因此只能作为反映第二种实施方式的权利要求 3 的从属权利要求，即只能引用权利要求 3，既不能引用权利要求 2，也不能引用权利要求 1。

③ 从属权利要求的技术方案应当完整，不要将应当写在一项从属权利要求中的技术方案分拆成几项从属权利要求。例如，对于从属权利要求 2，为确保在此种结构中拇指按压轮与摩擦轮上彼此对置的一对间隔表面（即拇指按压轮凸起环的内圆周表面与摩擦轮的外圆周表面）能紧密接触而形成可带动摩擦轮转动的摩擦啮合状态，必须在该权利要求中写入"拇指按压轮的中心孔与转动轴之间的间隙大于凸起环的内圆周表面与摩擦轮的外圆周表面之间的间隙"这一技术特征，不得将该技术特征写成对该权利要求 2 作进一步限定的从属权利要求的附加技术特征；同样，对于从属权利要求 3，应当将"拇指按压轮的内径向部分的厚度稍小于所述转动轴中间部分的轴向宽度"和"拇指按压轮内径向部分中心孔的内圆周表面与转动轴中间部分的外圆周表面之间的径向间隙大于转动轴凸缘部分外圆周表面与拇指按压轮外径向部分的锥台形内表面之间的最小间距"这两个技术特征写入到该从属权利要求 3 中，不得将这两个技术特征写成对该从属权利要求 3 作进一步限定的从属权利要求的附加技术特征。

④ 引用关系应当符合《专利法实施细则》第二十二条第二款

的形式要求，例如在撰写从属权利要求 5 时，其引用部分既引用了权利要求 3，又引用了权利要求 4，因此应当采用择一引用方式，即写成"按照权利要求 3 或 4 所述的……"，不应写成"按照权利要求 3 和 4 所述的……"；鉴于权利要求 3 和权利要求 4 两者均不是多项从属权利要求，因此引用部分写成"按照权利要求 3 或 4 所述的……"，也符合"多项从属权利要求……不得作为另一项多项从属权利要求的基础"的规定。

6. 在撰写的权利要求书的基础上完成说明书及其摘要的撰写

说明书及其摘要的撰写应当按照《专利法实施细则》第十七条、第十八条和第二十三条的规定撰写。

由于本发明只涉及一项独立权利要求，为了在发明名称中反映本发明要求保护的主题、类型，可根据上述独立权利要求所要求保护的主题名称，将发明名称写为"摩擦轮打火机"。当然，如果采用前面所述的另一种独立权利要求的撰写方式，则发明名称应当写为"摩擦轮打火机的点火装置"❶。

对于技术领域部分，由于本发明只涉及产品"摩擦轮打火机"，说明书的技术领域也应当针对该产品作进一步具体说明，可参照独立权利要求的前序部分加以说明。

按照《专利法实施细则》第十七条的规定，在背景技术部分，要写明对发明或者实用新型的理解、检索、审查有用的背景技术；有可能的，并引证反映这些背景技术的文件。就本专利申请来说，可以简明、扼要地对客户提供的现有技术对比文件 1 以及检索到的对比文件 2 公开的摩擦轮打火机中的点火装置及所存在的问题作出说明。

发明内容部分首先写明发明相对于所检索到的对比文件 2 所要

---

❶ 为简洁起见，以下仅针对独立权利要求技术方案的主题名称为"摩擦轮打火机"的情况说明如何撰写说明书的各个部分，不再对以另一种方式撰写的独立权利要求作出相应的说明。

解决的技术问题：提供一种摩擦轮打火机，其不仅可防止儿童用其进行点火以确保安全，且方便成人使用，又不容易损坏打火机。然后，另起段写明解决该技术问题的独立权利要求的技术方案。在此基础上，通过对独立权利要求区别特征的分析，说明这些区别特征为本发明带来的技术效果。

对本申请案来说，在发明内容部分至少还应当另起段对反映本发明两种具体实施方式的重要的从属权利要求的技术方案（即权利要求2和权利要求3的技术方案）作进一步说明。

本申请有附图，需要有附图说明部分。对本发明来说，至少要给出反映本发明第一种实施方式的图二和图三和反映第二种实施方式的图五。在这一部分按照重新编排的图号对这三幅附图的图名作简略说明。

在具体实施方式部分，应当结合本发明两种实施方式的附图对本发明作详细说明。由于这两种实施方式结构相差较大，因此对每一种实施方式都需要对照附图对本发明摩擦轮打火机点火装置作出详细说明。

在撰写说明书的上述内容时，应当按照《专利法实施细则》第十七条第二款的规定，在说明书的5个部分（技术领域、背景技术、发明内容、附图说明、具体实施方式）之前分别写明相应部分的标题。

在完成说明书的撰写之后，应当按照《专利法实施细则》第二十三条的规定撰写说明书摘要：写明发明的名称和所属技术领域，清楚地反映所要解决的技术问题、解决该问题的技术方案的要点以及主要用途。在考虑不得超过300个字的前提下，至少写明本发明的名称和独立权利要求的技术方案的要点，最好还能写明采用该技术方案所获得的技术效果。对于本申请来说，还应当采用最能反映本发明技术方案的说明书附图2作为摘要附图。

219

三、推荐的专利申请文件

根据以上客户提供的介绍本发明"摩擦轮打火机"的资料和提供的现有技术对比文件 1 以及检索到的最接近的现有技术对比文件 2,给出推荐的发明专利申请撰写文本。

权利要求书

1. 一种摩擦轮打火机，包含有点火装置，该点火装置包括：

一个可与火石（6）摩擦而产生火花的摩擦轮（7），以紧配合方式安装在转动轴（8）上或者与转动轴（8）固定连接在一起；

一对设置在所述摩擦轮（7）两端、套装在所述转动轴（8）上并可相对于所述摩擦轮（7）转动的拇指按压轮（10）；

其特征在于：

所述拇指按压轮（10）与所述摩擦轮（7）具有一对彼此对置且可通过相对移动形成紧密接触的间隔表面（13a，7a；10f，7f）；

该点火装置还包括使所述拇指按压轮（10）与所述摩擦轮（7）作相对移动的配合结构，当向所述拇指按压轮（10）施加足够径向力，该配合结构即可使所述拇指按压轮（10）的上述对置表面（13a；10f）移向所述摩擦轮（7）上的上述对置表面（7a；7f），使两者紧密接触，形成摩擦啮合，从而使所述拇指按压轮（10）的转动带动所述摩擦轮（7）转动。

2. 按照权利要求1所述的摩擦轮打火机，其特征在于：

所述拇指按压轮（10）设有向所述摩擦轮（7）中部轴向延伸的凸起环（13），其内径大于该摩擦轮（7）的直径；

所述拇指按压轮（10）与所述摩擦轮（7）上的一对彼此对置的间隔表面为所述凸起环（13）的内圆周表面（13a）和所述摩擦轮（7）上与所述凸起环（13）的内圆周表面（13a）相对的外圆周表面（7a）；

所述使拇指按压轮（10）与摩擦轮（7）相对移动的配合结构这样实现，所述拇指按压轮（10）的中心孔（12）与所述转动轴（8）之间的间隙大于所述凸起环（13）的内圆周表面（13a）与所述摩擦轮（7）的外圆周表面（7a）之间的间隙。

3. 按照权利要求1所述的摩擦轮打火机，其特征在于：

所述摩擦轮（7）内部有空腔（31）；

所述拇指按压轮（10）包括内径向部分（10a）和外径向部分（10b）；

所述转动轴（8）为两根分别从所述摩擦轮（8）两端之一嵌入到所述摩擦轮（7）空腔（31）内的阶梯状转动轴，每根阶梯状转动轴（8）包括：

(i) 与所述摩擦轮（7）内部空腔（31）紧密配合或者固定在一起的嵌入部分（8a），

(ii) 与所述拇指按压轮（10）的内径向部分（10a）相对应的中间部分（8b），其直径大于嵌入部分（8a）的直径，

(iii) 其直径大于中间部分（8b）直径的凸缘部分（8c）；

所述拇指按压轮（10）与所述摩擦轮（7）上的一对彼此对置的间隔表面为所述拇指按压轮（10）内径向部分（10a）的内向端面（10f）和所述摩擦轮（7）上与之相对的端面（7f）；

所述使拇指按压轮（10）与摩擦轮（7）相对移动的配合结构这样来实现，

(i) 所述拇指按压轮（10）的外径向部分（10b）具有一个面向所述转动轴（8）凸缘部分（8c）且从内向外扩展的锥台形内表面（10c），

(ii) 所述拇指按压轮（10）内径向部分（10a）的厚度稍小于所述转动轴（8）中间部分（8b）的轴向宽度，

(iii) 所述拇指按压轮（10）内径向部分（10a）中心孔的内圆周表面与所述转动轴（8）中间部分（8b）的外圆周表面之间的径向间隙（32）大于所述转动轴（8）凸缘部分（8c）外圆周表面与所述拇指按压轮（10）外径向部分（10b）的锥台形内表面（10c）之间的最小间距。

4. 按照权利要求3所述的摩擦轮打火机，其特征在于：所述转动轴（8）由弹性材料制成，其凸缘部分（8c）在所述拇指按压轮（10）外径向部分（10b）的锥台形内表面（10c）的挤压下能够产生弹性变形。

5. 按照权利要求3或4所述的摩擦轮打火机，其特征在于：所述拇指按压轮（10）具有一个从其内径向部分（10a）的外圆周部位朝着所述摩擦轮（7）的中间部位沿轴向延伸的圆筒形部分（10d）。

说明书

摩擦轮打火机

技术领域

本发明涉及一种摩擦轮打火机,包含有一点火装置,该点火装置包括以紧配合方式安装在转动轴上或者与转动轴固定连接在一起且可与火石摩擦而产生火花的摩擦轮,以及一对设置在所述摩擦轮两端、套装在转动轴上并可相对于摩擦轮转动的拇指按压轮。

背景技术

摩擦轮打火机至今已有很久的历史,人们用其点火十分方便。正由于使用十分方便,不少孩童会以好奇的心理模仿成人动作玩弄打火机,不小心就会造成火灾,因此近来开始出现研制出可以防止儿童使用的摩擦轮打火机。最早出现的这种可防止儿童使用的摩擦轮打火机结构比较简单,即在摩擦轮的转动枢轴上、紧靠摩擦轮的两端设置一对可相对于转动轴自由转动的圆盘,两圆盘的间隔足够小,以致成人或儿童的手指不可能整个放入到两圆盘之间。两圆盘的直径稍大于摩擦轮的直径,当成年人想使用打火机时,可将其拇指放在两个圆盘上,拇指的部分肌肉产生变形并与摩擦轮接触,按照一般操作方法,就能够驱动摩擦轮转动而实现点火。对于儿童来说,由于他们手指上的肌肉不如成年人多,如果儿童像成年人那样操作打火机,其手指肌肉将不能产生相同的变形,也就不能与摩擦轮保持接触,因此,其结果只能使圆盘环绕着转动轴转动,而不会带动摩擦轮转动,从而摩擦轮不会摩擦火石产生点燃气体的火花。但是,这种摩擦轮打火机对于一部分拇指肌肉不多的成年人来说,其拇指肌肉的变形难以与摩擦轮充分接触,从而不能产生足够的驱动力使摩擦轮旋转摩擦火石,从而不能产生足够的火花来点燃气体,所以这种打火机对于一些拇指肌肉不多的成年人来说也难以正常使用。

于是,人们又开始着手研制既能防止儿童点火而又方便成年人使用的摩擦轮打火机。中国实用新型专利说明书CN2××××××公开了这样一种摩擦轮打火机。该摩擦轮打火机点火装置由一个摩擦轮、一对外侧轮和一对内侧轮组成。其中,用于摩擦火石的摩擦轮的中心设有用于和内侧轮连接用的中心轴孔。在摩擦轮两侧均装有一个内侧轮和一个外侧轮。为了达到防止小孩打火的目的,外侧轮和内侧轮在外侧轮未受侧向外力时处于非接触状态,只有在外侧轮受到侧向外力时,外侧轮和内侧轮才会啮合。对于这样的点火装置,当成年人在向外侧轮施加转动力矩的同时施加侧向外力,就可使外侧轮和内侧轮啮合,从而转动外侧轮时就带动内侧轮转动,进一步带动与内侧轮相连接的摩擦轮,摩擦轮摩擦火石实现点火。但对于儿童而言,由于他们在转动外侧轮时不会向外侧轮施加侧向力,从而外侧轮与内侧轮处于未接触状态,则转动外侧轮就不会带动摩擦轮,不能实现点火。

这样的摩擦轮打火机虽然可以防止儿童点火,也方便成人使用,但是还存在两方面不足:其一,由于需要向打火机施加侧向外力,而不断施加侧向外力容易使打火机损坏;其二,施加侧向外力仍然会让使用者感到不便,操作比较困难。

发明内容

针对上述现有技术存在的缺陷,本发明所要解决的技术问题是提供一种摩擦轮打火机,其不仅可防止儿童用其点火以确保安全,对成人而言操作使用更为方便,而且不容易损坏打火机。

为解决上述技术问题,本发明的摩擦轮打火机包含有点火装置,该点火装置包括一个可与火石摩擦而产生火花的摩擦轮和一对设置在摩擦轮两端的拇指按压轮,摩擦轮以紧配合方式安装在转动轴上或者与转动轴固定连接在一起,拇指按压轮套装在转动轴上并可相对于摩擦轮转动；拇指按压轮与摩擦轮具有一对彼此对置且可通过相对移动形成紧密接触的间隔表面；该点火装置还包括使拇指按压轮与摩擦轮作相对移动的配合结构，当向拇指按压轮施加足够径向力，该配合结构即可使拇指按压轮的上述对置表面移向摩擦轮上的上述对置表面，使两者紧密接触，形成摩擦啮合，从而使拇指按压轮的转动带动摩擦轮转动。

采用上述结构的摩擦轮打火机，由于其点火装置的拇指按压轮与摩擦轮具有一对彼此对置且可通过相对移动形成紧密接触的间隔表面，且该点火装置具有一个在向拇指按压轮施加足够的径向力时就可使拇指按压轮与摩擦轮的上述间隔表面作相对移动而形成摩擦啮合的配合结构，因此成人在使用该摩擦轮打火机时只要在转动拇指按压轮的同时仅向拇指按压轮施加径向力就可实现点火，无须施加侧向外力，因此与最接近的现有技术中的摩擦轮打火机相比，其不仅能防止儿童用来点火，而且成人使用时更方便，且不易损坏打火机。

作为本发明上述摩擦轮打火机的一种优选方案：拇指按压轮设有向摩擦轮中部轴向延伸的凸起环，其内径大于该摩擦轮的直径；拇指按压轮与摩擦轮上彼此对置的一对间隔表面为凸起环的内圆周表面和摩擦轮上与凸起环内圆周表面相对的外圆周表面；上述使拇指按压轮与摩擦轮相对移动的配合结构这样实现，拇指按压轮的中心孔与转动轴之间的间隙大于拇指按压轮凸起环内圆周表面与摩擦轮外圆周表面之间的间隙。采用这种点火装置结构的摩擦轮打火机，部件数量少，结构简单，因此十分经济实用。

作为本发明上述摩擦轮打火机的另一种优选方案：摩擦轮内部有空腔；拇指按压轮包括内径向部分和外径向部分；转动轴为两根分别从摩擦轮两端之一嵌入到摩擦轮空腔内的阶梯状转动轴，每根阶梯状转动轴包括与摩擦轮紧密配合或者连接在一起的嵌入部分、与拇指按压轮的内径向部分相对应且其直径大于嵌入部分直径的中间部分以及其直径大于中间部分直径的凸缘部分；拇指按压轮与摩擦轮上的彼此对置的一对间隔表面为拇指按压轮内径向部分的内向端面和摩擦轮上与之相对的端面；上述使拇指按压轮与摩擦轮相对移动的配合结构这样来实现，拇指按压轮外径向部分具有一个面向转动轴凸缘部分且从内向外扩展的锥台形内表面，拇指按压轮内径向部分的厚度稍小于转动轴中间部分的轴向宽度，拇指按压轮内径向部分中心孔的内圆周表面与转动轴中间部分的外圆周表面之间的径向间隙大于转动轴凸缘部分的外圆周表面与拇指按压轮外径向部分的锥台形内表面之间的最小间距。采用这种点火装置结构的摩擦轮打火机，可以在确保成人使用方便和不易损坏打火机的前提下更好地实现防止儿童点火以确保安全。

作为对后一种优选方案摩擦轮打火机的进一步改进，转动轴由弹性材料制成，从而其凸缘部分在拇指按压轮外径向部分的锥台形内表面的挤压下能够产生弹性变形。这样一来，在摩擦轮打火机未使用状态时确保拇指按压轮的内端面与摩擦轮的端面处于不接触状态，从而可以更好地防止儿童使用打火机来点火。

作为对后一种优选方案摩擦轮打火机的又一种改进，拇指按压轮具有一个从其内径向部分的外圆周部位朝着摩擦轮的中间部位沿轴向延伸的圆筒形部分。采用这种结构的拇指按压轮为使用者提供了与拇指相接触的较大表面，从而使用者可以十分方便地向拇指按压轮施加转动力矩和径向力。

总之，采用本发明的摩擦轮打火机，在防止儿童用其点火以确保安全和便于成人方便使用方面达到同样效果的条件下，使用者仅需对拇指按压轮施加一个径向压力，即可实现拇指按压轮与摩擦轮之间的摩擦接触，操作更加方便，结构简单，而且使用操作不会导致打火机的损坏。

附图说明

图1是本发明第一种实施方式摩擦轮打火机上部的透视图。

图2是本发明第一种实施方式摩擦轮打火机沿图1中Ⅱ-Ⅱ线

的纵向剖面图。

图 3 是本发明第二种实施方式摩擦轮打火机中点火装置组件的纵向剖面图。

具体实施方式

下面结合附图，对本发明的具体实施方式作详细说明。

如图 1 和图 2 所示，本发明第一种实施方式的摩擦轮打火机 1 包括一个装有可燃液化气的容器机体 2，容器机体 2 的上部带有阀（图中未示出），平常保持关闭状态，可通过按压件 4 将其打开。由于弹簧（图中未示出）对按压件 4 的作用，使阀经常处于关闭状态。

摩擦轮打火机的点火装置包括可与火石 6 相摩擦而产生火花的摩擦轮 7、与摩擦轮固定在一起的转动轴 8 和一对位于摩擦轮 7 两端侧的拇指按压轮 10。

对于摩擦轮 7 与转动轴 8 之间的固定，可以将摩擦轮 7 以压紧配合的方式安装在转动轴 8 上，或者通过粘接或其他类似方式固定在转动轴 8。该转动轴 8 以枢接方式安装在由机体 2 向上延伸的两个凸耳的耳孔中。两拇指按压轮 10 具有中心孔 12，套装在转动轴 8 上。中心孔 12 与转动轴 8 之间留有间隙，使拇指按压轮 10 可以相对于转动轴 8 转动和作径向移动。两个拇指按压轮 10 朝向摩擦轮 7 的一侧设有凸起环 13，凸起环 13 内圆周表面 13a 的直径大于摩擦轮 7 的直径，并朝着摩擦轮 7 中部沿轴向延伸，环绕摩擦轮 7 的一部分外圆周表面 7a。凸起环 13 的内圆周表面 13a 与摩擦轮 7 的外圆周表面 7a 成为一对彼此对置且可以相对移动形成紧密接触的间隔表面。凸起环 13 的内圆周表面 13a 具有适当的摩擦系数，可以通过采用适合的材料制作凸起环 13、在内圆周表面 13a 上形成涂层或者对内圆周表面 13a 进行粗糙处理来实现。

为了通过转动拇指按压轮 10 来带动摩擦轮 7 转动，本发明第一种实施方式摩擦轮打火机的点火装置具有一个使拇指按压轮 10

与摩擦轮7作相对移动的配合结构：转动轴8和拇指按压轮10中心孔12之间的间隙大于凸起环13内圆周表面13a和摩擦轮7外圆周表面7a之间的间隙。

在使用该摩擦轮打火机时，如果对拇指按压轮10施加一转动力矩，而没有足够大的径向力，则凸起环13的内圆周表面13a与摩擦轮7外圆周表面7a之间产生的摩擦力不足以克服火石6与摩擦轮7外圆周表面7a之间的摩擦力，导致拇指按压轮10在摩擦轮7上打滑转动，而摩擦轮7不转动，不能产生火花；或者虽然可以使摩擦轮7产生一定转动，但转速不够快，不能产生所需要的火花。如果在对拇指按压轮10施加一转动力矩的同时，施加足够大的径向力，使凸起环13的内圆周表面13a与摩擦轮7外圆周表面7a紧密接触，形成摩擦啮合，则凸起环13的内圆周表面13a与摩擦轮7的外圆周表面7a之间的摩擦力可以克服火石6与摩擦轮7外圆周表面7a之间的摩擦力，使摩擦轮7以足够快的转速旋转，通过摩擦轮7与火石6的摩擦作用，产生点火所需的火花。

在上述本发明第一种实施方式的点火装置中，不仅能防止儿童用这种打火机点火，且对于成年人来说，只需要在转动拇指按压轮时仅施加径向力，就可使拇指按压轮与摩擦轮实现摩擦啮合，方便地实现点火，且由于不需要施加侧向外力，从而也不易损坏打火机。尤其是这种摩擦轮打火机的点火装置，部件少、结构简单，因此十分经济实用。

图3示出本发明的第二种实施方式，该摩擦轮打火机的点火装置也包括摩擦轮7、转动轴8和一对拇指按压轮10。

如图3所示，该摩擦轮7内部有一空腔31，该空腔31套装在由两根阶梯状转动轴构成的转动轴8上。

每根阶梯状转动轴8由四个同轴的圆柱形部分构成：嵌入部分8a、中间部分8b、凸缘部分8c和支撑部分8d。嵌入部分8a的直径稍大于摩擦轮7的空腔31的直径，以便两者之间形成紧配合；中间部分8b的直径稍大于嵌入部分8a的直径；凸缘部分8c的直径大于中间部分8b的直径；支撑部分8d为一枢轴，插入机体2上部两平行耳部的耳孔中，以支撑摩擦轮7和拇指按压轮10。

拇指按压轮10包括内径向部分10a和外径向部分10b，在优选的方案中还包括圆筒形部分10d。内径向部分10a有一中心孔，其直径大于转动轴8中间部分8b的直径，但小于转动轴8凸缘部分8c的直径。拇指按压轮10的内径向部分10a的厚度稍小于转动轴8中间部分8b的轴向宽度。

通过紧配合或者粘接等方式，将阶梯状转动轴8的嵌入部分8a固定安装在摩擦轮7的空腔31内，使拇指按压轮10的内径向部分10a被限制在摩擦轮7的端部和转动轴8的凸缘部分8c之间，从而拇指按压轮10内径向部分10a的内向端面10f和摩擦轮7上与之相对的端面7f成为一对彼此对置且可以相对移动形成紧密接触的间隔表面。在转动轴8的中间部分8b的外圆周表面与拇指按压轮10内径向部分10a中心孔的内圆周表面之间形成了径向间隙32。

在本发明第二种实施方式摩擦轮打火机中，为了通过转动拇指按压轮10来带动摩擦轮7转动，转动轴8的中间部分8b和凸缘部分8c以及拇指按压轮10的内径向部分10a和外径向部分10b之间应当满足一定的结构要求：拇指按压轮10的外径向部分10b具有一个面向转动轴8凸缘部分8c且从内向外扩展的锥台形内表面10c；拇指按压轮10内径向部分10a的厚度稍小于转动轴8中间部分8b的轴向宽度；拇指按压轮10内径向部分10a中心孔的内圆周表面与转动轴8中间部分8b的外圆周表面之间的径向间隙32大于转动轴8凸缘部分8c的外圆周表面与拇指按压轮10外径向部分10b的锥台形内表面10c之间的最小间距。上述结构要求构成了第二种实施方式摩擦轮打火机的点火装置所具有的使拇指按压轮10与摩擦轮7作相对移动的配合结构。

采用这种结构点火装置的摩擦轮打火机，当在向拇指按压轮10上施加一转动力矩的同时施加足够大的径向力时，在拇指按压轮10的内径向部分10a中心孔的内圆周表面与转动轴8中间部分8b的外圆周表面相接触之前，拇指按压轮10外径向部分10b的锥台形内表面10c先与转动轴8的凸缘部分8c相遇，导致转动轴8的凸缘部分8c对拇指按压轮10的内径向部分10a产生一轴向推力。使拇指按压轮10的内径向部分10a的内侧向面10f紧靠在摩擦轮7的端面7f上，因此在拇指按压轮10内径向部分10a的内侧向面10f与摩擦轮7的端面7f之间形成摩擦啮合。通过选择适合的材料、形成涂层、进行表面处理等方式，使拇指按压轮10的内侧向面10f与摩擦轮7的端面7f均具有适当的摩擦系数，因此产生的摩擦力足以克服摩擦轮7与火石（图3中未示出）之间的摩擦力，带动摩擦轮7以足够的转速旋转，与火石相摩擦，产生出点火所需的火花。当在拇指按压轮10上未施加足够的径向力时，拇指按压轮10内径向部分10a的内侧向面10f与摩擦轮7的端面7f之间产生的摩擦力不够大，摩擦轮7不转动或者虽有转动但其转速不够快，因此不产生点火所需的火花。

　　转动轴8最好采用塑料、铝、钢或黄铜等材料制成。这些材料应当具有一定的弹性，特别是转动轴8的凸缘部分8c应具有一定的弹性变形能力，在拇指按压轮10外径向部分10b的锥台形内表面10c的压迫下能够产生弹性变形。在去除施加在拇指按压轮10上的径向压力时，转动轴8的凸缘部分8c可借助于其自身材料的弹性力，回复到平常的位置。

　　此外，在优选的拇指按压轮10具有圆筒形部分10d的情况下，圆筒形部分10d从拇指按压轮10内径向部分10a的外圆周部位朝着摩擦轮7的中间部位沿轴向向中间延伸，提供了与使用者拇指相接触的较大表面，以便使用者施加转动力矩和径向力。

　　采用本发明的第二种实施方式，可以更可靠地防止儿童使用打火机来点火，进一步改善其安全性。

　　上面结合附图对本发明的实施方式作了详细说明，但是本发明并不限于上述实施方式，在所属技术领域普通技术人员所具备的知识范围内，还可以在不脱离本发明宗旨的前提下作出各种变化。

说 明 书 附 图

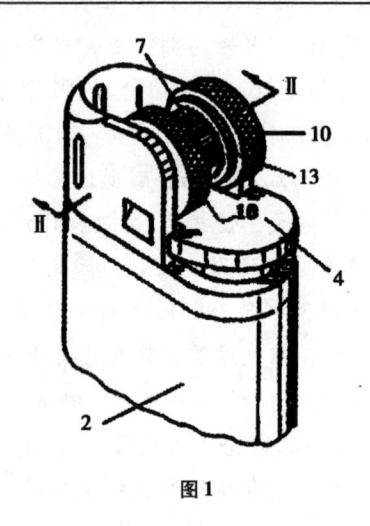

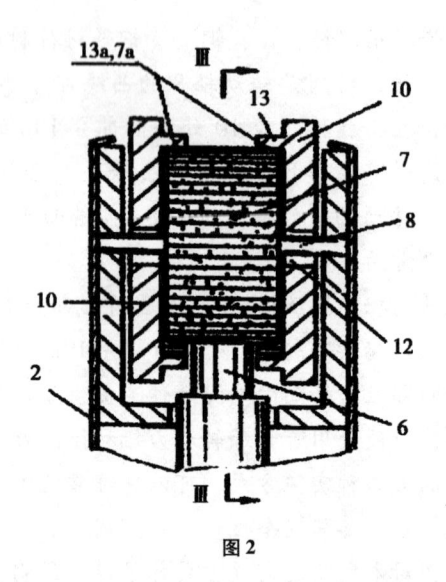

图1

图2

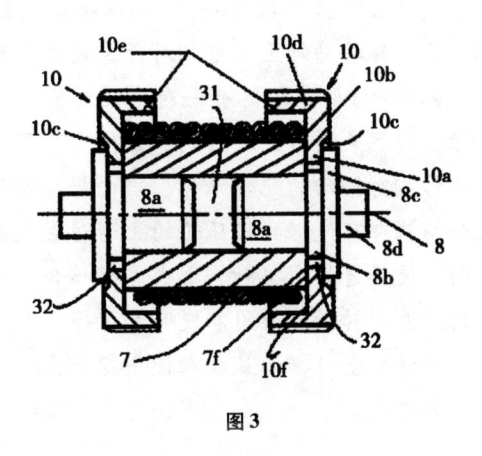

图 3

说 明 书 摘 要

本发明涉及一种摩擦轮打火机，包含有点火装置，该点火装置包括以紧配合方式安装在转动轴（8）上的摩擦轮（7），一对设置在摩擦轮两端、套装在转动轴上并可相对于摩擦轮转动的拇指按压轮（10），拇指按压轮与摩擦轮具有一对彼此对置且可通过相对移动形成紧密接触的间隔表面（13a，7a）；该点火装置还包括使拇指按压轮与摩擦轮作相对移动的配合结构，当向拇指按压轮施加足够径向力，该配合结构即可使拇指按压轮的上述对置表面移向摩擦轮的上述对置表面，使两者紧密接触，形成摩擦啮合，从而使拇指按压轮的转动带动摩擦轮转动。采用本发明的摩擦轮打火机，既可防止儿童用其点火确保安全性，而且成人使用操作更方便，不易损坏打火机。

摘 要 附 图

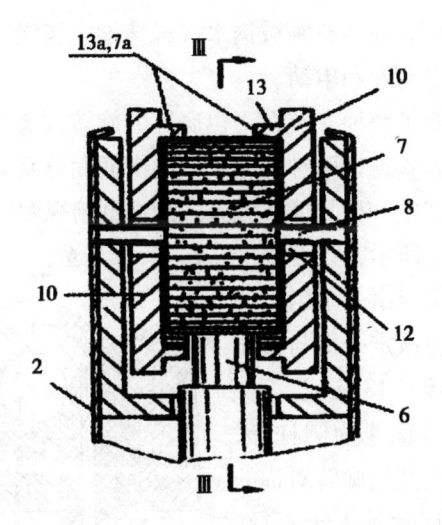

案例四 浇包底部的浇铸阀门[1]

一、申请案情况介绍

本发明是一件有关铸造领域钢水（或熔融金属浇铸熔液）浇包底部浇铸阀门的发明专利申请。

某研究院发明了一种安装在浇包底部的旋转式浇铸阀门，提供了两种最佳实施方式，该两种实施方式的横截面分别如图一和图三所示，而图二为其中一种具体实施方式的局剖俯视图。

如图一和图三所示，该置于浇包底部 1 的浇铸阀门由一个耐火的定子 3 和一个可在该定子中与其作相对转动的耐火转子 13 构成。

该定子的内表面 4 为圆柱形，也可以是圆台形或其他旋转对称的形状。定子的长度远远大于直径，如沿浇包的整个底部延伸。定子的外形基本上呈圆柱形，但也可以具有适于安装在浇包底部的其他形状。定子固定安装在浇包的底部，

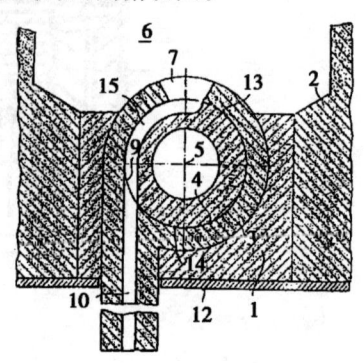

图一 钢水浇包底部的第一种旋转式浇铸阀门的横剖面图

其上开有通往浇包内腔 6 的金属熔液的流入口 7。在整个定子的长度上可以仅设置一个大的金属熔液流入口，但优选如图二所示沿定

---

[1] 此案例根据 1994 年全国专利代理人资格考试"专利申请文件撰写"科目机械专业试题改编而成。

子纵向设置多个并列的金属熔液流入口,其为多个并列的槽形透孔,两个槽形透孔之间为隔板 8,这样可以使钢水或金属熔液更均匀地从浇包流入到铸模中。定子还包括一个伸出浇包底部的延伸部分,其中开有金属熔液流出通道 10,定子内圆周面上有一个与延伸部分金属熔液流出通道相通的金属熔液流出口 9。该流出口与流入口一样也可以为多个沿定子纵向并列设置的流出口。

位于定子中的由耐火材料制成的转子可相对于定子旋转,其旋转轴与定子的圆柱形内表面的轴线相重合。转子外表面 14 具有与定子内表面相配的形状,其配合程度应达到液密封,使金属液不致从两表面之间泄漏出。

转子上至少有一个连接通道,它可以是如图一所示位于其外圆周上的镰刀形凹口 15,也可以是如图三所示位于其外圆周上的弓形凹口 15,还可以

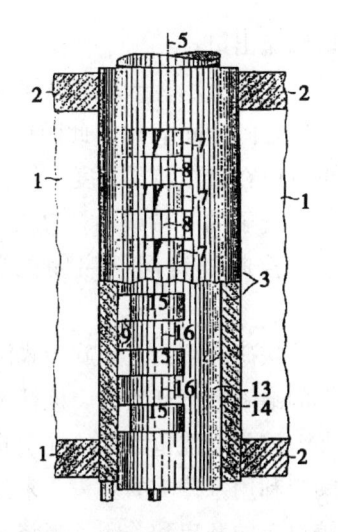

图二 钢水浇包底部的第一种旋转式浇铸阀门的局剖俯视图

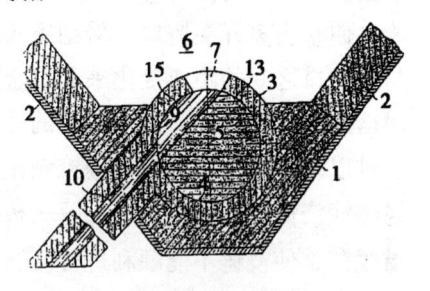

图三 钢水浇包底部的第二种旋转式浇铸阀门的横剖面图

是沿转子径向的贯穿透孔或者是不通过转子轴线的透孔。这些结构中,位于外圆周上的凹口与沿转子径向的贯穿透孔相比,由于通道与转子轴线相隔一定距离,因而转子具有更好的抗扭强度。当转子位于图一所示阀门开启位置,转子相对于定子所处相位使凹口或通道处于流入口和流出口之间,沟通流入口和流出口,当转子在定子中继续转动到达阀门关闭位置时的相位,凹口或通道不能沟通流入

237

口和流出口。

图二所示转子沿其纵向也设有多个并列的凹口或通道，在相邻凹口之间为间壁16，此间壁与定子流入口之间的隔板相对应，当然也可以在整个转子长度上仅设置一个大的凹口。

转子的一端或两端穿过浇包的底部和侧壁2伸出到浇包外部，一个控制浇铸阀门启闭的驱动装置可接在转子伸出侧壁的外端上。

该研究院的上述旋转式浇铸阀门是针对一种柱塞式浇铸阀门存在的缺陷进行开发的。该柱塞式浇铸阀门的结构如图四所示。

该位于浇包底部的柱塞式浇铸阀门利用塞棒1的塞头2来控制浇铸口3的开启和关闭。当浇包中装有金属熔液时，未浇铸时借助塞头堵住浇铸口，而浇铸时向上提起塞棒，使塞头离开浇铸口，借助塞头与浇铸口之间的距离变化来调节金属熔液的液流大小。由于塞头的移动难以掌握，因而不能精确控制金属熔液浇铸液流的大小，且塞头极易脱落，使浇铸不能顺利进行。

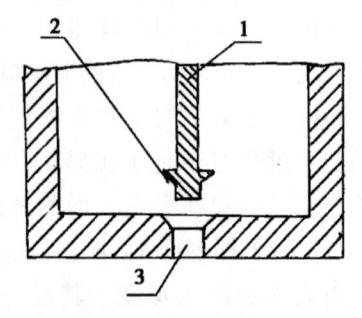

图四 现有技术中的柱塞式浇铸阀门的结构示意图

在开发出旋转式浇铸阀门申请专利之前，又进一步对浇包底部的浇铸阀门进行了检索，找到了近期新公布的一项中国发明专利申请公开文件CN1××××××A。在该对比文件中披露了一种如图五所示的浇铸阀门。

该浇铸阀门是一种安装在浇包底部浇铸口的阀门3，其由彼此同轴安装在一起的定子6与转子7组成，定子上设有金属熔液的流入口16、4和流出口11，转子上开有连接通道17、12，该连接通道通过定子和转子的轴线10。定子与转子彼此以圆柱形液密封面相配合，转子可绕其纵轴相对于定子转动。当转子转动到如图五所示阀门开启位置时，连接通道沟通了定子上的流入口和流出口，对金属熔液进行浇铸，而一旦阀门转动到关闭位置时，转子封住定子的流入口和/或流出口。

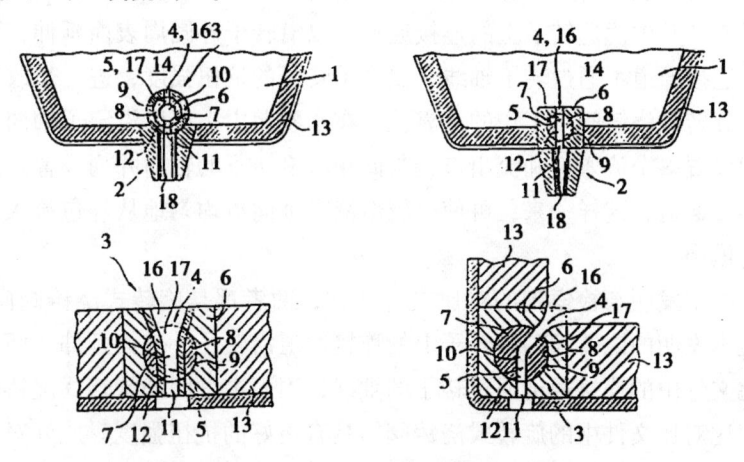

图五　检索到的对比文件中所披露的浇铸阀门的四种结构

在上述工作基础上，着手为本发明专利申请撰写权利要求书、说明书及其摘要。

二、权利要求书和说明书的撰写思路

对于前面所介绍的旋转式浇铸阀门专利申请案来说，仅涉及一项可授予专利权的技术主题"旋转式浇铸阀门"。对于这样一项发明创造，可以按照下述主要思路来撰写权利要求书和说明书。

1. 确定本申请案相对于现有技术所作出的主要改进

本申请与该研究院开发研究时所针对的柱塞式浇铸阀门相比，作了相当大的改进，将柱塞式浇铸阀门改为由定子或转子构成的旋转式浇铸阀门。旋转式浇铸阀门的定子上有钢水流入口和流出口，转子上有连接通道，阀门关闭时转子上的连接通道未接通定子上的流入口和流出口，浇铸时可旋转转子使得连接通道将定子上的流入口和流出口接通。采用这种结构可以比较方便地控制浇铸口的开启程度，从而能比较精确地控制流量，以适应浇铸的需要。而且该阀门结构合理，使用状态下仅受到较小的外力，不易损坏，因而工作可靠。其中优选转子上的连接通道可以沿转子外圆周表面延伸，这样连接通道不通过转子轴线，提高了转子的抗扭强度，进一步改善了旋转式浇铸阀门工作的可靠性。在本发明中，可以沿定子轴向并列设置多个流入口和流出口，与此相应沿转子的轴向并列设置多条连接通道，这样一来，可使金属熔液沿轴向更均匀地从浇包流入到铸模中。

　　本发明与检索到的对比文件相比，两者都是旋转式浇铸阀门，但本发明的浇铸阀门中转子上的连接通道沿转子外表面延伸，而对比文件中的连接通道通过转子的轴线，因而本发明的旋转式浇铸阀门比对比文件中的旋转式浇铸阀门具有更好的抗扭强度。此外对比文件中定子上的流入口、流出口只有一个，转子上的连接通道只有一条，而本发明中定子上具有多个流入口和流出口以及转子上具有多条相应连接通道。显然有利于使钢水更均匀地流入铸模。

2. 确定最接近的现有技术

　　显然，上述柱塞式浇铸阀门和检索到的旋转式浇铸阀门与本发明的旋转式浇铸阀门都属于铸造技术中浇包底部的浇铸阀门，也就是说，三者的技术领域是相同的。

　　而检索到的旋转式浇铸阀门与该研究院原先作为本发明基础的柱塞式阀门相比，由于其基本上已解决了精确控制金属熔液流量这一技术问题，即其所解决的技术问题、技术效果更接近本发明，此外，其披露了本发明技术特征中的定子、相对于定子转动的转子、定子上的流入口和流出口以及转子上的连接通道，即披露的本发明的技术特征更多，因而在这两项现有技术中，所检索到的旋转式浇铸阀门是本发明的最接近的现有技术。

3. 根据所选定的最接近的现有技术确定本发明专利申请所解决的技术问题

在前面已经指出,本发明专利申请相对于该研究院开发研究时所针对的柱塞式浇铸阀门主要作了三方面改进,从而解决了3个方面的技术问题:

①更精确地控制金属熔液的流量,且不易损坏、工作可靠。

②提高了转子抗扭强度,进一步改善阀门的工作可靠性。

③使金属熔液沿轴向更均匀地从浇包流入到铸模中。

由于所检索到的本发明最接近对比文件已经可以精确地控制钢水或金属液的流量,且不易损坏、工作可靠,因而已解决了上述第一个技术问题,这样就不宜将此再作为本发明要解决的技术问题。如果同时将后两个技术问题作为本发明要解决的技术问题,则会导致本发明专利申请保护范围过窄,因此应当从后两个技术问题中选择一个作为本发明要解决的技术问题。本发明与本部分案例一情况不一样,由于后两个技术问题之间不存在依从关系,而且解决这两个技术问题的技术措施之间也无依从关系,因而不像案例一那样,为得到更宽的保护范围只能以其中为主的技术措施所解决的技术问题作为本发明要解决的技术问题,而可以通过与申请人商讨确定哪一个技术措施在本发明中更关键或者更容易被第三者所采用,就将其作为要解决的技术问题。在本专利申请中,由于提高转子抗扭强度可以防止损坏转子,从而使阀门工作稳定可靠相对来说更为重要,因此可将提供一种转子不易损坏、从而工作更可靠的浇铸阀门作为本发明要解决的技术问题。❶

4. 完成独立权利要求的撰写

根据最接近的现有技术和本发明要解决的技术问题确定其必要

---

❶ 如果与申请人商讨后,认为两方面的改进都有可能被第三者单独采用,也可考虑撰写两项独立权利要求。至于在实践中或者在全国专利代理人资格考试应试时如何具体处理,可参阅本部分案例一第136页下方的脚注。

技术特征，完成独立权利要求的撰写。

通过对本发明逐个技术特征分析可知，为了提供一种具有高抗扭强度、工作性能更稳定的旋转式浇铸阀门，其必要技术特征为：耐火的定子，可在该定子中与其作相对旋转的耐火转子，定子和转子两者的表面液密封配合，定子上具有至少一个流入口和至少一个流出口，转子上具有当其转动时可选择地使定子上的流入口与流出口连通或断开的连接通道，该连接通道偏离转子的轴线。

在确定上述必要技术特征中有三点需要特别加以说明。

其一是与转子的连接通道有关的技术特征。该研究院给出的两种具体实施方式中分别为沿转子周边方向延伸的镰刀形连接通道和沿转子周边方向延伸的弓形连接通道，因而很可能将其确定为沿转子周边方向延伸的连接通道，但这样就有可能将此保护范围确定得过窄。应当与申请人商讨是否还存在其他可能提高转子抗扭强度的连接通道，以确定有无更上位的连接通道。正如前面介绍本发明申请案时所提到的那样，该转子还可以具有不通过转子轴线的通道，因而最后将此必要技术特征确定为：该连接通道偏离转子轴线。

其二是有关定子上的流入口和流出口数量的技术特征。由于在本申请的简介中指出定子上的流入口和流出口可以为一个，也可以沿轴向并列设置多个，因而将该必要技术特征确定为：该定子具有至少一个流入口和至少一个流出口。

其三是定子内表面和转子外表面的形状。虽然在该研究院给出的两个具体实施方式中，它们的形状均为圆柱形，但正如介绍本申请时所指出的，其还可以为其他旋转体表面的形状，例如圆台形，因而在确定此必要技术特征时采用了一种功能限定方式，可以与该定子作相对转动的转子。

在此基础上，进一步分析这些必要技术特征中哪些在检索到的最接近的现有技术中已披露，将其写入前序部分，其余的写入特征部分。由于定子、转子两者液密封配合、定子上有流入口和流出口、转子上有连接通道这些技术特征是本发明与最接近对比文件的共有技术特征，将它们写入前序部分，而最后一个技术特征（即连接通道偏离转子轴线）作为区别技术特征写入特征部分。这样，独立权利要求应当写成：

"1. 一种浇包底部的旋转式浇铸阀门，包括一个耐火的定子（3）和一个可在该定子（3）中与之相对转动的耐火转子（13），该定子（3）内表面（4）和该转子（13）的外表面（14）液密封配合，该定子（3）具有至少一个金属熔液流入口（7）和至少一个金属熔液流出口（9），该转子（13）具有当其转动时可选择地使该定子（3）上的流入口（7）和流出口（9）相连通或断开的连接通道，其特征在于：所述连接通道偏离该转子（13）的轴线。"

这样撰写的独立权利要求相对于目前所获知的现有技术（即图四、图五所示两项现有技术）具备新颖性和创造性。

图四所示现有技术所披露的是一种柱塞式浇铸阀门，既未披露其主要由定子、转子组成，又未披露定子和转子两者之间关系以及定子、转子自身的结构，两者完全不同，因而图四所示现有技术不能破坏权利要求1的新颖性。

图五所示检索到的对比文件中所披露的现有技术为一种相近的旋转式浇铸阀门，但其仅披露了组成该浇铸阀门的定子和转子、两者液密封配合、定子上有流入口和流出口、转子上的连接通道，而未披露连接通道偏离转子轴线，即独立权利要求记载的技术方案未被该现有技术披露，其相对于该现有技术来说可以提高转子抗扭强度，从而进一步改善浇铸阀门的工作稳定性。由此可知该独立权利要求相对于该对比文件具备《专利法》第二十二条第二款规定的新颖性。

该独立权利要求的最接近的现有技术为检索到的对比文件中所披露的旋转式浇铸阀门。该独立权利要求与该对比文件所披露的旋转式浇铸阀门相比的区别技术特征为：连接通道偏离转子轴线。该区别技术特征在图四中的现有技术中也未披露，也不属于本领域技术人员的普通知识，因而在图四的现有技术和本领域的公知常识中没有给出将上述区别技术特征用于本发明最接近的现有技术（即检索到的旋转式浇铸阀门）中以提高转子抗扭强度和进一步改善浇铸阀门工作可靠性的技术启示，由此可知，由检索到的旋转式浇铸阀门、该研究院研发时所针对的现有技术柱塞式浇铸阀门和本领域的公知常识得到独立权利要求的技术方案是非显而易见的，即该独立权利要求相对于这两项现有技术和本领域的公知常识具有突出的实质性特点。采用这种结构后，就可以提高转子抗扭强度，进一步改善浇铸阀门的工作可靠性，即相对上述两项现有技术具有显著的进步。这说明独立权利要求相对于上述两项现有技术和本领域公知常识具备《专利法》第二十二条第三款规定的创造性。

5. 完成从属权利要求的撰写

对本发明的其他技术特征进行分析，着手撰写从属权利要求。

撰写独立权利要求之后，应当对本发明的其他技术特征进行分析，将那些有可能对本申请的创造性起作用的附加技术特征作为对本发明进一步限定的附加技术特征，写成相应的从属权利要求。

显然，对于连接通道而言，沿转子外圆周表面伸展的凹口与未通过转子轴线的透孔相比，既便于加工，又进一步提高了抗扭强度，因而可将其作为附加技术特征，写成独立权利要求的一项从属权利要求。对于研究院给出的两种具体实施方式，即该凹口在垂直于转子轴线的横剖面呈镰刀形以及呈弓形可以作为进一步限定的附加技术特征再分别写成一项从属权利要求。

此外，正如前面所指出的，定子上具有多个流入口和多个流出口以及转子上相应有多条连接通道可以使金属熔液沿轴向更均匀地流入铸模，因而也可以此作为附加技术特征，写成一项从属权利要求。

根据上述考虑，共撰写了4项从属权利要求，即权利要求2至权利要求5，具体内容见后面给出的权利要求书。在撰写这些从属权利要求时，需要注意其引用关系。一方面，要使其所限定成的从属权利要求清楚地表述其保护范围,即其进一步要作限定的技术特征应当是其所引用权利要求中包含的技术特征,而且表述两项并列技术方案的从属权利要求之间不能相互引用;另一方面要满足《专利法实施细则》第二十二条第二款对从属权利要求引用关系的形式要求,即多项从属权利要求,只能以择一方式引用在前的权利要求,且不能直接或间接引用另一项多项从属权利要求。例如,权利要求3和权利要求4是对转子上沿圆周方向伸展的凹口从形状上作进一步限定的两项并列技术方案,因而它们之间不能相互引用;又由于凹口这个技术特征仅出现在权利要求2的技术方案中,而未包含在权利要求1中,因而权利要求3和权利要求4只能引用权利要求2,不能引用权利要求1。权利要求5是多项从属权利要求,在其限定部分的附加技术特征中也进一步对凹口作了限定,因而其同样不能引用权利要求1,此外,由于权利要求2的技术方案中包含了凹口这个技术特征,引用权利要求2的权利要求3或权利要求4显然也就包含了凹口这个技术特征,加上权利要求2、3和4均不是多项从属权利要求,因而多项从属权利要求5可以引用权利要求2、3和4,并采用"按照权利要求2至4中任一项"这种择一引用的方式。

6. 完成权利要求书后着手撰写说明书

同样,本发明只有一项独立权利要求,因而可以将独立权利要求技术方案的主题名称作"为发明名称",即"浇包底部的浇铸阀门"。

对于技术领域部分,由于本发明只涉及产品浇铸阀门,因而技术领域只涉及此阀门,可参照独立权利要求的前序部分加以说明。

背景技术部分可以先对柱塞式阀门作十分简单的说明,然后重点对检索到的对比文件旋转式浇铸阀门作出说明,写明这些对比文件的出处(其中对于专利文件至少写明专利国别和公开号)、该旋转式浇铸阀门的主要结构以及其客观存在的问题。当然,由于柱塞式阀门与本发明相差较大，因而在这部分也可以仅介绍所检索到的对比文件。

在发明内容部分，首先按照前面的分析，明确写明本发明相对于检索到的对比文件所解决的技术问题：提高转子抗扭强度，增加工作可靠性。

此后，另起段写明独立权利要求的技术方案，在此基础上通过对特征部分的区别技术特征"连接通道偏离转子轴线"的分析，说明该技术特征为本发明带来的有益效果。

接着另起段对重要的从属权利要求的附加技术特征（如连接通道为沿圆周方向伸展的凹口，多个流入口、流出口和多条连接通道）加以说明，并说明这些附加技术特征带来的有益效果。

当然也可以在写明本发明要解决的技术问题后另起段写明独立权利要求的技术方案，然后再另起段写明重要的从属权利要求的技术方案，最后再分析独立权利要求和从属权利要求技术方案的有益效果。

在本说明书中将上述图一至图三作为本发明说明书的附图1至附图3，因而在附图说明部分集中给出这三幅附图的图名。

在具体实施方式部分，结合上述3幅附图对本发明的两种具体实施方式作进一步说明。由于这两种具体实施方式大部分结构相同，因而可以重点介绍其中一种实施方式，对另一种实施方式只需说明其不同之处。这可以采用两种不同的描述方式：其一是先描述其中一种，在描述完后再简要介绍另一种实施方式不同之处；其二是将两种实施方式结合在一起描述，只是在描述到两者不同的结构时指出其区别，即分别写明各自的结构。

正如在前面介绍本申请案情况时所指出的，本发明不局限于这两个具体实施方式的结构，因此在说明书的最后一段应当对可以替换的方式作概括式说明，以便使说明书更好地支持独立权利要求的保护范围。

按照修改后的《专利法实施细则》第十七条第二款的规定，在上述5个部分（技术领域、背景技术、发明内容、附图说明、具体实施方式）之前给出这5个部分的标题。

至于说明书摘要，应当重点写明发明名称"浇包底部的浇铸阀门"和独立权利要求技术方案的要点"旋转式阀门"和"转子的连接通道偏离转子轴线"。由于独立权利要求比较简单，因而也可以写入整个独立权利要求的技术方案。此外，摘要中还应反映其要解决的技术问题和主要用途。然后从图一至图三（即说明书中的图1至图3）这3幅附图中选出一幅最能反映本发明内容的附图作为摘要附图。

三、推荐的专利申请文件

现根据前面所述的本发明申请案的情况介绍和检索到的对比文件给出推荐的发明专利申请撰写文本。

权 利 要 求 书

1. 一种浇包底部的旋转式浇铸阀门，包括一个耐火的定子(3)和一个可在该定子(3)中与之相对转动的耐火转子(13)，该定子(3)的内表面(4)与该转子(13)的外表面(14)液密封配合，该定子(3)具有至少一个金属熔液流入口(7)和至少一个金属熔液流出口(9)，该转子(13)具有当其转动时可选择地使该定子(3)上的流入口(7)和流出口(9)相连通或断开的连接通道，其特征在于：所述连接通道偏离所述转子(13)的轴线。

2. 按照权利要求1所述的浇铸阀门，其特征在于：所述连接通道是在所述转子(13)上沿其外圆周表面伸展的凹口(15)。

3. 按照权利要求2所述的浇铸阀门，其特征在于：所述凹口(15)在垂直于所述转子(13)轴线的横剖面上呈镰刀形。

4. 按照权利要求2所述的浇铸阀门，其特征在于：所述凹口(15)在垂直于所述转子(13)轴线的横剖面上呈弓形。

5. 按照权利要求2至4中任一项所述的浇铸阀门，其特征在于：所述定子(3)的金属熔液流入口(7)和流出口(9)为多个，其沿该定子(3)纵向并列设置，所述转子(13)的凹口(15)数量与该定子(3)上的流入口(7)和流出口(9)数量相当，且在该转子(3)纵向上与该定子(3)上的流入口(7)和流出口(9)对应并列设置。

说 明 书

浇包底部的浇铸阀门

技术领域

本发明涉及一种位于浇包底部的浇铸阀门，包括一个耐火的定子和一个可在该定子中与之相对转动的耐火转子，定子内表面和转子外表面液密封配合，该定子具有流入口和流出口，转子具有当其转动时可选择地使定子流入口和流出口相连通或断开的连接通道。

背景技术

早期浇包底部的浇铸口多数采用柱塞式阀门，在《铸造》杂志1983年第×期"××××××"一文中就介绍了这种阀门，利用柱塞塞头来控制浇铸口的开启和关闭。由于塞头移动难以掌握，因而不能精确控制金属熔液液流的大小，且塞头极易脱落，使浇铸不能顺利进行。

近年来，出现了一种旋转式浇铸阀门，例如中国发明专利申请公开说明书CN1××××××A就公开了这样一种旋转式浇铸阀门。这种浇铸阀门由耐火定子和位于定子中与其相对转动的耐火转子构成，定子上有流入口和流出口，转子上具有通过转子轴线的连接通道，转子在定子内旋转到部分相位时使定子上的流入口和流出口相连通，而在其他相位未接通定子的流入口和流出口。由于转子上的连接通道通过转子轴线，因而削弱了转子的抗扭强度，转动转子时容易损坏转子，进而造成不能顺利浇铸。

发明内容

本发明要解决的技术问题是提供一种转子不易损坏、从而工作更可靠的旋转式浇铸阀门。

为了解决上述技术问题，本发明采用了这样一种位于浇包底部的旋转式浇铸阀门，其包括一个耐火的定子和一个可在该定子中与之相对转动的耐火转子，定子的内表面与转子的外表面液密封配合，该定子具有至少一个金属熔液流入口和至少一个金属熔液流出口，该转子具有当其转动时可选择地使定子上的流入口和流出口相连通或断开的连接通道，该连接通道偏离转子的轴线。

采用偏离转子轴线的连接通道，加强了转子的抗扭强度，从而在开启或关闭阀门时不会由于对转子施加扭矩过大而损坏转子，进一步改善了旋转式浇铸阀门的工作可靠性。

作为本发明的进一步改进，转子上的连接通道是在转子上沿其外圆周表面延伸的凹口，其中优选该凹口在垂直于转子轴线的横剖面上呈镰刀形或呈弓形。采用沿转子外圆周表面延伸的凹口，可以使转子的加工更容易，节省了制造成本。

作为本发明的另一种改进，定子上的金属熔液流入口和流出口为多个，其沿定子纵向并列设置，转子上的凹口数量与定子上流入口和流出口数量相当，沿转子纵向与定子上流入口和流出口位置相对应地并列设置。通过在定子上设置多个流入口和流出口以及在转子上对应设置多个凹口，可以使金属熔液沿轴向更均匀地流入铸模。

附图说明

下面结合附图和本发明的实施方式作进一步详细说明：

图1为本发明旋转式浇铸阀门第一种实施方式的横剖面图。

图2为图1所示旋转式浇铸阀门沿纵向的局剖俯视图。

图3为本发明旋转式浇铸阀门另一种实施方式的横剖面图。

具体实施方式

从图1至图3所示的本发明实施方式可知，由底部1和侧壁2构成的浇包的底部1上安装了一个由耐火材料制成的阀门定子3，它有一个圆柱形内表面4。定子3的长度远远大于其直径，沿浇包的整个底部伸展。定子3的外形基本上呈圆柱形。当然定子3也可以具有适于安装在浇包底部1的其他形状。定子3固定安装在浇包底部1上，其上开有通向浇包内腔6的金属熔液流入口7。在图2所示浇包底部1的浇铸阀门沿纵向的局剖俯视图中，沿定子3纵向设置了多个并列的金属熔液流入口7，其为多个并列的槽形透孔，相邻两个槽形透孔之间为隔板8。当然也可以在整个定子3的长度上仅设置一个大的金属熔液流入口7。定子3上还包括一个伸出浇包底部1的延伸部分，该延伸部分中开有金属熔液流出通道10，定子3上的内圆周面上有金属熔液流出口9，其与延伸部分的金属熔液流出通道10相通。显然，该金属熔液流出口9和金属熔液流出通道10的数量及其沿轴向的位置应当与金属熔液流入口7相对应。

在定子3中装有一个由耐火材料制成的转子13，它可相对于定子3旋转，其旋转轴与定子3的圆柱形内表面4的轴线重合。转子13有一个圆柱形外表面14，该外表面14与上述定子3的圆柱形内表面4相配，其配合程度应当达到液密封，使金属熔液不致从两表面之间漏出。

转子13上在其外圆周上具有作为连接通道的沿转子13外圆周方向伸展的凹口15，其数量通常与定子3上的流入口和流出口的数量相同。在图1所示的阀门开启位置，转子13相对于定子3所处的相位使凹口15处于流入口7和流出口9之间，沟通流入口7和流出口9，而阀门中的转子13继续转动，到达阀门关闭时的相位，则凹口15不能沟通金属熔液的流入口7和流出口9。

在图2中，转子13沿其纵向设有多个并列的凹口15，在相邻凹口15之间为间壁16，此间壁16与定子3流入口7之间的隔板8相对应。当然，也可以在整个转子长度上仅设置一个大的凹口15。

在图1所示本发明浇铸阀门的第一种实施方式的横剖面图中，凹口15呈镰刀形。阀门处于开启状态，该镰刀形凹口15将流入口7和流出口9接通。而在图3所示的本发明另一种实施方式中，该

251

凹口 15 在垂直于其轴线的横剖面上呈弓形。当然，还可以采用其他合适的偏离转子轴线的连接通道，例如不通过转子轴线的透孔。在图 1 和图 3 所示的实施方式中，作为连接通道的凹口 15 位于转子 13 的外表面，因而便于加工。

　　转子的一端或两端穿过浇包的底部 1 和侧壁 2 伸出到浇包外部，一个控制浇铸阀门启闭的驱动装置接在转子 13 伸出的外端上。

　　本发明浇铸阀门按下述方式进行工作：转子 13 处于图 1 或图 3 所示的阀门开启位置时，金属熔液从浇包内腔 6 经流入口 7、构成连接通道的凹口 15 和流出口 9 流至流出通道 10，再从其中流出，流向铸模，完成金属熔液的浇铸。在此开启状态，流动的金属熔液在转子 13 上作用一个压力，使转子 13 的圆柱形外表面 14 压紧在定子 3 的圆柱形内表面 4 上，提高了密封性，从而金属熔液只能经流入口 7、凹口 15、流出口 9 和流出通道 10 流出。若要关闭阀门，只需转动转子，直到流入口 7 或者流出口 9 被转子 13 的圆柱形外表面封闭即可。

　　对于本发明来说，必须采用耐火材料来制造阀门，以确保其有足够的寿命，否则难以很好地用于工业生产。研究证明，选用陶瓷材料来制造阀门是十分合适的。

　　本发明不局限于图 1 至图 3 所示实施方式的结构。本发明的浇铸阀门还可以具有其他结构变形，例如，转子上的连接通道还可以是不通过转子的透孔，定子的内表面和转子的外表面，也可以是其他的旋转体表面形状，如锥台形。只要采用了旋转式浇铸阀门，且转子上的连接通道偏离转子的轴线均落在本发明的保护范围。

说 明 书 附 图

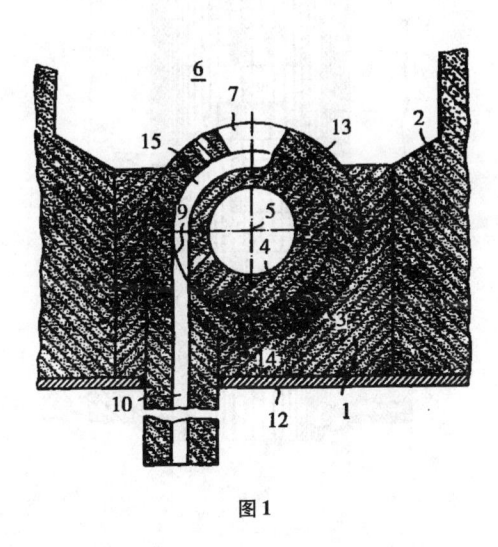

图1

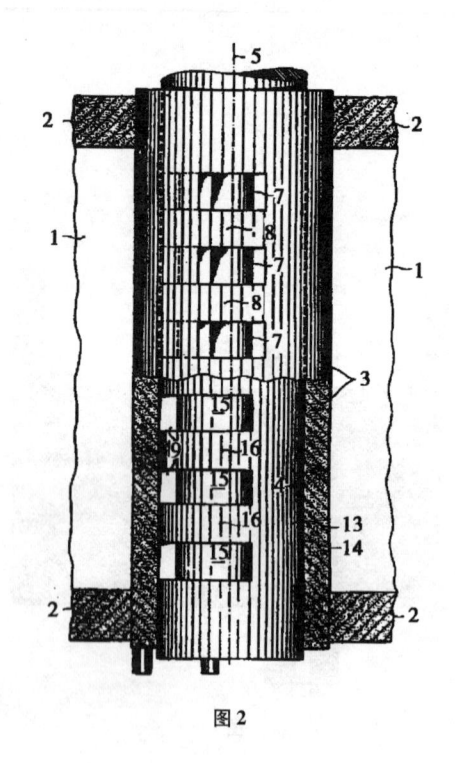

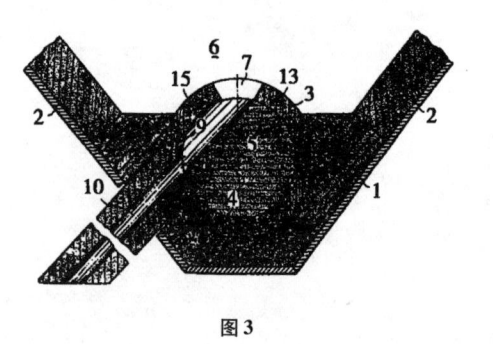

图 2

图 3

说 明 书 摘 要

本发明公开了一种浇包底部的浇铸阀门，它包括一个耐火的定子（3）和一个位于其中并与之相对转动的耐火转子（13），定子的内表面（4）与转子的外表面（14）液密封配合，定子具有至少一个金属熔液的流入口（7）和至少一个金属熔液的流出口（9），转子具有当其转动时可选择地使定子上的流入口和流出口相连通或断开的连接通道（15），该连接通道偏离转子的轴线。采用这种结构的阀门，提高了转子抗扭强度、增加了工作可靠性。优选该偏离转子轴线的通道为沿转子外圆周上伸展的凹口，如其在垂直于转子轴线的横剖面上呈镰刀形或弓形，这样的转子更便于加工。采用具有多个流入口、流出口的定子和具有多个凹口的转子可以使金属熔液沿轴向更均匀地流入铸模。

摘 要 附 图

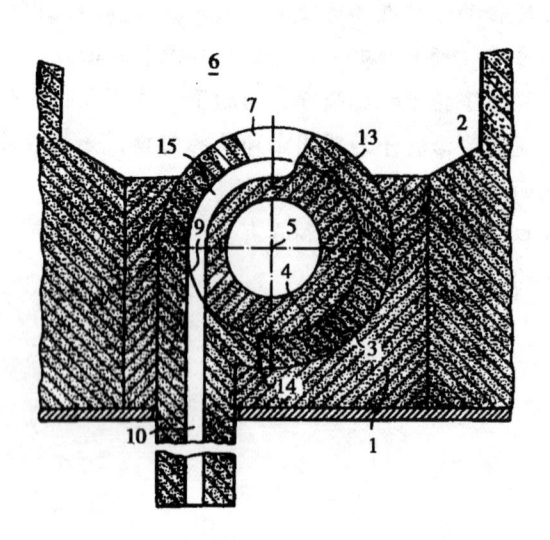

案例五　内燃机汽缸活塞上的密封气环[❶]

一、申请案情况介绍

本案例是一件有关内燃机汽缸活塞上的密封气环的实用新型专利申请案。

某内燃机厂针对现有技术中的内燃机汽缸活塞上的单密封气环开发了 3 种由上、下两层密封环组成的密封气环。

该厂早期生产的具有单密封气环的内燃机汽缸活塞如图一所示。内燃机汽缸 7 中装有一个在汽缸中作往复运动的活塞 1，该活塞 1 具有两道装于油环槽中的油环 2 及三道装于气环槽中的密环气环 6。汽缸活塞上的密封气环随活塞一起在汽缸中运动，这种结构存在两个主要缺陷：其一是密封气环因安装需要必须有一个开口，从而在开口处无法保持良好密封；其二是密封气环与缸套之间的润滑不完善，因而易磨损。

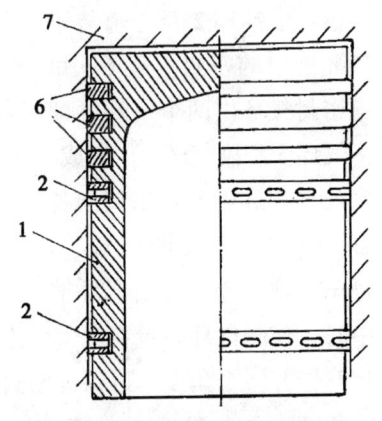

图一　现有技术中的具有单密封气环的
内燃机汽缸活塞的结构示意图

该厂新开发的内燃机汽缸活塞的密封气环为图二至图五所示的

[❶] 此案例根据 1998 年全国专利代理人资格考试"专利申请文件撰写"科目机械专业试题改编而成。

双环式密封气环，图二中示出的是该厂的第一种密封气环，图四所示的是其第二种密封气环，图五示出的是其第三种密封气环。图三是表示这三种密封气环安装在气环槽中时双环开口方位配置的示意图。

图二中示出的是汽缸活塞上安装了本实用新型第一种密封气环的内燃机汽缸的结构简图。内燃机汽缸中安装一个在该汽缸中作往复运动的、由铝合金制成的活塞1，该活塞具有两道装于油环槽中的油环2及三道装于气环槽中的密封气环6。每道密封气环由两个气环（即主气环5和副气环4）组成。该主气环和副气环沿周向各有一开口（参见图三），当将主、副气环置入一气环槽

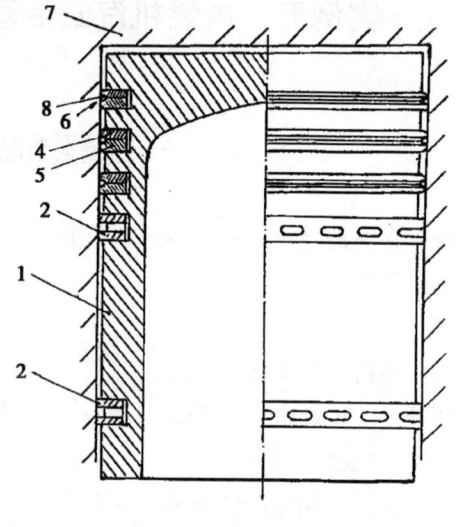

图二 安装了本实用新型第一种密封气环的内燃机汽缸

中时，使副气环叠置在主气环之上，且该两气环的开口沿周向必须相互错开一个角度，以保证密封气环保持良好的密封性能。该错开的角度为30°~330°时性能较好，而错开180°时（见图三）达到的性能最好。为了使两气环在运行时保持其开口相互错开的角度，可以在该主、副气环上设置一对相互配合并使两气环沿周向定位的定位销和定位孔，这样防止两气环在运行时沿周向相对移动到两开口彼此重合而降低其密封性能。该主、副气环叠置时在它们的接触面与外圆周面汇交处设有一储油凹槽8，从而使密封气环有较好的润滑，减少磨损，确保良好的密封性能。在图二所示的第一种密封气环中，主、副气环的内、外径尺寸相等，横截面为圆环形，纵截面为缺角长方形，该缺角位于两气环接触面与外圆周面相交处，从而在该密封气环的外圆周面上形成前面所述的沿着整个圆周方向延伸

258

的储油凹槽，其中储存由该密封气环刮下的润滑油。这些润滑油随活塞的往复运动而润滑汽缸壁与该密封气环的摩擦面，从而起到自动润滑的作用。为了使润滑油均匀分布于缸套上，储油凹槽的纵截面形状可以为半圆形、V形或U形。

图四所示的本实用新型第二种密封气环与第一种密封气环的主要不同在于主、副气环的纵截面形状。

图二中主、副气环的纵截面是缺角长方形，而图四中所示的是近似缺角的直角梯形。更确切地说，图二中主、副气环之间的接触面为光滑平面接触配合，而图四中的主、副气环之间的接触面为光滑截头锥面接触配合。采用这种锥面接触配合，可使主、副气环互相压靠并压向活塞上的气环槽，这样由于主、副气环本身对缸套接触面的压强不等而造成主、副气环在运行一段时间后形成磨损差时，该主、副气环之间会沿其锥形接触面产生径向和轴向的微小移动，从而自动调节密封气环与汽缸槽、缸套之间的径向间隙和轴向间隙，这样可以保证在使用期间始终有良好的密封效果。

图五为本实用新型的第三种密封气环，其针对第二种密封气环作出了改进。在第二种密封气环中，正如前面所指出的那样，光滑截头锥面在该密封气环运行一段时间后会使主、副气环互相压靠并

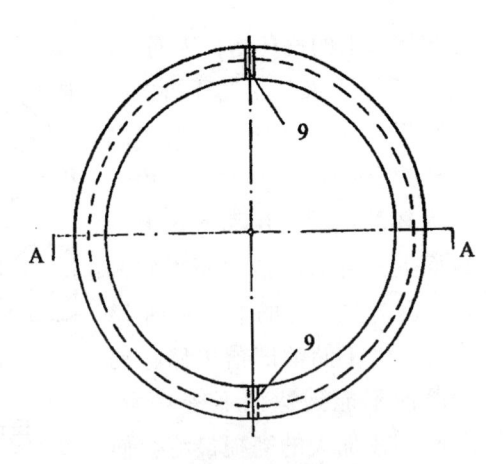

图三　本实用新型密封气环安装在活塞上气环槽中时双环开口方位配置示意图

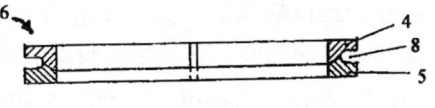

图四　本实用新型第二种密封气环的剖视图

压向活塞上的气环槽，因而主、副气环与活塞上的气环槽之间的磨损加大。这种磨损对于副气环的上密封面 10 来说，由于副气环的刮油作用而使该上密封面上积存有润滑油而得到改善；但对主气环的下密封面 13 来说，由于储油凹槽中储存的润滑油不能到达该下密封面，因而上述加大的磨损最终会使主气环的密封性能和寿命达不到理想效果。为此，图五中的第三种密封气环就采取了解决此问题的手段：在储油凹槽与主气环下密封面之间设有至少一条让润滑油流过的连接通道 11，为使润滑油均匀分布于主气环下密封面和气环槽的接触面之间，在该下密封面上可设置一条与连接通道相连通的环形凹槽 12，这样可将储油凹槽中的润滑油引入到主气环下密封面和气环槽的接触面之间，进一步改善了它们之间的润滑效果，减少了磨损。

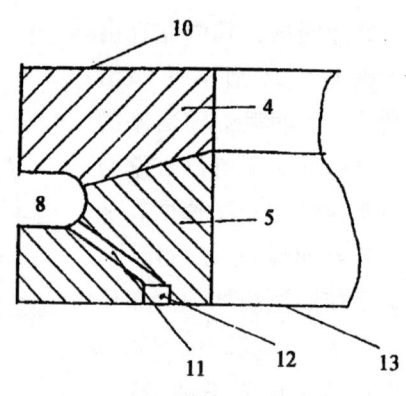

图五 本实用新型第三种密封气环的局部剖视图

在为上述实用新型专利申请撰写权利要求书、说明书之前，应当进行一次检索。在此检索期间找到一篇美国专利说明书 US ×××××××A，其公开了一种如图六所示的内燃机汽缸活塞上的密封气环，该密封气环由上、下叠置的主气环 5 和副气环 4 构成，两气环的内、外径尺寸相等，横截面为带开口的圆环形，纵截面为矩形。两气环各带一开口，当将它们置于气环槽中时，两者的开口沿周向相互错开 180°，从而保证了密封气环有良好的密封性。

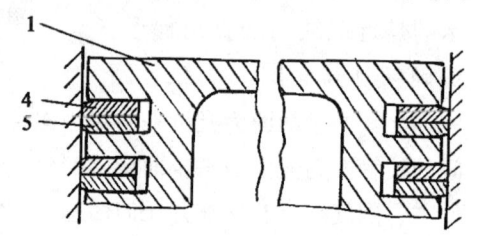

图六 检索到的美国专利说明书中的安装在内燃机汽缸活塞上的密封气环

在上述工作基础上,着手为本实用新型专利申请撰写权利要求书、说明书及其摘要。其中撰写的独立权利要求应当相对于图一和图六所示的两项现有技术具备新颖性和创造性。

二、权利要求书和说明书的撰写思路

对于前面所介绍的三种内燃机活塞上的密封气环,可以按照下述主要思路来撰写权利要求书和说明书。

1. 确定本申请案相对于两项现有技术所作出的主要改进

图二至图五所示的3种密封气环与该厂介绍的早期生产的单密封气环相比共作了四方面的改进。

①将单密封气环改为由主、副两个气环构成的密封气环,主、副气环的开口彼此沿周向错开一个角度。

②在密封气环的外圆周面上设置有储油结构,该储油结构优选为在两气环接触面与外圆周面相交处沿周向尤其是沿整个周向延伸的储油凹槽。

③主、副气环的接触面可以是光滑平面,优选为光滑截头锥面。

④在主气环上设置了沟通其下密封面和储油凹槽的连接通道,尤其是在此下密封面上设置有与连接通道相连通的环形凹槽。

由于采用主、副双气环,且其开口沿周向彼此错开一个角度,从而克服了单气环开口处造成密封泄漏的缺陷,可以取得更良好的密封效果。

通过在密封气环的外圆周面设置储油结构,可在其中储存由该密封气环刮下的润滑油,从而对汽缸壁和密封气环之间的摩擦面起自动润滑作用,减少了磨损,其中采用设置在两气环接触面与外圆周面相交处沿周向尤其是沿整个周向延伸的储油凹槽,可使加工方便,并使润滑油均匀分布在整个缸套上,取得更好效果。

通过将主、副气环的接触面设计成光滑截头锥面,则在运行过程中可沿着接触面作微小的径向移动和轴向移动,对主、副气环运行一段时间后形成的磨损差进行自动调节,从而保证在运行期间始终保持良好的密封效果。

当在主气环上设置了连接通道时,可使润滑油从储油凹槽流到主气环的下密封面,改善了下密封面的润滑效果,减少了磨损,延长了主气环的寿命,尤其在下密封面上再设置环形通道,可使润滑油更均匀地到达整个下密封面,从而取得更好的效果。

对于图六所示的检索到的密封气环来说,由于其已公开了一种由主、副气环构成的密封气环,且该两气环开口彼此错开180°,因而本申请的3种密封气环相对于该现有技术来说仅作了上述第②、第③、第④这3种结构改进,并取得相应效果。

2. 从两项相关的现有技术中确定最接近的现有技术

《专利审查指南》第二部分第四章第3.2.1.1节中给出了确定最接近的现有技术的原则:首先选出那些与要求保护的实用新型技术领域相同的现有技术,其次从技术领域相同的现有技术中选出所要解决的技术问题、技术效果或者用途最接近和/或公开了本实用新型技术特征最多的那一项现有技术作为最接近的现有技术。

图一和图六所示的两项现有技术的技术领域都是内燃机汽缸活塞上的密封气环,与本领域技术相同。

显然图六与图一相比,其不仅披露了本实用新型更多的技术特征(主副气环及彼此开口沿周向错开一个角度),且已能克服单气环开口的密封泄漏问题,即其所解决的技术问题和技术效果均更接近本实用新型。由此可知,图六所示的美国专利说明书 US×××××××A 所公开的内燃机汽缸活塞上的密封气环是本实用新型最接近的现有技术。

3. 根据最接近的现有技术确定本实用新型要解决的技术问题

根据该厂介绍的3种密封气环与其早期产品相比可解决4个方

面的技术问题：

①排除密封气环开口处的泄漏。

②形成自动润滑以减少汽缸壁与密封气环之间的磨损。

③自动调节轴向间隙和径向间隙，从而保证运行期间始终保持良好的密封性能。

④改善主气环下密封面的磨损以提高主气环的寿命。

由于检索到了图六所示的密封气环，可知其已经解决了上述第一个技术问题，因而应当从后3个技术问题中确定一个。现分析一下该厂的3种密封气环，由于第一种密封气环仅能解决第②个技术问题，而第二种密封气环可解决第②个和第③个技术问题，第三种密封气环同时解决后3个技术问题，因此应当将上述第②个技术问题作为本实用新型要解决的技术问题。即本实用新型要解决的技术问题是提供一种既具有良好密封性能、又能通过自动润滑而减小磨损的密封气环。

4. 完成独立权利要求的撰写

根据该最接近的现有技术和本实用新型要解决的技术问题确定其必要技术特征，以完成独立权利要求的撰写。

前面已指出本实用新型相对于图六所示检索到的最接近的现有技术来说，其要解决的技术问题是提供一种既具有良好密封性能、又能通过自动润滑而减小磨损的密封气环。

通过对本实用新型的3种密封气环结构的分析可知，上述技术问题主要是通过在主、副气环之间接触面与其外圆周面相交处设置沿周向延伸的储油凹槽来解决。但从实现自动润滑角度考虑，该储油凹槽只要设置在密封气环的外圆周面上即可，不局限设置在主、副气环的接触面与外圆周面相交处，也就是说还可设置在主气环的外圆周面或副气环的外圆周面上。然后，可将储油凹槽位于主、副气环的接触面与外圆周面相交处作为其优选方案。这样，解决上述技术问题的必要技术特征为：密封气环包括主、副气环；两气环各自沿周向带有一开口，两开口沿周向错开一个角度；在该密封气环的外圆周面上有储油结构。在上述必要技术特征中前几个是本实用新型与最接近的现有技术的共有技术特征，应写入独立权利要求的前序部分。而最后一个是区别技术特征，将其写入独立权利要求的特征部分。此外，考虑到该密封气环是内燃机活塞上的专用气环，因此该独立权利要求技术方案的主题名称中应反映该特定用途。这样一来，该独立权利要求为：

"1. 一种安装在内燃机活塞上气环槽中的密封气环，其包括一个主气环（5）和一个副气环（4），这两个气环（4，5）沿周向各有一个开口（9），该副气环（4）以叠置在该主气环（5）上的方式置入活塞（1）上的气环槽中时，两气环（4，5）的开口（9）沿周向相互错开一个角度，其特征在于：在所述密封气环（6）的外圆周面上设置有储油结构。"

这样撰写成的独立权利要求相对于目前所获知的现有技术（即图一、图六两项现有技术）来说，具备新颖性和创造性。

该厂所提供的如图一所示的现有技术为单密封气环，未披露由主、副气环构成，也未披露在密封气环的外圆周面上的储油结构。也就是说，该独立权利要求的技术方案未被该现有技术披露，相对于该现有技术来说能避免开口处的密封泄漏，并可通过自动润滑减少密封气环与汽缸壁之间的磨损，因而其相对于该现有技术具备《专利法》第二十二条第二款规定的新颖性。

对于检索到的如图六所示的美国专利说明书 US××××××A来说，其未披露独立权利要求特征部分的技术特征：在密封气环的外圆周面上设置有储油结构，从而该独立权利要求与该现有技术相比可通过自动润滑减少密封气环与汽缸壁之间的磨损，因此其相对于该检索到的现有技术也具有《专利法》第二十二条第二款规定的新颖性。

在上述两项现有技术中，美国专利说明书所披露的如图六所示的密封气环是该独立权利要求最接近的现有技术。该独立权利要求与该对比文件的区别为：在密封气环的外圆周面上设置有储油结构。该区别技术特征在该厂所提供的现有技术中也未披露，并且也不属于本领域技术人员的公知常识，因而该厂提供的现有技术与本领域的公知常识中没有给出将上述区别特征用于本实用新型最接近的现有技术（美国专利说明书 US××××××A）中以通过自动润滑而减少密封气环与汽缸壁之间磨损的技术启示，由此可知该独立权利要求相对于上述两项现有技术和本领域的公知常识来说是非显而易见的，因而具有实质性特点。采用这样的结构后，由于储油结构中的润滑油随着活塞往复运动而润滑密封气环与汽缸壁之间的摩擦面，则减少了两者之间的磨损，产生有益的技术效果，因此相对于上述现有技术具有进步。由此说明该独立权利要求的技术方案相对于上述两项现有技术和本领域的公知常识具备《专利法》第二十二条第三款规定的创造性。

5. 完成从属权利要求的撰写

对本实用新型的其他技术特征进行分析，将那些有可能对本申请的创造性起作用的技术特征作为对本实用新型进一步限定的附加技术特征写成相应的从属权利要求。

首先，正如前面撰写独立权利要求时所指出的，将位于主、副气环之间的接触面与密封气环外圆周面相交处的储油凹槽作为优选的技术方案写成一项从属权利要求，接着还可将沿着整个周向延伸的储油凹槽作为进一步限定的附加技术特征写成一项从属权利要求。

其次，针对该厂提供的第二种密封气环和第一种密封气环分别以光滑截头锥面和光滑平面作为两个并列技术方案的附加技术特征各写成一项从属权利要求。

最后，再针对该厂提供的第三种密封气环以主气环上设置有连接通道和主气环下密封面上设置有一环形凹槽分别各写成一项从属权利要求。

该厂在介绍的材料中所提到的两气环开口沿周向相互错开180°的优选措施已经在检索到的美国专利说明书中公开，因而没有必要再将此作为附加技术特征写成一项从属权利要求。

在该厂介绍的材料中还指出为防止两气环在运行期间沿周向发生相对移动而在主、副气环上设置一对相互配合的定位销和定位孔，对此也可以写成一项从属权利要求。

根据上述考虑，最后共撰写了7项从属权利要求，具体内容见后面所给出的权利要求书。在撰写这些从属权利要求时，需要注意其引用关系，一方面，要使其所限定成的从属权利要求清楚地表述其保护范围，即其进一步要作限定的技术特征应当是其所引用的权利要求中包含的技术特征，而且表述两项并列技术方案的从属权利要求之间不能相互引用；另一方面要满足《专利法实施细则》第二十二条第二款对从属权利要求引用关系的形式要求，即多项从属权利要求只能以择一方式引用在前的权利要求，且不能直接或间接引用另一项多项从属权利要求。例如，在撰写从属权利要求3时有两种写法：一种如后面给出的权利要求书中的权利要求3那样，其从权利要求2出发进行限定，说明沿周向延伸的储油凹槽沿整个周向延伸，这样就只能引用权利要求2而不能引用权利要求1；另一种是将储油结构限定成沿整个周向延伸的储油凹槽，若这样撰写的话，该从属权利要求就成为权利要求2的并列技术方案，则不能引用权利要求2，只能引用权利要求1。对于权利要求4和权利要求5来说，首先它们是两项并列的技术方案，因而两者之间不能相互引用。此外，虽然权利要求4和权利要求5可以对权利1、2或3作进一步限定，即可以将它们写成引用权利要求1、2或3，但这样一来在撰写权利要求8时就不能引用权利要求4、权利要求5，否则就会出现多项从属权利要求引用多项从属权利要求的情况。考虑到在实践中有可能被采用的是权利要求3的技术方案，该厂所介绍的3种密封气环都反映的是权利要求3的技术方案，因此在撰写从属权利要求4和5时，仅引用了权利要求3。对于权利要求6来说，根据该厂介绍的情况，仅对接触面为光滑截头锥面时才在主气环上设置连接通道，因而此时应当向该厂作进一步了解，对于接触面为光滑平面时可否采用此结构。现假设与该厂交换意见后，得知这种结构对接触面为光滑截头锥面情况带来明显改进效果，但也适用于接触面为光滑平面情况，因此权利要求 6 作为同时引用权利要求 4 和权利要求 5 的从属权利要求。对于权利要求 7 来说，其对权利要求 6 限定部分的技术特征作进一步限定，因此只能引用权利要求 6。对于权利要求 8，其在权利要求 1 至 7 的技术方案中均可采用，但是权利要求 6 是一项多项从属权利要求，权利要求 7 已引用了多项从属权利要求 6，如果权利要求 8 的引用部分包含了对权利要求 6 和权利要求 7 的引用，则权利要求 8 就不符合《专利法实施细则》第二十二条第二款有关"多项从属权利要求不得作为另一项多项从属权利要求的基础"的规定，因此最后写成的权利要求 8 的引用部分仅引用了权利要求 1 至 5，即其引用部分采用了"按照权利要求 1 至 5 中任一项……"的择一引用方式。

6. 在撰写成的权利要求书的基础上完成说明书的撰写

由于本申请只有一项实用新型，因而说明书的名称可以按照独立权利要求 1 技术方案的主题名称来确定，即本实用新型专利申请的名称为"安装在内燃机活塞上气环槽中的密封气环"。

对于技术领域部分，由于本实用新型只涉及一件产品，因而技术领域只涉及该密封气环，可参照独立权利要求 1 的前序部分加以说明。

对于背景技术部分，由于检索到的美国专利说明书比该厂所提供的现有技术更相关，因而就本实用新型而言，在背景技术部分仅对美国专利说明书 US××××××A 中的密封气环作一简单介绍，写明其出处，对其主要结构作扼要说明，并客观地指出其存在的问题。

在实用新型内容部分首先写明本实用新型相对于所检索到的美国专利说明书所解决的技术问题：提供一种既具有良好密封性能、

又能通过自动润滑而减小摩擦的密封气环。然后再另起段写明独立权利要求的技术方案，对于实用新型来说，这一段通常可照抄独立权利要求，仅仅删去"其特征在于"和附图标记。在此基础上，通过对特征部分的技术特征（在密封气环的外圆周面上设置储油结构）的分析，说明该技术特征为本实用新型带来的有益效果。接着再分别对其重要的从属权利要求技术方案加以说明（如设置在主、副气环之间的接触面和外圆周面相交处的、沿整个周向延伸的储油凹槽，主、副气环之间接触面为光滑的截头锥面或光滑平面，主气环上设置了沟通其下密封面和储油凹槽的连接通道以及下密封面上设置了与连接通道相连通的环形凹槽），并说明这些附加的技术特征带来的有益效果。当然也可以在写明要解决的技术问题后，先分段说明独立权利要求和重要的从属权利要求的技术方案，然后再分析这些技术方案带来的有益效果。

将上述图二至图五作为本实用新型说明书的附图 1 至附图 4，并在附图说明部分集中给出这 4 幅附图的图名。

在具体实施方式部分，结合上述 4 幅附图具体描述本实用新型的 3 种实施方式。其中对第一种实施方式作详细说明；对第二种实施方式重点说明其与第一种实施方式的不同之处；对于第三种实施方式，由于其是对第二种实施方式作出的进一步改进，因此只需在第二种实施方式基础上对其进一步改进的结构作出说明即可。

按照修改后的《专利法实施细则》第十七条第二款的规定，在上述 5 个部分（技术领域、背景技术、实用新型内容、附图说明、具体实施方式）之前给出这 5 个部分的标题。

至于说明书摘要，应当重点写明发明名称和独立权利要求技术方案的要点。然后简单写明其要解决的技术问题和主要用途。由于本实用新型独立权利要求比较简单，其字数只有一百多字，因而还可对优选的从属权利要求技术方案（即相当于本实用新型第二种和第三种密封气环）的要点及所带来的有益效果作扼要说明。此外，应当选择一幅附图作为摘要附图，从本申请来看，可以从图二、图

四、图五（即说明书中的图1、图3、图4）中选择一幅作为摘要附图。

三、推荐的专利申请文件

现根据该厂提供的有关本实用新型"密封气环"的资料和现有技术情况以及所检索到的最接近的现有技术（美国专利说明书US××××××A）给出推荐的实用新型专利申请撰写文本。

权 利 要 求 书

1. 一种安装在内燃机活塞上气环槽中的密封气环，其包括一个主气环（5）和一个副气环（4），这两个气环（4，5）沿周向各有一个开口（9），该副气环（4）以叠置在该主气环（5）上的方式置入活塞（1）上的气环槽中时，两气环（4，5）的开口（9）沿周向相互错开一个角度，其特征在于：在所述密封气环（6）的外圆周面上设置有储油结构。

2. 按照权利要求1所述的密封气环，其特征在于：所述储油结构为设置在所述副气环（4）和主气环（5）之间的接触面与该两气环（4，5）的外圆周面相交处的沿周向延伸的储油凹槽（8）。

3. 按照权利要求2所述的密封气环，其特征在于：所述沿周向延伸的储油凹槽（8）沿着整个周向延伸。

4. 按照权利要求3所述的密封气环，其特征在于：所述副气环（4）和主气环（5）之间的接触面为光滑的截头锥面。

5. 按照权利要求3所述的密封气环，其特征在于：所述副气环（4）和主气环（5）之间的接触面为光滑平面。

6. 按照权利要求4或5所述的密封气环，其特征在于：在所述主气环（5）上设置有沟通所述储油凹槽（8）和该主气环（5）下密封面（13）的连接通道（11）。

7. 按照权利要求6所述的密封气环，其特征在于：在所述主气环（5）下密封面（13）上设置了与所述连接通道（11）相连通的环形凹槽（12）。

8. 按照权利要求1至5中任一项所述的密封气环，其特征在于：在所述副气环（4）和主气环（5）上设置了一对相互配合并使两气环（4，5）沿周向彼此定位的定位销和定位孔。

安装在内燃机活塞上气环槽
中的密封气环

技术领域

本实用新型涉及一种安装在内燃机活塞上气环槽中的密封气环，其包括一个主气环和一个副气环，这两个气环沿周向各带一开口，该副气环以叠置在主气环上的方式置入活塞上的气环槽中时，两气环的开口沿周向相互错开一个角度。

背景技术

美国专利说明书 US×××××××A 公开了上述这种密封气环。这种密封气环是针对单密封气环由于安装上的原因必须沿其周向带有开口导致在开口处无法保持良好密封而作出的改进。在这种密封气环中，上、下叠置两气环时使两者的开口彼此错开一个角度，从而保证了密封气环保持良好的密封性能。但是，该密封气环与缸套之间的润滑不完善，因而容易造成磨损。此外该两气环在运行时可能会发生沿周向移动，因而一旦移动到两者的开口位置相互重合就降低了密封性能。

实用新型内容

本实用新型要解决的技术问题是提供一种既具有良好密封性能、又能通过自动润滑而减少磨损的密封气环。

为解决上述技术问题，本实用新型安装在内燃机活塞上气环槽中的密封气环包括一个主气环和一个副气环，这两个气环沿周向各带一开口，该副气环以叠置在主气环上的方式置入活塞上的气环槽中时，两气环的开口沿周向相互错开一个角度，并在所述密封气环的外圆周面上设置了储油结构。

通过在密封气环的外圆周面上设置储油结构，则可在其中储存由该密封气环刮下的润滑油，这些润滑油随活塞的往复运动而润滑汽缸壁与该密封气环的摩擦面，从而起到自动润滑的作用，减少了两者之间的磨损。

作为本实用新型的一种优选结构，该储油结构为设置在副气环和主气环之间的接触面与该两气环的外圆周面相交处的沿周向延伸的储油凹槽。采用这样的结构，可以使主、副气环的加工比较方便。尤其是该储油凹槽沿着整个周向延伸时，不仅加工更方便，更为突出的优点是可以使润滑油均匀分布于缸套上，得到更好的自动润滑效果。

在本实用新型的密封气环中，从加工方便出发，副气环和主气环之间的接触面为光滑平面。但是作为本实用新型进一步的优选结构，还可以使副气环和主气环之间的接触面为光滑的截头锥面。与接触面为光滑平面的情况相比，虽然加工会困难一些，但由于主、副气环本身对缸套接触面的压强不等会造成主、副气环在运行一段时间后形成磨损差，采用光滑截头锥面的接触面可使主、副气环沿着该接触面作径向和轴向的微小移动，从而自动调节密封气环与汽缸槽、缸套之间的径向间隙和轴向间隙，这样就保证了在运行期间始终保持良好的密封效果。

作为本实用新型的进一步改进，在主气环上设置了沟通储油凹槽和主气环下密封面的连接通道。由于主、副气环在运行一段时间后，主、副气环与活塞上的气环槽之间的磨损加大，这种磨损对于主气环的下密封面来说，由于储油凹槽中的润滑油不能到达下密封面，这最终会使主气环的密封性能和寿命达不到理想效果。在主气环上设置了连接通道就可使储油凹槽中的润滑油流到主气环的下密封面，改善了该下密封面的润滑效果，从而减少了磨损，延长了主气环寿命。尤其是在主气环下密封面设置了与连接通道相连通的环形凹槽，使润滑油更均匀地到达主气环的整个下密封面，从而取得了更好的效果。

在上述各种结构中，还可以在副气环和主气环上设置一对相互配合并使两气环沿周向彼此定位的定位销和定位孔。这样一来，活塞在汽缸中作往复运动的运行期间，两气环不会沿周向发生相对移动，从而使两气环的开口始终保持相互错开一个角度，确保在整个运行期间始终保持良好密封性能。

附图说明

下面结合附图对本实用新型的三种实施方式作进一步说明：

图1示出了其活塞气环槽内安装有本实用新型第一种实施方式密封气环的内燃机汽缸的示意半剖视图。

图2为表示本实用新型密封气环安装在气环槽中时两气环开口方位的示意图。

图3为本实用新型第二种实施方式密封气环的剖视图。

图4为本实用新型第三种实施方式密封气环的局部剖视图。

具体实施方式

图1是汽缸活塞1上的气环槽内安装了第一种实施方式密封气环6的内燃机汽缸的结构示意图。内燃机的汽缸套7中安装了一个在该汽缸中作往复运动的由铝合金制成的活塞1，该活塞1具有两道装于油环槽中的油环2及三道装于气环槽中的密封气环6。每道密封气环由两个气环（即主气环5和副气环4）组成。该主气环5和副气环4上沿周向各有一个开口9（参见图2）。当将主气环5和副气环4置入活塞1上的气环槽时，副气环4叠置在主气环5上，由该两气环4、5组成的密封气环6的外圆周面与汽缸套7内表面相接触，从而实现密封气环6的密封性能。当将主气环5和副气环4叠置时，应当使两气环4、5的开口9沿周向相互错开一个角度，这样可保证密封气环6有良好的密封性能。较好的错开角度为30°~330°，图2中示出了最佳的错开角度180°，此时可达到最

273

佳的密封性能。为了使主气环5和副气环4上的开口9在运行期间保持在相互错开的角度，在该主气环5和副气环4上设置一对相互配合并使两气环4、5沿周向定位的定位销和定位孔，从而防止该两气环4、5在运行时沿周向相互移动到两开口9彼此重合而降低密封性能。在密封气环6与汽缸套7接触的外圆周面上设置了储油结构，从而在其中储存由该密封气环6刮下的润滑油，这些润滑油随活塞的往复运动而润滑汽缸套7与该密封气环6的摩擦面，从而起到了自动润滑的作用，减少了两者之间的磨损。在图1所示的第一种实施方式中，主气环5与副气环4的内、外径几何尺寸相等，横截面为圆环形，纵截面为缺角长方形，该缺角位于两气环4、5的接触面与其外圆周面相交处，形成沿着整个圆周方向延伸的储油凹槽8。当然该储油凹槽8也可以分成沿着周向延伸的几段，但两者相比还是优选沿着整个周向延伸的储油凹槽8，因为其不仅加工方便，而且可以使润滑油均匀分布于缸套壁上，起到更好的润滑效果。这些储油凹槽8的纵截面形状可以为半圆形、V形、U形或其他便于加工的形状。在图1中两气环4、5之间的接触面为光滑平面，这样的接触面便于加工。

图3示出了第二种实施方式密封气环6沿图2中A-A截面的剖视图，其与图1中密封气环6的区别仅仅在于主气环5和副气环4的纵截面形状。第二种密封气环的纵截面为缺角的直角梯形，因而主气环5与副气环4之间的接触面不再是光滑平面，而是光滑截头锥面。采用这种结构，可使主气环5和副气环4互相压靠并压向活塞气环槽，这样一来，由于主气环5和副气环4本身对缸套壁接触面的压强不等而造成两气环4、5在运行一段时间后形成磨损差时，主气环5和副气环4之间会沿其锥形接触面产生径向和轴向的微小移动，自动调节了密封气环6与气环槽、缸套之间的径向间隙和轴向间隙，从而可以保证在运行期间始终保持良好的密封效果。

图4所示的是第三种实施方式密封气环6的局部剖视图。虽然，图4中示出的结构是针对第二种实施方式密封气环6作出的进

一步改进，但这种改进对第一种实施方式密封气环6也适用。由于密封气环6运行一段时间后，主气环5和副气环4与活塞1上气环槽之间的磨损加大。这种磨损对于副气环4的上密封面10来说，因该副气环4的刮油作用，而使该上密封面积存有润滑油而得到改善，但对主气环5的下密封面13来说，由于储油凹槽8中储存的润滑油不能到达该下密封面，因而该下密封面13处的磨损增大，最终使该主气环5的密封性能和寿命达不到理想的效果。为此，在图4示出的第三种密封气环6的局部纵剖图中，在储油凹槽8与主气环5的下密封面13之间设有至少一条让润滑油流过的连接通道11。该通道11的横截面可以为圆形、方形或其他合适形状。为了使润滑油均匀地分布于主气环5的下密封面13与气环槽的接触面之间，进一步可在该下密封面13上设置一条与连接通道11相连通的环形凹槽12。实践证明，将润滑油引入该下密封面13与气环槽的接触面之间，可使主气环5的寿命明显增长。

综上所述，采用本实用新型的密封气环的结构，能对磨损面自动进行润滑并在运行过程中始终保持良好的密封性能。

说 明 书 附 图

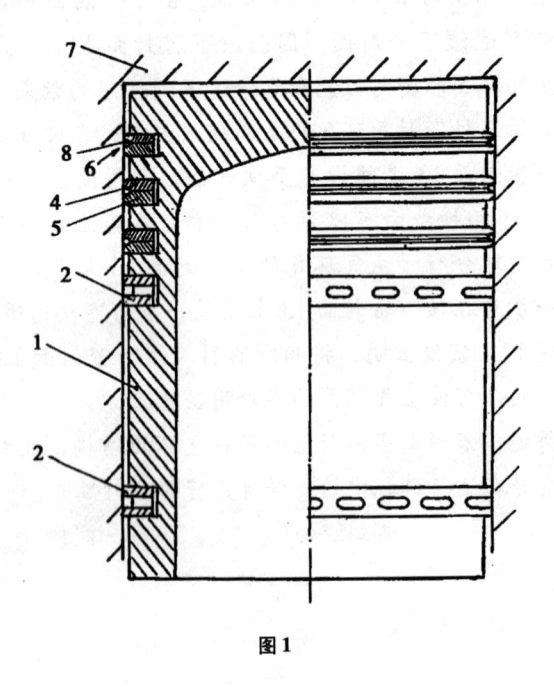

图 1

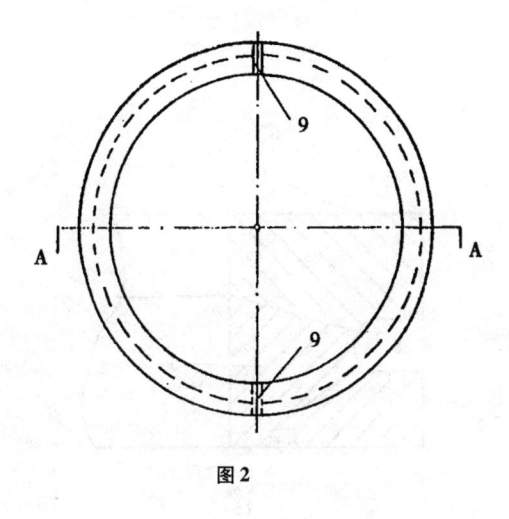

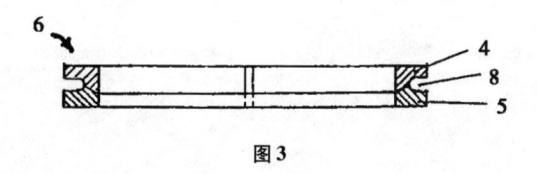

图 2

图 3

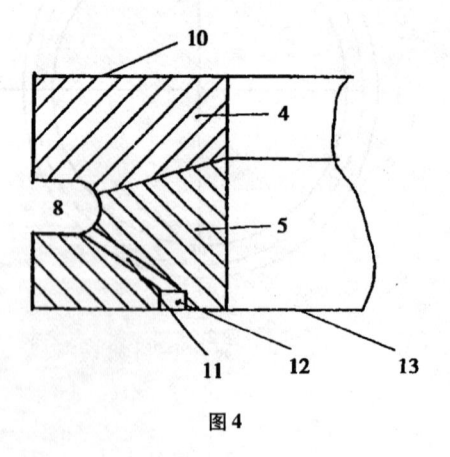

图 4

说 明 书 摘 要

本实用新型涉及一种安装在内燃机活塞上气环槽中的密封气环。该密封气环包括一个主气环（5）和一个副气环（4），在主气环（5）和副气环（4）之间的接触面与该两气环（4,5）的外圆周面相交处，设置了沿周向延伸，尤其是沿整个周向延伸的凹槽（8），成为密封气环外圆周面上的储油结构，从而起到了自动润滑的作用，减少了磨损。两气环之间的接触面可以是光滑平面；但在优选为光滑截头锥面时，可在运行期间自动调节径向间隙和轴向间隙，保证始终保持良好的密封效果。当在主气环中设置了沟通其下密封面和储油凹槽的连接通道，尤其是在下密封面上设置了与连接通道相通的环形凹槽，可进一步提高主气环的寿命。

摘 要 附 图

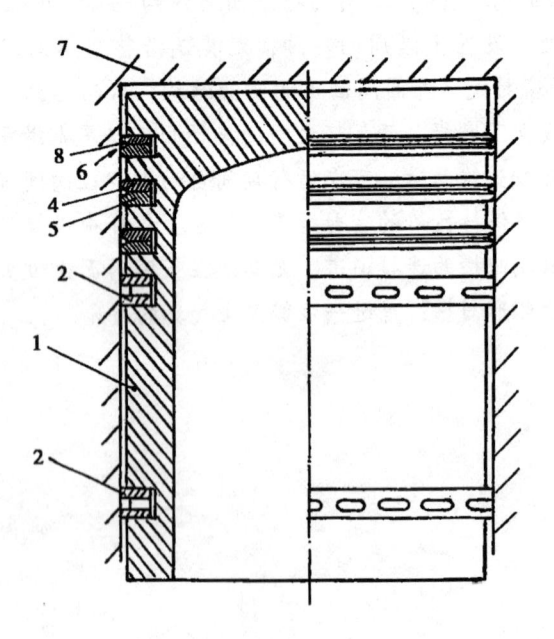

案例六　封装有可产生或吸收气体的物质的包装体[1]

一、申请案情况介绍

本案例是一件有关"封装有可产生或吸收气体的物质的包装体"的发明创造，客户要求针对其所提供的有关发明创造的技术交底书向国家知识产权局提出发明专利申请。

客户提供的技术交底书中所介绍的发明创造内容

客户在技术交底书中指出，人们所熟知的封装有可产生或吸收气体的物质（活性炭、樟脑等）的包装体通常由透气性材料制成，但这种用透气材料制成的包装体存在着易使其所封装的物质在非使用状态下就开始效力减退。为此，开发出一种封装有可产生或吸收气体的物质的包装体，这种

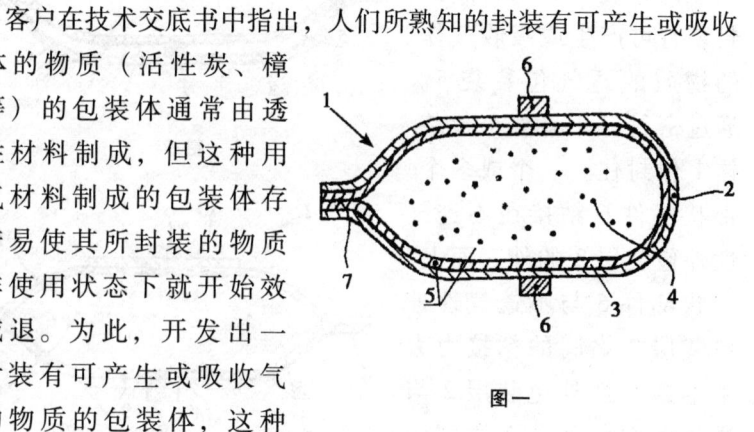

图一

---

[1] 此案例取自2007年全国专利代理人资格考试"专利代理实务"科目试卷中的撰写实务题，略有改编。

包装体能够有效地防止其所封装的物质在非使用状态下效力减退，且在需要使用时又可以十分方便地使其处于正常使用状态。

客户在技术交底书对本发明封装有可产生或吸收气体的物质的包装体给出了3种具体结构。第一种结构如图一和图二所示。包装体1包括由不透气性材料构成的不透气外包装层2、由透气性材料构成的透气内包装层3以及可产生或吸收气体的物质4。内包装层3和外包装层2粘接在一起，可产生或吸收气体的物质4封装在透气性内包装层3内，成为封装有可产生或吸收气体的物质的透气包装袋5。通过密封口7将整个包装体1包封住。一个或多个带状部件6粘接在不透气性外包装层2的外表面上，带状部件6与不透气性外包装层2之间的粘接力大于不透气性外包装层2与透气性内包装层3之间的粘接力。该带状部件至少有一端未与不透气性外包装层2相粘接，成为空余端头61，从而在握住该带状部件6的空

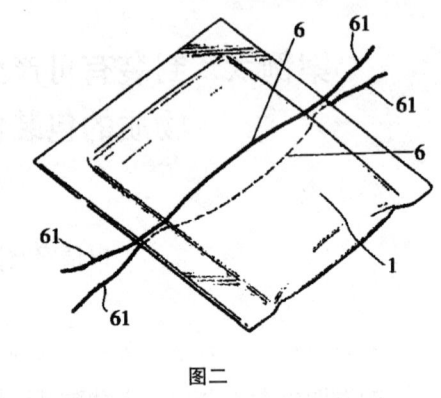

图二

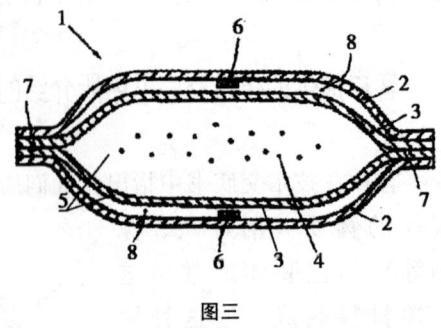

图三

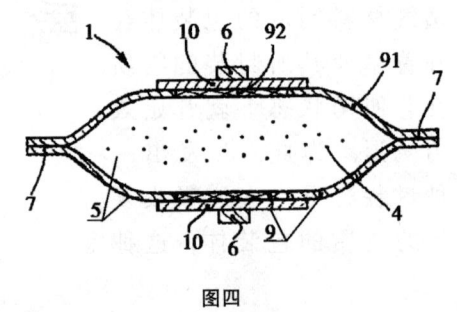

图四

282

余端头61并沿着与不透气性外包装层2外表面成一定角度的方向牵拉带状部件6时，通过施加在其上的拉力就可以使外包装层2和内包装层3脱离粘接在一起的状态，并将外包装层2撕去从而使透气包装袋5至少有一部分暴露于环境之中。此时，封装在透气包装袋5内的物质4便能发挥效力，通过吸收或释放气体而产生脱氧、干燥、除臭或者防蛀、杀菌的效果。作为这种结构的一种变形，也可以将带状部件6设置在不透气外包装层2和透气内包装层3之间，此时，带状部件6的两端中至少有一端需要从外包装层2的边缘粘接处穿出，成为空余端头61。

图三示出了本发明封装有可产生或吸收气体的物质的包装体的第二种结构。如图三所示，不透气外包装层2与封装有可产生或吸收气体的物质的透气包装袋5的内包装层3仅在其边缘部分相粘接，形成密封口7，而在其中间彼此分离形成空腔8。带状部件6设于空腔8内并粘接在不透气外包装层2的内表面上，该带状部件6的两端中至少有一端在外包装层2的边缘粘接处穿出，成为空余端头61（参见图二）。作为这种结构的一种变换方式，也可以将带状部件6粘接在不透气外包装层2的外表面上。

图四示出了本发明封装有可产生或吸收气体的物质的包装体的第三种结构。第三种结构与前两种结构的主要区别在于，其内包装层并非整体上由透气性材料制成，仅仅一部分由透气性材料制成，与此相应，外包装层也不需要环绕整个内包装层，而只需要覆盖住内包装层的透气性材料部分。图四中示出的封装有可产生或吸收气体的物质4的透气包装袋5的内包装层9包括由不透气性材料构成的不透气部分91和由透气性材料构成的透气部分92。在图四中，透气部分92位于该透气包装袋5上下两面的中间部分，与此相应，外包装层是单独的两块不透气薄膜10，它比内包装层9的透气部分92略大一些，粘接在内包装层9的透气部分92上。带状部件6粘接在不透气薄膜10的外表面上，且至少有一端未与不透气薄膜10相粘接，成为空余端头61（参见图二）。带状部件6与不透气薄膜

10 之间的粘接力大于不透气薄膜 10 与内包装层 9 之间的粘接力。其中内包装层 9 的透气部分 92 与不透气部分 91 可以整体形成也可以分体形成：两者整体形成时，只需在不透气性材料上局部穿孔即可；两者分体形成时，可以通过将无纺布等透气性材料对接或搭接在不透气部分 91 上而实现。

本发明封装有可产生或吸收气体的物质的包装体的透气内包装层可以采用纸、无纺布、有孔的塑料或铝箔薄膜等材料制成。如果透气内包装层以纸或无纺布为材料，则优选经过疏水性和/或疏油性处理的纸或无纺布。本发明封装有可产生或吸收气体的物质的包装体的不透气外包装层可以采用铝箔或铜箔等金属薄膜或者各种塑料薄膜制成。本发明封装有可产生或吸收气体的物质的包装体的带状部件可以采用塑料或金属等材料制成，当然该带状部件也可以采用绳状等其他可以实现其功能的任何形状。

具有上述结构的本发明，在非使用状态时，封装在透气包装袋中的可吸收或者产生气体的物质由于受到不透气外包装层的保护，不会随着保存时间的加长而发生效力减退，此外，由于只需要沿着与不透气性包装层外表面成一定角度的方向牵拉带状部件便可使封装有可产生或吸收气体的物质的透气包装袋暴露在外部环境中，使封装在透气包装袋中的物质发挥效力，因此使用十分方便。

本发明封装有可产生或吸收气体的物质的包装体还特别适用于向生产流水线等应用场所连续供给封装有可产生或吸收气体的物质的透气包装袋。

为实现封装有可产生或吸收气体的物质的透气包装袋的连续供给，就需要将本发明封装有可产生或吸收气体的物质的包装体加工成包装体长带。如图五所示，该包装体长带 11 由多个封装有可产生或吸收气体的物质的包装体 1 连接而成，包装体 1 可以为前面各种结构的包装体之一，在各相邻包装体 1 之间形成连接部 12。包装体长带 11 上所有包装体 1 的带状部件 6 彼此相连，形成一条连续的带状部件13。该连续的带状部件13至少延伸至包装体长带11的一端之外，形成具有一定长度的空余端头131。该连续的带状部件13应当具有在连续牵拉过程中不会被拉断的抗拉强度。

本发明为实现封装有可产生或吸收气体的物质的透气包装袋的连续供给，可以采用下述具体供给过程：将连续带状部件13的空余端头131缠绕在牵拉装置上；沿着与不透气包装层2、10外表面成一定角度的方向牵拉连续带状部件13从而渐进地将带状部件13连同不透气外包装层2、10撕去，而将封装有可产生或吸收气体的物质的透气包装袋5暴露出来；沿着两相邻包装体之间的连接部12将包装体长带11依次切断成各个封装有可产生或吸收气体的物质的透气包装袋5；将各个封装有可产生或吸收气体的物质的透气包装袋5逐个供给到规定场所。

图六是一种自动供给封装有可产生或吸收气体的物质的透气包装袋的系统的示意图。如图六所示，该自动供给系统包括旋转辊组15、牵拉剪切机16和滑槽17。旋转辊组15设置在牵拉剪切机16的斜上方，其包括两个从动旋转辊18、19和一个与驱动装置直接相连的主动旋转辊20。在自动供给系统开始工作之前，需要将连续带状部件13的空余端头131预先缠绕在旋转辊组15上。旋转辊组15将连续的带状部件13连同不透气外包装层2、

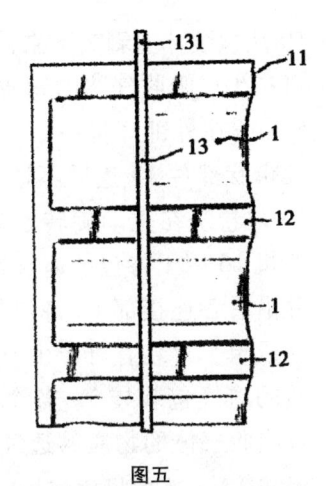

10 从包装体上剥离下来，从而使封装有可产生或吸收气体的物质的透气包装袋 5 暴露在外部环境中。被剥离下来的连续带状部件 13 连同不透气外包装层 2、10 被卷绕在主动旋转辊 20 上。牵拉剪切机 16 用于将包装体长带 11 拉入其内并沿着各连接部 12 将包装体长带 11 切断成单个封装有可产生或吸收气体的物质的透气包装袋 5。各个封装有可产生或吸收气体的物质的透气包装袋 5 通过滑槽 17 被依次投放到相应场所。

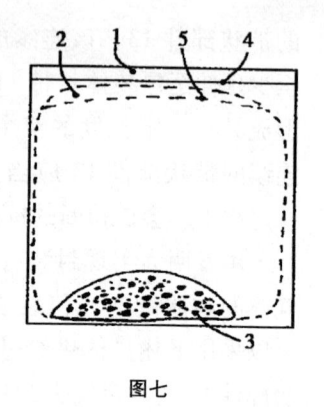

图七

检索到的现有技术

开发出上述产品后，在为发明专利申请撰写权利要求书和说明书之前，应当进行一次检索。在检索过程中，找到 3 篇相关的对比文件：对比文件 1、对比文件 2 和对比文件 3。

对比文件 1 公开了一种防蛀干燥药袋，如图七所示，本发明所述防蛀干燥药袋由内外包装袋构成，其中在外包装塑料袋 1 内装有一个透气性好的无纺布内包装袋 2，在无纺布内包装袋 2 中盛装有颗粒状或粉状防蛀干燥药物 3，外包装塑料袋 1 的袋口有热封线 4，无纺布内包装袋 2 的袋口有热封线 5。

使用时，将外包装塑料袋 1 撕开，将盛有药物的无纺布内包装袋 2 取出，之后将盛有药物 3 的无纺布内包装袋 2 放置于衣柜或箱子内，便可对衣物或书籍起到良好的防虫蛀、防潮、防霉变作用，且不会污染衣物或书籍。本发明与现有技术相比，具有如下优点：其外包装塑料袋 1 密封后可防止袋内药物挥发失效，延长药物保存期；其无纺布内包装袋 2 具有良好的透气性，可充分发挥药效，且不会污染存放物品。

对比文件2公开了一种用于包装挥发性物质的复合包装体。图八示出了这种复合包装体的透视图，图九是图八所示的复合包装体沿图八０中Ａ－Ａ截面的剖视图。如图八和图九所示，本发明所述复合包装体包括其上制有多个凸罩1的不透气性塑料硬片2和平面型不透气性塑料硬片3，以及多个由透气性纸片制成的封装有挥发性物质4的透气性内袋5。在每个凸罩1内放置一个透气性内袋5，在不透气性塑料硬片2的平面部分以及各个透气性内袋5上涂敷粘接剂，使不透气性塑料硬片2和透气性内袋5粘接在平面型不透气性塑料硬片3上。各个凸罩1之间的不透气性塑料硬片2和3上形成有分割线6。

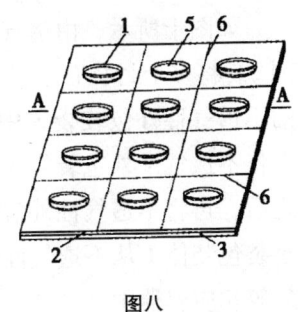

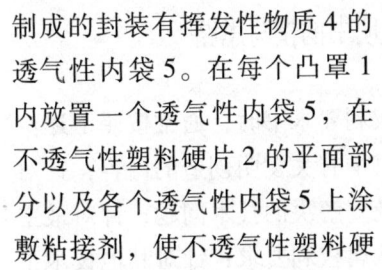

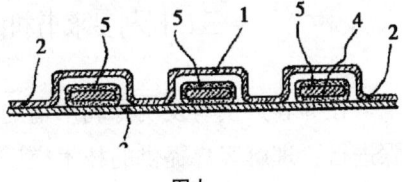

在使用时，将复合包装体沿分割线6取下单个小包装体，再将其上的平面型不透气性塑料硬片3撕下，从中取出一个封装有挥发性物质4的透气性内袋5放在应用场所。由此可见，本发明所述复合包装体具有使用方便的优点，而且在使用之前，可以确保包装体内封装的挥发性物质不会降低功效。

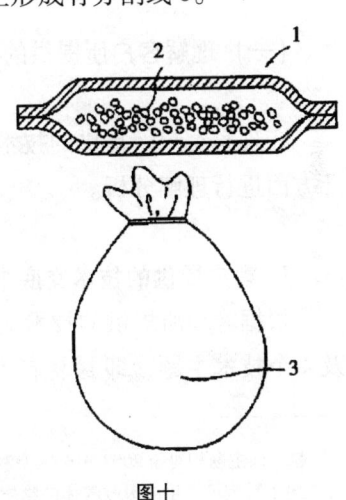

对比文件3公开了一种干燥剂包装体及其供给方法。图十示出了由透气性材料构成的小袋包装体的剖视图和装有多个小袋包装体的不透气性外包装袋的透视图。

287

如图十所示，由透气性材料制成的小袋包装体 1 内封装有干燥剂 2。将多个封装有干燥剂 2 的小袋透气性包装体装入如图九所示的不透气性外包装袋 3 中。然后用胶条将不透气性外包装袋封死。在将不透气性外包装袋 3 运送到需要供给干燥剂小袋包装体的场所之后，再将不透气性外包装袋 3 的胶条撕开，将封装有干燥剂 2 的小袋包装体 1 从不透气性外包装袋 3 中取出，分别填充到例如食品袋等相应容器中去。

二、权利要求书和说明书的撰写思路

在为客户撰写发明专利申请的权利要求书时，通常按照下述步骤进行：理解客户提供的技术交底书中有关发明创造的内容；针对各技术主题确定最接近的现有技术及要解决的技术问题；针对最主要的技术主题撰写独立权利要求和从属权利要求；针对其他技术主题撰写独立权利要求和从属权利要求；撰写说明书及其摘要。

（一）理解客户所提供的技术交底书中的发明创造内容

在理解客户所提供的技术交底书中发明创造内容时，需从下述几方面进行理解分析。

1. 客户提供的技术交底书中发明创造涉及哪几项技术主题

根据客户所提供的技术交底书中对发明的介绍可知，本发明涉及 4 个技术主题，即封装有可产生或吸收气体的物质的包装体[❶]、

[❶] 该主题相对于 2007 年全国专利代理人资格考试试题及其答案中所给出的表述方式"用于封装可产生或吸收气体的物质的包装体"更为恰当，因为"用于封装"仅表明其用途，其可以理解为并没有装入可产生或吸收气体的物质。鉴于此，在本案例中，从案情介绍、撰写思路分析以及给出的推荐专利申请文件中，均采用了"封装有可产生或吸收气体的物质的……"表述方式。

由单个包装体连接而成的包装体长带、封装有可产生或吸收气体的物质的透气包装袋的供给方法以及封装有可产生或吸收气体的物质的包装袋的供给系统。由于针对发明专利申请撰写权利要求书，因此这4个技术主题都可以作为要求专利保护的技术主题。从技术交底书整体来看，其重点在于封装有可产生或吸收气体的物质的包装体这一技术主题，因为其提供的技术内容最多，体现了发明的最基本构思，是其他3个技术主题的基础，因此应当以该技术主题作为本发明首选的技术主题，即将其作为第一项发明来撰写独立权利要求和从属权利要求。

2. 具体分析各个技术主题包含有多少实施方式

现对这4个技术主题分别作出说明。

（1）对于封装有可产生或吸收气体的物质的包装体这一技术主题，技术交底书中共给出3种实施方式，分别相当于图一、图二和图三示出的实施方式，其中第一种和第二种实施方式均写明有变化形式，第三种实施方式虽未写明有变化形式，但实际上也存在着相应的变化形式。此外，技术交底书中还对这3种实施方式给出多种选择或优选方式。

（2）对于由单个包装体连接而成的包装体长带，其与封装有可产生或吸收气体的物质的包装体相应，也包括这3种实施方式。

（3）对于封装有可产生或吸收气体的物质的透气包装袋的供给方法，技术交底书中只给出一种实施方式。

（4）对于封装有可产生或吸收气体的物质的透气包装袋的供给系统，技术交底书中也只有一种实施方式。

3. 弄清各个技术主题的主要技术特征

下面针对四个技术主题分别作出说明。

（1）封装有可产生或吸收气体的物质的包装体

根据技术交底书中对封装有可产生或吸收气体的物质的包装体

的具体介绍，3种实施方式的包装体均包括透气包装袋、外包装层以及带状部件组成。鉴于3种实施方式是并列的实施方式，因此需要对这3种实施方式的透气包装袋、外包装层和带状部件的结构以及三者之间的连接关系进行分析。

① 透气包装袋，其中已封装有可产生或吸收气体的物质，因为包装体制备好时其内必然装有可产生或吸收气体的物质，因此，对于透气包装袋最好描述成"封装有可产生或吸收气体的物质的透气包装袋"。对于透气包装袋，在技术交底书的前两种实施方式中，其包装层整体为透气材料构成；而在第三种实施方式中，其包装层的一部分由透气材料构成。技术交底书中对第三种实施方式的部分透气包装袋还给出了两种结构：其内包装层是由透气性材料和不透气性材料对接或搭接而成；或者在不透气性材料的局部位置上穿孔形成透气部分。此外，技术交底书中还涉及选择透气性材料的内容。考虑到技术交底书中的3种实施方式是并列关系，因此，对于其中包装袋的结构，应当考虑采用概括这3种具体实施方式的表述方式，即可以概括成"由至少部分为透气性材料的内包装层和封装在该内包装层中的可产生或吸收气体的物质构成的透气包装袋"。

② 外包装层，由不透气性材料构成，在前两种实施方式中，该外包装层整体包封住透气包装袋，而在第三种实施方式中为仅覆盖住部分透气包装袋透气部分的不透气薄膜。对于整体包封的情况，在前两种实施方式中，有两种结构：其一，外包装层与整体透气包装袋的内包装层粘接在一起；其二，外包装层仅在其周缘部分与整体透气包装袋的内包装层相粘接而在两者之间形成空腔。对于第三种实施方式以不透气薄膜覆盖住透气包装袋透气部分的情况，既可以采取将不透气薄膜与透气包装袋的透气部分整体粘接在一起，也可以仅在周边相粘接而在两者之间形成空腔。此外技术交底书中还涉及不透气外包装层的材料选择。同样，对于外包装层以及其与透气包装袋的内包装层的结构关系也应当采用概括这3种具体实施方式的表述方式，经仔细分析，可以概括成："至少部分与透

气包装袋的内包装层相粘接且用于使透气包装袋的透气部分与周围环境相隔离的不透气外包装层"。

③ 带状部件，是本发明用于撕去不透气外包装层的一个关键技术特征。在技术交底书中的 3 种实施方式都写明的是带状部件，此后又写明该带状部件也可以采用绳状等其他可以实现其功能的任何形状，但是对于本发明来说，除带状或绳状外，难以想出能实现同样功能的其他形状，因此对这一部件仍表述成带状或绳状部件。至于带状部件与外包装层的结构关系，在 3 种实施方式中，均写明带状部件与不透气外包装层相粘接。在前两种实施方式中，均写明带状部件可以与不透气外包装层外表面相粘接，也可以与不透气外包装层内表面相粘接；在第三种实施方式中，虽然只具体说明了带状部件与不透气外包装层外表面相粘接的情况，但由前两种实施方式的说明可以推知，第三种实施方式中的带状部件也可以与不透气外包装层内表面相粘接。由技术交底书的具体说明可知，对于带状部件粘接在不透气外包装层外表面的情况，为了能起到通过牵拉带状部件来实现撕去外包装层，该带状部件至少有一部分未与外包装层相粘接而成为可供握持或夹持的空余端头，而且要求带状部件与外包装层之间的粘接力大于外包装层与透气包装袋的内包装层之间的粘接力；而对于带状部件粘接在不透气外包装层内表面的情况，为了能通过牵拉带状部件来实现撕去外包装层，至少该带状部件的两端之一应当从外包装层的边缘处穿出，以供握持或夹持。此外，技术交底书中还涉及带状或绳状部件的材料选择。考虑到技术交底书中的 3 种实施方式是并列关系，因此对于其中带状部件或绳状部件与不透气性外包装层的结构关系，应当考虑采用概括这 3 种具体实施方式的表述方式，即可以概括成"与所述不透气外包装层相粘接的带状或绳状部件，该带状或绳状部件至少有一端未与所述不透气外包装层相粘接而形成空余端头，以用于将所述不透气外包装层撕开以使该包装体中透气包装袋的透气部分暴露在外。"

(2) 由单个包装体连接成的包装体长带

由客户提供的技术交底书可知，由单个包装体连接成的包装体长带的技术主题是在上述封装有可产生或吸收气体的物质的包装体的基础上形成由多个连续的包装体构成的长带。其由多个封装有可产生或吸收气体的物质的包装体连接成条状，各个包装体之间形成连接部；各包装体的带状或绳状部件连成一体，成为一个连续的带状或绳状部件，其至少有一端延伸到包装体长带之外成为空余端头，以用于将该连续的带状或绳状部件连同连接成条状的包装体中的不透气外包装层顺次撕开以使其透气包装袋的透气部分暴露在外。

(3) 封装有可产生或吸收气体的物质的透气包装袋的供给方法❶

由客户提供的技术交底书可知，该供给方法包括下述工序：将由单个包装体连成的包装体长带中连续带状部件的空余端头缠绕在牵拉装置上；沿着与不透气性外包装层外表面成一定角度的方向牵拉连续带状部件从而渐进地将连续带状部件连同不透气性外包装层从包装体长带上剥离下来；沿着两相邻包装体之间的连接部将包装体长带依次切断成各个封装有可产生或吸收气体的物质的透气包装袋；将各个封装有可产生或吸收气体的物质的透气包装袋逐个供给到规定场所。

(4) 封装有可产生或吸收气体的物质的透气包装袋的供给系统❷

由客户提供的技术交底书可知，该包装体供给系统包括：用于将连续带状部件连同不透气性外包装层渐进地从包装体长带上剥离

---

❶ 考虑到最后传送到规定场所的使用物品是封装有可产生或吸收气体的物质的透气包装袋，已不再包含有不透气外包装层，因此将其表述成"透气包装袋的供给方法"比2007年全国专利代理人资格考试试题及其答案中所给出的表述方式"包装体的供给方法"更为合适一些。

❷ 同样，考虑到最后传送到规定场所的使用物品是封装有可产生或吸收气体的物质的透气包装袋，已不再包含有不透气外包装层，因此将其表述成"透气包装袋的供给系统"比2007年全国专利代理人资格考试试题及其答案中所给出的表述方式"包装体的供给系统"更为合适一些。

下来的旋转辊组；用于将已剥离连续带状部件和不透气性外包装层的包装体长带拉入其内并沿连接部将包装体长带切断成多个封装有可产生或吸收气体的物质的透气包装袋的牵拉剪切机；以及用于将切断后的各个封装有可产生或吸收气体的物质的透气包装袋依次投放到相应场所的滑槽。其中，该旋转辊组必须设置在牵拉剪切机的斜上方。作为优选方案，该旋转辊组可以由两个从动旋转辊和一个主动旋转辊组成。

通过对上述4个技术主题的主要技术特征的初步分析可知：第二个技术主题"包装体长带"是由多个单个包装体（即第一个技术主题）连接而成，因此第二个技术主题的技术方案必定包括第一个技术主题的全部技术特征；而后两个技术主题的技术方案都是从第二个技术主题包装体长带出发通过撕去其连续带状或绳状部件和不透气外包装层而得到封装有可产生或吸收气体的物质的透气包装袋，因此这两个技术主题的技术方案中必然包含有第二个技术主题，从而也包含有第一个技术主题的全部技术特征。因此，只要第一个技术主题相对于现有技术具备新颖性和创造性，即其具有特定技术特征，则后3个技术主题的技术方案都包含有与第一个技术方案特定技术特征相同的特定技术特征，也就是说，可以初步确定这4个技术主题符合《专利法》第三十一条有关单一性的规定，可以将它们合在一件申请案中提出申请。当然，在针对这4个技术主题完成独立权利要求的撰写后将进一步具体地说明这4个技术主题符合《专利法》第三十一条有关单一性规定的理由。

（二）针对各技术主题确定要发明最接近的现有技术

鉴于3篇对比文件中的现有技术中均未涉及封装有可产生或吸收气体的物质的透气包装袋的供给方法和供给系统的内容，因此仅针对前两个技术主题来确定最接近的现有技术。

就封装有可产生或吸收气体的物质的透气性包装体这一技术主

题而言，3篇对比文件中的现有技术都涉及封装有可产生或吸收气体的物质的包装体的技术内容，也就是说，这3篇对比文件与本发明属于相同的技术领域。

根据客户在技术交底书中对本发明内容的介绍，本发明针对现有技术中封装在透气性包装层中的物质在非使用状态出现效力减退的缺陷提供一种能够有效防止其所封装的物质在非使用状态下效力减退的包装体，而且在需要使用时又可以十分方便地使其处于正常使用状态。就此而言，3篇对比文件中的现有技术也都能解决这一技术问题，也能达到同样的技术效果，因此就解决的技术问题、技术效果或者用途而言，三者与本发明相接近的程度也差不多。但是，本发明中每个包装体内仅包含一个封装有可产生或吸收气体的物质的透气包装袋，对比文件1和对比文件2在每个包装体内也只有一个封装有可产生或吸收气体的物质的透气包装袋，而对比文件3中却装有多个封装有可产生或吸收气体的物质的透气包装袋，由此可知，对比文件1和对比文件2与对比文件3相比披露了本发明更多的技术特征，应当从这两篇对比文件来确定最接近的现有技术。考虑到对比文件1中仅仅将封装有可产生或吸收气体的物质的透气包装袋放入外包装层中，而对比文件2中不仅封装有可产生或吸收气体的物质的透气包装袋位于外包装层中，而且两者之间部分相粘接，这一点与本发明更相近，也就是说对比文件2与对比文件1相比也披露了本发明更多的技术特征，因此应当将对比文件2作为本发明"封装有可产生或吸收气体的物质的包装体"这一技术主题的最接近的现有技术。

至于由单个包装体连接成的包装体长带这一技术主题，由于对比文件1和对比文件3各个包装体彼此之间不相连接，而对比文件2中的单个包装体之间存在连接部分，与本发明的不同之处仅在于本发明连接成长带状，对比文件2连接成板状，由此可知，就这一技术主题而言，对比文件2披露了本发明更多的技术特征，因此也应当以对比文件2作为本发明"由单个包装体连接成的包装体长带"这一技术主题的最接近的现有技术。

（三）针对本发明最主要的技术主题撰写独立权利要求和从属权利要求

在针对本发明最主要的技术主题撰写权利要求书时，通常可以先确定该技术主题相对于最接近的现有技术所要解决的技术问题，然后着手撰写独立权利要求，最后撰写从属权利要求。

1. 确定要解决的技术问题

鉴于技术交底书中所写明的本发明要解决的技术问题"有效防止所封装的物质在非使用状态下效力减退，且在需要使用时又可以十分方便地使其处于正常使用状态"在对比文件2中已得到解决，则应当根据本发明与最接近的现有技术的区别来确定所要解决的技术问题。考虑到本发明"封装有可产生或吸收气体的物质的包装体"这一技术主题与最接近的现有技术的区别在于包含有便于将不透气外包装层撕去的带状或绳状部件，而且由这样的单个包装体连接成长带后适宜于在流水线中作业，因此可以将本发明这一技术主题所要解决的技术问题确定为"提供一种便于除去其不透气外包装层的封装有可产生或吸收气体的物质的包装体，且这种包装体可方便地连接成适宜于在流水线上作业的包装体组合。"

2. 撰写独立权利要求

在确定本发明"封装有可产生或吸收气体的物质的包装体"这一技术主题要解决的技术问题后，则针对该要解决的技术问题确定本发明这一技术主题的必要技术特征。由前面对本发明这一技术主题的主要技术特征所作的分析可知，除了写明其主要部件，即封装有可产生或吸收气体的物质的透气包装袋、不透气外包装层和带状或绳状部件外，还应当至少写明反映这些部件之间为实现便于除去

295

不透气外包装层这一技术问题而具有的结构关系。具体说来,应当包括如下必要技术特征:

①一个由至少部分为透气性材料的内包装层和封装在该内包装层中的可产生或吸收气体的物质构成的透气包装袋;

②至少部分与透气包装袋的内包装层相粘接且用于使透气包装袋的透气部分与周围环境相隔离的不透气外包装层;

③与不透气外包装层相粘接的带状或绳状部件;

④带状或绳状部件至少有一端未与不透气外包装层相粘接而形成空余端头,以用于将不透气外包装层撕去而使其透气包装袋的透气材料部分暴露在外。

在上述必要技术特征中,前两个技术特征已在对比文件2中披露,因此是本发明这一技术主题与最接近的现有技术对比文件2共有的技术特征,应当写入独立权利要求1的前序部分,而后两个技术特征是本发明与最接近的现有技术相比的区别技术特征,则将这后两个技术特征写入独立权利要求1的特征部分。

需要说明的是,原先确定的这一技术主题是"封装有可产生或吸收气体的物质的包装体",但考虑到已经将"封装有可产生或吸收气体的物质的透气包装袋"作为必要技术特征写入独立权利要求1的前序部分,从属权利要求还应当简要限定要求专利保护范围的规定考虑,可以将这一技术主题确定为"包装体"。

最后针对本发明最主要的技术主题所撰写的独立权利要求1为:

"1. 一种包装体,包括一个由至少部分为透气性材料的内包装层(3;9)和封装在该内包装层(3;9)中的可产生或吸收气体的物质(4)构成的透气包装袋(5),以及至少部分与所述透气包装袋(5)的内包装层(3;9)相粘接且用于使所述透气包装袋(5)的透气部分(3;92)与周围环境相隔离的不透气外包装层(2;10),其特征在于:该包装体还包括与所述不透气外包装层(2;10)相粘接的带状或绳状部件(6),该带状或绳状部件(6)

至少有一端未与所述不透气外包装层（2；10）相粘接而形成空余端头（61），以用于将该带状或绳状部件（6）连同所述不透气外包装层（2；10）撕去而使所述透气包装袋（5）的透气部分（3；92）暴露在外。"

3. 撰写从属权利要求

撰写独立权利要求之后，可以从以下几个方面来撰写从属权利要求。

（1）对带状部件或绳状部件与外包装层的位置关系作进一步限定，以下述附加技术特征分别撰写一项从属权利要求：

带状部件或绳状部件粘接在不透气外包装层的外表面，其与不透气外包装层之间的粘接力大于不透气外包装层与透气内包装层之间的粘接力；

带状部件或绳状部件粘接在不透气外包装层的内表面，其至少有一端在不透气外包装层的边缘处穿出而成为空余端头。

（2）针对不透气外包装层包封住整个内包装层的结构以及它们之间的连接关系作进一步限定，以下述附加技术特征分别撰写一项从属权利要求：

不透气外包装层包封住整个内包装层；

不透气外包装层整体粘接在内包装层上；

不透气外包装层和透气内包装层仅在其边缘部分相粘接，而在其中间彼此分离形成空腔。

（3）针对透气内包装层的具体结构作进一步限定，至少以下述附加技术特征分别撰写一项从属权利要求：

透气内包装层整体由透气材料构成；

透气内包装层包括透气和不透气两部分；

透气内包装层上的透气部分是通过在不透气材料上局部穿孔形成；

（4）针对内包装层包括透气和不透气两部分的情况，对外包装层仅仅覆盖在内包装层透气部分以及内外包装层之间的粘接关系作进一步限定，以下述附加技术特征分别撰写一项从属权利要求：

不透气外包装层仅仅覆盖住内包装层的透气部分；

不透气外包装层与内包装层的透气部分整体粘接在一起；

不透气外包装层的四周与内包装层上紧邻透气部分的不透气部分相粘接。

最后至少可写成如下11项从属权利要求：

"2. 按照权利要求1所述的包装体，其特征在于：所述带状或绳状部件（6）粘接在所述不透气外包装层（2；10）外表面，其与所述不透气外包装层（2；10）之间的粘接力大于所述不透气外包装层（2；10）与所述内包装层（3；9）之间的粘接力。

3. 按照权利要求1所述的包装体，其特征在于：所述带状或绳状部件（6）粘接在所述不透气外包装层（2；10）的内表面，其至少一端从所述不透气外包装层（2；10）与所述内包装层（3；9）的边缘粘接处穿出，伸出该包装体之外的部分成为所述空余端头（61）。

4. 按照权利要求1至3中任一项所述的包装体，其特征在于：所述不透气外包装层（2）包封住所述包装体的整个内包装层（3）。

5. 按照权利要求4所述的包装体，其特征在于：所述不透气外包装层（2）整体粘接在所述内包装层（3）上。

6. 按照权利要求4所述的包装体，其特征在于：所述不透气外包装层（2）与所述内包装层（3）仅仅在边缘部分相粘接，而在其中间彼此分离形成空腔。

7. 按照权利要求1至3中任一项所述的包装体，其特征在于：所述内包装层（3）整体由透气性材料构成。

8. 按照权利要求1至3中任一项所述的包装体，其特征在于：所述内包装层（9）由透气部分（92）和不透气部分（91）构成。

9. 按照权利要求8所述的包装体，其特征在于：所述不透气外包装层（10）仅仅覆盖住所述内包装层（9）的透气部分（92）。

10. 按照权利要求9所述的包装体，其特征在于：所述不透气性外包装层（10）与所述内包装层（9）的透气部分（92）整体粘接在一起。

11. 按照权利要求9所述的包装体，其特征在于：所述不透气性外包装层（10）仅仅在其四周与所述内包装层（9）上紧邻透气部分（92）的不透气部分（91）相粘接，在其中间与所述内包装层（9）的透气部分（92）彼此分离形成空腔。

12. 按照权利要求8所述的包装体，其特征在于：所述内包装层（9）的透气部分（92）通过在不透气性材料上局部穿孔形成。"

（四）为本发明其他几项技术主题撰写独立权利要求和从属权利要求

下面针对由单个包装体连接而成的包装体长带、封装有可产生或吸收气体的物质的透气包装袋的供给方法以及封装有可产生或吸收气体的物质的透气包装袋的供给系统3项技术主题分别撰写独立权利要求及其从属权利要求。

1. 由单个包装体连接而成的包装体长带

正如前面理解发明素材时所指出的，包装体长带是由多个连续的包装体构成的长带，因此在针对该技术主题撰写独立权利要求时，对于涉及各个包装体具体结构特征的内容，可以通过引用包装体权利要求方式来撰写，从而该独立权利要求的撰写可以大大简化。至于如何引用有两种方式：其一，在涉及单个包装体具体结构的特征时采用仅引用权利要求1所述包装体的表述方式，但此时需要针对该独立权利要求撰写相应的各项从属权利要求，如果不再撰写相应的各项从属权利要求时，则在答复"审查意见通知书"需要修改独立权利要求1时，尤其是在无效程序时修改专利文件涉及对独立权利要求1的修改时，会给包装体长带这项独立权利要求的修改造成困难；其二，在涉及单个包装体具体结构的特征时采用引用所有权利要求中任一项所述包装体的表述方式，这样只需要撰写一项独立权利要求即可。考虑到目前国家知识产权局在质量检查报告中已出现允许采用后一种引用方式的写法，为使权利要求书作为整体简要地限定要求专利保护的范围，建议在提出专利申请时采用后一种引用方式。

根据前面理解发明素材时对包装体长带技术特征的分析，在包装体长带独立权利要求中应当写明由多个包装体连接成条状，各个包装体之间形成连接部（写入这一技术特征是为后面撰写包装体供给方法做准备）；各包装体的带状或绳状部件形成一条连续的带状或绳状部件，其至少有一端延伸到包装体长带之外成为空余端头。

考虑到在该独立权利要求的技术特征中需要写明由多个权利要求1至12中任一项所述的包装体连接而成，因此对该独立权利要求的主题名称就不再重复写明由单个包装体连接而成，即该独立权利要求的主题名称确定为包装体长带。此外，考虑到该技术主题的最接近的现有技术对比文件2已披露了多个包装体相连接的内容，因此将反映"包装体长带由多个包装体通过连接部连接而成"的技术特征写入该独立权利要求的前序部分。

最后完成的包装体长带的独立权利要求13如下：

"13. 一种包装体长带，由多个权利要求1至12中任一项所述的包装体（1）通过位于相邻两包装体（1）之间的连接部（12）连接而成，其特征在于：多个包装体（1）连接成条状，各个包装体（1）上的带状或绳状部件（6）形成一条连续的带状或绳状部件（13），该连续的带状或绳状部件（13）至少有一端未与所述不透气外包装层（2；10）相粘接而形成空余端头（131），以用于将该连续的带状或绳状部件（13）连同连接成条状的包装体中的不透气外包装层（2；10）顺次撕开以使其透气包装袋的透气部分（3；92）暴露在外。"

由于该独立权利要求 12 中涉及单个包装体具体结构的技术特征时采用了引用以包装体作为保护客体的所有权利要求的方式来表述，因此就无须针对其再撰写从属权利要求了。

2. 封装有可产生或吸收气体的物质的透气包装袋的供给方法

鉴于对比文件中未涉及封装有可产生或吸收气体的物质的透气包装袋的供给方法的内容，而技术交底书中仅给出一种实施方式，且所写明的工序步骤都是必要技术特征，因此可以根据技术交底书中提供的内容完成独立权利要求的撰写。鉴于发明素材中未含有其他可以写成从属权利要求附加技术特征的内容，因此对封装有可产生或吸收气体的物质的透气包装袋的供给方法未再撰写从属权利要求，在平时专利代理实务中，可以通过与客户的进一步沟通以了解该供给方法的优选技术手段，并针对优选技术手段撰写相应的从属权利要求。

最后完成的封装有可产生或吸收气体的物质的透气包装袋的供给方法的独立权利要求 14 如下：

"14. 一种封装有可产生或吸收气体的物质的透气包装袋的供给方法，包括下述步骤：

（1）将如权利要求 13 所述的包装体长带（11）上的连续带状或绳状部件（13）的空余端头（131）缠绕在牵拉装置上；

（2）沿着与所述不透气外包装层（2；10）的表面成角度的方向牵拉该连续带状或绳状部件（13），将包装体长带（11）中的连续带状或绳状部件（13）连同与其相粘接的不透气外包装层（2；10）逐个顺次撕去，使各包装体（1）的透气包装袋（5）的透气部分（3；9）逐个顺次暴露在外；

（3）沿该包装体长带（11）的连接部（12）将其依次切断成各个已被撕去不透气外包装层（2；10），且封装有可产生或吸收气体的物质的透气包装袋（5）；

（4）将上述各个透气包装袋（5）逐个供给到规定场所。"

3. 封装有可产生或吸收气体的物质的透气包装袋的供给系统

鉴于对比文件中未涉及封装有可产生或吸收气体的物质的透气包装袋的供给系统的内容，而技术交底书中也仅给出一种实施方式，因此可以按照技术交底书中的内容撰写独立权利要求即可，即写明各个主要部件：旋转辊组、牵拉剪切机、滑槽，并按照技术交底书中给出的这些部件的功能写明相互之间的关系。需要特别说明的是，为保证能将包装体长带的连续带状或绳状部件连同不透气外包装层撕去，旋转辊组设置在牵拉剪切机的斜上方是必要技术特征，应当写入独立权利要求中；而对于旋转辊组的具体结构为非必要技术特征，可以作为附加技术特征撰写一项从属权利要求。同样，在平时代理实务中，还应当与客户作进一步沟通，请客户就该供给系统补充更具体的技术内容，从而在专利申请文件时，不仅可以针对"封装有可产生或吸收气体的物质的透气包装袋的供给系统"这一技术主题的优选技术措施撰写相应的从属权利要求，而且使所撰写的说明书满足充分公开这一技术主题的要求。

根据客户提供的技术交底书的内容撰写完成的"封装有可产生或吸收气体的物质的透气包装袋的供给系统"的独立权利要求15和从属权利要求16如下：

"15. 一种封装有可产生或吸收气体的物质的透气包装袋的供给系统，包括：

一个可将权利要求13所述的包装体长带（11）中的连续带状或绳状部件（13）的空余端头（131）缠绕在其上并用于将该连续带状或绳状部件（13）连同与之相粘接的不透气外包装层（2；10）从该包装体长带（11）上剥离下来的旋转辊组（15），

一台用于将已撕去不透气外包装层（2；10）的包装体长带（11）拉入并沿其各个连接部（12）将其切断成各个封装有可产生或吸收气体的物质的透气包装袋（5）的牵拉剪切机（16），

以及用于将切断后的各个透气包装袋（5）依次投放到相应场

所的滑槽（17）；

所述旋转辊组（15）设置在所述牵拉剪切机（16）的斜上方。

16. 按照权利要求15所述的供给系统，其特征在于：所述旋转辊组（15）有两个从动旋转辊（18，19）和一个与驱动装置直接相连接的主动旋转辊（20）。"

在完成其他3个技术主题的独立权利要求的撰写后，进一步分析一下这3项独立权利要求与本申请最主要的技术主题是否符合《专利法》第三十一条有关单一性的规定。

对独立权利要求1来说，其相对于最接近的现有技术对比文件2和另两项现有技术对比文件1和对比文件3的特定技术特征为："与不透气外包装层相粘接的带状或绳状部件"和"该带状或绳状部件至少有一端未与不透气外包装层相粘接而形成空余端头，以用于将该带状或绳状部件连同不透气外包装层撕去而使所述透气包装袋的透气部分暴露在外"。

对于独立权利要求13来说，其相对于最接近的现有技术对比文件2和另两项现有技术对比文件1和对比文件3的特定技术特征为："多个包装体连接成条状"，"各个包装体上的带状或绳状部件形成一条连续的带状或绳状部件"，"该连续带状或绳状部件至少有一端未与所述不透气外包装层相粘接而形成空余端头，以用于将该连续的带状或绳状部件连同连接成条状的包装体中的不透气外包装层顺次撕开以使其透气包装袋的透气部分暴露在外"。

对于独立权利要求14来说，其相对于3项现有技术对比文件1、对比文件2和对比文件3的特定技术特征为："将包装体长带上的带状或绳状部件的空余端头缠绕在牵拉装置上"，"沿着与不透气外包装层的表面成一定角度方向牵拉带状或绳状部件，将包装体长带中的连续带状或绳状部件连同与其相粘接的不透气外包装层逐个顺次撕去，使各包装体的透气包装袋的透气部分逐个顺次暴露在外"，"沿该包装体长带的连接部将其依次切断成各个已被撕去不透气外包装层的透气包装袋"；"将各个透气包装袋逐个供给到规定场所"。

对于独立权利要求15来说，其相对于3项现有技术对比文件1、对比文件2和对比文件3的特定技术特征为："将包装体长带中的连续带状或绳状部件的空余端头缠绕在其上并用于将该连续带状或绳状部件连同不透气外包装层从该包装体长带上剥离下来的旋转辊组"，"用于将已撕去不透气外包装层的包装体长带拉入并沿其各个连接部将其切断成各个封装有可产生或吸收气体的物质的透气包装袋的牵拉剪切机"，"用于将切断后的各个透气包装袋依次投放到相应场所的滑槽"，"旋转棍组设置在牵拉剪切机的斜上方"。

由此可知，上述四个技术主题具有相同的特定技术特征"与不透气外包装层相粘接的带状或绳状部件"和"该带状和绳状部件具有用于将其连同与其相粘接的不透气外包装层撕去或剥离而使透气包装袋的透气部分暴露在外的空余端头"，由此可知，这4个技术主题属于一个总的发明构思，符合《专利法》第三十一条有关单一性的规定，可以放在一件发明专利申请中提出申请。

（五）在撰写的权利要求书的基础上完成说明书及其摘要的撰写

说明书及其摘要的撰写应当按照《专利法实施细则》第十七条、第十八条和第二十三条的规定撰写。

由于本发明涉及4项独立权利要求，为了在发明名称中反映本发明要求保护的主题和类型，可根据上述4项独立权利要求的主题名称来撰写，考虑到最好不超过25字的要求，建议将发明名称确定为"包装体、包装体长带及透气包装袋的供给方法和供给系统"。

对于技术领域部分，由于本发明涉及4个技术主题，这一部分应当针对这4个技术主题分别写明其技术领域。对于其中第一个技术主题可以比较详细地说明其技术领域，而对后3个技术主题可适当给予简化。

按照《专利法实施细则》第十七条的规定，在背景技术部分，要写明对发明或者实用新型的理解、检索、审查有用的背景技术；有可能的，并引证反映这些背景技术的文件。就本专利申请来说，可以简明扼要地对 3 项现有技术的情况作出说明，其中重点对最接近的现有技术对比文件 2 作出说明。

发明内容部分首先针对本申请最主要的技术主题写明其相对于检索到的对比文件 2 所要解决的技术问题：本发明要解决的技术问题提供一种便于除去其不透气外包装层的封装有可产生或吸收气体的物质的包装体，且这种包装体可方便地连接成适宜在流水线上作业的包装体组合。然后，针对包装体长带写明其相对于检索到的对比文件 2 所要解决的技术问题：本发明另一个要解决的技术问题提供一种适宜在流水线上作业的包装体长带。接着，针对另两个技术主题写明所要解决的技术问题，就本申请而言，可以采用合并在一起的简写方式；本发明另一个要解决的技术问题是提供一种适宜于在流水线上向所需工位分发封装有可产生或吸收气体的物质的透气包装袋的供给方法和供给系统。

在写明本发明所要解决的技术问题后，重点针对本发明最主要的技术主题写明其技术方案，并结合该技术方案说明带来的有益效果。此后，针对该技术主题中相对来说比较重要的从属权利要求，如权利要求 2 和权利要求 3，尤其是权利要求 9 写明其技术方案，并结合其附加技术特征说明其带来的有益效果。此后再针对另外 3 项技术主题写明独立权利要求 13、14 和 15 的技术方案，必要时可说明其带来的有益效果。

对本申请来说，发明内容部分在写明针对 4 项技术主题所要解决的技术问题、4 项技术主题的技术方案以及针对各技术主题写明其有益效果之后，还可将针对 4 项技术主题所写明的有益效果归纳成本发明的有益效果，作为发明内容部分的最后一段。

本申请有附图，需要有附图说明部分。对本申请来说，至少要给出反映本发明包装体三种实施方式的图一、图二、图三、图四，反映包装体长带的图五以及反映封装有可产生或吸收气体的物质的透气包装袋的供给系统的图六。在这一部分按照重新编排的图号对这6幅附图的图名作简略说明。

在具体实施方式部分，应当首先结合反映本发明包装体3种实施方式的附图对本发明包装体这一技术主题作详细说明。具体说明时，应当使这方面的内容足以支持独立权利要求1以及从属权利要求2～12的技术方案，而且还应当注意满足充分公开的要求。此外，还应当注意为修改权利要求书时使所作修改不超出原说明书和权利要求书的记载范围创造条件。此后，考虑到包装体长带是在3种实施方式包装体的基础上由多个相同的包装体连接成长条，因此，可以结合反映包装体长带的附图对包装体长带这一技术主题简要地作出说明，重点说明其如何由单个包装体连接成包装体长带及其相应的使用方式。最后，再对另两个技术主题分别作出具体说明，正如前面所指出的那样，目前客户所提供的技术交底书中有关这两个技术主题的内容介绍过于简单，为了达到充分公开这两项技术主题，最好要求客户针对这两个技术主题再补充有关内容。但在下面推荐的说明书文本中，仅根据技术交底书中所介绍的内容简要地对这两个技术主题作出说明，其中对于封装有可产生或吸收气体的物质的透气包装袋的供给系统结合相应的附图作出说明。

在撰写说明书的上述内容时，应当按照《专利法实施细则》第十七条第二款的规定，在说明书的5个部分（技术领域、背景技术、发明内容、附图说明、具体实施方式）之前分别写明相应部分的标题。

在完成说明书的撰写后，应当按照《专利法实施细则》第二十三条的规定撰写说明书摘要。就本申请而言，至少写明本发明4项技术主题的名称和4项独立权利要求的技术方案的要点，考虑到说明书摘要不得超过300个字的要求，对于后两个技术主题的技术方案可合在一起加以说明。此外，由于本申请涉及技术主题较多，为满足摘要不超过300个字的要求，尽可能将其要解决的技术问题或技术效果和主要用途融入技术方案要点中加以描述。对于本申请来说，还应当采用一幅最能反映本发明技术方案的说明书附图4作为摘要附图。

三、推荐的专利申请文件

根据以上客户提供的介绍本发明"封装有产生或吸收气体的物质的包装体"的资料以及检索到的现有技术对比文件1、对比文件2（最接近的现有技术）和对比文件3，给出推荐的发明专利申请文件撰写文本。

权 利 要 求 书

1. 一种包装体，包括一个由至少部分为透气性材料的内包装层（3；9）和封装在该内包装层（3；9）中的可产生或吸收气体的物质（4）构成的透气包装袋（5），以及至少部分与所述透气包装袋（5）的内包装层（3；9）相粘接且用于使所述透气包装袋（5）的透气部分（3；92）与周围环境相隔离的不透气外包装层（2；10），其特征在于：该包装体还包括与所述不透气外包装层（2；10）相粘接的带状或绳状部件（6），该带状或绳状部件（6）至少有一端未与所述不透气外包装层（2；10）相粘接而形成空余端头（61），以用于将该带状或绳状部件（6）连同所述不透气外包装层（2；10）撕去而使所述透气包装袋（5）的透气部分（3；92）暴露在外。

2. 按照权利要求1所述的包装体，其特征在于：所述带状或绳状部件（6）粘接在所述不透气外包装层（2；10）外表面，其与所述不透气外包装层（2；10）之间的粘接力大于所述不透气外包装层（2；10）与所述内包装层（3；9）之间的粘接力。

3. 按照权利要求1所述的包装体，其特征在于：所述带状或绳状部件（6）粘接在所述不透气外包装层（2；10）的内表面，其至少一端从所述不透气外包装层（2；10）与所述内包装层（3；9）的边缘粘接处穿出，伸出该包装体之外的部分成为所述空余端头（61）。

4. 按照权利要求1至3中任一项所述的包装体，其特征在于：所述不透气外包装层（2）包封住所述包装体的整个内包装层（3）。

5. 按照权利要求4所述的包装体，其特征在于：所述不透气外包装层（2）整体粘接在所述内包装层（3）上。

6. 按照权利要求4所述的包装体，其特征在于：所述不透气外包装层（2）与所述内包装层（3）仅仅在边缘部分相粘接，而在其中间彼此分离形成空腔。

7. 按照权利要求1至3任一项所述的包装体，其特征在于：所述内包装层（3）整体由透气性材料构成。

8. 按照权利要求1至3中任一项所述的包装体，其特征在于：所述内包装层（9）由透气部分（92）和不透气部分（91）构成。

9. 按照权利要求8所述的包装体，其特征在于：所述不透气外包装层（10）仅仅覆盖住所述内包装层（9）的透气部分（92）。

10. 按照权利要求9所述的包装体，其特征在于：所述不透气性外包装层（10）与所述内包装层（9）的透气部分（92）整体粘接在一起。

11. 按照权利要求9所述的包装体，其特征在于：所述不透气性外包装层（10）仅仅在其四周与所述内包装层（9）上紧邻透气部分（92）的不透气部分（91）相粘接，在其中间与所述内包装层（9）的透气部分（92）彼此分离形成空腔。

12. 按照权利要求8所述的包装体，其特征在于：所述内包装层（9）的透气部分（92）通过在不透气性材料上局部穿孔形成。

13. 一种包装体长带，由多个权利要求1至12中任一项所述的包装体（1）通过位于相邻两包装体（1）之间的连接部（12）连接而成，其特征在于：多个包装体（1）连接成条状，各个包装体（1）上的带状或绳状部件（6）形成一条连续的带状或绳状部件（13），该连续的带状或绳状部件（13）至少有一端未与所述不透气外包装层（2；10）相粘接而形成空余端头（131），以用于将该连续的带状或绳状部件（13）连同连接成条状的包装体中的不透气外包装层（2；10）顺次撕开以使其透气包装袋的透气部分（3；92）暴露在外。

14. 一种封装有可产生或吸收气体的物质的透气包装袋的供给方法，包括下述步骤：

（1）将如权利要求13所述的包装体长带（11）上的连续带状或绳状部件（13）的空余端头（131）缠绕在牵拉装置上；

309

（2）沿着与所述不透气外包装层（2；10）的表面成角度的方向牵拉该连续带状或绳状部件（13），将包装体长带（11）中的连续带状或绳状部件（13）连同与其相粘接的不透气外包装层（2；10）逐个顺次撕去，使各包装体（1）的透气包装袋（5）的透气部分（3；9）逐个顺次暴露在外；

（3）沿该包装体长带（11）的连接部（12）将其依次切断成各个已被撕去不透气外包装层（2；10），且封装有可产生或吸收气体的物质的透气包装袋（5）；

（4）将上述各个透气包装袋（5）逐个供给到规定场所。

15. 一种封装有可产生或吸收气体的物质的透气包装袋的供给系统，包括：

一个可将权利要求13所述的包装体长带（11）中的连续带状或绳状部件（13）的空余端头（131）缠绕在其上，并用于将该连续带状或绳状部件（13）连同与之相粘接的不透气外包装层（2；10）从该包装体长带（11）上剥离下来的旋转辊组（15），

一台用于将已撕去不透气外包装层（2；10）的包装体长带（11）拉入并沿其各个连接部（12）将其切断成各个封装有可产生或吸收气体的物质的透气包装袋（5）的牵拉剪切机（16），

以及用于将切断后的各个透气包装袋（5）依次投放到相应场所的滑槽（17）；

所述旋转棍组（15）设置在所述牵拉剪切机（16）的斜上方。

16. 按照权利要求15所述的供给系统，其特征在于：所述旋转辊组（15）有两个从动旋转辊（18，19）和一个与驱动装置直接相连接的主动旋转辊（20）。

说 明 书

包装体、包装体长带及透气包装袋的供给方法和供给系统

技术领域

　　本发明涉及一种包装体，包括一个由至少部分为透气性材料的内包装层和封装在该内包装层中的可产生或吸收气体的物质构成的透气包装袋，以及至少部分与该透气包装袋的内包装层相粘接且用于使该透气包装袋的透气部分与周围环境相隔离的不透气外包装层。

　　本发明还涉及由多个上述包装体连接而成的包装体长带，以及封装有可产生或吸收气体的物质的透气包装袋的供给方法和供给系统。

背景技术

　　对于人们所熟知的封装有可产生或吸收气体的物质（活性炭、樟脑等）的包装体来说，由于其包装层通常由透气性材料制成，因此，在该包装层中所封装的物质在非使用状态下就开始效力减退。

　　为解决所存在的上述问题，在近几年来的现有技术中，将这些包装体用不透气外包装层包封起来，在其保存期间，由于不透气外包装层的阻隔作用，封装在透气性包装层（以下简称"透气内包装层"）中的可产生或吸收气体的物质不会起到产生或吸收气体的作用，因此当需要正常使用时打开外包装层，取出包装体放在其使用场所，封装在该包装体中的物质在此之前效力并未减退，从而正常使用时能很好地起到产生或吸收气体的作用。

　　中国发明专利申请公开说明书CN1223567A、CN1234567A和CN1345678A中均公开了这种具有不透气外包装层的封装有可产生或吸收气体的物质（活性炭、樟脑等）的包装体。

　　在中国发明专利申请公开说明书CN1223567A中公开的包装体

中，将多个由透气性材料制成的、封装有干燥剂的小袋包装袋装入一个不透气性外包装袋中，用胶条将外包装袋封口密封。需要使用时，将此包装体运送到需要供给干燥剂小袋包装袋的场所之后，将位于封口密封处的胶条撕开，从不透气外包装袋中取出封装有干燥剂的小袋包装袋，分别填充到例如食品袋等相应容器中。

在中国发明专利申请公开说明书CN1345678A中公开的包装体（防蛀干燥药袋）由内外包装袋构成，其中在外包装塑料袋内装有一个透气性好的无纺布内包装袋，在无纺布内包装袋中盛装有颗粒状或粉状防蛀干燥药物，外包装塑料袋的袋口进行热封。无纺布内包装袋的袋口也被热封。需要使用时，将外包装袋撕开，将装有粉状防蛀干燥药物的无纺布内包装袋放置于衣柜或箱子内。

中国发明专利申请公开说明书CN1345678A中公开了一种包装挥发性物质的复合包装体。该复合包装体包括其上制有多个凸罩的不透气性塑料硬片和平面型不透气性塑料硬片，以及多个由透气性纸片制成的封装有挥发性物质的透气性内包装袋。在每个凸罩内放置一个透气性内包装袋，在不透气性塑料硬片的平面部分以及各个透气性内包装袋上涂敷粘接剂，使不透气性塑料硬片和透气性内包装袋粘接在平面型不透气性塑料硬片上。在带凸罩的不透气性塑料硬片和平面型不透气性塑料硬片上各个凸罩之间的位置形成有分割线。在使用时，将复合包装体沿分割线6取下单个小包装体，再将其上的平面型不透气性塑料硬片撕下，从中取出一个封装有挥发性物质的透气性内包装袋放在应用场所。

上述3项现有技术虽然在未处于使用状态时封装在透气包装袋中的可产生或吸收气体的物质的效力不会减退，但在使用时还不够方便，有的需要借助工具来撕开外包装层，尤其是这3项现有技术均不适宜于在流水线上进行流水作业。

发明内容

本发明要解决的技术问题提供一种便于除去其不透气外包装层

的封装有可产生或吸收气体的物质的包装体,且这种包装体可方便地连接成适宜于在流水线上作业的包装体组合。

本发明另一个要解决的技术问题提供一种适宜于在流水线上作业的包装体长带。

本发明再一个要解决的技术问题是提供一种适宜于在流水线上向所需工位分发封装有可产生或吸收气体的物质的透气包装袋的供给方法和供给系统。

针对本发明封装有可产生或吸收气体的物质的包装体来说,本发明的包装体包括一个由至少部分为透气性材料的内包装层和封装在该内包装层中的可产生或吸收气体的物质构成的透气包装袋,以及至少部分与该透气包装袋的内包装层相粘接且用于使该透气包装袋的透气部分与周围环境相隔离的不透气外包装层;该包装体还包括与不透气外包装层相粘接的带状或绳状部件,该带状或绳状部件至少有一端未与不透气外包装层相粘接而形成空余端头,以用于将该带状或绳状部件连同不透气外包装层撕去而使所述透气包装袋的透气部分暴露在外。

采用上述结构的包装体,可以很方便地握持或夹持住带状或绳状部件的空余端头,从而沿着与其外包装层的表面成一定角度的方向牵拉此带状或绳状部件,就可将该带状或绳状部件连同所述不透气外包装层撕去而使所述透气包装袋的透气部分暴露在外。尤其是这种结构的包装体可以很方便地连接成条状,从而适宜流水线上的流水作业。

作为本发明包装体的一种改进,带状或绳状部件粘接在不透气外包装层外表面,其与不透气外包装层之间的粘接力大于不透气外包装层与透气包装袋的内包装层之间的粘接力。在这种改进结构中,由于带状或绳状部件粘接在不透气外包装层外表面,从而可以很方便地找到其空余端头而将其握持或夹持;此外,由于与不透气外包装层之间的粘接力大于不透气外包装层与透气包装袋的内包装层之间的粘接力,因此,沿着与其外包装层的表面成一角度的方向牵拉此带状或绳状部件,就可将该带状或绳状部件连同所述不透气外包装层撕去而使所述透气包装袋的透气部分暴露在外。

作为本发明包装体的另一种改进,带状或绳状部件粘接在不透气外包装层的内表面,其至少一端从不透气外包装层与所述内包装层的边缘粘接处穿出,伸出该包装体之外的部分成为所述空余端头。在这种改进结构中,由于带状或绳状部件至少一端从不透气外包装层与所述内包装层的边缘粘接处穿出而成为空余端头,从而可很方便地握持或夹持住此空余端头;此外,由于带状或绳状部件粘接在不透气外包装层的内表面,因此牵拉此带状或绳状部件就能很容易地使不透气外包装层随着带状或绳状部件一起被撕去。

作为本发明包装体的一种优选,该包装体中的内包装层由透气部分和不透气部分构成,尤其是在不透气外包装层仅仅覆盖住内包装层的透气部分时,不仅可以节省材料,而且施加较小的牵拉力就能将带状或绳状部件连同不透气外包装层撕去。

对于包装体长带这一技术主题,本发明的技术方案是将多个前述包装体通过位于相邻两包装体之间的连接部连接成条状包装体长带,各个包装体上的带状或绳状部件形成一条连续的带状或绳状部件,该连续的带状或绳状部件至少有一端未与所述不透气外包装层相粘接而形成空余端头,以用于将该连续的带状或绳状部件连同连接成条状的包装体中的不透气外包装层顺次撕开以使其透气包装袋的透气部分暴露在外。

采用这种结构的包装体长带,由于各个包装体连接成条状,且各个包装体上的带状或绳状部件形成一条连续的带状或绳状部件,该连续的带状或绳状部件至少有一端未与所述不透气外包装层相粘接而形成空余端头,则就在流水线上的一个工位上夹持住该包装体长带上连续带状或绳状部件的空余端头后,从而通过牵拉连续带状或绳状部件就可将其连同不透气外包装层逐个顺次剥离下来,由此可知,这种包装体特别适宜在流水线上进行作业。

对于封装有可产生或吸收气体的物质的透气包装袋的供给方法

这一技术主题，本发明的供给方法包括如下步骤：①将上述包装体长带上的连续带状或绳状部件的空余端头缠绕在牵拉装置上；②沿着与不透气外包装层的表面成一定角度方向牵拉该连续带状或绳状部件，将包装体长带中连续带状或绳状部件连同与其相粘接的不透气外包装层逐个顺次撕去，使各包装体的透气包装袋的透气部分逐个顺次暴露在外；③沿该包装体长带的连接部将其依次切断成各个已被撕去不透气外包装层且封装有可产生或吸收气体的物质的透气包装袋；④将上述各个透气包装袋逐个供给到规定场所。

对于封装有可产生或吸收气体的物质的透气包装袋的供给系统这一技术主题，本发明的供给系统包括一个可将上述包装体长带中的连续带状或绳状部件的空余端头缠绕在其上，并用于将该连续带状或绳状部件连同与之相粘接的不透气外包装层从该包装体长带上剥离下来的旋转辊组，一台用于将已撕去不透气外包装层的包装体长带拉入并沿其各个连接部将其切断成各个封装有可产生或吸收气体的物质的透气包装袋的牵拉剪切机，以及用于将切断后的各个透气包装袋依次投放到相应场所的滑槽；该旋转辊组设置在牵拉剪切机的斜上方。

对于本发明上述封装有可产生或吸收气体的物质的透气包装袋的供给方法和供给系统，特别适宜在流水线上某个工位上安装供给系统和实施该供给方法，从而可以十分方便地将在该工位上获得的封装有可产生或吸收气体的物质的透气包装袋分送到所需工位上。

总之，本发明的包装体可以很方便地撕去外包装层而放置到所需场所，尤其是将多个包装体连接成本发明的条状包装体长带后，特别适宜在流水线上采用本发明的供给方法、使用本发明的供给系统，将上述包装体的连续带状或绳状部件连同不透气外包装层剥离下来而得到封装有可产生或吸收气体的物质的透气包装袋，并将该透气包装袋分送到所需工位上。

附图说明

下面结合附图，对本发明的具体实施方式作详细说明：

图1是本发明包装体第一种实施方式的剖面图；

图2是本发明包装体第一种实施方式的立体图；

图3是本发明包装体第二种实施方式的剖面图；

图4是本发明包装体第三种实施方式的剖面图；

图5是本发明包装体长带的俯视图。

图6是表示本发明封装有可产生或吸收气体的物质的透气包装袋的供给系统的示意图。

具体实施方式

本发明包装体的第一种实施方式如图1和图2所示。包装体1包括由不透气性材料构成的不透气外包装层2、由透气性材料构成的透气内包装层3和可产生或吸收气体的物质4。其中，可产生或吸收气体的物质4封装在透气性内包装层3内，成为封装有可产生或吸收气体的物质的透气包装袋5。外包装层2与封装有可产生或吸收气体的物质的透气包装袋5的内包装层3粘接在一起，并通过密封口7将整个透气包装袋5包封住。该包装体还包括一根或多根（图1和图2中均为两根）粘接在不透气性外包装层2外表面上的带状部件6，每根带状部件6至少有一端未与不透气性外包装层2相粘接而成为空余端头61，但在图2中，两根带状部件6的两端均未与不透气性外包装层2相粘接，成为空余端头61。在这种实施方式中，带状部件6与不透气性外包装层2之间的粘接力大于不透气性外包装层2与透气性内包装层3之间的粘接力，这样一来，握住或者夹持住该带状部件6的空余端头61并沿着与不透气性外包装层2外表面成一定角度的方向牵拉带状部件6，就可以通过施加在带状部件6上的拉力而使不透气外包装层2与封装有可产生或吸收气体的物质的透气包装袋5的内包装层3脱离粘接，从而将不透气外包装层2撕去，使透气包装袋5至少有一部分暴露于环境之中。

此时，封装在透气包装袋5内的物质4便能发挥效力，通过吸收或释放气体而产生脱氧、干燥、除臭或者防蛀、杀菌的效果。作为这种结构的一种变形，也可以将带状部件6设置在不透气外包装层2和透气内包装层3之间，此时，带状部件6的两端中至少有一端需要从外包装层2的边缘粘接处穿出，成为空余端头61。

图3示出了本发明包装体的第二种实施方式。如图3所示，不透气外包装层2和封装有可产生或吸收气体的物质的透气包装袋5的内包装层3均有上下两层。可产生或吸收气体的物质4置于上下两层内包装层之间，然后沿着该包装体1的四周将四层包装层（上下两层外包装层2和上下两层内包装层3）通过热封形成密封口7。在放置上下两层外包装层2之前，先将比外包装层2长的带状部件6粘接在外包装层2的内表面。按照上述方式制成的包装体中，不透气外包装层2与封装有可产生或吸收气体的物质的透气包装袋5的内包装层3仅在其边缘部分相粘接，而在其中间彼此分离形成空腔8。带状部件6设于空腔8内并粘接在不透气外包装层2的内表面上，该带状部件6的两端中至少有一端在外包装层2的边缘粘接处（即密封口7处）穿出，成为空余端头61（参见图1b）。作为这种结构的一种变换方式，也可以如图1和图2所示将带状部件6粘接在不透气外包装层2的外表面上。

图4示出了本发明的第三种实施方式。本发明第三种实施方式与前两种实施方式的主要区别在于，其内包装层并非整体上由透气性材料制成，仅仅一部分由透气性材料制成，与此相应，外包装层也不需要包封住整个内包装层，而只需要覆盖住内包装层的透气性材料。图4中示出的封装有可产生或吸收气体的物质4的透气包装袋5的内包装层9包括由不透气性材料构成的不透气部分91和由透气性材料构成的透气部分92。在图4中，透气部分92位于该透气包装袋5上下两面的中间部分，与此相应，外包装层是单独的两块不透气薄膜10，其比内包装层9的透气部分92略大一些，整体粘接在内包装层9的透气部分92上。该带状部件6粘接在不透气

薄膜10的外表面上，且至少有一端未与不透气薄膜10相粘接，成为空余端头61（参见图2）。带状部件6与不透气薄膜10之间的粘接力大于不透气薄膜10与内包装层9之间的粘接力。其中内包装层9的透气部分92与不透气部分91可以整体形成，也可以分体形成：两者整体形成时，只需在不透气性材料上局部穿孔即可；两者分体形成时，可以通过将无纺布等透气性材料对接或搭接在不透气部分91上而实现。尽管在图4中，透气内包装袋5的上下两面均有透气部分92，但也可以仅在其中一面具有透气部分92，而另一面全部为不透气部分。同样，图4中不透气薄膜10整体粘接在内包装层9的透气部分92上，但也可以类似于图3所示那样，不透气薄膜10仅仅在其四周与内包装层9上紧邻透气部分92的不透气部分91相粘接，在其中间与内包装层9的透气部分92彼此分离形成空腔。此外，图4中的带状部件6粘接在不透气薄膜10的外表面，但也可以类似图3所示那样，粘接在不透气薄膜10的内表面。

需要说明的是，对于本发明的前两种实施方式，并不排除其封装有可产生或吸收气体的物质的透气包装袋的内包装层像第三种实施方式那样仅仅部分由透气性材料制成，而其不透气外包装层仍包封住透气包装袋。但这种结构显然不如本发明的第三种实施方式。

本发明封装有可产生或吸收气体的物质的包装体的透气内包装层可以采用纸、无纺布、有孔的塑料或铝箔薄膜等材料制成。如果透气内包装层以纸或无纺布为材料，则优选经过疏水性和/或疏油性处理的纸或无纺布。本发明封装有可产生或吸收气体的物质的包装体的不透气外包装层可以采用铝箔或铜箔等金属薄膜或者各种塑料薄膜制成。本发明封装有可产生或吸收气体的物质的包装体的带状部件可以采用塑料或金属等材料制成，当然该带状部件也可以采用绳状等其他可以实现其功能的任何形状。

具有上述结构的本发明，在非使用状态时，封装在透气包装袋中的可吸收或者产生气体的物质由于受到不透气外包装层的保护，不会随着保存时间的加长而发生效力减退，此外，由于只需要沿着与不透气性包装层外表面成一定角度的方向牵拉带状部件便可使封装有可产生或吸收气体的物质的透气包装袋暴露在外部环境中,使封装在透气包装袋中的物质发挥效力,因此使用十分方便。尤其是本发明的包装体可以十分方便地连接成下面将要作进一步说明的包装体长带,特别适用于向生产流水线等应用场所连续供给封装有可产生或吸收气体的物质的透气包装袋。

为实现封装有可产生或吸收气体的物质的透气包装袋的连续供给,就需要将本发明的包装体加工成包装体长带。如图5所示,该包装体长带11由多个本发明的包装体1连接成条状的包装体长带,其中的包装体1可以为前面各种结构的包装体之一,在此不再作重复说明。在各相邻包装体1之间形成连接部12。包装体长带11上所有包装体1的带状部件6彼此相连,形成一条连续的带状部件13。该连续的带状部件13至少延伸至包装体长带11的一端之外,形成具有一定长度的空余端头131。该连续的带状部件13应当具有在连续牵拉过程中不会被拉断的抗拉强度。

本发明为实现封装有可产生或吸收气体的物质的透气包装袋的连续供给,可以采用下述具体供给过程:将连续带状部件13的空余端头131缠绕在牵拉装置上;沿着与不透气包装层2、10外表面成一定角度的方向牵拉连续带状部件13从而渐进地将带状部件13连同不透气外包装层2、10撕去,而将封装有可产生或吸收气体的物质的透气包装袋5暴露出来;沿着两相邻包装体之间的连接部12将已撕去不透气外包装层2、10的包装体长带11依次切断成各个封装有可产生或吸收气体的物质的透气包装袋5;将各个封装有可产生或吸收气体的物质的透气包装袋5逐个供给到规定场所。

图6是一种自动供给封装有可产生或吸收气体的物质的透气包装袋的系统的示意图。如图6所示,该自动供给系统包括作为牵拉装置的旋转辊组15、牵拉剪切机16和滑槽17。旋转辊组15设置在牵拉剪切机16的斜上方,其包括两个从动旋转辊18、19和一个与驱动装置直接相连的主动旋转辊20。在自动供给系统开始工作之前,需要

将连续带状部件13的空余端头131预先缠绕在旋转辊组15上。旋转辊组15将连续的带状部件13连同不透气外包装层2、10从包装体长带11上剥离下来，从而使各个封装有可产生或吸收气体的物质的透气包装袋5依次暴露在外部环境中。被剥离下来的连续带状部件13连同不透气外包装层2、10被卷绕在主动旋转辊20上。牵拉剪切机16用于将已撕去不透气外包装层2、10的包装体长带11拉入其内并沿着各连接部12将该已撕去不透气外包装层2、10的包装体长带11切断成单个封装有可产生或吸收气体的物质的透气包装袋5。各个封装有可产生或吸收气体的物质的透气包装袋5通过滑槽17被依次投放到相应场所。

上面结合附图对本发明的实施方式作了详细说明，但是本发明并不限于上述实施方式。即使其对本发明作出各种变化，只要封装有可产生和吸收气体的物质的包装体采用了将封装有可产生和吸收气体的物质的包装袋的透气部分被不透气外包装层覆盖住，带有空余端头的带状部件、绳状部件或其他能实现同样功能形状的部件粘接在不透气外包装层的表面，从而握持或夹持住该空余端头就可撕去外包装层，则仍落入在本发明的保护范围之中。

说 明 书 附 图

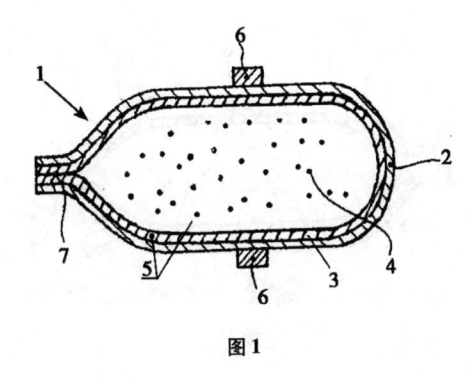

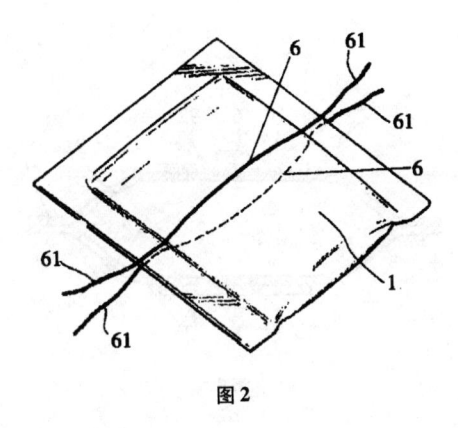

图 1

图 2

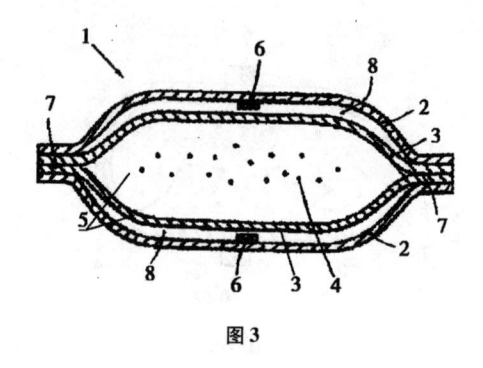

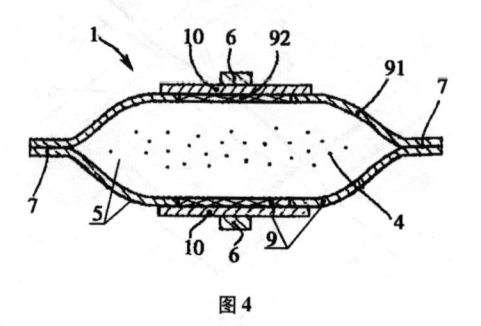

图 3

图 4

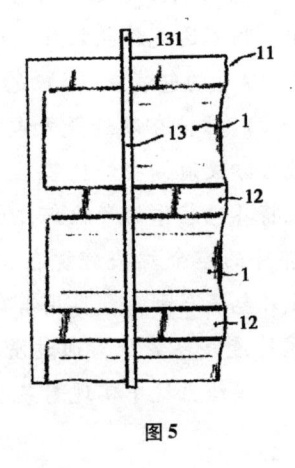

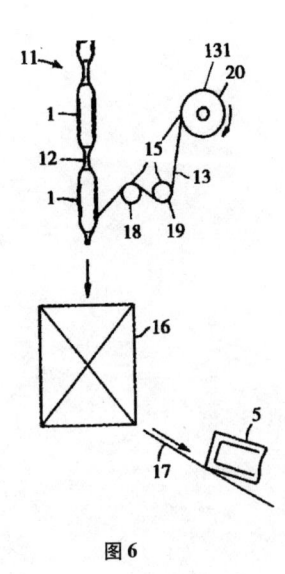

图 5

图 6

说 明 书 摘 要

本发明涉及包装体、包装体长带及透气包装袋的供给方法和供给系统。在该包装体中，用不透气外包装层（10）覆盖住封装有可产生或吸收气体的物质（4）的包装袋（5）的透气部分（92），带空余端头的带状部件（6）粘接在不透气外包装层表面。使用时，只要夹持住空余端头就可方便地撕去外包装层。尤其将多个包装体连接成包装体长带，且将各包装体的带状部件连接成连续的带状部件，就可将连续带状部件的空余端头缠绕在供给系统的旋转辊组上，通过牵拉将不透气外包装层剥离，再用剪切机切断成封装有可产生和吸收气体的物质的透气包装袋，通过滑槽送到所需工位上，这特别适宜在流水线上的供给系统中实现封装有可产生和吸收气体的物质的包装袋的供给。

摘 要 附 图

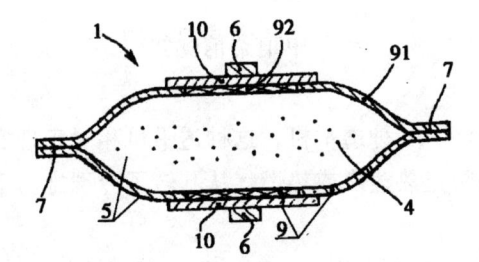

案例七 透 平

一、申请案情况介绍

某厂新生产了一种透平机，这种透平机相对于现有技术来说采用了一种新的防止热蒸汽或热燃气从其转子冷端推力平衡活塞处泄出的手段。

该厂所了解的透平机现有技术为由中国发明专利申请公开说明书 CN1××××××A 公开的如图一所示的罐形高压或中压蒸汽透平。该透平包括一个外壳 10，一个位于外壳中的内壳 11 和一个沿着旋转轴线 19 延伸的转子 2，转子被内壳环

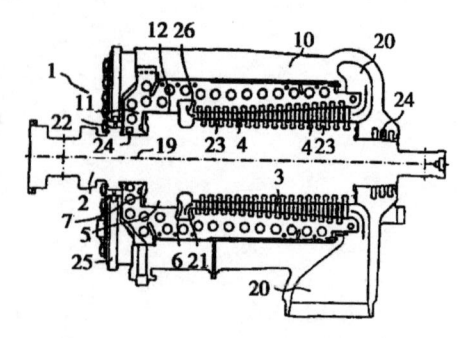

图一　现有技术中的中压式高压透平

绕，并通过轴承 22 支承在外壳两端，且在转子伸出外壳的两端区分别在转子与外壳或内壳之间设置了轴密封结构 24，如密封环或迷宫式密封。该转子有一个叶片区 3 和一个推力平衡活塞 5。其中叶片区 3 位于热工质 26（如热蒸汽）的流入区 21 和流出区 20 之间，在此叶片区内转子有沿轴向彼此相间隔安装的工作叶片（即动叶片）4，而在内壳上在轴向相邻的工作叶片之间对应地安装了一排导流叶片 23。转子的推力平衡活塞位于与叶片区相对的另一端，沿轴向看流入区位于叶片区和推力平衡活塞之间，该推力平衡活塞面

朝着叶片区和流入区的一侧为热侧6，背对着叶片区和流入区的一侧为冷侧7。

透平运行时，热工作介质流过叶片区时向工作叶片并因而向转子施加一个作用力，由此形成沿旋转轴线方向（即沿工作介质流动方向）的推力。转子上设置推力平衡活塞是用来抵消上述推力的，由于推力平衡活塞的冷侧和热侧具有不同的面积和承受着不同的压力，在其上形成的合力与上述沿热工作介质流动方向的推力相反，通过合适地设计推力平衡活塞的外形可使两者相互抵消，达到平衡。但与此同时，由于推力平衡活塞的热侧与冷侧之间存在压差，因而流入区的热工作介质会沿轴向流过推力平衡活塞，成为热泄漏气体。在此现有技术中，为了防止热泄漏气体从转子的轴端泄漏出，在转子与壳体（图中为内壳）之间采用了轴密封，但是这种轴密封并不可能实现完全密封。此外，由于此处泄漏气体有较高温度，在蒸汽透平中高达600℃，而在燃气透平中温度更高，因而对于热工作介质流动工作区之外的透平部分也必须为适合于这种高温工作而采用既昂贵又不便加工的材料制成。

为克服上述问题，该厂新设计的透平中采用了另一种构思，即注入一股与热泄漏气体反向流动的较冷的密封气体，使密封气体与泄漏气体混合后，再将混合气体导送到内壳中。采用这种防止热泄漏气体从透平中泄出的方法可以使该透平中没有热泄漏气体从该透平的推力平衡活塞排出，从而该透平中未与热泄漏气体相接触的部分可以采用价格较低廉、加工方便的材料制成。

相应于这种防止热泄漏气体从透平中泄出方法的构思，该厂设计出四种结构如图二和图三所示的透平。

图二和图三示出了单流道式中压蒸汽透平纵剖面的一部分，即相当于图一所示透平的推力平衡活塞附近部分的纵剖面图，沿旋转轴线19延伸的转子2有一个推力平衡活塞5，该转子（包括推力平衡活塞在内）被该透平的内壳11环绕，活塞有一个面朝叶片区的

热侧 6 和背对叶片区的冷侧 7。在内壳与活塞之间形成一条属于热侧的热泄漏气体输送通道 12，即由活塞与内壳之间的径向间隙构成了热泄漏气体输送通道。在内壳上靠近推力平衡活塞处设置了一个环形的混合区 13，一条导出通道 16 从混合区通往内壳内。在图二所示的该厂第一种透平中，从推力平衡活塞到混合区之间由

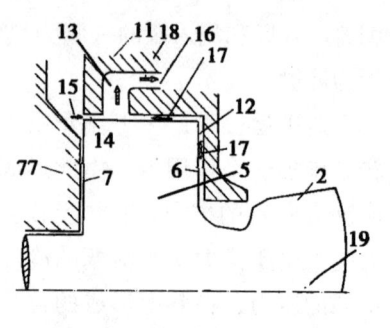

图二　新设计的第一种中压蒸汽透平的局部纵剖面的示意图

活塞与内壳间的径向间隙构成了较冷的密封气体 15 的输入通道 14，此处输入通道与图二中未示出的带有一定压力的较冷密封气体源相通，从而形成了一股与热泄漏气体流动方向相反的较冷密封气体流，该较冷密封气体和热泄漏气体均流入混合区，在那里形成比热泄漏气体温度低得多的混合气体，然后该混合气体通过导出通道从混合区流到内壳中。图二所示透平中的较冷密封气体是通过加压而送入混合区的，而在图三所示透平中采用了另一种不同的输送较冷密封气体的方式，即利用随转子一起转动的推力平衡活塞旋转时，产生的离心力将较冷密封气体送入混合区。在图三所示透平中，在推力平衡活塞冷侧外端与内壳之间形成了径向间隙和轴向间隙，其构成了较冷密封气体 15 的输入通道 14，该推力平衡活塞

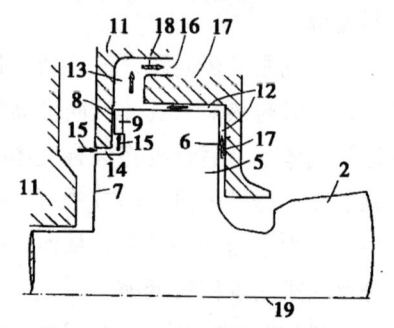

图三　新设计的第二、第三、第四种中压蒸汽透平的局部纵剖面的示意图

上位于轴向间隙形成的输入通道部位可设置带有多个导流件 9 的离心输送结构 8，这样在转子旋转时此输送结构起径向通风机的作用，因此无须其他附加装置便可实现密封气体流入混合区内，从而在混

合区内完成热的泄漏气体与较冷的密封气体的混合。该厂生产的第二种透平中导流件为径向孔或径向槽（图三示出的为径向槽），第三种透平采用了安装在推力平衡活塞冷侧的导流叶片，第四种透平中的导流叶片直接生成在推力平衡活塞冷侧。其中径向孔、径向槽的加工比较方便，而采用导流叶片有较好的输送密封气体的效果，尤其是将导流叶片直接生成在推力平衡活塞冷侧还省去了安装的麻烦。无论是图二还是图三所示的透平，由于在混合区内完成了较冷的密封气体与热的泄漏气体的混合，因此从混合区经导出通道流出的、由泄漏气体与密封气体混合而成的混合气体具有比热泄漏气体低的温度。这样一来可取得两方面效果：一方面，没有热的泄漏气体经推力平衡活塞排出，因为密封气体逆着泄漏气体流动，并导送到透平的内壳中；另一方面，与混合气体接触的透平部分，没有加热工作介质接触的透平部分那么高的热负荷，因而这一部分透平可以无风险地采用能承受较低热负荷的材料，不仅降低成本，而且便于加工。

当然，在上述4种结构的透平中，若将推力平衡活塞与内壳之间构成泄漏气体输送通道的径向间隙设计成迷宫式非接触式密封，则可以取得更好的效果。

在设计出上述利用逆向密封气体减少热泄漏气体的构思的四种透平产品后，在为发明专利申请撰写权利要求书、说明书之前应当进行一次检索。在此检索期间，找到了一篇美国专利说明书US1867236A，其公开了一种如图四所示的用于对空气压缩机、蒸汽透平的转轴端部进行密封的方法，为了防止加压气体从其壳体内腔10内沿着转动轴12与壳体之间的轴向间隙流出，在该壳体上设置一个与压力气体注入通道15相通、且环绕该转动轴的入口腔室14，与此同时在该壳体的内腔与入口腔室之间设置一个环绕该转动轴的出口腔室16，一根输出通道17与出口腔室相通，这样一来，通过调节压力气体注入通道、壳体内腔和输出通道三者的压力，使压力气体从与注入通道相通的入口腔室逆着泄漏气体的方向流到出口腔室，并在那里与从壳体内腔流入出口腔室的泄漏气体混合后再从输出通道流出，这样一来，就防止泄漏气体从壳体内腔沿着转动轴与壳体之间的间隙流出。

在上述工作基础上，着手为本发明专利申请撰写权利要求书、说明书及其摘要。其中撰写的独立权利要求应当相对于图一和图四这

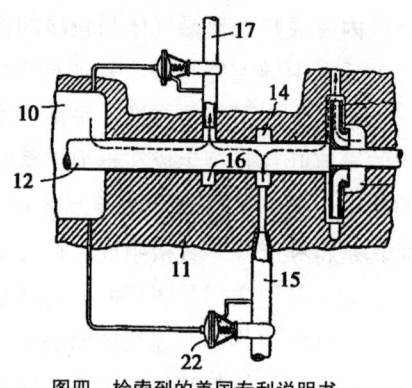

图四　检索到的美国专利说明书 US1867236 中的密封方法

两项现有技术具备新颖性和创造性，而且并列独立权利要求之间应当符合单一性的要求。

二、权利要求书和说明书的撰写思路

对于前面所介绍的四种透平来说，可以按照下述主要思路来撰写权利要求书和说明书。

1. 确定本申请案相对于两项现有技术所作出的主要改进

图二和图三反映的本发明与中国发明专利申请公开说明书 CN1××××××A 公开的（即图一所示的）高压或中压蒸汽透平相比，采用了向透平注入一股与热泄漏气体反向流动的较冷的密封气体来防止热泄漏气体泄出的方法，这种密封气体的注入可以采用如图二所示的加压注入方式，也可以采用如图三所示的借助转子转动形成径向向外流动的密封气体。与此同时，让较冷的密封气体与热泄漏气体混合成温度比热泄漏气体低得多的混合气体，再经导入通道排至内壳中。由此可知，该发明涉及了一种防止热泄漏气体从透平中泄出方法的技术主题，该技术主题相对于上述现有技术所采用

的主要手段为注入一股反向的密封气体,既可采用加压注入方式,也可采用由转子转动而形成的离心输送方式,其中优选借助设置在推力平衡活塞冷侧处的离心输送结构来实现。采用这种防止热泄漏气体从该透平的推力平衡活塞处排出的方法,可以使该透平中没有热泄漏气体从该透平的推力平衡活塞排出,从而该透平中未与热泄漏气体相接触的部分可以采用价格较低廉、加工方便的材料制成,尤其是借助转子转动而形成的离心输送方式有利于采用简单的结构来实现注入反向流动的密封气体。

本发明还涉及另一个与该防泄漏方法相应的技术主题——防止热泄漏气体泄出的透平,该透平与上述现有技术相比,在内壳靠近推力平衡活塞处设置了一个由热泄漏气体输送通道的混合区,在该推力平衡活塞处还设置了一条从推力平衡活塞冷侧通往该混合区的密封气体输入通道,从该混合区有一条通往内壳中的导出通道。相应于密封气体加压注入方式,该密封气体输入通道与一加压的较冷密封气体源相连通;而相应于离心输送方式,该密封气体通道径向向外延伸地设置在转子的推力平衡活塞冷侧,尤其是在该推力平衡活塞冷侧设置了与密封气体输入通道在流动上相连通的离心输送结构,该离心输送结构可以是径向孔或径向槽,也可以是导流叶片,尤其是与推力平衡活塞成一整体件的导流叶片。采用这样的透平结构就能实现本发明防止热泄漏气体从透平中泄出。为简单起见,不再对该透平相对于中国发明专利申请 CN1×××××A 所具有的有益效果作重复说明。

需要说明的是,在美国早期专利 US1867236A 中公开了一种用于对空气压缩机、蒸汽透平那样具有压力气体的机械在其转轴端部进行密封的方法。为防止压力气体从转动轴和壳体之间的径向间隙泄出,以加压方式注入一股与泄漏气体反向流动的密封气体,两者混合后再沿导出通道排出。显然其披露了一种与图二所示本发明十分相近的防止加压气体泄漏的方法。由此可知,应当将图二所示的本发明方案排除在本发明保护范围之外。也就是说,由图二所反映的借助加压注入密封气体的手段以及与密封气体输入通道相连通的加压气源不再是本发明相对于现有技术所作出的改进。这样一来，对于防止热泄漏气体从透平中泄出的方法来说，其主要改进之处就是借助转子转动使推力平衡活塞冷侧处的密封气体产生离心力沿径向向外流入混合区，而对于防止热泄漏气体泄出的透平来说，其主要改进之外就是在推力平衡活塞冷侧形成随转子转动而将较冷的密封气体沿径向向外输送到混合区的密封气体输入通道。

2. 从两项相关的现有技术中确定最接近的现有技术

《专利审查指南》第二部分第四章第3.2.1.1节中给出了确定最接近的现有技术的原则：首先选出那些与要求保护的发明技术领域相同的现有技术；再从技术领域相同的现有技术中选出所要解决的技术问题、技术效果或者用途最接近和/或公开了发明技术特征最多的那一项作为最接近的现有技术。

在本发明的两项现有技术中，中国发明专利申请公开说明书CN1××××××A涉及一种防止热泄漏气体沿着该透平的内壳与其转子的推力平衡活塞之间的径向间隙从该透平泄出的方法，其主要借助设置在转子端部的轴密封，尤其是迷宫式非接触式密封来实现。美国专利说明书US1867236A涉及一种防止受压气体沿着壳体和转子之间的径向间隙从空气压缩机或透平之类的机械中泄出的方法，从其采用注入一股与泄漏气体反向流动的密封气体来看，与本发明中的防止热泄漏气体从透平中泄出的方法十分接近，似乎该方法应当以美国专利公开的方法作为最接近的现有技术，但是考虑到该方法的具体应用对象与本发明方法应用的对象不同，美国专利中的方法是防止受压气体泄漏，而不是防止热泄漏气体泄出，尤其该专利是19世纪30年代的专利，其中的透平转子上也不带有推力平衡活塞，因而从该方法应用的对象透平来看，中国发明专利申请说明书公开的透平与本发明更接近，也就是说中国发明专利申请说明书与本发明是完全相同的应用技术领域，而美国专利与本发明虽然很相近，但不完全相同，因而从这一点来看，可以以中国发明专利申请公开说明书作为本发明方法尤其是作为本发明透平的最接近的现有技术。

3. 根据所选定的最接近的现有技术确定本发明专利申请所解决的技术问题

对于本发明来说，由于利用透平转子本身的转动而形成一股与热泄漏气体反向流动的较冷的密封气体，因而其以十分简单的结构有效地防止热气体泄漏，而且较冷的密封气体与热泄漏气体混合后形成温度低得多的混合气体，从而与混合气体相接触的透平部分可以用价格低廉、加工方便的材料制成。由此可知本发明要解决的技术问题是提供一种防止热泄漏气体泄出的方法和透平，其能以简单的结构来实现有效地防止热泄漏气体从透平中泄出，而且该透平中未与热泄漏气体接触的部分可以用价格低廉、便于加工的材料制成。

4. 完成独立权利要求的撰写

根据该最接近的现有技术和本发明要解决的技术问题确定其必要技术特征，完成独立权利要求的撰写。

针对前面所确定的技术问题，对本发明方法的技术特征逐个进行分析，可知解决上述技术问题的必要技术特征为：通过转子的转动在推力平衡活塞的冷侧产生一径向向外输送的较冷的密封气体，该密封气体的流动方向与沿着透平的内壳和其转子的推力平衡活塞之间的径向间隙流动的热泄漏气体的方向相反，该密封气体与热泄漏气体分别流入内壳上位于推力平衡活塞处的混合区，在那里混合形成温度比热泄漏气体低得多的混合气体，再通过导出通道流到该透平的外壳中。

在上述必要技术特征中，由于在中国发明专利申请公开说明书CN1××××××A中已披露了热泄漏气体沿着透平的内壳和其转子的推力平衡活塞之间的径向间隙流动，因而应当将其写入前序部分，其余的特征则写入特征部分。最后，该方法独立权利要求为：

"一种防止热泄漏气体从透平中泄出的方法，该泄漏气体（17）流过该透平（1）的内壳（11）和其转子（2）的推力平衡活塞（5）之间的径向间隙，其特征在于：通过所述转子（2）的转动在推力平衡活塞（5）的冷侧（7）产生一沿径向向外输送的较冷的密封气体（15），该密封气体（15）以与所述热泄漏气体（17）相反的方向流入到该内壳（11）上位于推力平衡活塞（5）处的混合区（13），与流到该混合区（13）中的热泄漏气体（17）相混合，形成温度比热泄漏气体（17）低得多的混合气体（18），再通过导出通道（16）流到该透平（1）的内壳（11）中。"

同样，再对本发明防止热泄漏气体泄出的透平进行分析，可得知为解决上述技术问题至少应当包括下述必要技术特征：该透平包括内壳和转子，该转子有一个叶片区和一个推力平衡活塞，在内壳和推力平衡活塞之间的径向间隙构成泄漏气体的输入通道，在内壳上位于推力平衡活塞处设有一个供热泄漏气体输送通道通入的混合区，在该推力平衡活塞冷侧形成随转子转动而将较冷的密封气体沿径向向外输送到混合区的密封气体输入通道，从该混合区有一条通往该透平内壳中的导出通道。

在上述必要技术特征中，前3个技术特征是本发明与中国专利申请公开说明书CN1××××××A中的透平所共有的技术特征，应当写入前序部分，而其余3个技术特征为区别技术特征，将其写入特征部分。在完成该产品独立权利要求撰写时，还需要作出三点说明：其一是产品独立权利要求与前面方法独立权利要求两者之间应当符合《专利法》第三十一条单一性的规定，因而一方面在确定产品独立权利要求主题名称时应当反映出其与方法权利要求的关联性，另一方面其特征部分应当包含有相同或相应的技术特征（关于单一性的分析在后面作进一步说明）；其二为了使产品独立权利要求清楚地限定该发明，在其前序部分增加了一个说明推力平衡活塞冷侧和热侧的技术特征；其三考虑到为申请人争取更宽的保护范围，未将与密封气体输入通道在流动上相连通的离心输送结构作为必要技术特征写入特征部分，因为考虑到只要在推力平衡活塞冷侧形成径向向外的密封气体输入通道即可，对此采用了一种保护范围较宽的功能性限定方式。最后写成的产品独立权利要求为：

"一种采用权利要求1所述防止热泄漏气体泄出方法的透平，其包括一个内壳（11）和一个转子（2），该转子（2）有一个叶片区（3）和一个推力平衡活塞（5），该推力平衡活塞（5）有一个面朝叶片区（3）的热侧（6）和一个背对叶片区（3）的冷侧（7），在该内壳（11）和推力平衡活塞（5）之间的径向间隙构成该热泄漏气体（17）的输送通道（12），其特征在于：在所述内壳（11）上位于所述推力平衡活塞（5）处设有一个供所述热泄漏气体输送通道（12）通入的混合区（13），在该推力平衡活塞（5）冷侧（7）形成随转子（2）转动而将较冷的密封气体（15）沿径向向外输送到该混合区（13）的密封气体输入通道（14），从该混合区（13）有一条通往该透平内壳（11）中的导出通道（16）。"

这样撰写的方法独立权利要求和产品独立权利要求相对于上述两篇对比文件和本领域的公知常识来说，具备《专利法》第二十二条第二款和第三款规定的新颖性和创造性。

就方法独立权利要求来说，中国发明专利申请公开说明书CN1××××××A只披露了其前序部分的技术特征，既未披露在透平中形成一股与热泄漏气体反向流动的密封气体，更未披露利用转子转动使密封气体沿径向向外流动而与热泄漏气体混合成较低温度的混合气体。因而方法独立权利要求相对于该现有技术具有《专利法》第二十二条第二款规定的新颖性。

美国专利说明书US1867236A虽然披露了与泄漏气体反向流动的密封气体，但由于该现有技术中的透平转子没有推力平衡活塞，因而泄漏气体不是沿着其内壳和推力平衡活塞之间的径向间隙流动，尤其是该密封气体采用加压方式注入的，而不是利用转子转动

335

产生离心力来驱动的,由此说明该现有技术也未披露方法独立权利要求的全部技术特征,因而方法独立权利要求相对于该美国专利说明书也具有《专利法》第二十二条第二款的新颖性。

正如前面所分析的,中国发明专利公开说明书 CN1×××××A 是方法独立权利要求的最接近的现有技术,方法独立权利要求与该最接近的现有技术的区别特征是:通过所述转子的转动在推力平衡活塞的冷侧产生一沿径向向外输送的较冷的密封气体,该密封气体以与所述热泄漏气体相反的方向流入到该内壳上位于推力平衡活塞处的混合区,与流到该混合区中的热泄漏气体相混合,形成温度比热泄漏气体低得多的混合气体,再通过导出通道流到该透平的内壳中。

从而该方法独立权利要求相对于该对比文件来说,其实际所解决的技术问题是提供一种有效地防止热泄漏气体从透平中泄出的方法,而且该透平中未被热泄漏气体接触的部分可采用低成本、易加工的材料。

虽然在美国专利说明书中披露了上述区别特征中的一部分技术特征:产生一股与泄漏气体相反方向流动的密封气体,两者在混合区混合后再从导出通道导出,但由于其披露的是利用压力注入密封气体,因此将美国专利说明书的技术启示与中国专利申请公开说明书结合起来而得到的防止热泄漏气体泄出的方法是通过对密封气体加压将其输送到混合区与热泄漏气体混合,而不是如方法独立权利要求那样通过离心方法来实现,而且在该方法独立权利要求的技术方案中也不是简单地用离心方法来代替加压方法,而是将此离心方法与本发明的结构相结合,即通过转子本身的转动在随转子一起转动的推力平衡活塞的冷侧产生一沿径向向外输送的密封气体流,从而简化了离心输送的结构。由此可知,本领域技术人员根据上述两篇对比文件的教导及其本领域的公知常识并不能直接得到该方法独立权利要求的技术方案,而需要付出创造性的劳动,也就是说该方法独立权利要求相对于上述两篇对比文件及本领域的公知常识来说是非显而易见的，具有突出的实质性特点。此外，正如前面分析所指出的，该方法独立权利要求的技术方案相对于上述两篇对比文件来说，不仅可以使该透平中没有热泄漏气体经推力平衡活塞排出，其未与热泄漏气体相接触的部分可以采用价格更低廉、加工更方便的材料，而且具有相当简单的结构，因而该方法独立权利要求的技术方案具有有益的技术效果，即具有显著的进步。综上所述，该方法独立权利要求具备《专利法》第二十二条第三款规定的创造性。

接下来再分析产品独立权利要求的新颖性和创造性。

同样，中国发明专利申请公开说明书CN1××××××A也只披露了产品权利要求前序部分的技术特征，而未披露该产品权利要求特征部分的技术特征：其内壳上位于推力平衡活塞处设有供热泄漏气体和密封气体流入和混合的混合区，该推力平衡活塞冷侧也未形成密封气体的输入通道，因而其未披露该产品独立权利要求的全部技术特征，因此产品独立权利要求相对此现有技术具备《专利法》第二十二条第二款规定的新颖性。

对美国专利说明书US1867236A来说，虽然在其内壳上有混合区，但是其转子没有推力平衡活塞，从而也就没有位于该推力平衡活塞冷侧的、径向向外的较冷密封气体的输入通道，也就是说，该美国专利说明书也未披露该产品独立权利要求的全部技术特征，因此产品独立权利要求相对于该美国专利说明书具备《专利法》第二十二条第二款规定的新颖性。

也如前面所提出的，该产品独立权利要求的最接近的现有技术是中国发明专利申请公开说明书CN1××××××A，该产品独立权利要求与该最接近的现有技术的区别在于：在所述内壳上位于所述推力平衡活塞处设有一个供所述热泄漏气体输送通道通入的混合区，在该推力平衡活塞冷侧形成随转子转动而将较冷的密封气体沿径向向外输送到该混合区的密封气体通道，从该混合区有一条通往该透平内壳中的导出通道。

该产品独立权利要求相对于该对比文件来说，其实际要解决的技术问题与方法独立权利要求要解决的技术问题基本相同，为简洁起见，在此不再重复说明。

虽然美国专利说明书公开了上述区别特征中的一部分技术特征：密封气体输入通道，供泄漏气体和密封气体流入和混合的混合区，混合气体流出的导出通道，但是其密封气体输入通道并不是设置在推力平衡活塞冷侧，也不是沿着径向向外，因此将美国专利说明书给出的技术启示与中国专利申请公开说明书结合起来得到的是通过注入一股加压的密封气体来防止热泄漏气体从透平中泄出，并不能得到在推力平衡活塞冷侧设置沿径向向外的密封气体输入通道和借助转子转动将较冷的密封气体送入混合区的手段。需要说明的是，在该产品权利要求的技术方案中也不是简单地用一个离心式流体机械来代替美国专利说明书中的依靠压力输送气体的装置，而是利用透平自身的推力平衡活塞随转子转动的特性，在推力平衡活塞冷侧设置了径向向外的密封气体输入通道，通过转子转动而将推力平衡活塞冷侧处的气体作为密封气体送至混合区，与加设离心式流体机械的手段相比大大简化了结构。由此可知，本领域技术人员根据上述两篇对比文件的教导及其本领域的公知常识并不能直接得到该产品独立权利要求的技术方案，而需要付出创造性的劳动，也就是说产品独立权利要求相对于这两篇对比文件及本领域的公知常识来说是非显而易见的，具有突出的实质性特点。此外，正如前面所指出的那样，产品独立权利要求的技术方案相对于这两篇对比文件来说不仅可以使该透平中没有热的泄漏气体经推力平衡活塞排出，其未与热泄漏气体相接触的部分可以采用价格更低廉、加工更方便的材料，而且具有相当简单的结构，因而该产品独立权利要求的技术方案具有有益的技术效果，即具有显著的进步。综上所述，该产品独立权利要求具备《专利法》第二十二条第三款规定的创造性。

通过上面对方法独立权利要求和产品独立权利要求的新颖性和创造性的分析可知，方法独立权利要求技术方案中体现其具备创造性的特定技术特征为：通过转子的转动在推力平衡活塞的冷侧产生一沿径向向外输送的较冷的密封气体；而该产品独立权利要求技术方案中体现其具备创造性的特定技术特征为：在该推力平衡活塞冷侧形成随转子转动而将较冷密封气体沿径向向外输送的密封气体输入通道。虽然这两个技术特征分别是方法技术特征或结构技术特征，但两者都是反映通过转子转动来实现径向向外输送密封气体，因此这两个技术特征是相应的特定技术特征，由此说明这两项独立权利要求属于一个总的发明构思，符合《专利法》第三十一条第一款的规定。此外，正如前面指出，在确定产品独立权利要求的主题名称时写明为"一种采用权利要求1所述防止热泄漏气体泄出方法的透平"，以反映两项独立权利要求的关联性，这更进一步说明两者满足单一性的要求。

5. 完成从属权利要求的撰写

对本发明的其他技术特征进行分析，将那些有可能对申请的创造性起作用的技术特征作为对本发明进一步限定的附加技术特征，写成相应的从属权利要求。

在撰写了独立权利要求后，就应当对本申请的其他技术特征进行分析。

对方法发明来说，由于该厂在图三所反映的多种实施方式中均强调由位于转子的推力平衡活塞冷侧处的离心输送结构来实现将较冷的密封气体沿径向向外输送到混合区，因此，以此作为该方法的进一步改进，写成方法独立权利要求1的从属权利要求2，其具体写法见附于后面的推荐的专利申请文件中的权利要求书。

对于产品发明来说，相应地也以离心输送结构作为对该产品独立权利要求进一步限定的技术特征，写成从属权利要求4。根据该厂针对图三所作的介绍，该离心输送结构共有4种：径向孔、径向槽、导流叶片以及导流叶片与推力平衡活塞成一整体，这些可以作为对权利要求4进一步限定的技术方案。其中，对于径向孔和径向槽，两者比较相近，因而以"或"结构的撰写方式写入同一个从属于权利要求4的从属权利要求5中；对于导流叶片写成另一个从属于权利要求4的从属权利要求6；而对于导流叶片与推力平衡活塞成一整体的技术方案是对导流叶片作进一步限定，因此将其写成从属于权利要求6的从属权利要求7。至于该厂在其介绍发明时，强调了推力平衡活塞与内壳之间构成泄漏气体通道采用迷宫式非接触式密封可以取得更好的效果，由于这属于本领域经常采用的手段，不会对本发明的创造性起作用，则将其写成另一项从属权利要求的必要性不大，但由于本申请总的权利要求项数未超过10项，不需要另外缴纳申请附加费，因而将其写成一项从属权利要求也未尝不可，考虑到其在权利要求3～7这几个技术方案中均可直接采用此措施，加上权利要求3～7均不是多项从属权利要求，因而可将其写成从属于权利要求3～7中任一项的从属权利要求8。权利要求4～8的具体写法可参见附于后面推荐的专利申请文件中的权利要求书。

6. 在撰写成的权利要求书的基础上完成说明书的撰写

由于本申请包含了两项发明：一项方法发明和一项产品发明，因此发明名称应当反映这两项发明。可根据两项独立权利要求的主题名称综合写成："防止热泄漏气体从透平中泄出的方法和采用该方法的透平"。

对于技术领域部分，同样也应当反映方法和产品两项发明，参照该两项独立权利要求的前序部分加以说明。

对于背景技术部分，应当对该厂提供的现有技术和检索到的相关现有技术作简要说明。对本案来说，可以先对该厂提供的最接近的现有技术中国发明专利申请说明书作一说明，在简单描述其主要结构和防止热泄漏气体泄出手段的基础上客观地指出其存在的问题。然后再对检索到的相关对比文件美国专利说明书US1867236A作简单介绍，重点指出其所采用的防止泄漏气体泄出的方法，并根据其需要附加的加压装置说明其结构比较复杂。

在发明内容部分首先根据背景技术部分对现有技术的介绍分别针对方法和产品发明写明其要解决的技术问题。然后另起两段分别写明方法独立权利要求和产品独立权利要求的技术方案。在此之后，针对这两项独立权利要求具体说明它们所带来的有益效果。接着再分别对重要的从属权利要求技术方案的进一步改进作出说明，并针对它们的附加技术特征说明所带来的有益效果。

对于说明书附图，可选用图一作为本申请的图1，选用图三作为本申请的图2。为此在附图说明部分集中给出这两幅附图的图名。

在具体实施方式部分，结合上述两幅附图对本发明作进一步展开说明。首先结合图1，清楚地描述本发明与最接近的现有技术中的透平结构，作为进一步说明本发明的基础。然后结合图2对本发明利用转子转动形成一股与热泄漏气体反向流动的较冷密封气体流来防止热泄漏气体泄出的方法及其具体结构作详细说明，以使本领域技术人员按照这一部分记载的内容能够实现本发明。

按照修改后的《专利法实施细则》第十七条第二款的规定，在上述5个部分（技术领域、背景技术、发明内容、附图说明、具体实施方式）之前给出这5个部分的标题。

至于说明书摘要，应当重点写明发明名称和两项独立权利要求技术方案的要点。由于本发明中包含有方法和产品两项发明，而整个摘要又受到300字的限制，因此首先在其第一句中同时反映发明名称、技术领域、要解决的技术问题和主要用途四方面内容。然后将两项独立权利要求特征部分的技术特征结合起来进行描述，以说明本发明技术方案的要点。此外，对本申请来说，应当选择图三（即说明书中的图2）作为摘要附图。

三、推荐的专利申请文件

现根据该厂提供的有关本发明"透平"的资料和现有技术情况以及检索到的对比文件给出推荐的发明专利申请撰写文本。

权 利 要 求 书

1. 一种防止热泄漏气体从透平中泄出的方法，该泄漏气体(17)流过该透平(1)的内壳(11)和其转子(2)的推力平衡活塞(5)之间的径向间隙，其特征在于：通过所述转子(2)的转动在推力平衡活塞(5)的冷侧(7)产生一沿径向向外输送的较冷的密封气体(15)，该密封气体(15)以与所述热泄漏气体(17)相反的方向流入到该内壳(11)上位于推力平衡活塞(5)处的混合区(13)，与流到该混合区(13)中的热泄漏气体(17)相混合，形成温度比热泄漏气体(17)低得多的混合气体(18)，再通过导出通道(16)流到该透平(1)的内壳(11)中。

2. 按照权利要求1所述的防止热泄漏气体从透平中泄出的方法，其特征在于：所述由转子(2)的转动所产生的沿径向向外输送的较冷的密封气体(15)是借助于设置在所述推力平衡活塞(5)冷侧(7)处的离心输送结构(8)来形成的。

3. 一种采用权利要求1所述防止热泄漏气体泄出方法的透平，其包括一个内壳(11)和一个转子(2)，该转子(2)有一个叶片区(3)和一个推力平衡活塞(5)，该推力平衡活塞(5)有一个面朝叶片区(3)的热侧(6)和一个背对叶片区(3)的冷侧(7)，在该内壳(11)和推力平衡活塞(5)之间的径向间隙构成该热泄漏气体(17)的输送通道(12)，其特征在于：在所述内壳(11)上位于所述推力平衡活塞(5)处设有一个供所述热泄漏气体输送通道(12)通入的混合区(13)，在该推力平衡活塞(5)冷侧(7)形成随转子(2)转动而将较冷的密封气体(15)沿径向外输送到该混合区(13)的密封气体输入通道(14)，从该混合区(13)有一条通往该透平内壳(11)中的导出通道(16)。

4. 按照权利要求3所述的透平，其特征在于：在所述推力平衡活塞(5)冷侧(7)处设置了在流动上与所述密封气体(15)输入通道(14)相连通的离心输送结构(8)。

5. 按照权利要求4所述的透平,其特征在于:所述离心输送结构(8)为径向孔或径向槽。

6. 按照权利要求4所述的透平,其特征在于:所述离心输送结构(8)为导流叶片。

7. 按照权利要求6所述的透平,其特征在于:所述导流叶片与所述推力平衡活塞(5)为一整体件。

8. 按照权利要求3至7中任一项所述的透平,其特征在于:在所述推力平衡活塞(5)与内壳(11)之间构成该热泄漏气体输送通道(12)的径向间隙中设置迷宫式非接触式密封结构。

说 明 书

防止热泄漏气体从透平中泄出的
方法和采用该方法的透平

技术领域

本发明涉及一种防止热泄漏气体从透平中泄出的方法，该泄漏气体流过该透平的壳体和其转子的推力平衡活塞之间的径向间隙。

本发明还涉及一种防止热泄漏气体泄出的透平，该透平包括一个内壳和一个转子，该转子有一个叶片区和一个推力平衡活塞，该推力平衡活塞有一个面朝叶片区的热侧和一个背对叶片区的冷侧，在该内壳和推力平衡活塞之间的径向间隙构成该泄漏气体的输送通道。

背景技术

中国发明专利申请公开说明书 CN1××××××A 公开了一种罐形高压或中压蒸汽透平。该透平包括一个置于外壳中的内壳以及一个具有一用作工作叶片的叶片区和一推力平衡活塞的转子，该推力平衡活塞面朝着叶片区的一侧为热侧，背对着叶片区的一侧为冷侧，该内壳与推力平衡活塞有一径向间隙，成为热泄漏气体泄出的输送通道，为了防止热泄漏气体从透平中泄出，在转子与内壳之间设置了密封环或如迷宫式的非接触密封。但是这种轴密封并不可能实现完全密封，且由于热泄漏气体温度高达 600℃，因此对于热工作介质流动工作区之外的透平部分也必须采用适合于如此高温的、价格昂贵又不便加工的材料。

在美国专利说明书中 US1867236A 中公开了一种对空气压缩机、蒸汽透平的转轴端部进行密封的方法和结构，为防止受压气体从其壳体内腔沿着转动轴与壳体之间的轴向间隙流出，通过加压向该轴向间隙注入一股与泄漏气体反向流动的密封气体,两者在一混合腔内混合后通过一导出通道导出。这种防泄漏方法需要附加的加压装置,且需要调节注入通道、壳体内腔和导出通道三者之间的压差,因而结构比较复杂。

发明内容

本发明要解决的技术问题是提供一种防止热泄漏气体从透平中泄出的方法,其能以简单的结构实现有效地防止热泄漏气体从透平中泄出,而且该透平中未与热泄漏气体接触的部分可以用价格低廉、便于加工的材料制成。

本发明另一个要解决的技术问题是提供一种具有简单结构且能有效防止热泄漏气体从其中泄出的透平,且该透平中未与热泄漏气体接触的部分可用价格低廉、便于加工的材料制成。

对于本发明的防止热泄漏气体泄出的方法来说,上述技术问题是这样加以解决的:通过转子的转动在推力平衡活塞的冷侧产生一沿径向向外输送的较冷的密封气体,该密封气体的流动方向与沿着透平的内壳和其转子的推力平衡活塞之间的径向间隙流动的热泄漏气体的方向相反,该密封气体与热泄漏流体分别流入内壳上位于推力平衡活塞处的混合区,在那里混合形成温度比热泄漏气体低得多的混合气体,再通过导出通道流到该透平的内壳中。

对于本发明的防止热泄漏气体泄出的透平来说,上述技术问题是这样加以解决的:该透平包括一个内壳和一个转子,该转子有一个叶片区和一个推力平衡活塞,该推力平衡活塞有一个面朝叶片区的热侧和一个背对叶片区的冷侧,在该内壳和推力平衡活塞之间的径向间隙构成该热泄漏气体的输送通道,在该内壳上位于推力平衡活塞处设有一个供所述热泄漏气体输入通道通入的混合区,在该推力平衡活塞冷侧形成随转子转动而将较冷的密封气体沿径向向外输送到该混合区的密封气体输入通道,从该混合区有一条通往该透平内壳中的导出通道。

在上述防止热泄漏气体泄出的方法和透平中，由于利用透平转子自身的转动产生一沿径向向外流动的密封气体，因而不需要增加部件就形成了与热泄漏气体流动方向相反的密封气体，因此以十分简单的结构阻止热泄漏气体的泄出。此外，由于该密封气体是在推力平衡活塞冷侧处的气体，温度较低，因而与热泄漏气体混合后形成温度比热泄漏气体低得多的混合气体，从而与混合气体接触的那部分透平不需要采用耐高温的材料，因而可以选用价格较低廉、加工更方便的材料。

作为上述方法的一种优选方案是通过转子转动沿径向向外输送的较冷密封气体是借助设置在推力平衡活塞冷侧处的离心输送结构来形成的。与此相应的一种优选透平结构是在推力平衡活塞冷侧处设置了在流动上与密封气体输入通道相连通的离心输送结构。通过这种离心输送结构就可以使较冷的密封气体更顺利地进入混合区。

作为透平的一种优选离心输送结构为径向孔或径向槽，这样的结构加工比较方便。

作为透平的另一种优选离心输送结构为导流叶片，这种结构可以得到更有效的径向向外输送密封气体的效果。

如果导流叶片与推力平衡活塞为一整体件，就可以使透平的组装更为方便。

如果在采用反向流动密封气体的同时，在推力平衡活塞与内壳之间构成的热泄漏气体输送通道的径向间隙中设置迷宫式非接触式密封结构，就可以取得更有效的防止热泄漏气体泄出的效果。

附图说明

下面结合附图所描述的实施方式对本发明防止热泄漏气体从透平中泄出的方法和防止热泄漏气体泄出的透平作进一步详细说明。

图1为中、高压蒸汽透平的纵剖面图。

图2为采用本发明防止热泄漏气体泄出方法的透平在推力平衡活塞区的纵剖面图。

具体实施方式

　　图1以纵剖面图方式示出了一种罐形高压或中压蒸汽透平1。该透平1具有一个外壳10，一个位于外壳10中且被其环绕的内壳11，以及一个沿着旋转轴线19延伸且被内壳11环绕的转子2。该转子2通过轴承22支承在外壳10两端，且在该转子2伸出外壳10的两端区25分别在转子2与外壳10或内壳11之间设置了轴密封结构24，如密封环或迷宫式密封。该转子2有一个叶片区3和一个推力平衡活塞5。其中该叶片区3位于热工作介质（如热蒸汽）26的流入区21和流出区20之间，在此叶片区3内的转子2上安装有沿轴向彼此相间隔的工作叶片（即动叶片）4，而在内壳11上在轴向相邻的工作叶片4之间对应地安装了一排导流叶片23。转子2的推力平衡活塞5位于与叶片区3相对的另一端，沿轴向看流入区21位于叶片区3和推力平衡活塞5之间，该推力平衡活塞5面朝着叶片区3和流入区21的一侧为热侧6，背对着叶片区3和流入区21的一侧为冷侧7。

　　透平1运行时，热工作介质26在流过叶片区3时向工作叶片4、从而向转子2施加一个作用力，由此形成沿旋转轴方向（即沿热工作介质26流动方向）的推力。为抵消此推力，转子2带有一推力平衡活塞5，该推力平衡活塞5的冷侧7和热侧6具有不同的面积和承受着不同的压力，在其上形成的合力与上述沿热工质流动方向的推力相反，通过合适地设计推力平衡活塞5的外形可使两者相互抵消，达到平衡。但与此同时，由于推力平衡活塞5的热侧6与冷侧7之间存在着压差，因而流入区21的热工作介质会沿轴向流过内壳11和推力平衡活塞5之间的径向间隙向外泄出。

　　为了防止热泄漏气体从透平40中泄出，本发明采用了如图2所示防止热泄漏气体17从透平1中泄出的方法和结构，即通过转子2的转动，尤其是借助设置在推力平衡活塞5冷侧处的离心输送结构8产生一沿径向向外输送的较冷的密封气体15,该密封气体15以与热泄漏气体17相反的流动方向流入到内壳11上位于推力平衡活塞5处的混合区13,在那里与流到该混合区13中的热泄漏气体17相混合,形成了温度比热泄漏气体17低得多的混合气体18,该混合气体18通过导出通道16流到该透平1的内壳11中。

图2示出了采用本发明防止热泄漏气体泄出方法的透平在推力平衡活塞5附近的纵剖面图。该透平1的内壳11在靠近推力平衡活塞5处设置了一个与由推力平衡活塞5和内壳11之间的径向间隙构成的热泄漏气体17输送通道12相通的混合区13,在推力平衡活塞5冷侧7外端与内壳11之间的径向间隙和轴向间隙构成了与该混合区13相通的较冷的密封气体输入通道14,并且从混合区13有一条导出通道16通向内壳11中。当转子2转动时,推力平衡活塞5冷侧7处的较冷密封气体15就在转子2转动产生的离心力带动下沿径向向外流入混合区13,在那里与流入的热泄漏气体17混合,形成温度较低的混合气体18后,再从导出通道16导送到内壳11中。为了使较冷的密封气体15更好地沿径向向外流入混合区13,在该推力平衡活塞5上位于轴向间隙形成的输入通道14部位设置了带有多个导流件9的离心输送结构8,这些导流件9可以是直接开设在推力平衡活塞5冷侧处的径向孔或径向槽,从而加工比较方便,在图2中示出的导流件9为径向槽。该导流件9还可以采用安装在推力平衡活塞5冷侧7处的导流叶片,其可以更有效地将较冷的密封气体沿径向向外输送到混合区13。如果在推力平衡活塞5冷侧7直接成型导流叶片,则可以更便于组装。为进一步提高该透平防止热泄漏气体泄出的密封性能,还可以在推力平衡活塞5与内壳11之间构成热泄漏气体输送通道12的径向间隙中设置迷宫式非接触式密封结构。

采用上述防止热泄漏气体泄出方法的透平,一方面无需增加附加设备就可以形成与热泄漏气体流动方向相反的密封气体,从而以十分简单的结构实现了防止热泄漏气体从透平中排出；另一方面由于较冷密封气体与热泄漏气体相混合，透平中未与热泄漏气体和热工作介质相接触的透平部分的热负荷较低，因而可以采用价格比较便宜、便于加工的材料制成。

说明书附图

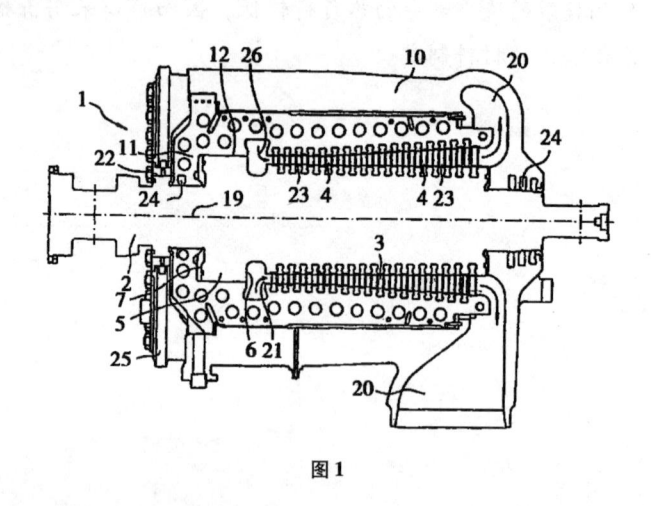

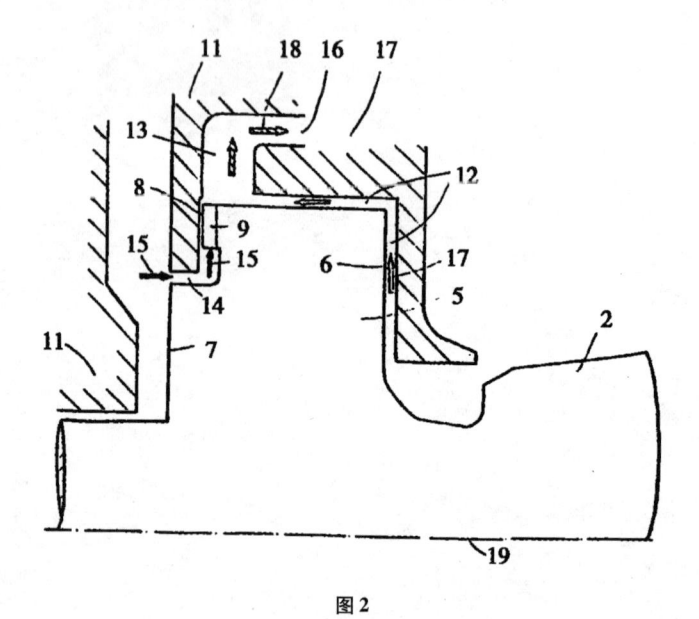

图1

图2

说 明 书 摘 要

本发明涉及一种防止热泄漏气体从透平中泄出的方法以及采用防止热泄漏气体泄出方法的透平。在该透平的内壳（11）上位于推力平衡活塞（5）处设有一个供推力平衡活塞和内壳之间的径向间隙构成的热泄漏气体（17）输送通道（12）通入的混合区（13），在推力平衡活塞冷侧（7）外端与内壳之间的轴向间隙之间构成了与该混合区相通的较冷的密封气体（15）输入通道（14），尤其在该输入通道中设置了带有多个导流件（9）的离心输送结构，此外从该混合区有一条通到内壳中的导出通道（16）。采用这样的结构，就可以通过透平转子的转动产生沿径向向外流动的较冷的密封气体，其与热泄漏气体以相反方向流入混合区，在那里混合后形成较低温度的混合气体，再从导出通道流到内壳中。

摘 要 附 图

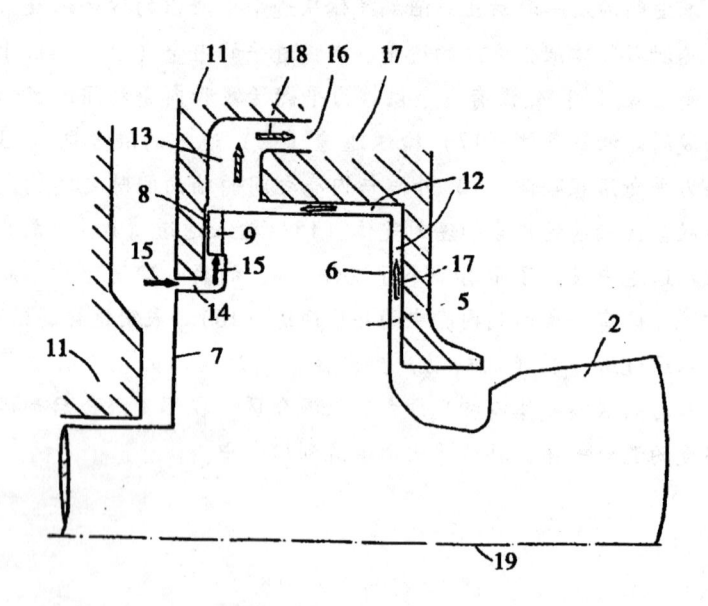

第三部分

撰写存在问题剖析

案例一　磁化防垢除垢器[1]

本案例原专利申请文件的撰写主要存在以下5个方面的问题：

1. 独立权利要求的撰写不符合《专利法实施细则》第二十条第二款的规定，缺少解决本发明技术问题的必要技术特征，并写入了非必要的技术特征，撰写形式也不符合《专利法实施细则》第十九条的规定。

2. 独立权利要求既未清楚也未简要地限定要求专利保护的范围，不符合《专利法》第二十六条第四款的规定；此外，该独立权利要求也未相对于最接近的现有技术划清前序部分和特征部分的界限，不符合《专利法实施细则》第二十一条第一款的规定。

3. 部分从属权利要求的引用关系不当，引用部分不符合《专利法实施细则》第二十二条的规定，或者其限定部分的附加技术特征前后重复、矛盾，从而这些从属权利要求未清楚地限定要求专利保护的范围，不符合《专利法》第二十六条第四款的规定。

4. 个别从属权利要求的技术方案得不到说明书的支持，没有以说明书为依据，不符合《专利法》第二十六条第四款的规定。

5. 说明书的撰写不符合《专利法实施细则》第十七条及《专利审查指南》第二部分第二章相应部分的规定。

---

[1] 此案例根据1996年全国专利代理人资格考试"专利申请文件撰写"科目机械专业试题略作修改而成。

【原专利申请文件】

权 利 要 求 书

1. 一种 GCQ 型高效磁化防垢除垢器，包括管道 1 和分别置于其外表面相对两侧的至少两对永磁磁块 3、4，其特征在于：它还包括一个由导磁材料制成的外壳 2，为使结构简单紧凑，由非导磁材料制成的管道 1 穿过所述外壳 2，并与该外壳 2 两端连成一体。将不超过 5 对的永磁磁块用铁皮 5 包覆（铁皮两端搭接在一起，最好用铁丝将其捆住），以异性磁极相对的方式固定在该外壳 2 中的管道 1 上，为防止生锈，在所述外壳的外表面上涂有防护漆。

2. 按照权利要求 1 所述的磁化防垢除垢器的管道和磁块，其特征在于：所述管道 1 位于外壳 2 内的中间管道段 9 的横截面为方形，所述磁块 3、4 的形状为条形，用铁皮包覆固定在该外壳 2 内上述正方形中间管道段 9 的外壁上。

3. 按照权利要求 2 所述的磁化防垢除垢器的管道和磁块，其特征在于：所述管道 1 位于外壳 2 内的中间管道段 9 的横截面为圆形，所述磁块的形状为瓦形，用铁皮包覆固定在该外壳 2 内的圆形管道 1 的外壁上。

4. 按照权利要求 2 和 3 所述的磁化防垢除垢器的磁块，其特征在于：所述不超过 5 对的永磁磁块中任何两对均不在该管道 1 的同一截面上，相邻两对磁块之间形成的磁场基本相互垂直。

5. 按照权利要求 2 和 3 所述的磁化防垢除垢器，其特征在于：所述包覆磁块 3、4 的铁皮 5 的外表面与所述外壳 2 内壁之间留有间隙。

6. 按照权利要求 2 和 3 所述的磁化防垢除垢器，其特征在于：所述管道1的中间管道段9上每相邻两对磁块之间装有铁制垫圈8。

7. 按照权利要求1至6所述的磁化防垢除垢器，其特征在于：所述管道1的材料是铝合金。

说 明 书

GCQ 型高效磁化除垢器

本发明涉及一种锅炉、茶炉中换热设备的附件。

水垢是锅炉、茶炉等换热设备的大敌,为清除水垢,已采用过许多方法,如化学法、离子交换法、电子除垢法等。最近又出现了利用磁场来处理水垢的方法,例如,1991 年 9 月 20 日公告的 CN2089467Y 的中国实用新型专利说明书就公开了这样一种利用磁场来处理水垢的"锅炉防垢装置"。这种防垢装置将两对彼此对置的条形磁块或瓦形磁块布置在方形管道或圆形管道的同一截面上,这两对磁块相互垂直。这种布置方式说明设计人在磁路设计上的无知,其磁路设计极不合理,技术落后,使部分磁力相互抵消,磁通密度减弱,中心磁通密度更低。此外,对这两对磁块所形成的磁场也未采取任何屏蔽措施,漏磁严重,磁能损耗大。为了达到防垢和除垢效果,管道中心磁通密度至少应达到 0.2～0.7 特斯拉❶,这就需要采用高强度大块磁块,大大增加了成本,且在此管道附近产生的强磁场会影响工作人员的健康。不仅如此,该防垢装置仅在管道的同一截面上布置了两对磁块,这样管道中流过的水仅受到一次磁化作用,作用时间短,磁化效果差,达不到满意的防垢除垢效果。

本发明要解决的技术问题是提供一种技术先进、效果显著而无副作用的磁化防垢除垢器,这种磁化防垢除垢器不仅能在管道中产生足够的磁通密度,使水很好地磁化,而且结构简单可靠、成本低、无漏磁、不会影响工作人员的身体健康。

本发明的磁化防垢除垢器,包括管道和分别置于其外表面相对两侧的至少两对永磁磁块。它还包括一个由导磁材料制成的外壳,

---

❶ 此为标准的国际通用磁通密度单位。

由非导磁材料制成的所述管道穿过所述外壳并与外壳两端连成一体。所述永磁磁块用铁皮包覆（铁皮两端搭接在一起，最好用铁丝将其捆住）固定在管道上，所述外壳外表面上涂有防护漆。

作为本发明的进一步改进，还可以采用权利要求2限定部分的结构，这样磁块与管壁接触紧密，便于固定，磁力线均匀，中间磁通密度与两边磁通密度一致。

作为本发明另一种改进，还可以采用权利要求3限定部分的结构，由于瓦形磁块中间有聚磁作用使磁化更为均匀，对水的磁化更有利。尤其是在相邻两对瓦形磁块之间安放铁制垫圈时可避免各对磁块之间相互干扰。

当对本发明再作进一步改进时，采用4至5对永磁磁块时，可以使水流过防垢除垢器时多次切割磁力线，从而可使水全部磁化，避免出现死角或部分水未被磁化的现象。

本发明的磁化防垢除垢器只有几个零件组成，结构简单，价格低廉；因其磁路设计独特合理、技术先进，所以，水磁化效果好，不易结垢，防垢除垢能力强。

下面结合附图对本发明磁化防垢除垢器作进一步详细描述：

图Ⅰ是公知磁化防垢除垢器中条形磁块和瓦形磁块的排列布置图。

图Ⅱ是本发明磁化防垢除垢器的主视图及沿其A－A线的剖视放大图。

图Ⅲ是本发明磁化防垢除垢器另一种实施方式的主视图和沿其B－B线的剖视放大图。

图Ⅰ所示为前面背景技术部分所提到的中国实用新型专利说明书CN2089467Y中所披露的磁化防垢除垢器中磁块排列布置图。在其左图中方形管道的同一管道截面上布置有两对彼此垂直的条形磁块；在其右图中为圆形管道的同一管道截面上布置有两对彼此垂直的瓦形磁块。按照这样的布置方式，相邻的异性磁极会使磁力线短路，从而使管道中央部分的磁通密度大大减弱。

在本发明中，为了保证由不锈钢、塑料或铜等非导磁材料制成的管道的中央部分有足够的磁通密度，使两对磁块之间不发生磁力线短路，如图Ⅱ所示，此两对磁块（3、4）不是布置在同一管道截面上，其中一对磁块（4）安放在另一对磁块（3）的下游。图Ⅱ中，管道（1）的用于安装成对磁块（3、4）的中间管道段（9）为方形管道。第一对磁块（3）以异性磁极相对的方式布置在该方形中间管道段（9）的某一截面的上、下两侧；第二对磁块（4）以同样方式布置在该方形中间管道段（9）中上述截面下游部分的另一截面的左、右两侧，并与第一对磁块（3）紧邻，即第二对磁块（4）的磁场方向与第一对磁块（3）的磁场方向相互垂直，且形成的磁场紧接在第一对磁块形成的磁场的下游。为了固定这两对磁块（3、4），分别用铁皮（5）将每对磁块包覆起来固定在管道（1）的方形中间管道段（9）上，可将铁皮两端搭扣在一起，或者用铁丝将其捆住。该铁皮（5）除起固定作用外，还同时起到使磁场均匀，增强中间磁场和一次屏蔽的作用。当采用这样的磁块布置方式和结构时，仍会向管道（1）的周围漏磁，若要保证使用较小的磁块就能产生足够的磁场强度，满足防垢除垢的要求，且不会使漏磁对周围人体造成危害，还必须对此磁化防垢除垢器设置一由导磁材料制成的、如由铁制成的外壳（2），管道（1）从外壳（2）的两端穿过，并用焊接或其他方法使外壳（2）的两端与管道（1）连成一体。包覆磁块（3、4）的铁皮（5）的外表面与外壳（2）的内壁之间必须留有适当间隙，以保证外壳（2）在保护磁块不受损伤的同时起到二次屏蔽作用，减少磁能损耗，从而保证采用较小的磁块（例如每对磁块形成的磁通密度在0.1特斯拉左右）就能在管道（1）的方形中间管道段（9）的中央部分产生足够的磁通密度，满足防垢除垢的需要。经过二次屏蔽后，在外壳的外面测出的磁场强度接近于零，保证工作人员的健康不受影响。管道（1）露出外壳（2）的两端部分上制有螺纹，用于分别与供水管和锅炉等换热器的进水管相连接。为防止铁制外壳（2）生锈，还可以在铁制外壳（2）的外表面上涂一层防护漆。为了美观，便于辨认和防止假冒，在防护漆的外面绘制有红绿相间的宽条彩色花纹。

图Ⅱ中只示意性地画出两对磁块，实际上可根据水的硬度按上述方法串接多对磁块，即每相邻两对磁块以相互垂直的方式安放，并使每对磁块形成的磁通密度保持在0.1特斯拉左右。如水的硬度在7毫克当量/升以下，使用5对磁块即可达到满意的防垢除垢效果；若水的硬度更大，可适当增加磁块的对数，如水的硬度为9毫克当量/升，可用9至10对磁块即可获得满意的效果。如果换热器的容量很小，使用时水的流速又较低，使用两对磁块就可。

图Ⅱ所示的磁化防垢除垢器，由于将条形磁块布置在管道的方形外壁上，因而磁块与管壁接触紧密，便于固定，且磁力线排布均匀，中间磁通密度与两边磁通密度一致，因而当水流过管道时磁化均匀。又因有多对磁块相互垂直地串接在一起，避免了多对磁块之间相互干扰，削弱磁通密度，而且因水流过管道时多次切割磁力线，使水全部磁化，避免出现死角或部分水未被磁化。

图Ⅲ是本发明磁化防垢除垢器的另一实施方式，这种防垢除垢器与图Ⅱ所示的防垢除垢器的结构基本相同。图中同样只示意性地表示出两对磁块，实际上可根据需要安放多对磁块，每对磁块的排列方式与图Ⅱ所示的条形磁块的排列方式相同，所不同的是当这种磁块装在直径较大的粗管道上时，因磁块的尺寸较大，为了防止相邻磁块相互吸引而移动位置，可在每相邻两对磁块之间加装铁制垫圈（8）。加装垫圈（8）之后又能避免各对磁块之间相互干扰。瓦形磁块具有聚磁作用，可使磁场更均匀，使水的磁化更为理想。但瓦形磁块加工比条形磁块复杂，生产成本高，多半与截面较大的圆形管道配合使用。

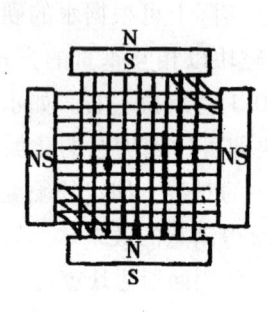

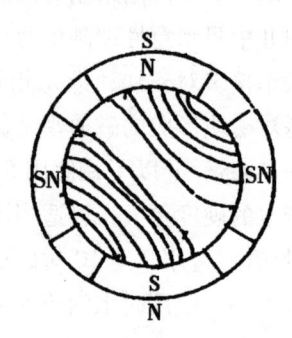

说 明 书 附 图

图 I

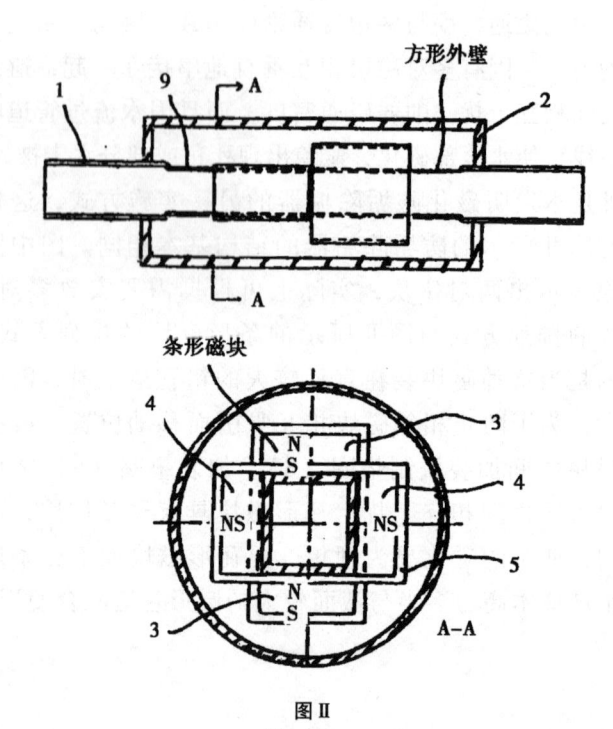

方形外壁

条形磁块

A-A

图 II

362

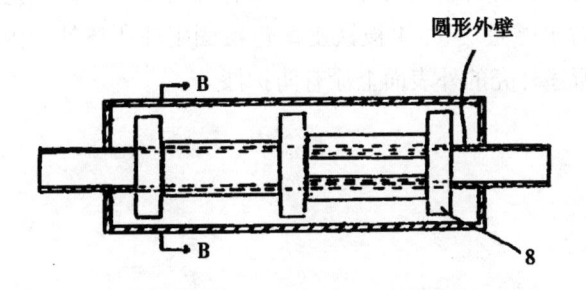

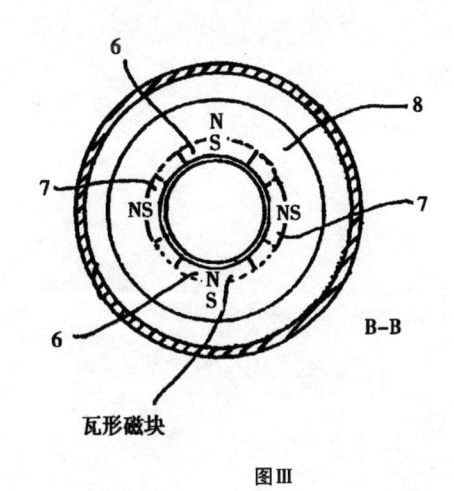

圆形外壁

B

B

8

6
N S
8
7
N S
N S
7
N S
6
B-B

瓦形磁块

图Ⅲ

说 明 书 摘 要

一种 GCQ 型高效磁化除垢器，由不锈钢等非导磁材料制成的管道 1 穿过由导磁材料制成的外壳 2 两端，并与外壳 2 两端连成一体，至少两对永磁磁块 3、4 被铁皮 5 包覆固定在所述外壳内的管道外壁上，所述外壳的外表面上涂有防护漆。

摘 要 附 图

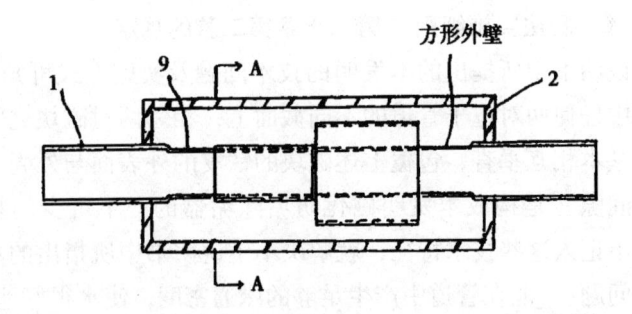

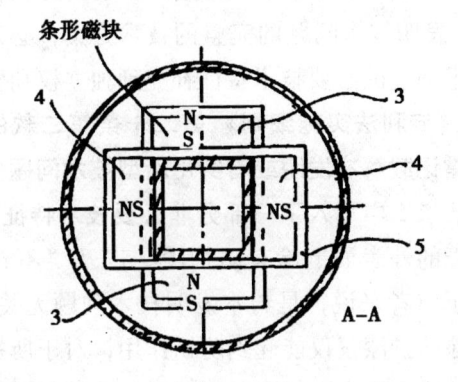

方形外壁

条形磁块

A-A

【对原专利申请文件的评析】

一、权利要求书

1. 权利要求 1 存在下述八个方面的问题

（1）原权利要求 1 缺少解决本发明技术问题的必要技术特征，不符合《专利法实施细则》第二十条第二款的规定。

从说明书中所提出的本发明的技术问题及实施方式可知，"永磁磁块中任何两对位于管道的不同截面上，相邻两对磁块之间形成的磁场基本相互垂直，包覆上述磁块的铁皮的外表面与外壳内壁之间留有间隙"是构成本发明磁化防垢除垢器的必不可少的技术特征。若不记入这些技术特征，就解决不了说明书中所指出的本发明的技术问题："能在管道中产生足够的磁通密度，使水很好地磁化，无漏磁，不会影响工作人员的身体健康"。也就是说，原权利要求 1 未构成解决本发明技术问题的完整的技术方案，必须将上述这些解决本发明技术问题的必要技术特征补充到独立权利要求 1 中去。

（2）按照《专利法实施细则》第二十条第二款的规定，独立权利要求中只需记载解决发明或者实用新型技术问题的必要技术特征，而原权利要求 1 中写入了一部分非必要技术特征："为防止生锈，在所述外壳的外表面上涂有防护漆"以及"不超过 5 对"的永磁磁块。对于前者来说，是与本发明技术问题无关的技术特征，因为在外壳上涂防护漆仅仅能起到防锈作用，对于所提出的要在管道中产生足够的磁通密度、使水很好地磁化、无漏磁等技术问题毫不相干。对于后者来说，是本发明的附加技术特征，因为永磁磁块为两对或两对以上就能解决本发明的技术问题，正如说明书中所指出的，当水的硬度为 9 毫克当量/升时，采用 9 至 10 对永磁磁块可获得满意的结果，因此不应将永磁磁块限定为不超过 5 对。正因为如此，**包含有这两个非必要技术特征的独立权利要求大大缩小了其保护范围**，如果该独立权利要求在审查过程中被通过了，就会损害专利权人的利益。

当然，对于永磁磁块的数量选择来说，由说明书记载可知，在大多数情况下，选用4至5对时能取得比较满意的磁化效果，因此可将其作为本发明的附加技术特征写成一个从属权利要求，如修改后的权利要求书中的权利要求5那样。

（3）为使权利要求书符合《专利法》第二十六条第四款的规定，权利要求书应当以说明书为依据，清楚、简要地限定要求专利保护的范围，《专利审查指南》第二部分第二章第3.2.3节规定：**权利要求的表述应当简要，除记载技术特征外，不得对原因或理由作不必要的描述**。原权利要求1中出现了不必要的描述"为使结构简单紧凑"，不符合上述规定，应删去。

（4）《专利审查指南》第二部分第二章第3.2.2节指出，"**除附图标记或者化学式及数学式中使用的括号之外，权利要求中应尽量避免使用括号，以免造成权利要求不清楚**"，而原独立权利要求1中在"永磁磁块用铁皮包覆"的后面记载了"铁皮两端搭接在一起，最好用铁丝将其捆住"，并用括号括起来，这种撰写方法不符合《专利法》第二十六条第四款关于"权利要求书应当以说明书为依据，清楚、简要地限定专利要求保护的范围"的规定。因为采用这种撰写方式至少会使公众不清楚该括号中的内容是对权利要求1进行限定的技术特征还是一种澄清性说明，致使该独立权利要求的保护范围模糊不清。根据说明书的记载可知，将每对永磁磁块用铁皮包覆固定在管道的外表面上，可具体采用将铁皮两端搭扣在一起的方法，也可用铁丝直接将磁块固定在管道的外表面上，当然也可以采用公知的任何其他方法，例如采用将铁皮两端用胶粘接在一起的方法等。显然申请人为了获得较宽的保护范围可以采用上位概念描述的方法记入这一技术特征，即"将上述永磁磁块用铁皮包覆固定在外壳中的管道上"，而目前括号中的内容可以理解为是对上位概念描述的技术特征作进一步的限定，也可以理解为是可供选择的具体技术特征。因此，这样撰写的权利要求使人无法理解申请人究竟要求保护的范围是什么。因此，在修改后的权利要求1中将此括号连同括号中的文字说明一起删去。

（5）原权利要求1未相对于最接近的现有技术划清界限，不符合《专利法实施细则》第二十一条第一款的规定。

根据说明书背景技术部分的记载，特别是其中的图1和图2可知：在公知的磁化防垢除垢器中，每对永磁磁块是"以异性磁极相对的方式"置于"由非异磁材料制成的管道"外表面相对两侧。因此，"以异性磁极相对布置的方式"和"由非导磁材料制成的管道"是属于本发明主题与最接近的现有技术共有的必要技术特征，应当将其放入独立权利要求1的前序部分，以便使公众能清楚地看出独立权利要求的全部技术特征中哪些是与最接近的现有技术共有的技术特征，哪些是由发明人作出的区别于最接近的现有技术的特征。

（6）按照《专利审查指南》第二部分第二章第2.2.1节关于**发明或者实用新型名称的规定，在发明名称中不得使用人名、地名、商标、型号或者商品名称等，也不得使用商业性宣传用语。**而原权利要求1中的发明主题名称中出现了产品型号"GCQ型"和商业性宣传用语"高效"，故应将其删去。

（7）按照《专利法实施细则》第十九条第四款的规定，**权利要求中的技术特征可以引用说明书附图中相应的标记，该标记应当放在相应的技术特征后并置于括号内。**而原权利要求1中的附图标记未加括号，显然不符合上述规定。此外，在其他权利要求中的附图标记存在同样问题，下面在评析其他权利要求时不再作重复说明。

（8）按照《专利审查指南》第二部分第二章第3.3节有关"权利要求的撰写规定"，**每一项权利要求只允许在其结尾处使用句号**。而原权利要求1的技术特征"并与外壳两端连成一体"的后面使用了句号，客观上把原独立权利要求中相互紧密相关，浑然连成一体的技术方案分成了两部分，造成权利要求1记载的技术方案不清楚，显然是不允许的。

2. 权利要求 2 存在的问题

按照《专利审查指南》第二部分第二章 3.3.2 节有关"从属权利要求的撰写规定",从属权利要求的引用部分应当写明引用的权利要求的编号,其后应当重述引用权利要求的主题名称。原权利要求 2 的引用部分明显不符合此规定。

原权利要求 1 请求保护的是一种磁化防垢除垢器,而原权利要求 2 请求保护的是该磁化防垢除垢器中的管道和磁块,两者主题名称不一致,这是不允许的。申请人这种撰写方法是由于其对从属权利要求的概念理解不清楚造成的。按照《专利法实施细则》第二十条第三款的规定,从属权利要求应当用附加技术特征对引用的权利要求作进一步的限定。从属权利要求包含了所引用的权利要求的全部技术特征,是一个比其所引用的权利要求更具体的技术方案,其保护范围落在所引用的权利要求保护范围之内。因此,应将原权利要求 2 的主题名称中的"管道和磁块"删去,使其与权利要求 1 的主题名称一致。

此外,**原权利要求 2 限定部分中的"用铁皮包覆固定在外壳内上述方形中间管道段的外壁上"这一附加技术特征的内容实质上已包含在权利要求 1 之中,为使权利要求 2 清楚、简要,应当将该附加技术特征删除**,使其符合《专利法》第二十六条第四款的规定。

3. 权利要求 3 存在的问题

原权利要求 3 除存在着和权利要求 2 相同的两个问题之外,还存在着引用关系不当、逻辑关系混乱的问题。

按照《专利法实施细则》第二十条第三款的规定,从属权利要求应当用附加技术特征对引用的权利要求作进一步的限定。而原权利要求 2 和 3 是两个不同的并列的技术方案。对于前者,管道位于外壳内的中间管道段的横截面形状为方形,与其配合的磁块的形状为条形;对于后者,管道位于外壳内的中间管道段的横截面形状为圆形,与其配合的磁块形状为瓦形。权利要求 3 引用权利要求 2 就等于同时要求管道的横截面既呈圆形又呈方形；磁块的形状既呈条形又呈瓦形，显然这是不合逻辑的。因此，**原权利要求 3 不是对原权利要求 2 技术方案的进一步限定，不能引用原权利要求 2**。对此，申请人只需将权利要求 3 的引用关系改成引用权利要求 1 即可。

4. 权利要求 4～6 存在的问题

原权利要求 4～6 共同存在的主要问题就是采用了非择一的引用方式，造成其表述的保护范围不清，逻辑关系混乱。

按照《专利法实施细则》第二十二条第二款规定，引用两项以上权利要求的多项从属权利要求只能以择一方式引用。这也就是说，对于多项从属权利要求来说，其引用的权利要求的编号应当用"或"或者其他与"或"同义的方式表达。择一引用方式表示其限定部分与其所引用的多项权利要求逐项组合，构成多个进一步限定的技术方案，表达多个请求保护的范围。而原权利要求 4 至 6 在引用方式上均采用了"和"字，造成逻辑关系混乱，技术方案不清，故应将其中的"和"字改写成"或"字。

此外，**权利要求 6 只能引用权利要求 3，不能引用权利要求 2**。因为按照说明书中的记载，第一个实施方式（即方形管道截面和条形磁块对）中在每相邻两对磁块之间并未装有铁制垫圈，也就是说，引用权利要求 2 的技术方案未得到说明书的支持，未以说明书为依据，因此不符合《专利法》第二十六条第四款的规定。

前文已经阐述过，权利要求 4 和 5 限定部分的技术特征是构成本发明磁化防垢除垢器的必要技术特征，均应放入权利要求 1 之中，故改写后的权利要求书中已将权利要求 4 和 5 限定部分的内容补入到权利要求 1 中，与此同时，删去原权利要求 4 和 5。

5. 权利要求 7 存在的问题

原权利要求 7 引用部分存在着非择一引用方式，前文对此已作过详细分析，为了避免烦琐，**此处不再赘述。此外，权利要求 7 本**

身是一项多项从属权利要求，而其所引用的权利要求1至6中，权利要求4至6也为多项从属权利要求，因此权利要求7的引用部分不符合《专利法实施细则》第二十二条第二款的规定：多项从属权利要求不得作为另一项多项从属权利要求的基础。对于上述两个问题，应将权利要求7引用部分改为"按照权利要求1至3中任一项所述的……"。

原权利要求7的主要问题是该权利要求未以说明书为依据。

《专利法》第二十六条第四款规定：权利要求书应当以说明书为依据，清楚、简要地限定要求专利保护的范围。而原说明书所公开的技术方案中只提到管道是用不锈钢、塑料或铜等制成。原权利要求7进一步限定该管道由铝合金制成，未得到说明书的支持。

对此问题的修改可采用两种方式，一种是删除原权利要求7，另一种是将其限定部分的技术特征补入说明书。究竟采用哪一种修改方式，应视该技术特征对发明创造性的贡献大小而定，在本案例中，似乎删去为好。

二、说明书及其摘要

首先，**本说明书各个部分之前未写明标题，不符合《专利法实施细则》第十七条第二款的规定**。此外，本说明书各部分还存在下述11个方面的问题。

1. 名称

原说明书中的发明名称"GCQ型高效磁化除垢器"包含了产品型号"GCQ型"和商业性宣传用语"高效"，不符合《专利审查指南》第二部分第二章第2.2.1节的规定，应将其删除。同时原说明书中的发明名称"磁化除垢器"又与权利要求书和说明书发明内容部分要解决的技术问题中所记载的"磁化防垢除垢器"不一致，从说明书公开的技术内容可知，该除垢器同时具有防垢功能，故应在发明名称中增添"防垢"二字。

2. 技术领域

《专利审查指南》第二部分第二章第 2.2.2 节对说明书中的"所属技术领域"部分作了规定,即**"发明或者实用新型的技术领域应当是要求保护的发明或者实用新型技术方案所属或者直接应用的具体技术领域,而不是上位的或者相邻的技术领域,也不是发明或者实用新型本身"**。正确表述发明或者实用新型的所属技术领域,有利于审查员分类和检索。

从原说明书所公开的技术方案可知,该磁化防垢除垢器是一种利用磁场处理水的装置,它应当是一个单独的部件,而不附属于锅炉或者茶炉。安装在锅炉或者茶炉进水管道上仅仅是其一个应用方面,故将本发明所属技术领域写成是"涉及一种锅炉、茶炉中换热设备的附件"是不合适的。正确的写法应当是本发明涉及一种用磁场处理水的磁化防垢除垢器。对于一般申请人来说,他们当中大多数人手中都没有《国际专利分类表》,往往很难使所写出的技术领域完全与分类表中的位置相符,这要凭借申请人的经验和对发明内容的正确判断来使其尽量靠近正确的分类位置。

3. 背景技术

原说明书背景技术部分对已知技术的评价中有这样一段话:"这种布置方式说明设计人在磁路设计上的无知,其磁路设计极不合理,技术落后"。这种描述方法**在用语上体现有故意贬低他人的内容**,是不可取的。《专利审查指南》第二部分第二章第 2.2.3 节中规定,对背景技术的描述应当"客观地指出背景技术中存在的问题和缺点,但是仅限于涉及由发明或者实用新型的技术方案所解决的问题和缺点。在可能的情况下,说明存在这种问题和缺点的原因以及解决这些问题时曾经遇到的困难。"所以,申请人在撰写背景技术部分时,除应正确引证与本发明最接近的现有技术文件，并注明其详细出处之外，还应当针对本发明要解决的技术问题客观地说明其存在的问题和缺点。

4. 发明内容部分中要解决的技术问题

原说明书发明要解决的技术问题基本是清楚的，但其中写入了广告式宣传用语"提供一种技术先进、效果显著而无副作用的……"，这种用语与本发明所要解决的技术问题无关，应该删去。

《专利审查指南》第二部分第二章第2.2.4节中规定，发明要解决的技术问题应当是针对现有技术存在的缺陷与不足，用正面的、尽可能简洁的语言客观而有根据地反映发明要解决的技术问题，对发明所要解决的技术问题的描述不得采用广告式宣传用语。之所以作出这样的规定，是因为说明书发明内容部分是相互关联的，发明要解决的技术问题、技术方案和有益效果之间应当是一个统一体，它们的内容应当相互依存，相互支持。而一些广告式用语，如上文提到的"技术先进、效果显著"等是无法用尺度来衡量的，也很难说明哪一种技术方案是先进的，什么样的技术效果是显著而无副作用的。故申请人应当将这种广告式宣传用语从发明要解决的技术问题中去掉，将发明要解决的技术问题直接写成："本发明要解决的技术问题在于提供一种磁化防垢除垢器，这种……"

5. 发明内容中的技术方案

原说明书这一部分存在两方面问题：

（1）**原技术方案中缺少解决本发明技术问题的必要技术特征，并列入了与本发明所解决技术问题无关的技术特征**，其具体分析和改正办法可参见前文对权利要求书的评述。

（2）**出现了引用权利要求的语句**："作为本发明的进一步改进，还可以采用权利要求2限定部分的结构"等，这种撰写方式**不符合《专利法实施细则》第十七条第三款的规定**。

《专利法实施细则》第十七条第三款规定，发明说明书中不得使用"如权利要求……所述的……"一类的引用语。作出这样的规定是因为说明书及其附图主要用于清楚、完整地公开发明，使所属技术领域的技术人员能够理解和实施该发明。说明书及其附图还用于支持和解释权利要求，而不是相反。这种规定是以《专利法》第二十六条的规定为依据的。这一规定与国际上有些国家的规定不一样，例如在德国则允许采用上述写法。就原说明书技术方案部分来说，其中有两处采用上述写法，申请人在修改说明书时，应将所引用的权利要求的具体内容补入相应的段落。

6. 发明内容中的有益效果

《专利审查指南》第二部分第二章第2.2.4节中规定，有益效果可以通过对发明结构特点的分析和理论说明相结合，或者通过列出实验数据的方式予以说明，不得只断言发明或者实用新型具有有益的效果。

而**原说明书在这一部分中存在的问题在于其对获得的有益效果缺乏具体的分析**，只是断言其对水的磁化效果好、不易结垢和防垢除垢能力强，**并写入了不恰当的广告式的宣传用语**"磁路设计独特合理、技术先进"等。申请人在改写时可在水的磁化效果好的前面适当加入具体分析的词句，例如"每对磁块均是异性磁极相对地布置在导管的两侧，相邻两对磁块之间基本相互垂直布置，磁场之间不会相互干扰削弱磁场强度，因而水流过管道时磁化均匀"，这样就为本发明磁化防垢除垢器的优点磁化效果好、不易结垢、防垢除垢能力强提供了理论根据。

7. 附图说明

原申请文件在附图说明部分存在两个问题：一个问题是几幅附图共用一个图号；另一个问题是未使用阿拉伯数字顺序编号，而是采用罗马数字编号。这些问题虽然只是形式问题，但国家知识产权局专利局在《专利审查指南》第一部分第一章第4.3节中有具体规定:"附图总数在两幅以上的,应当使用阿拉伯数字顺序编号。"因此,本专利申请在改写附图说明时,应当将原图1分成两幅附图图1、图2,将原图Ⅱ顺序编成图3、图4,将图Ⅲ改成图5和图6。

8. 具体实施方式

原说明书对具体实施方式的描述存在3个问题:**第一个问题是对附图5、6(原图Ⅲ)所示的实施方式的描述不具体,不详细;第二个问题是附图中出现的附图标记6和7在说明书文字部分未出现;第三个问题是对照附图描述本发明的实施方式时,在附图标记的后面加了括号。**

原说明书中只说"图Ⅲ是本发明磁化防垢除垢器的另一实施方式,这种防垢除垢器与图Ⅱ(应改为图3、图4)所示的防垢除垢器的结构基本相同",而未对图3和图4所示圆形管道及与其配合的磁块作具体清楚的描述。申请人在对说明书进行修改时可在此后加入:"不同之处在于管道1位于外壳2内的中间管道段9的横截面为圆形,为了使磁块6、7与中间管道段9圆形外表面配合得更紧密而将磁块6、7制成瓦形"。这样修改后,在克服第一个问题的同时,也克服了第二个问题。需要提醒的是,在说明书中对瓦形磁块添加附图标记后,权利要求书中应当标注附图标记6和7之处(如独立权利要求1和从属权利要求3中)也应当作出相应修改,加上附图标记6和7(见修改后的权利要求书)。至于第三个问题,则只要删去这一部分所有附图标记的括号即可。

9. 说明书附图

原说明书附图存在三方面问题:

(1) **几幅附图共用一个图号**,图Ⅰ,图Ⅱ和图Ⅲ均各自包含两幅附图。

(2) **附图未使用阿拉伯数字编号**,而是采用罗马数字进行编号。

（3）附图中有不必要的文字注释，如"方形外壁"、"条形磁块"等。

《专利审查指南》第一部分第一章第4.3节和第二章第7.3节依据《专利法实施细则》第十八条的规定对说明书附图的绘制作了详尽具体的规定，不仅明确规定，附图应当用阿拉伯数字编号，用图1、图2等表示；还明确规定，附图中除必需的词语外，不得含有其他注释。申请人应当严格按照上述要求来绘制附图，因此在修改后的说明书附图中将图Ⅰ改为图1、图2，图Ⅱ改为图3、图4，图Ⅲ改为图5、图6，且将附图中的文字说明"方形外壁"、"条形磁块"等删去。

10. 说明书摘要

《专利法实施细则》第二十三条第一款规定："说明书摘要应当写明发明或者实用新型专利申请所公开内容的概要，即写明发明或者实用新型的名称和所属的技术领域，并清楚地反映所要解决的技术问题、解决该问题的技术方案的要点以及主要用途。"

原说明书摘要存在四方面问题。

（1）发明名称中含有产品型号和商业性宣传用语。

（2）技术方案中缺少构成本发明技术方案的要点及有益效果。

（3）记入了与解决本发明技术问题无关的技术特征："所述外壳的外表面上涂有防护漆"。

（4）摘要文字部分出现的附图标记未加括号。

前3个问题的修改可参照前文有关权利要求书中对权利要求1存在的相同问题的修改方法进行修改，第四个问题只要按照《专利审查指南》第二部分第二章第2.4节有关"摘要文字部分出现的附图标记应当加括号"的规定，将附图标记加上括号即可。

11. 摘要附图

申请人在原说明书中选用了图Ⅱ作为摘要附图，正如前文所述图Ⅱ实际上包含了两幅附图，即第一实施方式的主视图和沿主视图A－A线截取的剖面图，不符合《专利审查指南》第一部分第一章第4.5.2节中的规定："**说明书中有附图的，申请人应当提供一幅最能说明该发明技术方案主要技术特征的附图作为摘要附图。**"对此，修改后的摘要附图删去了原摘要附图中沿A－A线截取的剖面图，仅保留该实施方式的主视图。此外，**摘要附图中的文字说明"方形外壁"**也应删去。

【修改后的专利申请文件】

权 利 要 求 书

1. 一种磁化防垢除垢器，包括由非导磁材料制成的管道（1）和分别以**异性磁极相对的方式**置于其外表面相对两侧的至少两对永磁磁块（3、4；6、7），其特征在于：它还包括一个由导磁材料制成的外壳（2），所述管道（1）穿过所述外壳（2）并与该外壳（2）两端连成一体，**所述成对永磁磁块用铁皮（5）包覆固定**在该外壳（2）中的管道（1）上，所述永磁磁块中任何两对位于该管道（1）的不同截面上，相邻两对磁块（3、4）之间形成的磁场基本相互垂直，包覆上述磁块（3、4）的铁皮（5）的外表面与该外壳（2）内壁之间留有间隙。

2. 按照权利要求1所述的**磁化防垢除垢器**，其特征在于：所述管道（1）位于所述外壳（2）内的中间管道段（9）的横截面为正方形，所述磁块（3、4）的形状为**条形**。

3. 按照权利要求1所述的**磁化防垢除垢器**，其特征在于：所述管道（1）位于所述外壳（2）内的中间管道段（9）的横截面为圆形，所述磁块（6、7）的形状为**瓦形**。

4. 按照权利要求**3**所述的磁化防垢除垢器，其特征在于：所述管道（1）的中间管道段（9）上每相邻两对磁块之间装有铁制垫圈（8）。

5. 按照权利要求1至5中任一项所述的磁化防垢除垢器，其特征在于：所述成对永磁磁块的数量为**4至5**对。

说 明 书

磁化防垢除垢器

技术领域

本发明涉及一种用**磁场处理水的磁化防垢除垢器**。

背景技术

水垢是锅炉、茶炉等换热设备的大敌,为清除水垢,已采用过许多方法,如化学法、离子交换法、电子除垢法等。最近又出现了利用磁场来处理水垢的方法,例如,1991年9月20日公告的CN2089467Y的中国实用新型专利说明书就公开了这样一种利用磁场来处理水垢的"锅炉防垢装置"。这种防垢装置将两对彼此对置的条形磁块或瓦形磁块布置在方形管道或圆形管道的同一截面上,这两对磁块相互垂直。**这种布置方式使部分磁力相互抵消,磁通密度减弱,中心磁通密度更低。**此外,对这两对磁块所形成的磁场也未采取任何屏蔽措施,漏磁严重,磁能损耗大。为了达到防垢和除垢效果,管道中心磁通密度至少应达到 0.2~0.7 特斯拉,这就需要采用高强度大块磁块,大大增加了成本,且在此管道附近产生的强磁场会影响工作人员的健康。不仅如此,该防垢装置仅在管道的同一截面上布置了两对磁块,这样管道中流过的水仅受到一次磁化作用,作用时间短,磁化效果差,达不到满意的防垢除垢的效果。

发明内容

本发明要解决的技术问题在于**提供一种磁化防垢除垢器**,这种磁化防垢除垢器不仅能在管道中产生足够的磁通密度,使水很好地磁化,而且结构简单可靠、成本低、无漏磁、不会影响工作人员的身体健康。

本发明的磁化防垢除垢器，包括**由非导磁材料制成的管道和分别以异性磁极相对的方式**置于其外表面相对两侧的至少两对永磁磁块，它还包括一个由导磁材料制成外壳，所述管道穿过所述外壳并与外壳两端连成一体，所述永磁磁块用铁皮包覆固定在外壳中的管道上，所述永磁磁块中任何两对位于管道的不同截面上，相邻两对磁块之间形成的磁场基本相互垂直，包覆上述磁块的铁皮的外表面与外壳内壁之间留有间隙。

作为本发明的进一步改进，**管道位于外壳内的中间管道段的横截面为方形，磁块的形状为条形**。这样磁块与管壁接触紧密，便于固定，磁力线均匀，中间磁通密度与两边磁通密度一致。

作为本发明的另一种改进，**管道位于外壳内的中间管道段的横截面为圆形，磁块的形状为瓦形**。由于瓦形磁块中间有聚磁作用使磁化更为均匀，对水的磁化更有利。尤其是在相邻两对瓦形磁块之间安放铁制垫圈时可避免各对磁块之间相互干扰。

当对本发明再作进一步改进时，采用4至5对永磁磁块时，可以使水流过防垢除垢器时多次切割磁力线，从而可使水全部磁化，避免出现死角或部分水未被磁化的现象。

本发明的磁化防垢除垢器只有几个零件组成，结构简单，价格低廉；因其**每对磁块均是异性磁极相对地布置在管道的两侧，且任何两对永磁磁块不在同一截面上，相邻两对磁块之间基本相互垂直布置**，磁场之间不会相互干扰削弱磁场强度，因而水流过管道时磁化均匀，水磁化效果好，不易结垢，防垢除垢能力强。

下面结合附图对本发明磁化防垢除垢器作进一步详细描述。

附图说明

图1是公知磁化防垢除垢器中条形磁块的**排列布置图**。

图2是另一种公知磁化防垢除垢器中瓦形磁块排列布置图。

图3是本发明磁化防垢除垢器的主视图。

图4是图3所示磁化防垢除垢器沿A–A线的放大剖视图。

图 5 是本发明磁化防垢除垢器另一种实施方式的主视图。

图 6 是图 5 所示磁化防垢除垢器沿 B – B 线的放大剖视图。

具体实施方式

  图 1 和图 2 所示为前面背景技术部分所提到的中国实用新型专利说明书 CN2089467Y 中所披露的磁化防垢除垢器中磁块排列布置图。**在图 1** 中方形管道的同一管道截面上布置有两对彼此垂直的条形磁块。**在图 2** 中为圆形管道的同一管道截面上布置有两对彼此垂直的瓦形磁块。按照这样的布置方式，相邻的异性磁极会使磁力线短路，从而使管道中央部分的磁通密度大大减弱。

  在本发明中，为了保证由不锈钢、塑料或铜等非导磁材料制成的管道的中央部分有足够的磁通密度，使两对磁极之间不发生磁力线短路，如**图 3 和图 4** 所示，此两对磁块 3、4 不是布置在同一管道截面上，其中一对磁块 4 安放在另一对磁块 3 的下游。**图 3 和图 4** 中，管道 1 的用于安装成对磁块 3、4 的中间管道段 9 为方形管道。第一对磁块 3 以异性磁极相对的方式布置在该方形中间管道段 9 的某一截面的上、下两侧；第二对磁块 4 以同样方式布置在该方形中间管道段 9 中上述截面下游部分的另一截面的左、右两侧，并与第一对磁块 3 紧邻，即第二对磁块 4 的磁场方向与第一对磁块 3 的磁场方向相垂直，且形成的磁场紧接在第一对磁块形成的磁场的下游。为了固定这两对磁块 3、4，分别用铁皮 5 将每对磁块包覆起来固定在管道 1 的方形中间管道段 9 上，可将铁皮两端搭扣在一起，或者用铁丝将其捆住。该铁皮 5 除起固定作用外，还同时起到使磁场均匀、增强中间磁场和一次屏蔽的作用。当采用这样的磁块布置方式和结构时，仍会向管道 1 的四周漏磁，若要保证使用较小的磁块就能产生足够的磁场强度，满足防垢除垢的要求，且不会使漏磁对周围人体造成危害，还必须对此磁化防垢除垢器设置一由导磁材料制成的、如由铁制成的外壳 2，管道 1 从外壳 2 的两端穿过，并用焊接或其他方法使外壳 2 的两端与管道 1 连成一体。包覆磁块

381

3、4的铁皮5的外表面与外壳2的内壁之间必须留有适当间隙,以保证外壳2在保护磁块不受损伤的同时起到二次屏蔽作用,减少磁能损耗,从而保证采用较小的磁块（例如每对磁块形成的磁通密度在0.1特斯拉左右）就能在管道1的方形中间管道段9的中央部分产生足够的磁通密度,满足防垢除垢的需要。经过二次屏蔽后,在外壳的外面测出的磁场强度接近于零,保证工作人员的健康不受影响。管道1露出外壳2的两端部分上制有螺纹,用于分别与供水管和锅炉等换热器的进水管相连接。为防止铁制外壳2生锈,还可以在铁制外壳2的外表面上涂一层防护漆。

图3和图4中只示意性地画出两对磁块,实际上可根据水的硬度按上述方法串接多对磁块,即每相邻两对磁块以相互垂直的方式安放,并使每对磁块形成的磁通密度保持在0.1特斯拉左右。如水的硬度在7毫克当量/升以下,使用5对磁块即可达到满意的防垢除垢效果；若水的硬度更大,可适当增加磁块的对数,如水的硬度为9毫克当量/升,可用9至10对磁块即可获得满意的效果。如果换热器的容量很小,使用时水的流速又较低,使用两对磁块就可。

图3和图4所示的磁化防垢除垢器,由于将条形磁块布置在管道的方形外壁上,因而磁块与管壁接触紧密,便于固定,且磁力线排布均匀,中间磁通密度与两边磁通密度一致,因而当水流过管道时磁化均匀。又因有多对磁块相互垂直地串接在一起,避免了多对磁块之间相互干扰,削弱磁通密度,而且因水流过管道时多次切割磁力线,使水全部磁化,避免出现死角或部分水未被磁化。

图5和图6是本发明防垢除垢器的另一实施方式,这种防垢除垢器与图3和图4所示的防垢除垢器的结构基本相同。其不同之处在于管道1位于外壳2内的中间管道段9的横截面为圆形,为了使磁块6、7与中间管道段9圆形外表面配合得更紧密而将磁块6、7制成瓦形。图中同样只示意性地表示出两对磁块,实际上可根据需要安放多对磁块,每对磁块的排列方式与图3和图4所示的条形磁块的排列方式相同,所不同的是当这种磁块装在直径较大的粗管道

上时，因磁块的尺寸较大，为了防止相邻磁块相互吸引而移动位置，可在每相邻两对磁块之间加装铁制垫圈 8。加装垫圈 8 之后又能避免各对磁块之间相互干扰。瓦形磁块具有聚磁作用，可使磁场更均匀，使水的磁化更为理想。但瓦形磁块加工比条形磁块复杂，生产成本高，多半与截面较大的圆形管道配合使用。

说 明 书 附 图

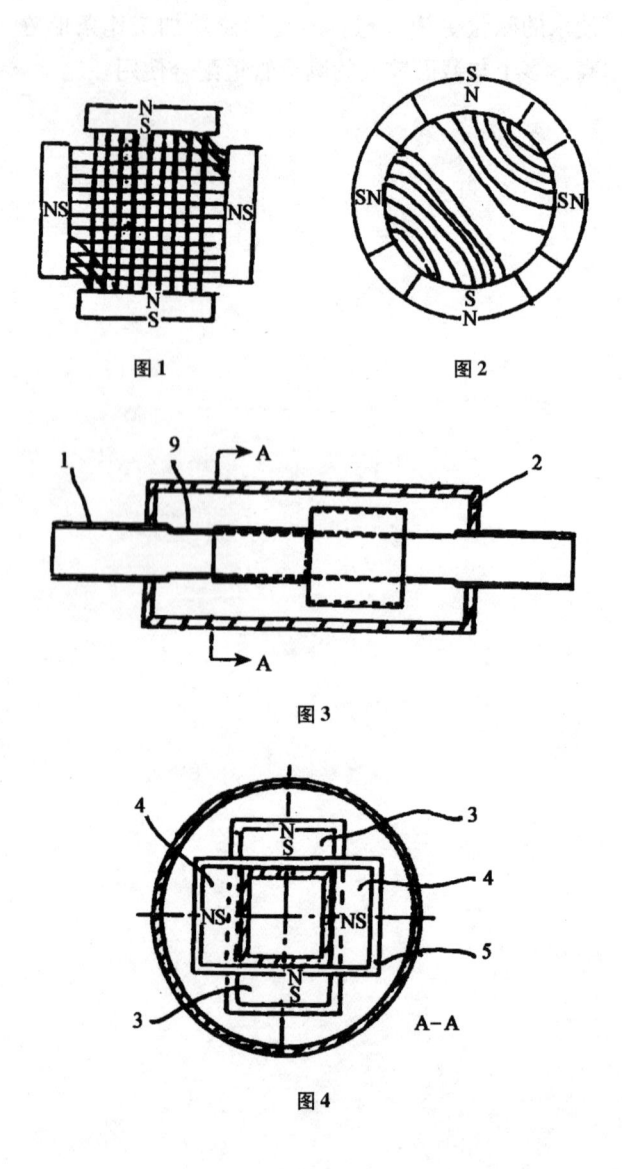

图1

图2

图3

图4

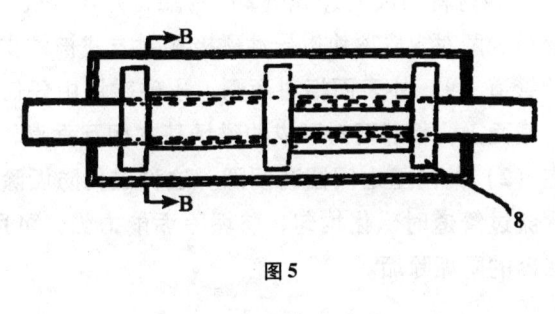

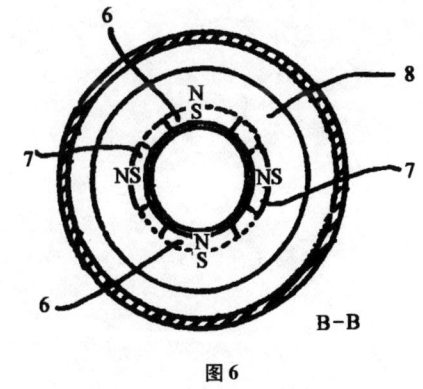

图 5

B-B

图 6

说 明 书 摘 要

本发明公开了一种磁化防垢除垢器，由非导磁材料制成的管道（1）穿过由导磁材料制成的外壳（2）两端，并与外壳（2）两端连成一体，至少两对永磁磁块以异性磁极相对方式被铁皮包覆固定在外壳内的管道（9）外表面相对两侧，永磁磁块中任何两对位于管道的不同截面上，相邻两对形成的磁场基本相互垂直，铁皮的外表面与外壳（2）的内壁之间留有间隙。这种磁化防垢除垢器的结构简单，水流过管道时磁化均匀，防垢除垢能力强，可用于锅炉、茶炉等换热器的防垢除垢。

摘 要 附 图

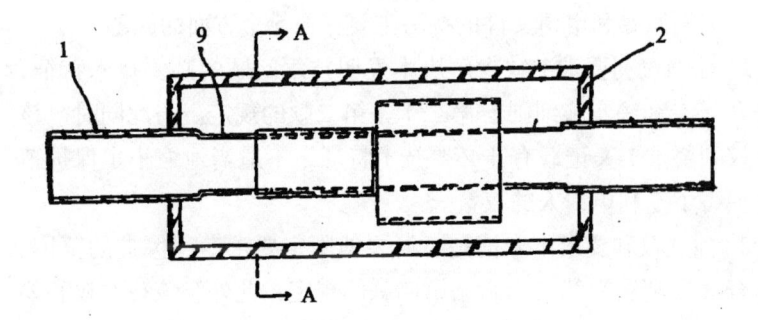

案例二　防爆板的夹紧措施

本案例原专利申请文件的撰写主要存在 5 个方面的问题。

1. 独立权利要求 1 缺少解决本发明技术问题的必要技术特征，不符合《专利法实施细则》第二十条第二款的规定。与此同时，该独立权利要求 1 又记载有非必要技术特征，不适当地缩小了保护范围，损害了专利申请人的权益。

2. 独立权利要求 1 未清楚、简要地限定要求专利保护的范围，不符合《专利法》第二十六条第四款的规定；此外，该独立权利要求 1 也未相对于最接近的现有技术划清前序部分和特征部分的界限，不符合《专利法实施细则》第二十一条第一款的规定。

3. 从属权利要求存在着记载的附加技术特征不清楚、非择一引用以及多项从属权利要求引用多项从属权利要求等问题。

4. 两项独立权利要求之间不符合《专利法》第三十一条有关单一性的规定。

5. 说明书中的技术领域、发明内容、附图说明以及附图等部分不符合《专利审查指南》第二部分第二章第 2.2 节或第 2.3 节的规定。

【原专利申请文件】

权利要求书

1. 一种用于刚性防爆板（13）的夹紧装置，所述防爆板（13）用于封闭容器（1）的安全开口（2），该安全开口（2）的周围固定有一个框架（3），在该框架（3）上相互间隔一定距离固定有一些直立的连接装置（15）和倾斜的夹条（9），每个连接装置（15）上罩有一个仅具有下部开口的外壳（11），所述外壳（11）通过一个安装装置（12）装于所述防爆板（13）的四周侧壁上，在所述每个外壳（11）的下部开口有被加工成内翻的两个相对设置的夹紧边（10），每个连接装置（15）与外壳（11）分别间隔开一定距离固定在框架（3）和防爆板（13）的四周。

2. 按照权利要求1所述的夹紧装置，其特征在于：所述倾斜夹条（9）成对、分叉地设置在每个外壳（11）内，每个外壳（11）内至少有一对所述夹条；所述夹条（9）例如可由横断面呈直线型的片簧构成；或者也可以由横断面略呈S形的片簧构成，分别如图3和图4所示。

3. 按照权利要求1和2所述的夹紧装置，其特征在于：每个夹条（9）的一端由所述连接装置（15）支承，另一端则压于外壳（11）的一个夹紧边（10）上，这样可使外壳（11）与所述连接装置（15）连接在一起，从而也使防爆板（13）与容器（1）连接在一起；所述外壳（11）的上部具有一个开口，在所述开口上具有一个可封闭所述开口的可拆式盖板（14），设置该开口和盖板（14）的目的是便于安装和拆卸所述夹条（9）。

4. 按照权利要求1至3所述的夹紧装置，其特征在于：所述外壳（11）以其后表面固定于所述防爆板（13）上，且使上述成对、分叉设置的夹条（9）平行于每个外壳（11）的后表面延伸。

5. 按照权利要求 1 所述的夹紧装置，其特征在于：所述连接装置（15）由一个连接块（4）和一个装于所述连接块（4）上部的张力调节组件构成，所述张力调节组件包括一个用于支承所述夹条（9）端部的支承件（8）。

6. 按照权利要求 5 所述的夹紧装置，其特征在于：所述张力调节组件还包括螺钉（7），所述连接块（4）上部具有一螺纹孔，所述支承件（8）上具有安装孔，该螺钉（7）的端部穿过所述支承件（8）上的安装孔装于所述螺纹孔中，并使螺钉的头部对所述支承件（8）施加压力。

7. 一种适用于被权利要求 1 所述夹紧装置连接到容器安全开口上的防爆板，其特征在于：所述防爆板是一种复合板。

说 明 书

防爆板的夹紧措施

技术领域

本发明涉及一种安全装置。

背景技术

在本申请人另一份欧洲专利申请公开说明书（公开日为××× ×年×月××日）中曾描述过一种夹紧装置，它采用一个不锈钢制成的刚性防爆板，该防爆板的周边带有一个包括夹紧边缘的侧边，夹紧边缘向内折叠，几个倾斜夹条的自由端与夹紧边缘啮合，夹条朝所述夹紧边缘取向并安装在环绕容器安全开口的一个框架上，这样就将防爆板牢固地压在框架上。

当容器内发生爆炸时，产生的压力使防爆板升高，并且防爆板的刚性夹紧边缘使夹条的自由端向上弯曲，使防爆板在夹条上自由地滑动并从安全开口上崩开。这种带夹紧边缘的防爆板的缺点是：当防爆板的开口压力较高时，倾斜的夹条必须牢固地使板的夹紧边缘保持在开口的边缘上，所以，为了崩开防爆板，就必须克服在板升高期间在板和环绕安全开口的框架之间所产生的附加摩擦力，这样为此所需的开口压力就很难预测。另一缺点是在夹条和板的夹紧边缘之间容易沉积灰尘，所以夹条就很难起作用，并且只有当防爆板上的压力大于规定压力时才能起作用。

发明内容

为消除这些缺点，本发明提供的这种夹紧装置含有一个固定在安全开口周围的框架，在框架上相互间隔一定距离设置一些直立的连接装置和倾斜的夹条，每个连接装置上罩有一个外壳，所述外壳通过一安装装置连接于所述防爆板的四周侧壁上，在所述每个外壳的下部开口有被加工成内翻的两个相对设置的夹紧边，各个连接装置与外壳分别间隔开一定距离固定在框架和防爆板的四周。

本发明的夹紧装置采用成对夹条意味着两个倾斜作用在夹紧边上的压力的合力是垂直的，所以整个装置是平衡的，且防爆板被垂直地崩开，所以避免了防爆板和安全开口周围的框架之间的所有摩擦力。另一优点是每个单个的夹紧装置可被罩在一个密封的外壳内，所以没有灰尘积累的问题，且能较方便地更换夹紧装置。

附图说明

下面结合附图详细描述本发明的最佳实施方式：

图一是装有本发明防爆板夹紧装置的容器安全开口部位的正视图，示出夹紧装置和安装在容器安全开口上的防爆板。

图二是图一所示夹紧装置及防爆板的俯视图。

图三是夹紧装置的放大纵剖视图，示出了沿图二中Ⅲ－Ⅲ线所取的其中一个夹紧装置。

图四示出了与图三相同的纵剖视图，但其中防爆板已从容器上脱离。

图五示出了沿图三中V－V线所取的其中一个夹紧装置的横断面。

具体实施方式

在这些图中可以看到可容纳任何种类的粉末、气体或蒸汽的容器（1），它带有一个必须关闭的安全开口（2）。在该开口的周围，一个框架（3）以任何公知的手段安装在容器（1）上。连接装置（15）的连接块（4）借助于螺钉（5）相互之间隔开一定距离安装在该框架（3）上。每个连接块（4）都有一个螺孔（6），其中可拧入一个螺钉（7）的高度。该螺钉（7）穿过一支承件（8）上的开孔，支承件（8）的横断面为颠倒的"L"形，用来预置张力的螺钉（7）的头部可对该支承件（8）施加压力。一对分叉设置的夹条（9）中的每一个夹条的一端与该支承件（8）啮合，该两个夹条（9）处于一个平行于框架（3）的纵向延伸的平面内。每个夹条（9）的另一端与一个外壳（11）各端面的下边缘上的夹紧边（10）啮合。如图三和图四所示，夹条（9）可由横断面呈直线形的片簧构成，也可由横断面略呈S形的片簧构成。外壳（11）的底面是敞开的，并且外壳（11）套在连接块（4）上并抵靠在其基部，所以整个装置被很好地保护从而避免灰尘沉积。每个外壳（11）的一个侧面由螺钉（12）安装在刚性防爆板侧面，防爆板最好由建筑结构上所用的复合板构成。每个外壳（11）带有一个可拆式的盖板（14），它使夹条（9）能方便地安装在外壳（11）上，并且使螺钉（7）和支承件（8）的高度可以调整，这样就可以调节夹条（9）的预置张力并进而调节外壳（11）和连接块（4）之间夹紧力。防爆板被崩开的压力取决于夹条的抗弯强度，并在很大程度上也取决于所选择的材料和夹条的尺寸。

当容器（1）内发生爆炸时，产生的压力对防爆板（13）施加向上的压力，该压力由外壳（11）的夹紧边（10）传递到夹条（9）上。当超过夹条（9）的抗弯强度时，这些夹条（9）带着外壳（11）垂直地在连接块（4）上滑动，从而防爆板（13）从容器（1）的安全开口（2）上崩开。在一次轻度爆炸后，防爆板（13）通常不会受损，为了重新启用夹紧装置只要更换夹条（9）和/或连接块（4）就足够了。

显然，本发明的这种夹紧装置的另一个优点是允许使用普通的价格便宜的复合板，例如用于建筑结构的复合板，它比不锈钢防爆板承受的变形小。此外，这种板具有极良好的隔热性，并在许多场合下能防止在板上形成冷凝。

说 明 书 附 图

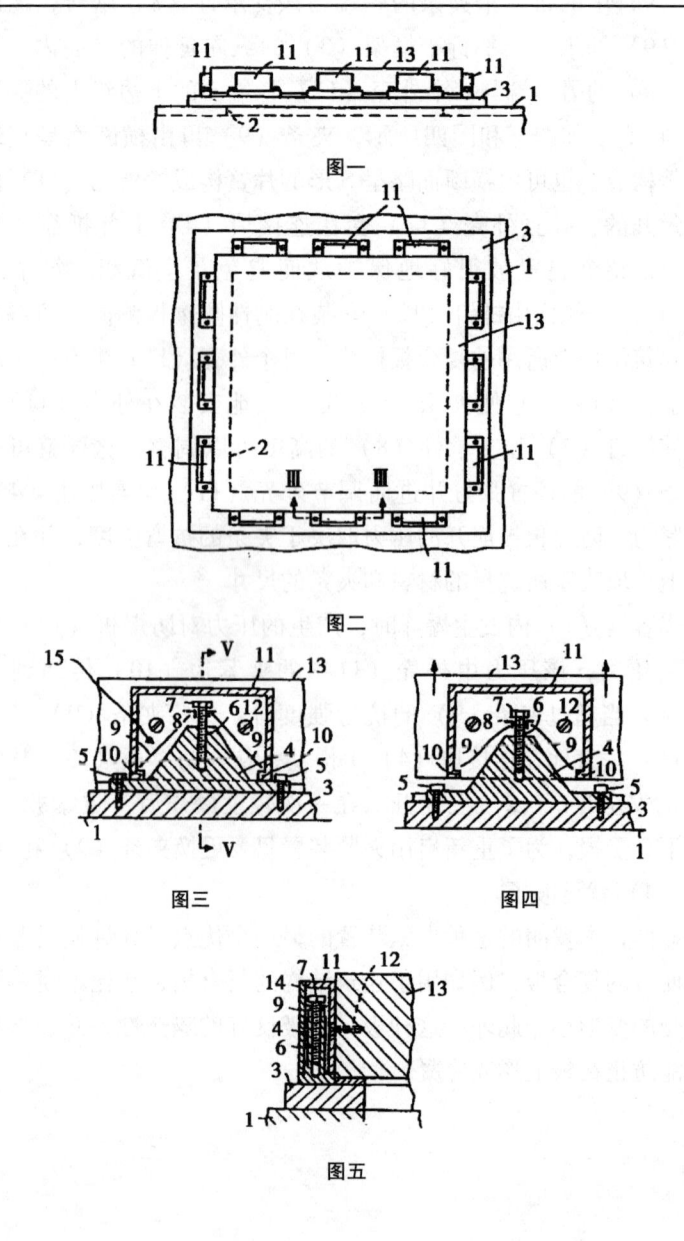

图一

图二

图三

图四

图五

说　明　书　摘　要

　　本发明涉及了一种用于封闭容器安全开口的防爆板的夹紧装置，安全开口的周围有一框架，框架上有一些连接装置和倾斜的夹条，用于将防爆板夹持于该开口上，外罩罩住每一连接装置。该夹条成对、分叉地设置于外罩内。夹条一端由连接装置支承，另一端压于外壳的一个夹紧边上。由于成对设置夹条，防爆板被垂直地崩开，解决了防爆板和安全开口框架的摩擦力问题。由于用外壳罩住连接装置，所以夹紧装置没有灰尘积累的问题。

摘 要 附 图

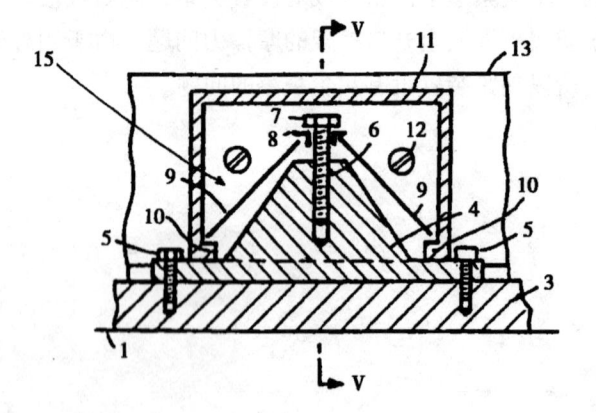

【对原专利申请文件的评析】

一、权利要求书

1. 关于权利要求1

权利要求1是本申请的第一项独立权利要求，它存在如下几个方面的问题：

（1）权利要求1未记载解决本发明技术问题的全部必要技术特征，不符合《专利法实施细则》第二十条第二款的规定。

《专利法实施细则》第二十条第二款规定："独立权利要求应当从整体上反映发明或者实用新型的技术方案，记载解决技术问题的必要技术特征。"

由此可知，必要技术特征与其所解决的技术问题密不可分，只有在确定了要解决的技术问题后才能确定必要技术特征。但是，原说明书中未明确写明本发明要解决的技术问题，因此，应当针对现有技术中存在的技术问题加以确定。从其背景技术中对现有技术缺陷的描述可知，现有技术存在的技术问题为：板和环绕安全开口的框架之间产生附加的摩擦力；夹条和板的夹紧边缘之间容易沉积灰尘。

从上述可知，现有技术共存在两个待解决的技术问题：摩擦力和灰尘问题。很显然，若将两个问题均确定为要解决的技术问题将有损申请人的权益，因为这样必须在独立权利要求中记载能解决这两个技术问题的技术特征，很显然这将使权利要求的保护范围变窄。

因此，合适的做法是：选择其中一个待解决的技术问题作为要解决的技术问题，而将另一个作为本发明进一步改进所伴随解决的技术问题。

具体到本案例，该发明所要解决的技术问题显然是附加摩擦力问题。

当确定该技术问题后，可以看出，权利要求2中记载的技术特征"所述倾斜夹条成对、分叉地设置在每个外壳内，每个外壳内至少有一对所述夹条"这一技术特征应当作为本发明的必要技术特征而并入权利要求1中。这是因为，在其说明书的效果部分明确说明："本发明的夹紧装置采用成对夹条意味着两个倾斜作用在夹紧边上的压力的合力是垂直的，所以整个装置是平衡的，且防爆板被垂直地崩开，所以避免了防爆板和安全开口周围的框架之间的所有摩擦力"。也就是说，上述技术措施是解决其技术问题的必要技术手段，应当写入权利要求1中。

此外，原权利要求3中的技术特征"每个夹条的一端由所述连接装置支承，另一端则压于外壳的一个夹紧边上"这一技术特征也应作为必要技术特征并入权利要求1中。这些技术特征属于结构部件相对位置及连接关系的技术特征。除去采用这种相对位置及连接关系外，其他方式均不可能解决本发明的技术问题，例如，夹条的两端均压于外壳上，这种设置形式是根本不可行的，因而这些技术特征也是构成本发明的必要技术特征，应当写入权利要求1中。

需要说明的是，如果构成产品的各部件的相互连接关系及位置关系对解决技术问题是不必要的，即无论采用何种位置及连接关系均可解决，则这些连接关系和位置关系将不构成独立权利要求的必要技术特征。但这种情况是极少的，且其需要得到较多实施方式的支持。

（2）权利要求1中记载了非必要技术特征，不适当地缩小了其保护范围，使该项发明不能获得充分的法律保护。

当如上述（1）中所述将要解决的技术问题确定为消除附加摩擦力，则解决易沉积灰尘的技术措施不应归为权利要求1的必要技术特征。

显然，权利要求1中技术特征"仅具有下部开口的外壳"中的"仅"字对解决摩擦力问题应为非必要技术特征。因为外壳呈封闭形式罩住连接装置是为了解决积尘问题。因此该技术特征应确认为非必要技术特征。

需要说明的是，具有"仅"字和不具有"仅"字这一字之差将使该权利要求的保护范围发生很大变化。"仅具有下部开口"意指壳体其他侧壁全部为封闭；而"具有下部开口"意指其下部具有开口，而其他侧壁可以具有开口，也可以没有开口。

（3）权利要求1未按照最接近的现有技术对其进行划界，不符合《专利法实施细则》第二十一条第一款的规定。

按照《专利法实施细则》第二十一条第一款的规定，发明或者实用新型的独立权利要求通常应当包括前序部分和特征部分。前序部分写明其与最接近的现有技术共有的必要技术特征；而特征部分则写明其区别于最接近的现有技术的技术特征。

很显然，对于本案例，最接近的现有技术应为申请人在其说明书背景技术部分中述及的欧洲专利申请公开说明书。权利要求1的如下技术特征已经被该现有技术所公开：一种用于刚性防爆板的夹紧装置，该防爆板用于封闭容器的安全开口，该安全开口的周围固定有一个框架和倾斜的夹条。

因此，应当将这些技术特征置于权利要求1的前序部分中。

（4）权利要求1未清楚、简要地限定要求专利保护的范围，不符合《专利法》第二十六条第四款的规定。

权利要求1在先已经指明："在该框架上相互间隔一定距离固定有一些直立的连接装置"，"所述外壳通过一安装装置装于所述防爆板的四周侧壁上"。但其在该权利要求中又进行了如下限定："每个连接装置与外壳分别间隔开一定距离固定在框架和防爆板的四周。"

显然，"每个连接装置间隔开一定距离固定在框架上"是上述特征"在该框架上相互间隔一定距离固定有一些直立的连接装置"的重复限定，这不符合《专利法》第二十六条第四款有关"简要"的规定。因此应删去前一技术特征"每个连接装置间隔开一定距离固定在框架上"。

此外，"每个外壳分别间隔开一定距离固定在防爆板的四周"这一技术特征是"所述外壳通过一安装装置装于所述防爆板的四周侧壁上"这一技术特征的上位概念。一个权利要求中出现两个层次不同的保护范围，导致该权利要求的保护范围不清楚，不符合《专利法》第二十六条第四款有关"清楚"的规定。鉴于采用前一限定的保护范围明显宽于具体限定，在此应删去"所述外壳通过一安装装置装于所述防爆板的四周侧壁上"这一技术特征。

2. 关于权利要求 2

权利要求 2 是权利要求 1 的从属权利要求。正如前面的分析，该权利要求限定部分中的一部分特征"所述倾斜夹条成对、分叉地设置在每个外壳内，每个外壳内至少有一对所述夹条"属于权利要求 1 的必要技术特征，应并入该权利要求中。

此外，该权利要求中还存在如下两方面的问题：

（1）权利要求 2 未清楚地限定要求专利保护的范围，不符合《专利法》第二十六条第四款以及《专利审查指南》第二部分第二章第 3.2.2 节的规定。

在权利要求 2 中的技术特征"所述夹条例如可由横断面呈直线形的片簧构成"是不清楚的。具体地讲，在其中使用的词语"例如"将使该权利要求的保护范围变得不确定，从而不满足有关权利要求应当清楚地限定要求专利保护范围的规定。因此，应当从该权利要求中删去其中的"例如"。

（2）该权利要求中具有"如图……所示"的用语，不符合《专利法实施细则》第十九条第三款的规定。

《专利法实施细则》第十九条第三款明确规定：除绝对必要外，不得使用"如说明书……部分所述"或者"如图……所示"的用语。《专利审查指南》第二部分第二章第 3.3 节明确规定：此条款中所谓绝对必要的情况是指，当发明或者实用新型涉及的某特定形状仅能用图形限定而无法用语言表述时，权利要求可以使用"如图……所示"等类似用语。显然,权利要求2中不属于上述绝对必要的情况。因此,应当删去其中的"分别如图3和图4所示"。

3. 关于权利要求3

权利要求3进一步限定权利要求1、2。正如前面所作的分析,该权利要求限定部分中的一部分技术特征"每个夹条的一端由所述连接装置支承,另一端则压于外壳的一个夹紧边上"属于独立权利要求的必要技术特征,应当并入权利要求1中。

此外,该权利要求还存在下述两方面的问题:

(1) 该权利要求没有择一地引用被引用的权利要求,不符合《专利法实施细则》第二十二条第二款的规定。

权利要求3引用了权利要求"1和2",不符合多项从属权利要求只能择一地引用在前的权利要求的规定。其改正方法为将"按照权利要求1和2所述的夹紧装置"修改为"按照权利要求1或2所述的夹紧装置"。

(2) 该权利要求未简要地限定要求专利保护的范围,不符合《专利法》第二十六条第四款的规定。

《专利审查指南》第二部分第二章第3.2.3节中规定,权利要求的表述应当简要,即除记载技术特征外,不得对原因或理由作不必要的描述。这是因为权利要求的保护范围是由整个权利要求的所有技术特征的集合来确定的,而那些构不成技术特征的、对原因或理由的描述对权利要求的保护范围起不到丝毫有益的作用,因此这种描述是多余的。

具体到本案例,权利要求3中的描述"这样可使外壳与所述连接装置连接在一起,从而也使防爆板与容器连接在一起"是技术特征"每个夹条的一端由所述连接装置支承,另一端则压于外壳的一个夹紧边上"所产生的效果,因此,应当将其删去。

同理,该权利要求中的描述"设置该开口和盖板的目的是为了便于安装和拆卸所述夹条"是技术特征"所述外壳的上部具有一个开口,在所述开口上具有一个可封闭所述开口的可拆式盖板"的效果,也应将其删去。

4. 关于权利要求4

权利要求4没有择一地引用被引用的权利要求,不符合《专利法实施细则》第二十二条第二款的规定。

首先应当说明的是,"按照权利要求1至3所述夹紧装置"应当包含"按照权利要求1、2或3所述的夹紧装置"以及"按照权利要求1、2和3所述的夹紧装置"这两种情况。由于这种引用包含了"和"的关系(即同时引用两项或多项权利要求),因此不符合《专利法实施细则》第二十二条第二款的规定,是不允许的。应当将其改为"按照权利要求1、2或3所述的夹紧装置"或"按照权利要求1至3中任一项所述的夹紧装置"。这两种表达方式虽然不同,但其所表达的实质内容完全相同。

需要进一步说明的是,对于本案例,将其修改为上述引用方式虽然克服了非择一引用问题,但仍存在多项从属权利要求引用多项从属权利要求的问题。

《专利法实施细则》第二十二条第二款规定:引用两项以上权利要求的多项从属权利要求,只能以择一方式引用在前的权利要求,并不得作为另一项多项从属权利要求的基础。

在此,权利要求3引用了权利要求1、2,其本身已构成多项从属权利要求,因此,其不能作为权利要求4这一多项从属权利要求的基础。

对此可采用这样的改写方法:为保证原权利要求4所确定的技术方案,应将其分为两项附加技术特征相同的从属权利要求,使其中一项引用权利要求1或2(参见修改后的权利要求5),而另一项权利要求引用权利要求3(参见修改后的权利要求4)。

5. 关于权利要求 5 和 6

权利要求 5 限定部分的内容不清楚，故该权利要求未能清楚地限定要求专利保护的范围，不符合《专利法》第二十六条第四款的规定。

对于每一从属权利要求，其所记载的附加技术特征应当是清楚的。其应当能够体现一个更进一步的、其效果优于被引用权利要求的技术方案。

权利要求 5 进一步限定连接装置由连接块和张力调节组件构成是为了能够调节夹条的预置张力，并进而可调节外壳和连接装置之间的夹紧力。但是，如果仅指出张力调节组件包括一个夹条支承件，而不记载能够调节夹条预置张力的调节件，则不能达到调节夹条预置张力的效果。而权利要求 6 限定部分所记载的所有技术特征应是构成该张力调节组件的基本技术特征，应将其并入权利要求 5 中。

6. 关于权利要求 7

权利要求 7 是本申请的一项并列独立权利要求，它与权利要求 1 记载的发明不具有单一性，从而不符合《专利法》第三十一条第一款及《专利法实施细则》第三十四条的规定。

判断两项独立权利要求记载的发明之间是否符合单一性的规定，首先应当判断这两项发明是否包含相同或相应的特定技术特征——特定技术特征是指每一项发明作为整体考虑，对现有技术作出贡献的技术特征。

很显然，这两项发明之间根本不具有相同或相应的技术特征，更谈不上具有相同或相应的特定技术特征。因此，这两项发明之间缺乏单一性。应删去权利要求 7。

二、说明书

1. 发明名称

发明名称未清楚地反映该发明的主题和类型，不符合《专利审查指南》第二部分第二章第 2.2.1 节的规定。

《专利审查指南》该节中明确规定，发明名称应当清楚和尽可能简明地反映发明的主题和类型（产品或者方法）。

本申请原说明书的发明名称为："防爆板的夹紧措施"。其中术语"措施"既包含产品也包含方法，难以确定本申请涉及的到底是产品还是方法或是两者都涉及。因此应将"措施"具体化为产品或/和方法。

具体到本案例，其所涉及的仅限于产品本身而不涉及方法。因此，应将发明名称修改为"防爆板的夹紧装置"。

2. 技术领域

技术领域不是该发明所属或直接应用的具体技术领域，不符合《专利审查指南》第二部分第二章第 2.2.2 节的规定。

《专利审查指南》该节规定，该技术领域既不是上位的或者相邻的技术领域，也不是发明本身。

原说明书中的技术领域"安全装置"是属于上位技术领域的范畴，应将其修改为"防爆板的夹紧装置"。

3. 背景技术

背景技术部分未写明所引证的现有技术的详细出处，不符合《专利审查指南》第二部分第二章第 2.2.3 节的规定。

按照《专利审查指南》该节的规定，说明书中引证的文件可以是专利文件，也可以是非专利文件，例如期刊、杂志、手册和书籍等。引证专利文件的，至少要写明专利文件的国别、公开号，最好包括公开日期；引证非专利文件的，要写明这些文件的详细出处。

原说明书背景技术部分中引证的是专利文件，但其仅写明了该专利文件的国别和公开日，而未写明公开号。因此应写明其具体公开号。

4. 发明内容

这一部分存在两个方面的问题。

(1) 原说明书未明确写明所要解决的技术问题，不符合《专利法实施细则》第十七条第一款第（三）项以及《专利审查指南》第二部分第二章第2.2.4节的规定。

按照上述有关规定，说明书这一部分应写明要解决的技术问题。

如前述关于权利要求1之（1）问题中所说明的那样。本申请要解决的技术问题应确认为：消除防爆板被崩开期间在该防爆板和环绕安全开口的框架之间产生附加摩擦力。

需要特别说明的是，由于其现有技术中存在两个问题：附加摩擦力和灰尘沉积。因此，本发明要解决的技术问题不能撰写为解决上述现有技术所存在的问题。这是因为，发明要解决的技术问题与独立权利要求的必要技术特征紧密相关联，如果将其确认为克服上述现有技术的缺陷，则独立权利要求应记载解决上述两问题的所有技术特征，而这样则会不适当地缩小了独立权利要求的保护范围。

(2) 原说明书这一部分的技术方案未清楚、完整写明要求保护的发明的技术方案，不符合《专利法实施细则》第十七条第一款第（三）项以及《专利审查指南》第二部分第二章第2.2.4节的规定。

根据上述有关规定，在说明书技术方案部分中，至少应反映包含全部必要技术特征的独立权利要求的技术方案。

原说明书技术方案部分未记载能够解决技术问题的全部必要技术特征。应将修改后的独立权利要求单独写成一自然段，作为其

405

"基本技术方案",而将附加技术特征另起一段或几段置于该"基本技术方案"之后。

5. 附图说明及说明书附图

附图说明以及说明书附图未使用阿拉伯数字顺序编号,不符合《专利法实施细则》第十八条第一款的规定。

按照该条款规定,附图应当按照"图1,图2,……"顺序编号。

原说明书附图说明以及说明书附图均未使用阿拉伯数字而是使用中文数字对其进行编号。因此,应将图一改为图1,图二改为图2……

6. 具体实施方式

原说明书具体实施方式的附图标记置于括号中,不符合《专利审查指南》第二部分第二章第2.2.6节的规定。

按照《审查指南》该节的规定,对照附图描述发明的实施方式时,附图标记应放于技术名词的后面,不加括号。

因此,应将技术名词后面的附图标记的括号删去,例如容器(1)应改为容器1。

【修改后的专利申请文件】

<h2 style="text-align:center;">权 利 要 求 书</h2>

1. 一种用于刚性防爆板（13）的夹紧装置，所述防爆板（13）用于封闭容器（1）的安全开口（2），该安全开口（2）的周围固定有一个框架（3）**和倾斜的夹条（9）**，其特征在于：在所述框架（3）上相互间隔一定距离固定有一些直立的连接装置（15），每个连接装置（15）上罩有**一个具有**下部开口的外壳（11），在所述每个外壳（11）的下部开口有被加工成内翻的两个相对设置的夹紧边（10），**所述倾斜夹条（9）**成对、分叉地设置在每个外壳（11）内，每个外壳（11）内至少有一对所述夹条（9），每个夹条（9）的一端由所述连接装置（15）支承，另一端则压于相应外壳（11）的一个夹紧边（10）上，每个外壳（11）固定在防爆板（13）四周的侧壁上。

2. 按照权利要求 1 所述的夹紧装置，**其特征在于：所述夹条（9）**由横断面呈直线型的片簧构成；或由横断面略呈 S 形的片簧构成。

3. 按照权利要求 1 或 2 所述的夹紧装置，**其特征在于：所述外壳（11）**的上部具有一个开口，在所述开口上具有一个可封闭所述开口的可拆式**盖板（14）**。

4. 按照权利要求 3 所述的夹紧装置，其特征在于：所述外壳（11）以其后表面固定于所述防爆板（13）上，且使所述成对、分叉设置的夹条（9）平行于每个外壳（11）的后表面延伸。

5. 按照权利要求 1 **或 2** 所述的夹紧装置，其特征在于：所述外壳（11）以其后表面固定于所述防爆板（13）上，且使所述成对、分叉设置的夹条（9）平行于每个外壳（11）的后表面延伸。

6. 按照权利要求 1 所述的夹紧装置，其特征在于：所述连接装

407

置（15）由一个连接块（4）和一个装于所述连接块（4）上部的张力调节组件构成，所述张力调节组件包括一个用于支承所述夹条（9）端部的支承件（8）和螺钉（7），所述连接块（4）上部具有一螺纹孔，所述支承件（8）上具有安装孔，该螺钉（7）的端部穿过所述支承件（8）上的安装孔装于所述螺纹孔中，并使螺钉的头部对所述支承件（8）施加压力。

说 明 书

防爆板的夹紧装置

技术领域

本发明涉及一种防爆板的**夹紧装置**。

背景技术

在本申请人另一份欧洲专利申请公开说明书 **EP351457**（公开日为××××年×月××日）中曾描述过一种夹紧装置，它采用一个不锈钢制成的刚性防爆板，该防爆板的周边带有一个包括夹紧边缘的侧边，夹紧边缘向内折叠，几个倾斜夹条的自由端与夹紧边缘啮合，夹条朝所述夹紧边缘取向并安装在环绕容器安全开口的一个框架上，这样就将防爆板牢固地压在框架上。

当容器内发生爆炸时，产生的压力使防爆板升高，并且防爆板的刚性夹紧边缘使夹条的自由端向上弯曲，使防爆板在夹条上自由地滑动并从安全开口上崩开。这种带夹紧边缘的防爆板的缺点是：当防爆板的开口压力较高时，倾斜的夹条必须牢固地使板的夹紧边缘保持在开口的边缘上，所以，为了崩开防爆板，就必须克服在板升高期间在板和环绕安全开口的框架之间所产生的附加摩擦力，这样为此所需的开口压力就很难预测。另一缺点是在夹条和板的夹紧边缘之间容易沉积灰尘，所以夹条就很难起作用，并且只有当防爆板上的压力大于规定压力时才能起作用。

发明内容

本发明要解决的技术问题在于消除在防爆板升高期间该板和环绕安全开口的框架之间产生的附加摩擦力。

为解决上述技术问题，本发明提供了一种用于刚性防爆板的夹紧装置，所述防爆板用于封闭容器的安全开口，该安全开口的周围固定有一个框架和倾斜的夹条，在所述框架上相互间隔一定距离固定有一些直立的连接装置，每个连接装置上罩有一个具有下部开口的外壳，在所述每个外壳的下部开口有被加工成内翻的两个相对设置的夹紧边，所述倾斜夹条成对、分叉地设置在每个外壳内，每个外壳内至少有一对所述夹条，每个夹条的一端由所述连接装置支承，另一端则压于外壳的一个夹紧边上，每个外壳固定在防爆板四周的侧壁上。

本发明的夹紧装置采用成对夹条意味着两个倾斜作用在夹紧边上的压力的合力是垂直的，所以整个装置是平衡的，且防爆板被垂直地崩开，所以避免了防爆板和安全开口周围的框架之间的所有摩擦力。另一优点是每个单个的夹紧装置可被罩在一个密封的外壳内，所以没有灰尘积累的问题，且能较方便地更换夹紧装置。

附图说明

下面结合附图详细描述本发明的实施方式：

图1是装有本发明防爆板夹紧装置的容器安全开口部位的正视图，示出夹紧装置和安装在容器安全开口上的防爆板。

图2是图1所示夹紧装置及防爆板的俯视图。

图3是夹紧装置的放大纵剖视图，示出了沿图2中Ⅲ-Ⅲ线所取的其中一个夹紧装置。

图4示出了与图3相同的纵剖视图，但其中防爆板已从容器上脱离。

图5示出了沿图3中V-V线所取的其中一个夹紧装置的横断面。

具体实施方式

在这些图中可以看到可容纳任何种类的粉末、气体或蒸汽的容器**1**，它带有一个必须关闭的安全开口**2**。在该开口的周围，一个框架3以任何公知的手段安装在容器1上。连接装置15的连接块4借助于螺钉5相互之间隔开一定距离安装在该框架3上。每个连接块4都有一个螺孔6，其中可拧入一个螺钉7的高度。该螺钉7穿过一支承件8上的开孔，支承件8的横断面为颠倒的"L"形，用来预置张力的螺钉7的头部可对该支承件8施加压力。一对分叉设置的夹条9中的每一个夹条的一端与该支承件8啮合，该两个夹条9处于一个平行于框架3的纵向延伸的平面内。每个夹条9的另一端与一个外壳11各端面的下边缘上的夹紧边10啮合。如图3和图4所示，夹条9可由横断面呈直线型的片簧构成，也可由横断面略呈S形的片簧构成。外壳11的底面是敞开的，并且外壳11套在连接块4上并抵靠在其基部，所以整个装置被很好地保护从而避免灰尘沉积。每个外壳11的一个侧面由螺钉12安装在刚性防爆板侧面，防爆板最好由建筑结构上所用的复合板构成。每个外壳11带有一个可拆式的盖板14，它使夹条9能方便地安装在外壳11上，并且使螺钉7和支承件8的高度可以调整，这样就可以调节夹条9的预置张力并进而调节外壳11和连接块之间夹紧力。防爆板被崩开的压力取决于夹条的抗弯强度，并在很大程度上也取决于所选择的材料和夹条的尺寸。

当容器1内发生爆炸时，产生的压力对防爆板13施加向上的压力，该压力由外壳11的夹紧边10传递到夹条9上。当超过夹条9的抗弯强度时，这些夹条带着外壳11的防爆板13垂直地在连接块4上滑动，从而防爆板13从容器1的安全开口2上崩开。在一次轻度爆炸后，防爆板13通常不会受损，为了重新启用夹紧装置只要更换夹条9和/或连接块4就足够了。

显然，本发明的这种夹紧装置的另一个优点是允许使用普通的价格便宜的复合板，例如用于建筑结构的复合板，它比不锈钢防爆板承受的变形小。此外，这种板具有极良好的隔热性，并在许多场合下能防止在板上形成冷凝。

说 明 书 附 图

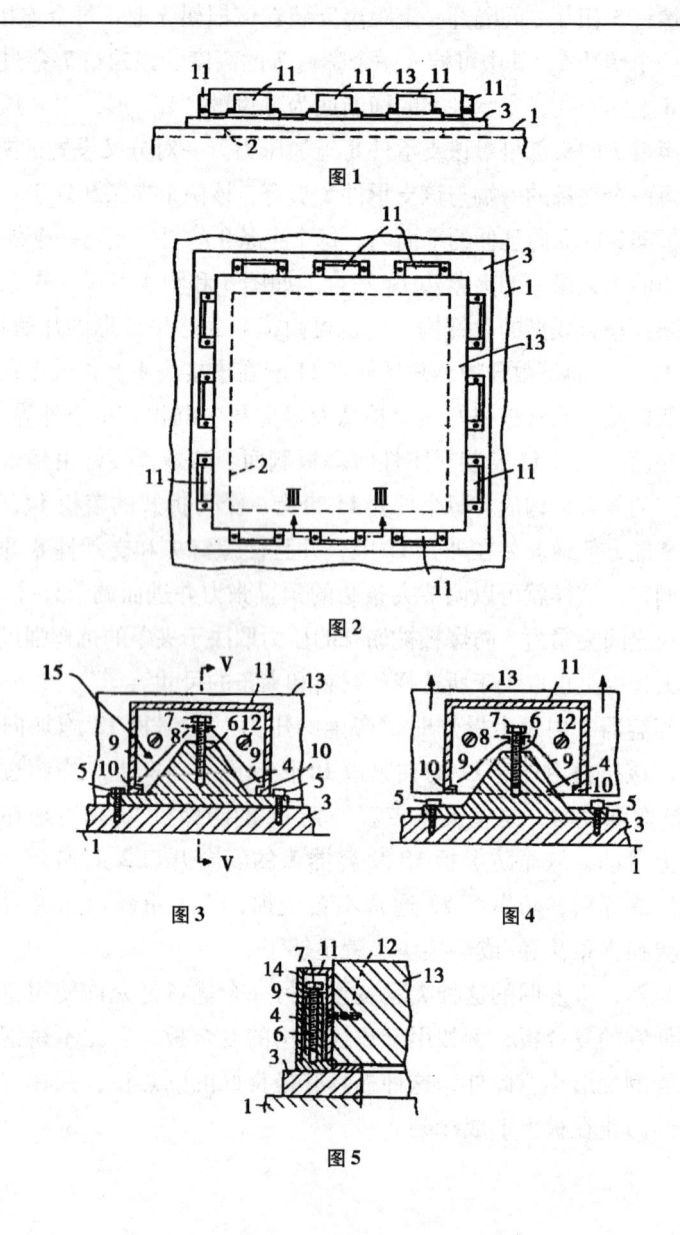

图1

图2

图3　图4

图5

说 明 书 摘 要

　　本发明涉及一种用于封闭容器安全开口的防爆板的夹紧装置，安全开口的周围有一框架，框架上有一些连接装置和倾斜的夹条，用于将防爆板夹持于该开口上，外罩罩住每一连接装置。该夹条成对、分叉地设置于外罩内。夹条一端由连接装置支承，另一端压于外壳的一个夹紧边上。由于成对设置夹条，防爆板被垂直地崩开，解决了防爆板和安全开口框架的摩擦力问题。由于用外壳罩住连接装置，所以夹紧装置没有灰尘积累的问题。

摘 要 附 图

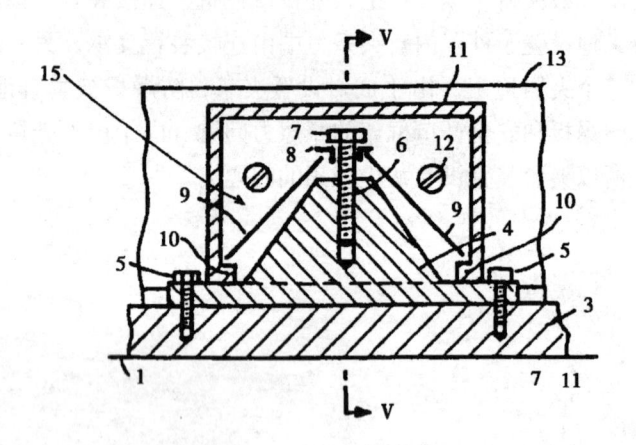

案例三　面片层叠设备

本案例原专利申请文件的撰写主要存在4个方面的问题。
1. 独立权利要求缺少解决本发明技术问题的必要技术特征，不符合《专利法实施细则》第二十条第二款的规定。
2. 独立权利要求与部分从属权利要求未清楚、简要地限定要求专利保护的范围，不符合《专利法》第二十六条第四款的规定。
3. 部分从属权利要求的引用部分不符合《专利法实施细则》第二十二条第一款和第二款的规定。
4. 说明书各组成部分和说明书摘要不符合《专利法实施细则》第十七条或第二十三条的规定。

【原专利申请文件】

权 利 要 求 书

1. 一种食品加工设备,特别是面片层叠设备,它包括一台供给面片的供料输送机(2),一个设置在供料输送机下面的、用来折叠面片的摆动机构(3)和该摆动机构的驱动装置,以及一个让面片在其上折叠并将折叠成层的面片送到下道工序的输送装置(10),其特征在于:所述摆动机构(3)包括一根枢轴(4)和多个水平辊子(51,52,53,54,55),所述水平辊子(51,52,53,54,55)彼此平行,且两两相邻辊子彼此沿相反的方向转动,由此使所述面片支持在每个辊子上,并通过辊子的转动来输送,从而使折叠时的面片的单位面积的重量保持均匀。

2. 根据权利要求1所述的面片层叠设备,其特征在于:所述摆动机构(3)还具有安装所述水平辊子(51,52,53,54,55)的活动臂(31)和支承臂(32)以及使所述辊子转动的旋转传动机构,上述多个水平辊子(51,52,53,54,55)交错地设置在所述活动臂(31)和支承臂(32)上,所述使水平辊子(51,52,53,54,55)转动的旋转传动机构是如图所示的、安装在所述每一个水平辊子(51,52,53,54,55)辊轴同一端侧上的齿轮(当所述活动臂(31)和支承臂(32)贴合时,所述每一个齿轮(81,82,83,84,85)与相邻的齿轮啮合)。

3. 根据权利要求1和/或2所述的面片层叠设备,其特征在于:所述使水平辊子(51,52,53,54,55)转动的旋转传动机构是环形皮带,所述每个臂上的每对相邻的辊子都由围绕它们的环形皮带连接起来。

4. 根据权利要求1或2所述的面片层叠设备摆动机构的驱动装置,其特征在于:它具有一个滑座(16)、一对齿轮付(13,14)

以及一个驱动该齿轮付（13，14）转动的马达（12），在该对齿轮付（13、14）的从动齿轮（14）一侧靠近周边处固有一根用于使滑座（16）运动的连杆（15），该滑座（16）的一端枢装一臂（17），该臂的自由端有一槽（17'），一个连接在所述枢轴（4）上的摇柄（4'）的一端插在该槽（17'）中，所述连杆（15）插到上述滑座（16）另一自由端的槽（16'）中，由此当马达（12）转动时，通过该齿轮付（13，14）带动连杆（15）转动，连杆（15）的转动又使滑座（16）往复运动，从而使摆动机构（3）摆动。

5. 根据权利要求4所述的面片层叠设备，其特征在于：所述摆动机构（3）从其中心向输送装置两侧摆动时，其摆动必须要加速。

6. 根据权利要求1或5所述的面片层叠设备，其特征在于：所述驱动装置中的齿轮付（13，14）是非圆形的。

7. 根据权利要求1所述的面片层叠设备，其特征在于：所述摆动机构（3）的辊子（51，52，53，54，55）水平设置，且彼此平行。

8. 根据权利要求1至7中任一项所述的面片层叠设备，其特征在于：所述的辊子（51，52，53，54，55）上设有汽缸装置（9）。

说 明 书

面片层叠设备

技术领域

本发明涉及一种食品的加工设备，更确切地说是涉及权利要求1所述的面片层叠设备。

背景技术

在1992年出版的《食品加工》杂志中曾公开了一种面片层叠设备。在该面片层叠设备中，有两个相互垂直放置的输送带，上输送带的末端正位于下输送带的上方，两者相隔开一段距离。上输送带末端下方吊挂着两块彼此有一间隙的板，该两块板在与下输送带输送方向相垂直的方向上来回摆动。面片从上输送带中通过此两板的间隙向下输送，由于两板横向摆动，面片以层叠方式折叠在下输送带上。因为上输送带和下输送带的输送表面之间有较大的距离，且两板不支持着面片，因而吊挂在两板之间的面片通过两板间的缝隙时，由于自身重量的作用，面片趋于伸长，导致面片的厚度和宽度发生变化，从而每单位面积的待折叠面片的重量会随机地变化。这样，就不能得到一摞具有均匀厚度和宽度的层叠面片。

发明内容

本发明要解决的技术问题是提供一种包括各个水平辊子的面片层叠装置，以尽量减小由面片在摆动机构间下降的高度中所产生的影响。

为此，本发明的面片层叠设备包括一台供给面片的供料输送机，一个设置在供料输送机下面的用来折叠面片的摆动机构和该摆动机构的驱动装置，以及一个让面片在其上折叠并将折叠成层的面片送到下道工序的输送装置。本发明对其摆动机构做了进一步的改进，当面片由供料输送机供到摆动机构时，面片由每个辊子支持并通过每个辊子的转动供送到输送装置，随着摆动机构的摆动，面片就折叠在输送装置上。

本发明的优点在于能使面片折叠时其单位面积的重量保持均匀，它开创了面制食品加工的新局面，目前还尚无可与本发明相比的设备。

具体实施方式

下面结合附图和实施方式对本发明做进一步详细说明。

首先参看图1，该面片层叠设备包括一台供给面片的供料输送机2，一个与供料输送机2端部相连接的摆动机构3，一个让面片1在其上折叠并将折叠好的面片1送到下道工序的输送装置10。输送装置10有一输送带11。所述摆动机构3包括多个水平辊子51、52、53、54、55组成的辊组，安装所述辊子的活动臂31和支承臂32（见图2），使所述辊子转动的旋转传动机构（该机构将在下面详细描述），以及使所述摆动机构3摆动的驱动装置（该装置将在后面详述）。所述辊组中两两相邻的辊子彼此沿相反方向转动，由此使所述面片1支持在每个辊子上，并通过辊子的转动来输送。面片1由供料输送机2供送到摆动机构3，并借助于摆动机构3的摆动折叠在输送带11上，折叠好的面片然后被传送到下道工序。

供料输送机2的下游端有辊子5和5′，一条驱动带6环绕着它们。摆动机构3包括一根作为摆动机构3摆动中心的枢轴4，一个活动臂31和一个支承臂32。如图2所示，在活动臂31和支承臂32之间连接着一个汽缸装置9。在折叠面片开始之前，可将活动臂31随着汽缸装置9中的汽缸杆91的伸出而支离开支承臂32。该活动臂31被汽缸杆91支离开支承臂32的角度只需要能在折叠面片开始时顺利地让面片1的前端从辊子51和辊子5间穿过送到输送带11即可，换言之，不一定非要打开到成90°。活动臂31上装有多

419

个辊子51、53和55，它们彼此间隔一预定距离。支承臂32上装有多个辊子52和54，它们彼此也间隔一预定距离。当汽缸杆91缩回，活动臂31运动到贴住支承臂32时（如图3所示），每个辊子51、53和55相对于支承臂32上的每个辊子52和54交错设置，从而使上述辊子51和辊子5之间垂下的面片如图1所示那样在辊子51、52、53、54和55之间来回折弯，形成波纹状。参看图3，一个齿轮8连接在辊子5的辊轴的端部，齿轮81~85分别连接在辊子51~55的辊轴的端部。当活动臂31被运动到贴合住支承臂32时，齿轮8以及齿轮81~85分别与邻接的齿轮啮合。由于辊子5是刚性配合地装在枢轴4上（辊子5的转动不影响枢轴4），这时如果辊子5转动，它的转动作用就通过齿轮8传到齿轮81~85，使得邻接的齿轮彼此朝相反的方向转动。也就是说，当辊子51顺时针转动时，辊子52逆时针转动，辊子53顺时针转动，辊子54逆时针转动，而辊子55则顺时针转动（见图3所示的箭头方向）。

在面片1从驱动带6输送到被支离开一定角度的活动臂31和支承臂32之间以后，活动臂31随后被运动到贴合住支承臂32（如图1所示），这样面片1就由每个辊子51~55轮流地支持着。当驱动带6转动而供入面片时，每个辊子51~55被带着转动并将面片1送到输送带11上。

图4表示摆动机构3的驱动装置，该驱动装置包括一个倒"L"形的滑座16。臂17枢装在滑座16的一端，并在滑座16滑动和固定销18的共同作用下进行摆动。在臂17的自由端有一个槽17′，连接在轴4上的摇柄4′的一端插在槽17′中。滑座16的自由端有一个槽16′。一根连杆15固定在一对齿轮付13、14的大偏心齿轮14（该齿轮付中的从动齿轮）的最长直径上，并且靠近该齿轮14的周边。连杆15插到槽16′中。一个作为该齿轮付中主动齿轮的小偏心齿轮13与大偏心齿轮14啮合，小偏心齿轮13连接在马达12的轴上。

当然，这对齿轮付可以采用常规的圆形齿轮，但是采用偏心齿轮付13、14可得到更好的面片折叠效果，其原因是当摆动机构3从其中心朝着输送装置10的两侧摆动过程为加速过程能得到更好的效果。因为摆动机构3作圆周运动时，若摆动机构3的角速度恒定，则摆动机构3的自由端沿水平方向的速度随着摆动机构靠近每个摆动行程的终端而变小，其结果是，当摆动机构3离开输送装置10的中心较远时，供送到输送装置10的输送表面上的每单位长度的面片的体积就增加了。因此面片1不能令人满意地折叠起来。所以最好采用偏心齿轮付13、14，以便当摆动机构3向外摆动时加速其摆动。

当小偏心齿轮13由马达12驱动转动时，大偏心齿轮14由小偏心齿轮13带着转动。当大偏心齿轮14转动时，固定在齿轮14上的连杆15使滑座16做往复滑动，并由于滑座16相对于固定销18运动而使臂17摆动。臂17的摆动使摇柄4′摆动，由于枢轴4始终保持在轴线O-O′上，从而由摇柄4′的摆动导致轴4沿轴线O-O′的转动。这样摆动机构3就由轴4带着摆动。由于齿轮14是偏心的，所以当滑座16运动到靠近每个行程外端时，滑座16的滑动就被加速，摇柄4′也加快了摆动。通过上述方式驱动摇柄4′，摆动机构3的摆动在每个行程的终端就能被加速。

在工作中，当面片1由供料输送机2供入摆动机构3时，活动臂31处于远离支承臂32的位置（如图2所示）。在此状态下，面片1从活动臂31和支承臂32之间的辊子5的上表面向下输送。当活动臂31运动到贴合住支承臂32时，面片1就由每个辊子51~55轮流支持（如图1所示）。由于齿轮8和81~85彼此啮合，所以，当齿轮8随辊子5转动时，邻接的齿轮81~85就彼此沿相反的方向转动，因此面片1经由每个辊子51~55供到输送带11上。

接着，当驱动机构3在马达12的带动下开始摆动时，面片1从最下端的辊子55流出并立即被铺放和折叠在输送带11上。因此，与前面所述公知的现有技术的摆动机构不同，面片1将不会由于其自重而伸长，而且它的厚度和宽度不会改变。然后，输送带11

随着面片的折叠而将叠好的面片输送到下道工序上。

从上述说明中可以理解，在摆动机构上设置辊子，以便在输送面片时将面片支持在每个辊子上。因此，尽管为了利用摆动折叠面片而需要一个垂直距离，面片也不会出现由其自重而伸长。所以，在输送装置上就能得到具有均匀厚度和宽度的连续面片。

这样就能为下道工序提供尺寸均匀的层叠面片。

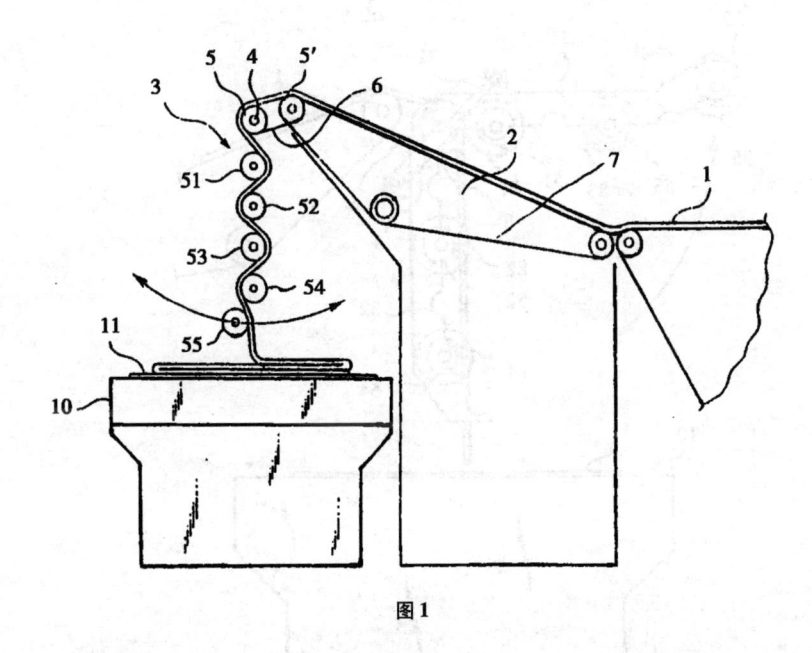

图1

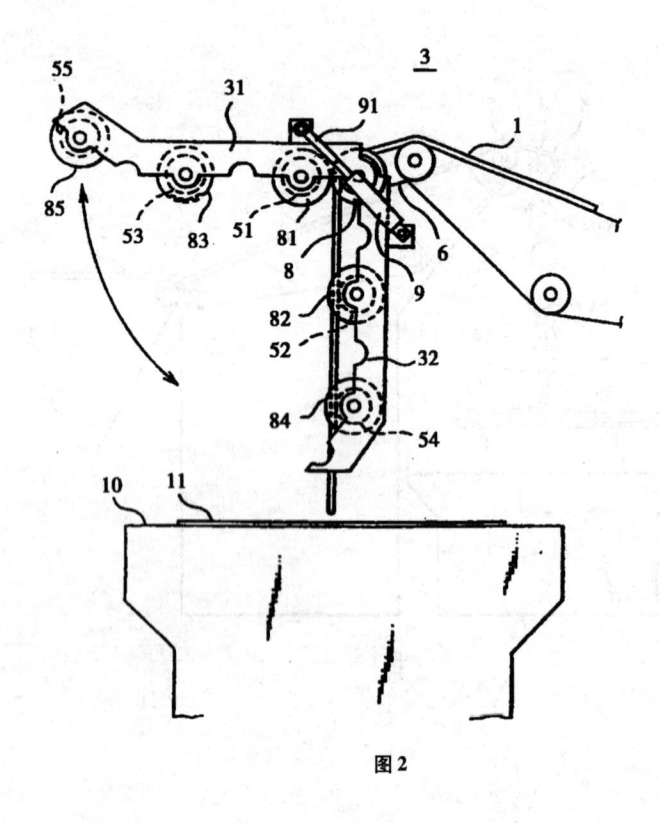

图 2

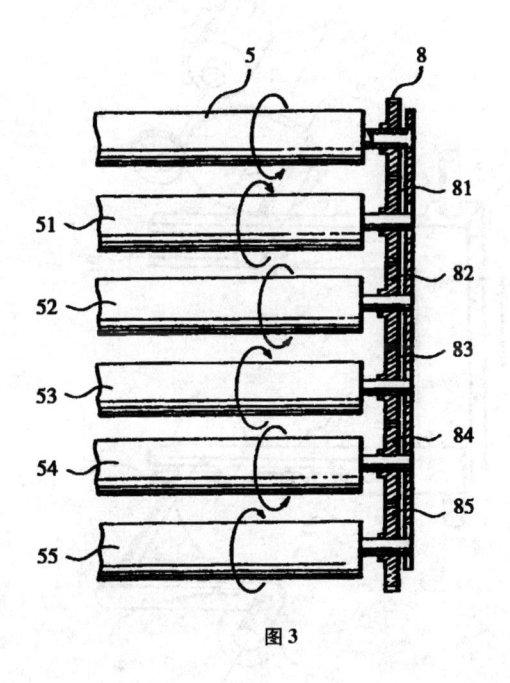

图 3

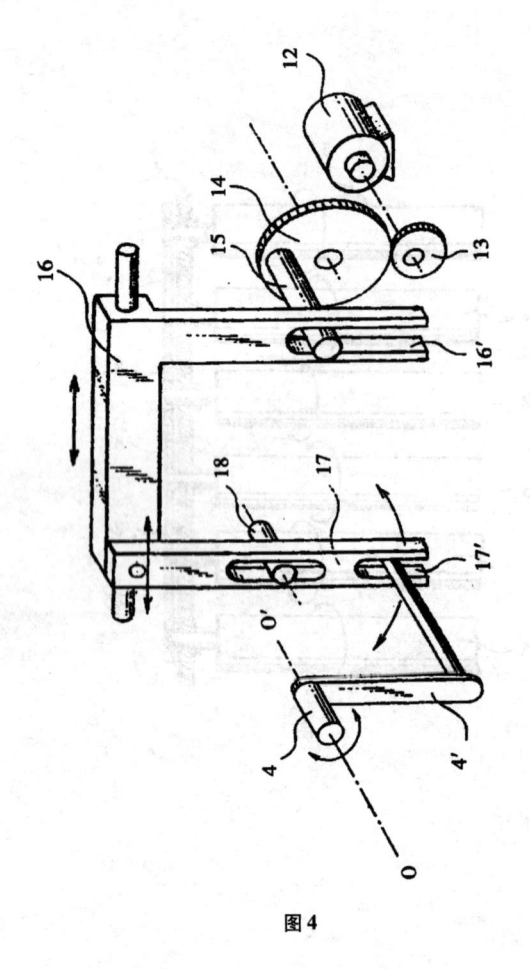

图 4

说 明 书 摘 要

本发明涉及一种食品加工设备及工艺。当面片由供料输送机（2）传送到摆动机构（3）时，面片由每个辊子（51，52，53，54，55）支持，通过每个辊子的转动传送到输送装置（11），随着摆动机构的摆动，面片就被折叠在输送装置上，采用这种结构的设备能使折叠成层的面片重量、厚度、宽度保持均匀。

摘 要 附 图

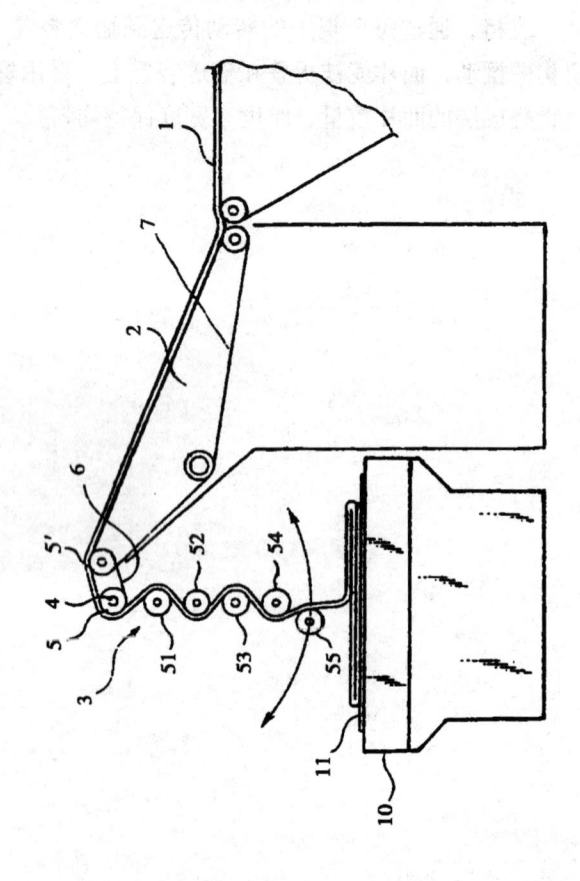

【对原专利申请文件的评析】

一、权利要求书

1. 权利要求 1 存在下述几个方面的问题

(1) 原权利要求 1 缺少解决本发明技术问题的必要技术特征，不符合《专利法实施细则》第二十条第二款的规定。

由说明书中所描述的实施方式可知，本发明的面片层叠设备改进之处在于使面片摆动折叠的摆动机构，尽管在权利要求 1 的特征部分中表述了其摆动机构包括多个水平辊子、所述辊子彼此平行且两两相邻辊子彼此沿相反的方向转动这些内容，但是对于"摆动机构中用于安装所述辊子的活动臂和支承臂、使所述水平辊子转动的旋转传动机构以及上述多个水平辊子交错地设置在所述的活动臂和支承臂上"这些技术内容却未包含在原独立权利要求 1 中，而这些特征则是解决本发明技术问题的必要技术特征，因此应将这些技术内容补充到独立权利要求 1 中，具体地说，就是将从属权利要求 2 中对其摆动机构进一步限定的大部分内容补充到权利要求 1 中去。

(2) 原权利要求 1 的主题名称"一种食品加工设备"未能体现本发明的主题，该起始句表述了一种上位概念，从而对申请人要求保护的范围也就难以确定。从说明书公开的内容以及整个权利要求 1 所描述的技术方案来看，所要求保护的仅仅是一种面片层叠设备，与绝大部分的食品加工设备无关，因此应当将该权利要求请求保护的主题限定为一种面片层叠设备。

(3) 该权利要求的最后一句"由此使所述面片支持在每个辊子上，并通过辊子的转动来输送，从而使折叠时的面片的单位面积的重量保持均匀"并不是结构特征，而仅仅是由权利要求 1 所要求保护的设备最终可实现的结果，为使其满足《专利法》第二十六条第四款有关权利要求应当简要地限定要求专利保护范围的规定，这些内容不必写入权利要求 1 中，如果申请人认为有必要说明的话，

429

可以写入说明书中。

2. 从属权利要求 2 存在的问题

从属权利要求 2 除了其限定部分中的一部分技术特征是本发明的必要技术特征应写入权利要求 1 中之外，尚存在下述两个问题。

（1）**从属权利要求 2 引用了附图，不符合《专利法实施细则》第十九条第三款的规定。**按照《专利法实施细则》第十九条第三款的规定，权利要求书一般不得使用"如图……所示"的用语，该权利要求引用了"如图所示"，显然不符合要求，应当将"如图所示"删去。

（2）**从属权利要求 2 的最后一句使用了括号，从而造成权利要求保护范围不确定，不符合《专利法》第二十六条第四款有关权利要求应当清楚地限定要求专利保护范围的规定。**《专利审查指南》第二部分第二章第 3.2.2 节中规定："除附图标记或者化学式及数学式使用的括号之外，权利要求中应尽量避免使用括号"。否则，不清楚括号中的内容是否对该权利要求作了进一步的限定，致使该权利要求未清楚地限定要求专利保护的范围。若括号中的内容是对该权利要求起限定作用的技术特征，应将此括号去掉，括号中的内容保留在权利要求中；若括号中的内容不起限定作用，只是对权利要求中的技术特征作解释说明，则应将括号中的内容连同括号一起删去。

对于本案例来说，权利要求 2 括号中的内容是进一步表述齿轮间啮合及活动臂与支承臂之间的特定位置关系。该内容起着进一步限定作用，因此应将括号去掉，而保留文字内容，从而清楚地限定其保护范围。

3. 从属权利要求 3 存在的问题

（1）原从属权利要求 3 的引用部分中使用了"和/或"关系，这是不允许的，多项从属权利要求中其引用部分只能用"或"，不能用"和",否则不符合《专利法实施细则》第二十二条第二款中关于多项从属权利要求只能以择一方式引用在前的权利要求的规定。

此外,原权利要求3为原权利要求2的并列技术方案,因此只能引用权利要求1,不能引用权利要求2。

(2)原从属权利要求3限定部分的内容在原说明书中没有记载,因此权利要求3所要求保护的主题与说明书公开的内容不相适应。《专利法》第二十六条第四款规定,权利要求书应当以说明书为依据。更具体地说,说明书公开的内容与权利要求书要求保护范围应当是一致的,换句话说,在说明书中没有公开或者公开不充分的内容,在权利要求书中要求保护显然是不允许的。对于这种情况,在撰写专利申请文件时有两种处理办法:一种是将相应于此技术方案的实施方式补充到说明书中去,另一种是删去该权利要求。一般来说,采用前者对专利申请比较有利。但是在专利申请提出之后,若审查员指出两者不一致时,通常只能采用后一种删去该权利要求的办法。在本案例中,为简明起见,在修改后的专利申请文件中采用了相应于审查过程中的修改方法,删去了原权利要求3。

4. 从属权利要求4存在的问题

原权利要求4引用部分的主题名称与其引用的权利要求1、2中的主题名称不一致,不符合《专利法实施细则》第二十二条第一款的规定。原权利要求4的引用部分为"根据权利要求1或2所述的面片层叠设备摆动机构的驱动装置",原权利要求1或2要求保护的却是整体的面片层叠设备,而其摆动机构的驱动装置仅是该设备的一个组成部分,这样的引用方式造成了从属关系的混乱。修改后的权利要求3(相当于原权利要求4)已将其引用部分中"摆动机构的驱动装置"删去,从而与权利要求1或2所要求保护的主题名称一致。

5. 从属权利要求 5 存在的问题

该权利要求所述的内容是对该设备运作过程提出的要求，并不是对设备的结构作进一步的限定，这样的权利要求所限定的保护范围是不清楚的，因此不允许。当然对该设备运作过程的要求可以由该设备的具体结构（如在本发明摆动机构驱动装置中采用偏心齿轮）来实现。此时，应采用这些具体结构技术特征作进一步限定。但这些已记载在原权利要求 6 中，故在修改后的权利要求书中删去了原权利要求 5。

6. 从属权利要求 6 存在的问题

（1）由其引用部分"根据权利要求 1 或 5 所述的面片层叠设备"可知，原权利要求 6 为多项从属权利要求，而原权利要求 5 引用了在前的另一项多项从属权利要求 4，从而多项从属权利要求 6 通过其引用的权利要求 5 而间接地引用了另一项多项从属权利要求 4，因而这种引用方式不符合《专利法实施细则》第二十二条第二款的规定：引用两项以上的多项从属权利要求，不得作为另一项多项从属权利要求的基础。因此修改后的权利要求 4（相当于原权利要求 6）仅引用了权利要求 3（相当于原权利要求 4）。

（2）原权利要求 6 限定部分中"所述的驱动装置中的齿轮付是非圆形的"这一内容与说明书中所公开的内容不一致，说明书中对于该齿轮的描述为偏心齿轮，而在该权利要求中限定的是非圆形的，扩大了保护范围，尤其是非圆形齿轮并不适用于本发明设备，因为非圆形齿轮不能实现摆动机构向两端的摆动是加速的。这里要特别强调的是**撰写权利要求书时，用词要慎重、严谨**，以避免今后法律程序中出现不必要的"麻烦"。此外，该权利要求仅仅限定该齿轮付为偏心并未构成一个完整的技术方案，必须要对其偏心结构作进一步限定，写明"作为主动齿轮的小偏心齿轮的轴连接在马达轴上，小偏心齿轮与作为从动齿轮的大偏心齿轮啮合，大偏心齿轮的周边固定一个可插到所述滑座的槽上的连杆"，否则不能保证该摆动机构在摆动到两端部加速最大。

7. 从属权利要求 7 存在的问题

该权利要求进一步限定的技术内容已记载在独立权利要求 1 中，对同一技术特征重复限定会造成该权利要求保护范围不清，因此应删去原从属权利要求 7。

8. 从属权利要求 8 存在的问题

（1）原权利要求 8 是一项引用权利要求 1 至 7 中任一项的多项从属权利要求，但其所引用的权利要求中包括了多项从属权利要求 3 至 6，因而不符合《专利法实施细则》第二十二条第二款的规定，需要对其引用部分进行修改，仅引用权利要求 1 或 2（见修改后的权利要求 5）。

（2）原权利要求 8 限定部分中所限定的"辊子上设有汽缸装置"与原说明书中所公开的技术内容不一致，未以说明书为依据，不符合《专利法》第二十六条第四款的规定。从说明书公开的技术内容及附图 2 中看出，汽缸装置是连接于活动臂、支承臂之间，因此在修改后的权利要求 5（相当于原权利要求 8）中限定为"在所述活动臂与支承臂之间设置汽缸装置，"从而与说明书记载的内容相一致。

二、说明书及摘要

1. 技术领域

发明的技术领域应写出本发明最直接的具体技术领域。目前在撰写发明技术领域时经常出现两方面的问题：一种写成发明的上位技术领域；另一种写成发明本身。**本申请说明书这一部分存在的问题基本上与上述两种情况相类似：将技术领域写得过宽**，如首句为"一种食品的加工设备"，同时又使用了"涉及权利要求 1 所述的"形式，从而反映了发明本身的内容，这种撰写形式都是不符合《专利审查指南》第二部分第二章第2.2.2节的规定。

2. 背景技术

一般来说，在现有技术描述部分除了对现有技术做简要描述外，还应给出其出处。现有技术通常有两种，一种是在市场上能买到或实际中被采用的；另一种是已被书面文件公开的，对于前者只要用文字说明这种出处即可，而后一种则必须指出是哪个国家的专利说明书（给出具体的公开号）或在哪一种杂志（×卷×期×页）中公开了。**本申请说明书描述的背景技术中所表述的《食品加工》杂志仅给出其出版年份，而没有具体给出哪一期和该期中的哪一篇文章（或页号）。**

3. 发明内容中的要解决的技术问题

在对现有技术做了简要描述和评价的基础上，在发明内容这一部分应当首先针对最接近的现有技术写明要解决的技术问题。通常应当采用正面语言进行描述，既要写明要解决的具体问题，但又不得包括本发明技术方案的内容。而**本申请说明书中要解决的技术问题中既包含有本发明技术方案的部分内容，又未具体、清楚地写明要解决的技术问题。**

4. 发明内容中的技术方案

《专利法实施细则》第十七条规定这部分应写明解决其技术问题采用的技术方案。原说明书中这一部分未清楚、完整地写明本发明技术方案，仅泛泛地说明改进的摆动机构的动作过程，而未写明该摆动机构为解决所述技术问题所采用的具体改进结构，即未写明解决本发明技术问题的全部必要技术特征，修改后的说明书这一部分克服了上述缺陷，与修改后的权利要求1的技术方案相对应。

5. 发明内容中的有益效果

原说明书的这部分中写入了一些空洞的商业性宣传用语,并未从本发明的技术方案出发具体说明本发明的优点和有益效果,例如,"它开创了面制食品加工的新局面,目前还尚无可与本发明相比的设备"。因而,在修改后的说明书中对这一部分作了较大的修改。

6. 附图说明

原说明书中缺少附图说明这一部分,不符合《专利法实施细则》第十七条的规定。在说明书结合附图详细描述实施方式之前,应该集中列出所有附图的图名。

7. 说明书摘要

原说明书摘要存在两个问题:其一是未写明本发明的技术方案要点;其二是未写明发明的名称,不符合《专利法实施细则》第二十三条第一款的规定。修改后的说明书摘要已克服上述两个缺陷。

【修改后的专利申请文件】

权 利 要 求 书

1. **一种面片层叠设备**,它包括一台供给面片的供料输送机(2),一个设置在供料输送机下面的、用来折叠面片的摆动机构(3)和该摆动机构的驱动装置,以及一个让面片在其上折叠并将折叠成层的面片送到下道工序的输送装置(10),其特征在于:所述摆动机构(3)包括一根枢轴(4),多个**两两相邻、彼此平行且反向转动**的水平辊子(51,52,53,54,55),**安装这些水平辊子(51,52,53,54,55)**的活动臂(31)和支承臂(32)以及使这些水平辊子(51,52,53,54,55)转动的旋转传动机构,这些水平辊子(51,52,53,54,55)交错地设置在所述活动臂(31)和支承臂(32)上。

2. 根据权利要求1所述的面片层叠设备,其特征在于:**所述使水平辊子(51,52,53,54,55)转动的旋转传动机构是安装在所述每一个水平辊子(51,52,53,54,55)辊轴同一端侧上的齿轮(81,82,83,84,85)**,当所述活动臂(31)和支承臂(32)贴合时,所述每一个齿轮(81,82,83,84,85)与相邻的齿轮相啮合。

3. 根据权利要求**1或2**所述的面片层叠设备,其特征在于:**所述摆动机构的驱动装置**具有一个滑座(16)、一对齿轮付(13,14)以及一个驱动该齿轮付(13,14)转动的马达(12),在该对齿轮付(13,14)的从动齿轮(14)一侧靠近周边处固有一根用于使滑座(16)运动的连杆(15),该滑座(16)的一端枢装一臂(17),该臂的自由端有一槽(17′),一个连接在所述枢轴(4)上的摇柄(4′)的一端插在该槽(17′)中,所述连杆(15)插到上述滑座(16)另一自由端的槽(16′)中,由此当马达(12)转动时，通过该齿轮付（13，14）带动连杆（15）转动，连杆（15）的转动又使滑座（16）往复运动，从而使摆动机构（3）摆动。

4. 根据权利要求3所述的面片层叠设备，其特征在于：所述摆动机构的驱动装置中的齿轮付（13，14）**由一大一小两个偏心齿轮组成，其中作为主动齿轮的小偏心齿轮（13）的轴连接在马达（12）轴上，小偏心齿轮（13）与作为从动齿轮的大偏心齿轮（14）啮合，该大偏心齿轮（14）的周边固定所述的可插到滑座（16）的槽（16′）上的连杆（15）**。

5. 根据权利要求**1**或**2**所述的面片层叠设备，其特征在于：**在所述活动臂（31）与支承臂（32）之间设有汽缸装置（9）**。

说 明 书

面片层叠设备

技术领域

本发明涉及一种**面片层叠设备**，它包括供给面片的供料输送机，设置在供料输送机下方的折叠面片的摆动机构和该摆动机构的驱动装置，以及在其上折叠面片并将折叠成层的面片送至下道工序的输送装置。

背景技术

在 1992 年 3 月**出版的**《食品加工》**第 2 期杂志中"××××××"一文**曾公开了一种面片层叠设备，在该面片层叠设备中，有两个相互垂直放置的输送带，上输送带的末端正位于下输送带的上方，两者相隔开一段距离。上输送带末端下方吊挂着两块彼此有一间隙的板，该两块板在与下输送带输送方向相垂直的方向上来回摆动。面片从上输送带中通过此两板的间隙向下输送，由于两板横向摆动，面片以层叠方式折叠在下输送带上。因为上输送带和下输送带的输送表面之间有较大的距离，且两板不支持着面片，因而吊挂在两板之间的面片通过两板间的缝隙时，由于自身重量的作用，面片趋于伸长，导致面片的厚度和宽度发生变化，从而每单位面积的待折叠面片的重量会随机地变化。这样，就不能得到一摞具有均匀厚度和宽度的层叠面片。

发明内容

本发明要解决的技术问题是提供**一种用于层叠面片的面片层叠设备**，它能防止面片在折叠前由于自重而被拉伸，因而使叠置成层的面片的宽度和厚度比较均匀。

为此，本发明提供了一种面片层叠设备，它包括一台供给面片的供料输送机，一个设置在供料输送机下面的用来折叠面片的摆动机构和该摆动机构的驱动装置，以及一个让面片在其上折叠并将折叠成层的面片送到下道工序的输送装置，所述摆动机构包括一根枢轴，多个两两相邻、彼此平行且反向转动的水平辊子，安装这些水平辊子的活动臂和支承臂，以及使这些水平辊子转动的旋转传动机构，这些水平辊子交错地设置在所述活动臂和支承臂上。

采用上述结构之后，在摆动机构将面片叠层时，面片不再吊挂在供给面片的供料装置与接受并运送成叠面片的输送装置之间，它先后经过多个水平辊子再落到输送装置上，因而面片在摆动机构层叠面片时，面片先后受到多个水平辊子的承托，这样面片不会因其自身重量的作用而趋于伸长，从而使得到的层叠面片的重量、厚度、宽度都比较均匀。

附图说明

下面结合附图和实施方式对本发明作进一步详细说明。

图1是本发明的一种实施方式的示意性侧视图。

图2是图1所示实施方式的摆动机构的侧视图。

图3是图2所示摆动机构的局剖正视图。

图4是本发明摆动机构的驱动装置的示意透视图。

具体实施方式

首先参看图1，该面片层叠设备包括一台供给面片的供料输送机2，一个与供料输送机2端部相连接的摆动机构3，一个让面片1在其上折叠并将折叠好的面片1送到下道工序的输送装置10，输送装置10有一输送带11，所述摆动机构3包括多个水平辊子51、52、53、54、55组成的辊组、安装所述辊子的活动臂31和支承臂32（见图2）、使所述辊子转动的旋转传动机构（该机构将在下面详细描述），以及使所述摆动机构3摆动的驱动装置（该装置将在后面详述），所述辊组中两两相邻的辊子彼此沿相反方向转动，由此使所述面片1支持在每个辊子上，并通过辊子的转动来输送。面片1由供料输送机2供送到摆动机构3，并借助于摆动机构3的摆动折叠在输送带11上，折叠好的面片然后被传送到下道工序。

供料输送机2的下游端有辊子5和5′，一条驱动带6环绕着它们。摆动机构3包括一根作为摆动机构3摆动中心的枢轴4，一个活动臂31和一个支承臂32。如图2所示，在活动臂31和支承臂32之间连接着一个汽缸装置9。在折叠面片开始之前，可将活动臂31随着汽缸装置9中的汽缸杆91的伸出而支离开支承臂32。该活动臂31被汽缸杆91支离开支承臂32的角度只需要能在折叠面片开始时顺利地让面片1的前端从辊子51和辊子5间穿过送到输送带11即可，换言之，不一定非要打开到成90°。活动臂31上装有多个辊子51、53和55，它们彼此间隔一预定距离。支承臂32上装有多个辊子52和54，它们彼此也间隔一预定距离。当汽缸杆91缩回，活动臂31运动到贴住支承臂32时（如图3所示），每个辊子51、53和55相对于支承臂32上的每个辊子52和54交错设置，从而使上述辊子51和辊子5之间垂下的面片如图1所示那样在辊子51、52、53、54和55之间来回折弯，形成波纹状。参看图3，一个齿轮8连接在辊子5的辊轴的端部，齿轮81～85分别连接在辊子51～55的辊轴的端部。当活动臂31被运动到贴合住支承臂32时，齿轮8以及齿轮81～85分别与邻接的齿轮啮合。由于辊子5是刚性配合地装在枢轴4上（辊子5的转动不影响枢轴4），这时如果辊子5转动，它的转动作用就通过齿轮8传到齿轮81～85，使得邻接的齿轮彼此朝相反的方向转动。也就是说，当辊子51顺时针转动时，辊子52逆时针转动，辊子53顺时针转动，辊子54逆时针转动，而辊子55则顺时针转动（见图3所示的箭头方向）。

在面片1从驱动带6输送到被支离开一定角度的活动臂31和支承臂32之间以后，活动臂31随后被运动到贴合住支承臂32（如图1所示），这样面片1就由每个辊子51～55轮流地支持着。当驱动带6转动而供入面片时，每个辊子51～55被带着转动并将面片1送到输送带11上。

图4表示摆动机构3的驱动装置，该驱动装置包括一个倒"L"形的滑座16。臂17枢装在滑座16的一端，并在滑座16滑动和固定销18的共同作用下进行摆动。在臂17的自由端有一个槽17′，连接在轴4上的摇柄4′的一端插在槽17′中。滑座16的自由端有一个槽16′。一根连杆15固定在一对齿轮付13、14的大偏心齿轮14（该齿轮付中的从动齿轮）的最长直径上，并且靠近该齿轮14的周边。连杆15插到槽16′中。一个作为该齿轮付中主动齿轮的小偏心齿轮13与大偏心齿轮14啮合，小偏心齿轮13连接在马达12的轴上。

当然，这对齿轮付可以采用常规的圆形齿轮，但是采用偏心齿轮付13、14可以得到更好的面片折叠效果。其原因是当摆动机构3从其中心朝着输送装置10的两侧摆动过程为加速过程能得到更好的效果。因为摆动机构3作圆周运动时，若摆动机构3的角速度恒定，则摆动机构3的自由端沿水平方向的速度随着摆动机构靠近每个摆动行程的终端而变小，其结果是，当摆动机构3离开输送装置10的中心较远时，供送到输送装置10的输送表面上的每单位长度的面片的体积就增加了。因此面片1不能令人满意地折叠起来。所以最好采用偏心齿轮付13、14，以便当摆动机构3向外摆动时加速其摆动。

当小偏心齿轮13由马达12驱动转动时，大偏心齿轮14由小偏心齿轮13带着转动。当大偏心齿轮14转动时，固定在齿轮14上的连杆15使滑座16做往复滑动，并由于滑座16相对于销18运动而使臂17摆动。臂17的摆动使摇柄4′摆动，由于枢轴4始终保持在轴线0－0′上，从而由摇柄4′的摆动导致轴4沿轴线0－0′的转动。这样摆动机构3就由轴4带着摆动。由于齿轮14是偏心的，所以当滑座16运动到靠近每个行程外端时，滑座16的滑动就被加速，摇柄4′也加快了摆动。通过上述方式驱动摇柄4′，摆动机构3

的摆动在每个行程的终端就能被加速。

在工作中,当面片1由供料输送机2供入摆动机构3时,活动臂31处于远离支承臂32的位置(如图2所示)。在此状态下,面片1从活动臂31和支承臂32之间的辊子5的上表面向下输送。当活动臂31运动到贴合住支承臂32时,面片1就由每个辊子51～55轮流支持(如图1所示)。由于齿轮8和81～85彼此啮合,所以当齿轮8随辊子5转动时,邻接的齿轮81～85就彼此沿相反的方向转动,因此面片1经由每个辊子51～55供到输送带11上。

接着,当驱动机构3在马达12的带动下开始摆动时,面片1从最下端的辊子55流出并立即被铺放和折叠在输送带11上。因此,与前面所述公知的现有技术的摆动机构不同,面片1将不会由于其自重而伸长,而且它的厚度和宽度不会改变。然后,输送带11随着面片的折叠而将叠好的面片输送到下道工序上。

从上述说明中可以理解,在摆动机构上设置辊子,以便在输送面片时将面片支持在每个辊子上。因此,尽管为了利用摆动折叠面片而需要一个垂直距离,面片也不会出现由其自重而伸长。所以,在输送装置上就能得到具有均匀厚度和宽度的连续面片。

这样就能为下道工序提供尺寸均匀的层叠面片。

("说明书附图"与原"说明书附图"相同,为节省篇幅此处从略,请参见第423～426页原专利申请文件中"说明书附图")

说 明 书 摘 要

　　本发明涉及一种面片层叠设备，它包括面片的供料输送机（2），位于该输送机下面的摆动机构（3）和该摆机构的驱动装置，以及将层叠好的面片提供到下道工序的输送装置（11）；摆动机构包括多个两两相邻、彼此平行且反向转动的水平辊子（51、52、53、54、55），安装这些水平辊子的活动臂和支承臂以及使这些水平辊子转动的旋转传动机构，这些水平辊子交错地设置在活动臂和支承臂上。当面片由供料输送机传送到摆动机构时，面片由每个辊子支持并通过每个辊子的转动传送到输送装置，随着摆动机构的摆动，面片就被折叠在输送装置上。采用这种结构的设备能使折叠成层的面片重量、厚度、宽度保持均匀。

　　（"摘要附图"与原"摘要附图"相同，为节省篇幅，此处从略，请参见第428页本案例原专利申请文件中"摘要附图"）

案例四 柱挂式广告板

本案例原专利申请文件的撰写主要存在 5 个方面的问题。

1. 独立权利要求的撰写不符合《专利法实施细则》第二十条第二款的规定，缺少解决本实用新型技术问题的必要技术特征。此外，写入了非必要技术特征，使该独立权利要求的保护范围过窄。

2. 一部分权利要求未清楚地说明本实用新型的技术特征，未清楚地限定要求专利保护的范围，不符合《专利法》第二十六条第四款的规定。

3. 一部分从属权利要求的引用关系不符合《专利法实施细则》第二十条第三款的规定，导致其保护范围不清楚；另有一部分从属权利要求的引用关系不符合《专利法实施细则》第二十二条第一款或者第二款的规定。

4. 个别权利要求未以说明书为依据，不符合《专利法》第二十六条第四款的规定。

5. 说明书及其摘要的撰写不符合《专利法实施细则》第十七条或第二十三条以及《专利审查指南》相应部分的规定。

【原专利申请文件】

权 利 要 求 书

1. 一种柱挂式广告板，其特征在于：该广告板包括面板（1）和位于面板（1）背面中间位置的凸块（2），该凸块（2）的高度为整个面板（1）高度的1/3至1/2，该凸块（2）与支撑物接触的表面为图1所示的弧形表面。

2. 根据权利要求1所述的柱挂式广告板，其特征在于：所述凸块（2）的两侧各有一根束带（3、4），其中一根束带（3）的自由端装有一个双环扣（23），（另一根束带的自由端可从此双环扣穿过而将广告板栓固在柱杆上）。

3. 根据权利要求2所述的柱挂式广告板，其特征在于：所述两根束带（3、4）均不带有双环扣（23）。

4. 根据权利要求1所述的柱挂式广告板，其特征在于：所述凸块（2）的一侧有一根束带（4），该凸块（2）上与该束带（4）连接处相对的另一侧有一个供该束带（4）自由端穿过的耳孔（21）。

5. 根据权利要求1至4所述的柱挂式广告板，其特征在于：所述面板（1）的前侧有一透明防水罩（5），该防水罩（5）从面板（1）的上、左、右三侧一直延伸至该面板（1）的后侧。

6. 根据权利要求1至5所述的柱挂式广告板之背面凸块，其特征在于：所述凸块（2）与支撑物相接触的表面为粗糙表面。

7. 根据权利要求6所述的柱挂式广告板之背面凸块，其特征在于：所述凸块（2）与支撑物相接触的表面上有一长方形凹孔（24）。

8. 根据权利要求7所述的柱挂式广告板之背面凸块，其特征在于：所述长方形凹孔（24）内安放一个防滑块（6），防滑块（6）的厚度等于或略大于长方形凹孔（24）的深度；防滑块（6）朝外的表面为粗糙表面。

说 明 书

新型柱挂式广告板

技术领域

本实用新型属于一种宣传用品，还涉及将其固定到电线杆之类柱形支撑物上的方法。

背景技术

目前，在一些城市，如河南省郑州市街道上已出现了一种圆筒形广告板，该广告板套在邮筒上，或者将电线杆包住。这样的广告板不易拆装和保存，而且不论从哪一个方向看，都不能看到广告的全部内容。在今年出版的杂志《广告与信息》上也披露了一种包括面板和固紧装置的柱挂式广告板，这种广告板的迎风面积较大，在大风天气，强度不够，很易损坏，且拆装很不方便。

发明内容

本实用新型要解决的技术问题是提供一种强度好、结构稳定、不易损坏、拆装方便，而且能看到全部广告内容的柱挂式广告板以及固定这种广告板的方法。

为解决上述技术问题，采用了如权利要求1所述的广告板。由于凸块背面的弧形表面与支撑物上和该凸块相接触的表面形状相适配，凸块就能比较稳定地贴靠在柱杆件支撑物表面上，即使在大风作用下，风力通过凸块作用在支撑物上，因此不易被大风吹坏。

当该广告板的背面凸块如权利要求2所述安装了两根束带后，就可将一根束带穿过另一根束带自由端上的双环扣拉紧，从而可以很方便地将整个广告板拴固在柱杆上。

当该广告板在其面板上安装了如权利要求5所述的透明防水

罩，可防止广告板面板上的广告被雨淋湿而损坏，从而可延长所张贴广告的使用寿命。

当该广告板的背面凸块如权利要求6、7、8所述采用了粗糙表面或者安装了表面粗糙的防滑块后，其与束带配合能更牢固地固定此广告板，而不致向下滑移。

综上所述，本实用新型的优点是：使用方便、固定可靠、不易损坏、便于保藏。

附图说明

下面结合附图对本实用新型作进一步详细的说明。

图1为本实用新型柱挂式广告板的部件分解透视图。

图2为图1所示柱挂式广告板（未装束带时）的侧剖视图。

图3为图1所示柱挂式广告板（未装束带时）的俯视剖视图。

具体实施方式

参见图1，本实用新型柱挂式广告板有一面板1，该面板1背面的横向中间位置有一凸块2。该凸块2的高度可以在整个面板1的高度方向延伸，这样广告板的强度比较好；但是，该凸块2也可以如图1和图2所示，其高度约为面板1整个高度的1/3至1/2，大体位于其纵向中间位置，这样既保证了广告板有一定强度，又节省了广告板的材料，并减轻了广告板的重量；当然，该凸块2的高度也可采用其他尺寸。在图1和图3中，凸块2背部表面为横向凹弧形表面，为适应不同支撑物的形状，该凸块2背部表面还可选择得与支撑物上和该凸块2相接触的表面形状相适配。凸块两侧分别设有左耳孔21和右耳孔22，两根束带3、4可分别穿过左耳孔21和右耳孔22，其端头折回平贴带身，可采用线缝制、采用铆钉铆合或其他类似连接方式，使其与凸块相连，这样就可将两根束带绕过柱杆，相互系紧，从而将广告板栓固在柱杆上。此外，还可在上述两根束带中的一根束带3的自由端，如图1所示连接有双环扣23，此

447

时将另一根束带 4 的自由端穿过双环扣 23 中心，再折回绕经第一个环扣外侧，转入并穿过第二个环扣中心，拉紧束带 4，即可将广告板栓固在柱杆上。

还可在此广告板面板 1 的背部凸块 2 的中央部位开有一长方形凹孔 24，在该凹孔 24 内安放一个防滑块 6，防滑块 6 的厚度等于或略大于长方形凹孔 24 的深度，因此当防滑块 6 放入凹孔 24 中后，防滑块 6 的表面与凸块 2 表面相齐平或略为高出。防滑块 6 与凹孔 24 底部相对的表面涂有胶，而其朝外的表面为粗糙表面。当然，也可在面板 1 背部凸块 2 表面直接形成粗糙表面，这样的广告板结构更为简单。

作为这种广告板的进一步改进，还可如图 1、图 2 和图 3 所示，在面板 1 的前侧设置一透明防水罩 5，该透明防水罩 5 的上、左、右三侧延伸至面板 1 的后侧，从图 1 可详细看到该透明防水罩 5 的结构，可将此透明防水罩 5 从面板 1 上方很方便地套到面板 1 上，透明防水罩 5 与面板 1 之间保留有间隙。

本实用新型不局限于上述实施方式，不论在其形状或结构上作任何变化，凡是利用面板背面凸块与柱状支撑物相配的表面和束带将广告板栓固在柱杆上的柱挂式广告板均落在本实用新型保护范围之内。此外，将此束带改为金属薄片、用螺栓等将带有与支撑物相配表面凸块的广告板夹紧在杆形支撑物上，或者将此广告板横过来安装在横柱上都是本实用新型的一种变形，均应认为落在本实用新型保护范围之内。

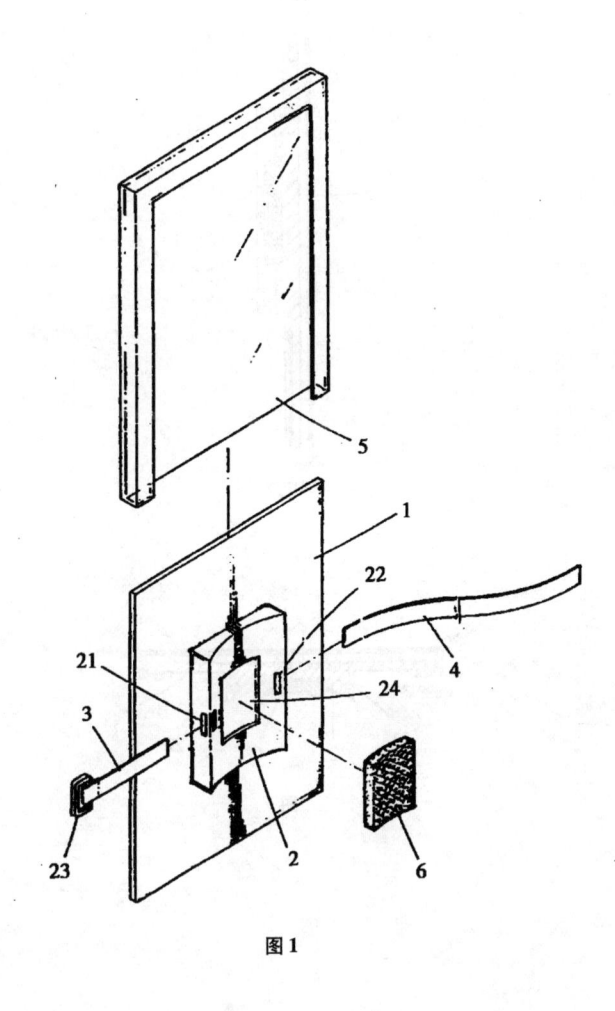

图1

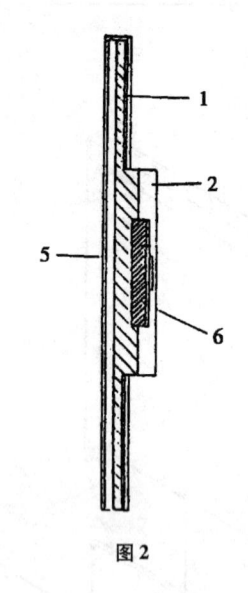

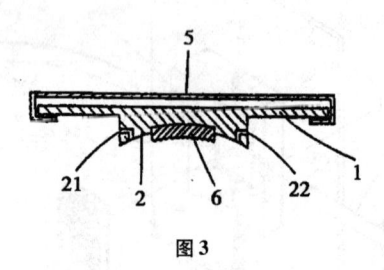

图 2

图 3

说　明　书　摘　要

　　本实用新型公开了一种柱挂式广告板，采用本实用新型广告板的结构后可以很方便地将广告板从其支撑物上拆下或装上，且可以防止被雨水冲淋而损坏广告，这种结构开拓了广告板的新发展方向。

摘 要 附 图

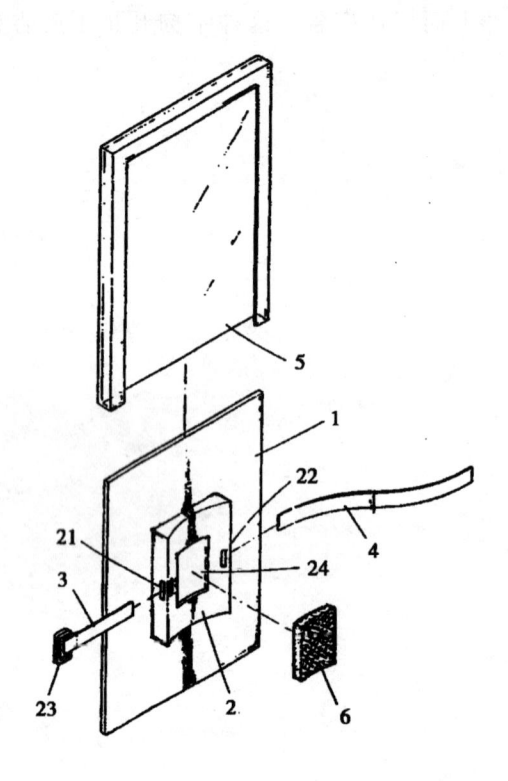

【对原专利申请文件的评析】

一、权利要求书

1. 权利要求 1 存在下述 5 个方面的问题

（1）原权利要求 1 缺少解决本实用新型技术问题的必要技术特征，不符合《专利法实施细则》第二十条第二款的规定。

由说明书中所描述的实施方式可知，本实用新型广告板面板的背部横向中间位置设置有凸块，凸块背面的形状与支撑物和该凸块相接触的表面形状相适配，其与束带配合就能使广告板比较牢固地固定在电线杆之类的支撑物上，若没有束带，则广告板就无法固拴在柱状支撑物上。因此，束带是解决本实用新型技术问题的必要技术特征。原权利要求 1 未包含束带这个技术特征，不能构成完整的技术方案，应将它补充到独立权利要求 1 中。

（2）按照《专利法实施细则》第二十条第二款的规定，在独立权利要求中只需要记载为解决发明或者实用新型技术问题的必要技术特征，而**原权利要求 1 中写入了非必要技术特征。**

按照说明书所描述的实施方式，凸块的高度可以采用不同的尺寸，既可以在整个面板的高度方向延伸，也可以为面板整个高度的 1/3 至 1/2，甚至可采用其他尺寸，均能解决本实用新型的技术问题。因此，原权利要求 1 中的"凸块的高度为整个面板高度的 1/3 至 1/2"这个技术特征对解决本实用新型技术问题来说是非必要技术特征，不必写入独立权利要求 1。当然，按照请求原则，在审查过程中，存在这类问题的权利要求书仍能被通过，但这样限定后会缩小独立权利要求 1 的保护范围，损害了专利申请人的利益。因此，在撰写权利要求书时，不应当将此类非必要技术特征写入独立权利要求中。

在说明书中也指出，当凸块高度为整个面板高度的 1/3 至 1/2 时，既保证了广告板有一定强度，又节省了广告板的材料，减轻了广告板的重量。也就是说，该技术特征对于本实用新型来说，也有积极作用，因此可以作为附加技术特征，写到一个从属权利要求中去，对本实用新型作进一步限定，为无效程序建立一道更稳固的防线。这一点体现在修改后的权利要求书中，增加了一个新的权利要求，即新权利要求5。

（3）原权利要求1未清楚地说明本实用新型的技术特征，因而未清楚地限定要求专利保护的范围，不符合《专利法》第二十六条第四款的规定。

根据说明书中的记载可知，凸块应位于广告板面板背面的横向中间位置，而纵向并不要求一定在中间位置。在原权利要求1限定为面板背面的中间位置，对此可理解为3种情况：其一是横向中间位置；其二是纵向中间位置；其三在纵向和横向均位于中间位置。显然，本实用新型应为第一种情况，因此原权利要求1并未清楚地说明本实用新型的技术特征，应进一步限定为"横向"中间位置（见修改后的权利要求1）。

（4）原权利要求1引用了附图，不符合《专利法实施细则》第十九条第三款的规定。

按照《专利法实施细则》第十九条第三款的规定，权利要求书一般不得使用"如图……所示"的用语。原权利要求1中引用了图1，显然不符合要求，应将"为图1所示的"几个字删去。

在修改后的权利要求1中，考虑到凸块背部表面形状不一定非要为弧形表面，也可采用其他与支撑物表面相配的形状，故改写成"该凸块的表面形状与支撑物上和该凸块相接触的表面形状相适配"，这样可使本实用新型得到更充分的保护。

当然，为稳妥起见，此时也可像前面第（2）个问题中有关"凸块高度"的技术特征那样，将"弧形表面"作为附加技术特征，写到一个从属权利要求中去，对本实用新型作进一步限定，再建立一道防线。但考虑到"弧形表面"这个技术特征对本实用新型创造性的贡献不大，因此在修改后的权利要求书中并未将其写入到一个新的从属权利要求中。

（5）原权利要求 1 未相对于最接近的现有技术划清界限，不符合《专利法实施细则》第二十一条第一款的规定。

根据说明书中记载的现有技术来看，《广告与信息》杂志所披露的广告板也包括面板以及与束带一样起固紧作用的固紧装置，该广告板可作为本实用新型的最接近的现有技术。原权利要求 1 未相对于此最接近的现有技术划清界限，未将他们共有的必要技术特征写到其前序部分中。因此，应改写原权利要求 1，像推荐的修改后的权利要求 1 那样，将面板和固紧装置这两个共有必要技术特征写入到权利要求 1 的前序部分。

综合上面所指出的 5 个方面问题，将原权利要求 1 改写成推荐的新权利要求 1。

2. 权利要求 2 存在的问题

原权利要求 2 的限定部分中出现了会造成权利要求保护范围不确定的括号，不符合《专利法》第二十六条第四款有关权利要求应当清楚地限定要求专利保护范围的规定。

《专利审查指南》第二部分第二章第 3.2.2 节中规定："除附图标记或者化学式及数学式中使用的括号之外，权利要求中应尽量避免使用括号"。否则，不清楚括号中的内容是否对该权利要求作了进一步的限定，致使该权利要求未清楚地限定要求专利保护的范围。对于这种情况，若括号中的内容是对该权利要求起限定作用的技术特征，应将此括号去掉，括号中的内容保留在权利要求中；若括号中的内容不起限定作用，只是对权利要求中的技术特征作解释或说明，则应将此括号中的内容连同括号一起删去。

显然，对本案例来说，权利要求 2 中括号前的内容已清楚地限定了本实用新型束带和双环扣的结构，括号中的内容只是说明该束带如何与双环扣配合将广告板拴固在柱杆上。在这种情况下应当将括号及括号中的内容一起删去，必要时，可以在说明书中描述到有关内容时作进一步展开说明。

3. 权利要求3存在的问题

原权利要求3引用关系不当，并不是对引用的权利要求2作进一步的限定，因此不符合《专利法实施细则》第二十条第三款的规定。

按照《专利法实施细则》第二十条第三款的规定，从属权利要求应当用附加的技术特征，对引用的权利要求作进一步限定。而原权利要求2和原权利要求3是两个并列的技术方案，前者中的束带为两根，两根之一的自由端装有双环扣，后者中的两根束带自由端均不带有双环扣，因而原权利要求3不是对原权利要求2技术方案的进一步限定，不能引用原权利要求2。

对此可采用两种修改方式：一种只需要改写后一权利要求的引用部分，使其引用关系正确，必要时对其限定部分作相应改写，如在本案例中，可以将权利要求3改为引用权利要求1，并适当改写限定部分文字，使其成为权利要求2的并列技术方案即可；另一种修改方式是同时改写两个从属权利要求，使前一从属权利要求成为包含原两个从属权利要求保护范围在内的新从属权利要求，此后再用一个或两个新从属权利要求对其作进一步限定，使其相应于原来两个从属权利要求之一的或分别相应于原有两个从属权利要求的技术方案，例如，在新修改的权利要求2中限定为带有两根束带，由于对其中一根的自由端是否装有双环扣未作进一步限定，因此新权利要求2不仅包含了原权利要求2的技术方案，也包含了原权利要求3的技术方案，而新修改的权利要求3仍引用新权利要求2，对其作进一步限定——其中一根束带的自由端装有双环扣，从而新权利要求3落在新权利要求2的保护范围之中。在本案例推荐的修改权利要求书中对原权利要求2和3采用了后一种修改方式。

4. 权利要求 4 存在的问题

原权利要求 4 未以说明书为依据，不符合《专利法》第二十六条第四款的规定。

原权利要求 4 的技术方案中仅采用一根束带，而此技术方案并未记载在说明书第五部分具体实施方式中，因而此权利要求 4 未以说明书为依据。

对这类问题，有两种修改方式：一种是删去原权利要求 4；另一种是将与权利要求 4 技术方案的有关内容补充到说明书第五部分中。显然，后者要比前者好，因此在申请前撰写权利要求书时应当按照本案例所建议的修改方式，在说明书第五部分实施方式中补充与权利要求 4 有关的内容。但是，若在实审期间审查员指出原专利申请文件存在此类问题需要修改时，就要视具体情况而定，不少申请案仍可采用后一修改方式，而有些申请案只能采用删去相应权利要求的修改方式。

5. 权利要求 5 存在的问题

原权利要求 5 引用部分采用了非择一的引用方式，不符合《专利法实施细则》第二十二条第二款的规定。

《专利法实施细则》第二十二条第二款规定，引用两项以上权利要求的多项从属权利要求只能以择一方式引用在前的权利要求，即只可采用"或"或者其他与"或"同义的方式表示。这种择一引用方式表示分别从引用的多项权利要求中选择一项与其限定部分一起表达该从属权利要求请求保护的范围，相应有多个技术方案。

而原权利要求 5 引用了权利要求 1 至 4，这种类似于"和"结构的非择一引用方式，不符合上述规定，故需对原权利要求 5 的引用部分进行改写。由于在推荐的修改后的权利要求书中增加了一项新的权利要求 5，因此原权利要求 5 改写成新修改的权利要求 6，其引用部分改写成"根据权利要求 1 至 5 中任一项所述的……"。

6. 权利要求 6 存在下述 3 个方面的问题

（1）原权利要求 6 与原权利要求 5 一样，采用了非择一引用的方式，对此应作出相类似的修改。

（2）原权利要求 6 这项多项从属权利要求引用了另一项多项从属权利要求，不符合《专利法实施细则》第二十二条第二款的规定。

原权利要求 6 是一项引用权利要求 1 至 5 中任一项的多项从属权利要求，其引用的原权利要求 5 也是一项多项从属权利要求，因而这种引用方式是不允许的。

对此可这样进行修改，将此多项从属权利要求 6 改写成两项从属权利要求（相当于新修改的权利要求 7 和 9），其中之一（相当于新修改的权利要求 7）仅引用另一项在前的多项从属权利要求（在修改后权利要求书中，其仅引用权利要求 6，即相当于引用原权利要求 5），而另一项新的从属权利要求（相当于新修改的权利要求 9）择一引用其余几项单项从属权利要求（在修改后的权利要求书中，其引用权利要求 1 至 5 中任一项，相当于引用原权利要求 1 至 4 中任一项）。

（3）原权利要求 6 的主题名称与其引用的权利要求主题名称不一致，不符合《专利法实施细则》第二十二条第一款的规定。

原权利要求 1 至 5 中任一项都请求保护一种柱挂式广告板，而原权利要求 6 却请求保护该柱挂式广告板面板背面的凸块，两者不一致，这是不允许的，应修改原权利要求 6 的主题名称，仍请求保护一种柱挂式广告板。

综合上面所指出的 3 个方面问题，将原从属权利要求 6 改写成两项新的从属权利要求 7 和 9。

7. 权利要求 7 和权利要求 8 存在的问题

原权利要求 7 存在 3 个方面的问题：

（1）原权利要求 7 未构成一个完整的技术方案，因而未清楚地限定要求专利保护的范围,不符合《专利法》第二十六条第四款的规定。

根据说明书中的记载,作为防止广告板下滑的进一步改进方案之一是:在凸块与支撑物接触的表面上开有一长方形凹孔,在该长方形凹孔内安放一个防滑块,防滑块的厚度等于或略大于长方形凹孔的深度,防滑块朝外的表面为粗糙表面。而原权利要求7在限定部分仅限定"凸块与支撑物接触的表面开有一长方形凹孔",而将其余的技术特征写在原权利要求8的限定部分中,这样原权利要求7并不能实现进一步防止广告板下滑,因此必须将原权利要求8限定部分的技术特征补充到原权利要求7中。

(2)原权利要求7与原权利要求3一样,引用关系不当,其限定部分并不是对其所引用权利要求的进一步限定,不符合《专利法实施细则》第二十条第三款的规定。

根据说明书的记载可知,它和原权利要求6是两个并列的技术方案,因此原权利要求7也不能引用原权利要求6。在推荐的修改后的权利要求书中,对原权利要求7采用了与原权利要求2和3不同的另一种修改方式,即在前面评析原权利要求3时所提到的前一种修改方式。具体说来,在原权利要求6改写成新权利要求7和9后,将该权利要求7改写成新权利要求8和10,新权利要求8的引用部分与新权利要求7的引用部分一样,新权利要求10的引用部分与新权利要求9的引用部分一样。

(3)原权利要求7与原权利要求6一样,其主题名称为柱挂式广告板面板背面的凸块,不符合《专利法实施细则》第二十二条第一款的规定。应类似于原权利要求6,将主题名称改为"柱挂式广告板"。

原权利要求8存在两个问题:其一是引用的主题名称改变;其二是进一步限定的附加技术特征应并入原权利要求7中。

综上所述,原权利要求7和8应作如下修改:将原权利要求7和8合并成一个权利要求,并改变其引用关系和引用主题名称,并随着其原引用的权利要求 6 改写成两个新从属权利要求 7 和 9，也分别写成两个新权利要求 8 和 10。详见推荐的修改后的权利要求书。

二、说明书及其摘要

本说明书中按照《专利法实施细则》第十七条第二款的规定，给出了 5 个部分的标题，但是第三部分的名称不正确，对于实用新型专利申请来说，这一部分的名称应当是"实用新型内容"，而不是"发明内容"。

1. 名称

原说明书中的实用新型名称包含了商业性宣传用语，不符合《专利审查指南》第二部分第二章第 2.2.1 节的规定。

《专利审查指南》第二部分第二章第 2.2.1 节对说明书发明或实用新型名称的撰写要求作了规定，其中要求实用新型名称不得使用商业性宣传用语。而原实用新型名称中包含了"新型"这样的广告宣传用语，应将"新型"两个字删去。

2. 技术领域

原说明书这一部分存在两方面的问题。

（1）将技术领域写成本实用新型的上位技术领域，不符合《专利审查指南》第二部分第二章第 2.2.2 节的规定。

《专利审查指南》第二部分第二章第 2.2.2 节指出，实用新型的技术领域应当是实用新型所属或者直接应用的技术领域，而不是上位的或相邻的技术领域。而在原说明书中将其写成其上位的技术领域"宣传用品"，显然不符合要求，应写明为"柱挂式广告板"。

（2）与本实用新型的主题、类型不一致。

作为实用新型的技术领域，显然应体现实用新型的主题和类型。对本实用新型来说，尽管在说明书中除了描述柱挂式广告板的具体结构之外，也说明了该广告板的固定方法，但根据权利要求书可知，本实用新型仅要求保护柱挂式广告板，并未要求保护此广告板的固定方法，❶而在技术领域部分还包含了"将其固定到……柱形支撑物上的方法"，显然两者不相一致，应将这部分内容删去。

综合起来，可以按照修改后的说明书中所推荐的方式进行修改。

3. 背景技术

原说明书这一部分共描述了两种现有技术：圆筒形广告板和柱挂式广告板。显然，后者是申请人认为的最接近的现有技术，但原说明书中对此最接近的现有技术的描述存在两个方面的问题：

（1）未写明该现有技术的详细出处。

《专利审查指南》第二部分第二章第2.2.3节中指出，引证非专利文件的，要写明这些文件的详细出处。但原说明书中只指出其披露在今年出版的《广告与信息》杂志上，而未给出是哪个月份出版的第几期杂志，因而对于公众来说不易查找到这份材料，故不符合《专利审查指南》的要求。

（2）未对该现有技术的相关内容作简要说明。

原说明书中未对该现有技术作简要说明，不利于理解本实用新型，对此，应在这一部分补充相关内容。

修改后的说明书对此现有技术补充了上述两方面内容，以满足《专利法实施细则》第十七条第一款第（二）项对背景技术中引证的对比文件所提出的要求。

---

❶ 实际上要求保护后者无实际意义，因此权利要求书仅要求保护产品是正确的，更何况实用新型专利仅保护产品，不保护方法。

4. 实用新型内容中要解决的技术问题

原说明书这一部分存在的问题是：**与本实用新型的主题、类型不一致。**

正如前面所指出的，本实用新型仅要求保护柱挂式广告板，但原说明书这一部分中却包含了两个要解决的技术问题，其一是提供一种……柱挂式广告板；其二是提供一种固定该广告板的方法，显然与权利要求书中的主题、类型不一致。对此，应像修改后的说明书那样，删去后一个要解决的技术问题。

5. 实用新型内容中的技术方案

原说明书这一部分存在的问题是：**在这一部分出现了引用权利要求的语句，不符合《专利法实施细则》第十七条第三款的规定。**

《专利法实施细则》第十七条第三款规定，实用新型说明书中不得使用"如权利要求……所述的……"一类的引用语，而在原说明书这一部分先后出现了引用权利要求1、2、5以及权利要求6、7、8的语句，明显不符合规定。在修改的说明书中，在引用权利要求的地方补充了相应权利要求的具体内容，从而消除了此缺陷。

最后必须说明一点，由于修改后的权利要求书与原权利要求书相比作了较大的改动，因此在修改的说明书中不仅需针对上述问题进行修改，还必须根据修改后的权利要求书对这一部分作适应性修改。

6. 具体实施方式

原说明书中这一部分存在的问题是说明书不支持权利要求书，**不符合《专利法》第二十六条第四款的规定。**

正如前面评述原权利要求4时指出的那样，原权利要求4的技术方案中仅采用一根束带，而原说明书这一部分所有的具体实施方式中都有两根束带，因此原说明书这一部分所记载的内容不支持权利要求4，也就是说权利要求4未以说明书为依据，不符合《专利法》第二十六条第四款的规定。

作为本案例，应在说明书部分补上"一根束带"的技术方案。由于其与两根束带相比变化不大，没有必要再增加一幅附图对其作详细描述，只需像修改后的说明书那样，在描述了两根束带的方案后，对一根束带的方案作简单说明即可，从而消除上述缺陷。

7. 说明书摘要

原说明书摘要存在两个方面的问题。

（1）未描述本实用新型技术方案的要点，不符合《专利法实施细则》第二十三条的规定。

原说明书摘要除了给出本实用新型的名称外，只写了其功能和效果，而对本实用新型技术方案的要点丝毫未作描述，从而不能起到专利信息情报的作用，不符合《专利法实施细则》第二十三条的规定。

在修改文本中，将独立权利要求技术方案的有关内容写入到摘要中。由于字数还有一定富裕，因而还将其两个重要的从属权利要求限定部分的技术特征"透明防水罩"和"凸块背面的粗糙表面"以可选用的方式写入到摘要中。

（2）包含有商业性宣传用语，不符合《专利法实施细则》第二十三条的规定。

原说明书摘要中声称本实用新型柱挂式广告板的结构开拓了广告板的新发展方向，明显带有夸大性的宣传内容，不满足要求，应像修改后的推荐文本那样，在摘要中删掉此类商业性宣传用语。

【修改后的专利申请文件】

权 利 要 求 书

1. 一种柱挂式广告板，**包括面板和固紧装置**，其特征在于：所述固紧装置由大体位于该面板（1）背面**横向**中间位置的凸块（2）以及与该凸块（2）相连接且可将该面板（1）固紧到其支撑物上的束带（3、4）构成，该凸块（2）背面的形状与支撑物上和该凸块（2）相接触的表面形状相适配。

2. 根据权利要求1所述的柱挂式广告板，其特征在于：**所述将面板（1）固紧到支撑物上的束带（3、4）为两根，分别与所述凸块（2）的两侧相连接**。

3. 根据权利要求2所述的柱挂式广告板，其特征在于：**所述两根束带（3、4）中的一根（3）的自由端装有一个供另一根束带（4）自由端穿过的双环扣（23）**。

4. 根据权利要求1所述的柱挂式广告板，其特征在于：**所述将面板（1）固紧到支撑物上的束带（4）为一根，所述凸块（2）上与该束带（4）连接处相对的另一侧有一个供束带（4）自由端穿过的耳孔（21）**。

5. 根据权利要求1所述的柱挂式广告板，其特征在于：**所述凸块（2）的高度为整个面板（1）高度的1/3至1/2，大体位于该面板（1）的纵向中间位置**。

6. 根据权利要求1至5中任一项所述的柱挂式广告板，其特征在于：所述面板（1）的前侧有一透明防水罩（5），该防水罩（5）从面板（1）的上、左、右三侧一直延伸至该面板（1）的后侧。

7. 根据权利要求6所述的**柱挂式广告板**，其特征在于：所述凸块（2）与支撑物相接触的表面为粗糙表面。

8. 根据权利要求6所述的**柱挂式广告板**，其特征在于：所述凸块（2）与支撑物相接触的表面上有一长方形凹孔（24），该长方形凹孔（24）内安放一个防滑块（6），该防滑块（6）的厚度等于或略大于该长方形凹孔（24）的深度；该防滑块（6）朝外的表面为粗糙表面。

9. 根据权利要求 1 至 5 中任一项所述的柱挂式广告板，其特征在于：所述凸块（2）与支撑物相接触的表面为粗糙表面。

10. 根据权利要求 1 至 5 中任一项所述的柱挂式广告板，其特征在于：所述凸块（2）与支撑物相接触的表面上有一长方形凹孔（24），该长方形凹孔（24）内安放一个防滑块（6），该防滑块（6）的厚度等于或略大于该长方形凹孔（24）的深度；该防滑块（6）朝外的表面为粗糙表面。

说 明 书

柱挂式广告板

技术领域

本实用新型涉及一种可固定在柱形杆件上的广告板，尤其是可固定在电线杆之类圆柱形杆件上的柱挂式广告板。

背景技术

目前，在一些城市，如河南省郑州市街道上已出现了一种圆筒形广告板，该广告板套在邮筒上，或者将电线杆包住。这样的广告板不易拆装和保存，而且不论从哪一个方向看，都不能看到广告的全部内容。在××××年×月出版的杂志《广告与信息》第 8 期第 25 页上也披露了一种柱挂式广告板，该广告板的支架为上、下两个固紧在电线杆上的圆环，该两圆环均向着电线杆同侧伸出一根彼此相平行的横杆，广告板固定在此上、下横杆上。这样的广告板以悬臂方式固定在电线杆上，迎风面积较大，在大风天气里，强度不够，很易损坏，且拆装很不方便。

实用新型内容

本实用新型要解决的技术问题是提供一种强度好、结构稳定、不易损坏、拆装方便，而且能看到全部广告内容的柱挂式广告板。

为解决上述技术问题，**本实用新型柱挂式广告板包括面板和固紧装置，该固紧装置由位于面板背面横向中间位置的凸块以及与凸块相连接且可将面板固紧到其支撑物上的束带构成，该凸块背面的形状与支撑物上和该凸块相接触的表面形状相适配。**

采用上述结构，由于凸块背面的形状与支撑物上和该凸块相接触的表面形状相适配，当束带系缚在电线杆之类的柱形支撑物上时，凸块就能比较稳定地贴靠在柱杆件支撑物表面上，**其与束带配合就能使广告板比较牢固地固定在电线杆之类的支撑物上。由于凸块位于广告板背面横向中间位置，即使在大风作用下，风力通过凸块作用在支撑物上，因此不易被大风吹坏。此外，由于采用束带系缚，所以拆装广告板也十分方便。**

上述束带可以采用两根，分别与凸块两侧相连接。还可以在其中一根束带的自由端安装一个双环扣。当然该束带也可以只有一根，凸块上与束带相对的另一侧有一个供束带穿过的耳孔。

面板背面凸块的高度可以小于面板的高度，例如为整个面板高度的 1/3 至 1/2，从而可节省此柱挂式广告板的用材和减少广告板的重量。

作为本实用新型的进一步改进，在此广告板的面板前侧有一透明防水罩，该防水罩从面板的上、左、右三侧一直延伸至该面板的后侧。采用这种结构后，可防止广告板面板上的广告被雨淋湿而损坏，从而可延长所张贴广告的使用寿命。

作为本实用新型更进一步的改进，该凸块背部与支撑物相接触的表面为粗糙表面，从而其与束带配合能更牢固地固定此广告板，而不致向下滑移。当然，还可采用另一种结构来达到此效果，在该凸块背部与支撑物相接触的表面上设置一长方形凹孔，该凹孔内安放一个防滑块，防滑块的厚度等于或略大于长方形凹孔的深度，防滑块朝外的表面为粗糙表面。

综上所述，本实用新型的优点是：使用方便、固定可靠、不易损坏、便于保藏。

附图说明

下面结合附图对本实用新型作进一步详细的说明。

图 1 为本实用新型柱挂式广告板的部件分解透视图。

图 2 为图 1 所示柱挂式广告板（未装束带时）的侧剖视图。

图 3 为图 1 所示柱挂式广告板（未装束带时）的俯视剖视图。

具体实施方式

参见图1，本实用新型柱挂式广告板有一面板1，该面板1背面的横向中间位置有一凸块2。该凸块2的高度可以在整个面板1的高度方向延伸，这样广告板的强度比较好；但是，该凸块2也可以如图1和图2所示，其高度约为面板1整个高度的1/3至1/2，大体位于其纵向中间位置，这样既保证了广告板有一定强度，又节省了广告板的材料，并减轻了广告板的重量；当然，该凸块2的高度也可采用其他尺寸。在图1和图3中，凸块2背部表面为横向凹弧形表面，为适应不同支撑物的形状，该凸块2背部表面还可选择得与支撑物上和该凸块2相接触的表面形状相适配。凸块两侧分别设有左耳孔21和右耳孔22，两根束带3、4可分别穿过左耳孔21和右耳孔22，其端头折回平贴带身，可采用线缝制、采用铆钉铆合或其他类似连接方式，使其与凸块相连，这样就可将两根束带绕过柱杆，相互系紧，从而将广告板拴固在柱杆上。此外，还可在上述两根束带中的一根束带3的自由端，如图1所示连接有双环扣23，此时将另一根束带4的自由端穿过双环扣23中心，再折回绕经第一个环扣外侧，转入并穿过第二个环扣中心，拉紧束带4，即可将广告板拴固在柱杆上。**当然还可以在凸块2上只安装一根束带，如束带4，此时可将束带4的自由端穿过左耳孔21，然后用此束带4自身打结而将此广告板拴固在柱杆上。**

还可在此广告板面板1的背部凸块2的中央部位开有一长方形凹孔24，在该凹孔24内安放一个防滑块6，防滑块6的厚度等于或略大于长方形凹孔24的深度，因此当防滑块6放入凹孔24中后，防滑块6的表面与凸块2表面相齐平或略为高出。防滑块6与凹孔24底部相对的表面涂有胶，而其朝外的表面为粗糙表面。当然，也可在面板1背部凸块2表面直接形成粗糙表面，这样的广告板结构更为简单。

作为这种广告板的进一步改进，还可如图1、图2和图3所示，在面板 1 的前侧设置一透明防水罩 5，该透明防水罩 5 的上、左、右三侧延伸至面板 1 的后侧，从图 1 可详细看到该透明防水罩 5 的结构，可将此透明防水罩 5 从面板 1 上方很方便地套到面板 1 上，透明防水罩 5 与面板 1 之间保留有间隙。

  本实用新型不局限于上述实施方式，不论在其形状或结构上作任何变化，凡是利用面板背面凸块与柱状支撑物相配的表面和束带将广告板拴固在柱杆上的柱挂式广告板均落在本实用新型保护范围之内。此外，将此束带改为金属薄片、用螺栓等将带有与支撑物相配表面凸块的广告板夹紧在杆形支撑物上，或者将此广告板横过来安装在横柱上都是本实用新型的一种变形，均应认为在本实用新型保护范围之内。

  （"说明书附图"与原"说明书附图"相同，为节省篇幅此处从略，请参见第 449~450 页原专利申请文件中的"说明书附图"）

说　明　书　摘　要

　　本实用新型公开了一种柱挂式广告板，它由面板（1）、位于面板背面横向中间位置的凸块（2）以及与凸块相连接且可将面板固紧到其支撑物上的束带（3，4）构成，该凸块背面的形状与支撑物上和该凸块相接触的表面形状相适配。采用上述结构的广告板强度好、结构稳定、使用方便、固定牢靠、不易损坏、便于保藏。此外，还可在面板前侧设置透明防水罩（5），防止被雨水冲淋而损坏广告。该凸块背面还可以为粗糙表面或者在其上的凹孔（24）内安放表面粗糙之防滑块（6）。

　　（"摘要附图"与原"摘要附图"相同，为节省篇幅此处从略，请参见第452页原专利申请文件中"摘要附图"）

案例五　用于沸腾液体的传热壁

本案例原专利申请文件的撰写主要存在 5 个方面的问题。

1. 原权利要求 1 缺少解决本发明技术问题的必要技术特征，不符合《专利法实施细则》第二十条第二款的规定。正由于权利要求 1 缺少必要技术特征，从而导致其相对于说明书中所引证的现有技术缺乏新颖性，不符合《专利法》第二十二条第二款的规定。

2. 原权利要求 4 和 5 这两项独立权利要求与原权利要求 1 不属于一个总的发明构思的两项以上的发明，不符合《专利法》第三十一条有关单一性的规定。

3. 说明书的发明名称、技术领域、背景技术、发明内容中要解决的技术问题以及说明书摘要仅反映了第一项独立权利要求的内容，而未反映后两项并列独立权利要求的内容，因而这几部分未全面反映本专利申请的请求保护的内容。

4. 说明书技术方案部分缺少反映 3 项发明有相应特定技术特征的内容。

5. 权利要求中涉及一个较宽的数值范围，但说明书具体实施方式部分缺少足够的实施例来支持该较宽的数值范围，为符合《专利法》第二十六条第四款有关权利要求书应当以说明书为依据的规定，应当在说明书中补充有关试验结果。

【原专利申请文件】

权 利 要 求 书

1. 一种用于沸腾液体的传热壁，其特征在于：传热壁外表面（6）下方有许多平行、窄长的通道（2），外表面（6）上沿着通道（2）间隔地开有许多小孔（5），使通道（2）与传热壁外部相通。

2. 按照权利要求1所述的传热壁，其特征在于：突起（4）的形状是非对称的，它与小孔（5）横截面的面积比为0.4～0.8。

3. 按照权利要求2所述的传热壁，其特征在于：所述非对称突起（4）的一侧高于另一侧，整个突起（4）是倾斜的。

4. 一种制造沸腾液体传热壁的方法，先在管壁上形成彼此间隔很近的、端部带有多个均匀分布切口（12）的成排肋片（11），再将肋片（11）端部折弯，并与相邻肋片（11）搭接，从而在外表面（6）下方形成平行窄长的通道（2），肋片切口（12）处成为沿通道（2）间隔设置的小孔（5），其特征在于：所述带切口（12）的肋片（11）是按照下述工艺步骤制得的，先在金属管外表面上形成多条浅沟槽（7），此后用铲刮刀具（9）沿着金属管外表面铲刮起带切口（12）的肋片（11），在这同时铲刮刀具（9）的后缘（10）挤压该金属管上尚未被铲刮起的外表面（8），使与其相邻的浅沟槽（7）变形，在其斜面或波谷部分形成隆起（71），从而在铲刮下一个肋片（11）时，该肋片（11）的切口（12）内有一个隆起部分（13），这样在形成肋片后，将肋片折弯与相邻肋片搭接时，该隆起部分就成为小孔（5）内从孔壁向孔中心伸出的非对称突起（4）。

5. 一种用于沸腾液体传热壁制造方法中的专用铲刮刀具,其特征在于:该刀具端部表面是倾斜的,形成锐角前缘,该刀具端部的后缘(10)有一个高出端部斜面、可对尚未铲刮起的金属管外表面起挤压作用的突出部分。

用于沸腾液体的传热壁

技术领域

本发明涉及一种用于空调、制冷系统中的沸腾液体传热壁，该传热壁通过液体的沸腾和汽化将热量传递给与其相接触的液体。

背景技术

近一二十年来，为了有效地将热量从平板或管表面传递给液体，用于氟利昂这类液体的沸腾传热技术迅速发展。尤其是近几年来，在传热壁下方设置多排可与液体相接触的窄长通道来提高传热效果。美国专利说明书 US4060125A 和 US4059147A 就公开了这样一种传热壁，在该传热壁面下方的窄长通道平行地伸展着，它们彼此相隔很小的距离，外表面上沿着该通道间隔地开有小孔，使通道与传热壁外部相通。采用这样的结构后，液体通过小孔流入通道，在通道壁上形成一层液体，增加了液体与传热壁的接触面，从而可以提高沸腾传热的传热效率，但是这种结构的传热壁有一个与传热壁热载荷匹配的最佳小孔直径，热载荷过大或者过小都会降低传热性能。

发明内容

本发明要解决的技术问题是在上述用于沸腾液体的传热壁的基础上提供一种传热性能更好的传热壁。

为解决上述技术问题，本发明对外表面下方有许多平行窄长通道的沸腾液体传热壁的结构作了进一步改进：在该传热壁中设有非对称突起，它与小孔横截面的面积比为 0.4~0.8。

本发明的制造方法包括下述几个步骤：先在金属管外表面上形

成多条浅沟槽；然后用铲刮刀具沿着金属管外表面铲刮起带切口的肋片，在这同时铲刮刀具的后缘挤压该金属管上尚未被铲刮起的外表面，使与其相邻的浅沟槽处变形，在浅沟槽的斜面或波谷处形成隆起，从而在下一次铲刮时，铲刮起的肋片的切口内有一个隆起部分；当制得带切口的肋片后，将肋片端部折弯，使其与相邻肋片搭接，从而在外表面下方形成平行窄长的通道，肋片切口处成为沿通道间隔设置的小孔。

本发明专用铲刮刀具的端部表面是倾斜的，形成锐角前缘，端部的后缘有一个高出端部斜面、可对尚未铲刮起的金属管外表面起挤压作用的突出部分。

由于在上述传热管表面小孔中设置了非对称突起，它对从小孔流入通道的沸腾液体起到一种加热作用。当热负载较小的情况下，通道内产生的蒸汽容积很小，液体很容易流入通道，使通道内充满液体，由于突起对沸腾液体的加热作用，使通道内充满沸腾液体的区域面积要小于没有突起存在的情况，也就是说加大了通道壁的液膜层，提高了沸腾传热的效率。

附图说明

下面结合附图和实施方式对本发明作进一步详细的说明。

图 1 为本发明用于沸腾液体的传热壁面的透视图。

图 2 为图 1 所示传热壁面外表面小孔的俯视图。

图 3 为图 2 所示小孔沿Ⅲ-Ⅲ线的剖视图。

图 4 为图 2 所示小孔沿Ⅳ-Ⅳ线的剖视图。

图 5 示意描述了本发明制造如图 1 所示传热管壁面时肋片成形的步骤。

图 6 为肋片成型时铲刮刀具挤压表面使浅沟槽端部变形的透视图。

图 7 为成型肋片的示意图。

图 8 至图 10 为沸腾液体在该传热壁通道中的 3 种工作状态。

具体实施方式

图 1 为本发明沸腾液体传热壁面的透视图。在传热壁面基体或者传热管管体 1 上有许多平行的窄长通道 2，这些通道彼此间距很小。通道 2 上方的外表面 6 上有许多三角形的小孔 5，按一定的规则间隔排列。每个孔 5 中都有一个突起 4，该突起 4 在小孔横截面的投影面积小于小孔 5 的横截面面积，突起 4 的形状是非对称的。如图 2 所示，三角形小孔 5 的底边 51 与通道 2 相平行，与该底边 51 斜交的两个侧边 52、53 以及从侧边 52 伸出的突起 4 相当于通道 2 侧壁 3 的延伸部分，突起 4 以横跨的方式伸进孔 5 中，并将孔 5 的一部分挡住。该小孔的形状也可以是其他形状，如矩形、梯形、U 形或半圆形等，突起 4 也可以是任何所希望的形状，例如该突起的前端部有多个裂口，或者突起的前端成双舌片形。

从图 3 和图 4 可知，由三角形小孔 5 侧边 52 伸出的突起是倾斜的，倾角为 5°~80°，其靠近底边 51 处那部分的水平位置要高于靠近另一侧边 53 处那部分的水平位置。

图 1 到图 4 所示的传热壁面可以采用如下加工步骤制成：首先如图 5 所示在传热管管体 1 表面上加工出许多浅沟槽 7，其走向与垂直于管体 1 中心轴的平面斜交；然后以铲刮表面而不切削表面层的方式在传热管壁面上铲刮起许多肋片 11；最后将每个肋片 11 的端部折弯，使其与相邻的肋片相接触。图 5 中未画出最后一个加工步骤。

传热管管体 1 由导热材料制成，例如可选用外径为 18 毫米、壁厚为 1.1 毫米的铜管材。铜管表面的浅沟槽是用滚花刀具加工的，在管体 1 外表面上产生许多平行的、截面为 V 形的、螺旋状盘绕的浅沟槽。图 5 中的浅沟槽 7 与管体 1 的轴线成 45°角。各条浅沟槽彼此之间的间隔为 0.2~1 毫米，深度为 0.1~0.15 毫米。当然，浅沟槽 7 的形状不局限于 V 形，可以是任何一种所需要的截面形状，如矩形、梯形、U 字形或弧形。其加工方式不限于滚花加工，也可以是滚压成型、切削加工或其他方式。

在形成浅沟槽7后，用铲刮刀具9对管体1外表面进行加工，斜跨过浅沟槽7铲刮管体1外表面，而不切掉表面层，形成端部带有许多V形切口12的肋片11。该铲刮刀具的形状与一般的切削刀具相近似，端部是倾斜的，其前缘成锐角，只是在其后缘10处有一个高出端部斜面的突出部分，因而当铲刮刀具铲刮时，该后缘10上的突出部分对尚未铲刮起的管体表面8施加挤压摩擦作用，迫使V形浅沟槽7附近表面8上的材料流动到浅沟槽7中，在其一斜边及其波谷处形成如图6所示的隆起71，这样当铲刮下一个肋片时，该肋片11端部切口12内也就出现一个隆起部分13（见图7）。在做上述铲刮加工时，若取铲刮角为25°，肋片间的距离为0.5毫米，铲刮深度为0.35毫米，则加工制得的肋片高度可达0.9毫米。

在这之后，对肋片11端部进行变形加工，将肋片11端部折弯，其折弯方向朝着隆起部分13的方向，并使其与相邻的肋片11相接触，从而制得如图1所示的传热壁面，相邻肋片间的空间14成为该传热壁面6下方通过小孔5与外界相通的窄长通道2，肋片11切口12靠近波谷处的隆起部分13成为三角形小孔5中从孔壁向孔中心伸出的突起4。折弯肋片可以采用滚压的方法，也可以采用模压的方法。例如，在上述实施例中，使平滚轮与铜管外圆周保持接触，将铜管绕中心轴转动，并作轴向运动，在平滚轮施加的压力作用下，铜管外径减少到18.3毫米，最后形成的窄长通道宽度大约为0.26毫米，高度为0.50毫米。

当传热管管体1处于图8所示的工作状态时，通道2的整个壁面上都覆盖了一层液体薄膜105。此时，所有通道内壁上都有效地起到传递热量的作用，把热量传递到液体薄膜105上，液体薄膜105厚度很小，液体很快变成气态103，汽化的冷却介质101带着汽化潜热从通道2内排出。一旦通道2内壁面上没有液体浸润时，液体就立刻通过小孔5输送到通道2中，于是通道2的整个内壁表面又重新形成一层新的液体薄膜105。这样，在整个工作阶段，通道 2 整个内壁表面都有一层均匀的液体薄膜。

但当传热管管体 1 处于尚未达到有效地进行传热的情况时，通道 2 内产生的气态冷却介质容积很小，那么从通道 2 内释放到壁外的汽化的冷却介质 101 对进入通道 2 的液态冷却介质 102 的流动阻力很小，液态介质很容易进入通道，因而通道 2 的局部地区充满了液态介质，如图 9 中的 106 所示，因而产生的液体薄膜 105 区减小了。在充满液态介质区域，热量以显热方式传递，与以潜热方式传递相比，其传热性能大大降低。但是，对于有突起 4 的小孔来说，突起 4 对通过小孔 5 流进通道 2 的液态冷却介质起一种加热作用，与无突起的传热壁相比，通道 2 上充满液态冷却介质的区域减小了，也就是说液体薄膜 105 区加大了，有助于改善传热性能。

当传热管管体 1 热负荷加大时，通道 2 内产生的气态冷却介质容积增加。与此同时，流入到通道 2 的液态冷却介质容积减小，使通道 2 内壁表面上有一部分没有液体薄膜，如图 10 中表面 108 的情况。此处的热量也以显热方式传给汽化的冷却介质，传热性能大大下降，因而小孔 5 中的突起尺寸不可太大，以便在热负载高时，仍有足够的液体冷却介质流入通道 2，使通道 2 上没有润湿部分的内壁面积减小，以改善在高负载时的传热性能。

本发明不局限于上述管状传热壁面，同样适用于圆环状、板状或其他形状的传热壁面，只要在其外表面上小孔中设置了从孔壁向孔中心伸出的突起，均属于本发明的范围。

说 明 书 附 图

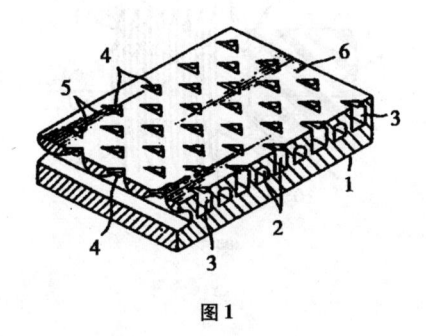

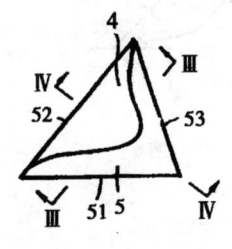

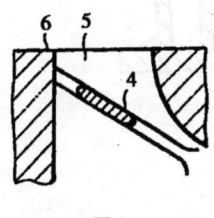

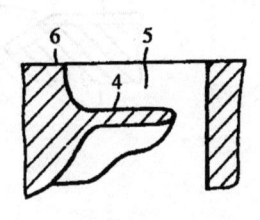

图1

图2

图3　　　图4

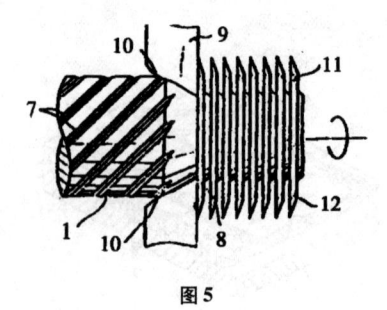

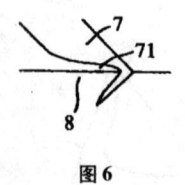

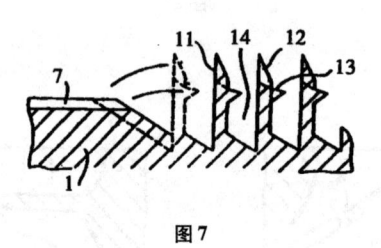

图 5

图 6

图 7

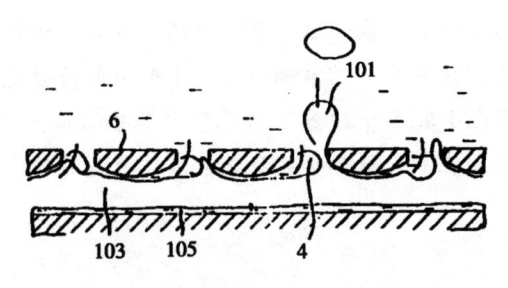

图 8

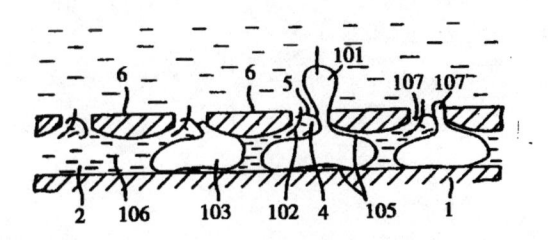

图 9

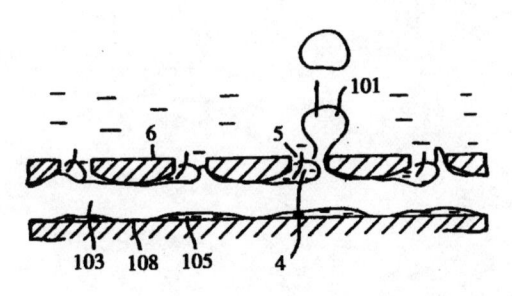

图 10

说 明 书 摘 要

本发明涉及一种空调、制冷系统中的沸腾液体传热壁。传热壁外表面6下方有许多平行的窄通道2，外表面上沿通道间隔开有小孔5。本发明在小孔5中设置了从孔壁向孔中心伸出的突起4，从而保证该传热壁在高、低热负载及正常工作负载时均有较好的传热性能。

摘 要 附 图

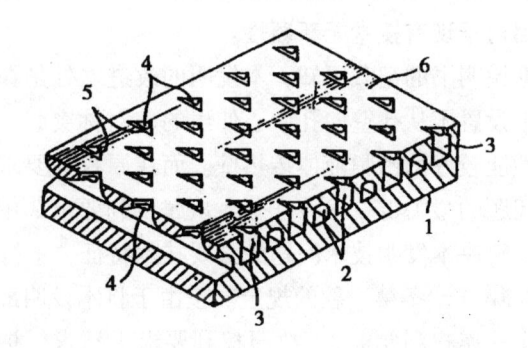

【对原专利申请文件的评析】

一、权利要求书

1. 权利要求 1 存在下述两个方面的问题

（1）原权利要求 1 缺少解决本发明技术问题的必要技术特征，致使其相对于现有技术无新颖性。

根据说明书的记载可知，本发明的改进之处是在传热壁外表面的小孔中设置了从孔壁向孔中心伸出的非对称突起，从而提供了一种传热性能较好的沸腾液体传热壁。而在原权利要求书中却将解决此技术问题的最关键技术特征写入从属权利要求 2 中，因此权利要求 1 缺少解决本发明技术问题的必要技术特征，不符合《专利法实施细则》第二十条第二款的规定。正由于将本发明最关键的技术特征写入了从属权利要求 2，故原权利要求 1 请求保护的技术方案与说明书背景技术部分引证的美国专利说明书 US4060125 和 US4059147A 中所披露的传热壁结构完全相同，因而原权利要求 1 相对于这两篇对比文件中任何一篇来说缺乏新颖性，不符合《专利法》第二十二条第二款的规定。

在修改后的权利要求书中，将原权利要求 2 限定部分的内容（即本发明的必要技术特征）写入到权利要求 1 的特征部分，克服了上述两个缺陷。

（2）原权利要求 1 未相对于最接近的现有技术划清前序部分和特征部分的界限，不符合《专利法实施细则》第二十一条第一款的规定。

按照说明书背景技术部分的记载，在美国专利说明书 US4060125A 和 US4059147A 所披露的传热壁中，其外表面下方有许多平行、窄长的通道，外表面上沿着通道间隔地开有许多小孔，使通道与传热壁外部相通。原权利要求 1 未将上述与最接近的现有技术所共有的技术特征写入前序部分，而将其写在特征部分，因而未划清前序部分和特征部分的界限。在修改后的权利要求1中已将上述共有技术特征写入前序部分。这样改写后可以看出，若在撰写权利要求1时，注意与最接近的现有技术划清界限，原权利要求1的全部技术特征就全部进入前序部分，这样就能避免写出相对于现有技术缺乏新颖性的独立权利要求。

2. 权利要求2未清楚地限定要求专利保护的范围，不符合《专利法》第二十六条第四款的规定

原权利要求2限定部分进一步限定突起的形状是非对称的，它与小孔横截面的面积比为0.4~0.8。该进一步限定的附加技术特征"突起"在权利要求1中未出现过，且在限定部分未给出该"突起"与权利要求1中已出现过的技术特征之间的关系，因而该突起在传热壁结构中的位置是不清楚的，不知该突起是设置在小孔中还是在通道中，也就是说权利要求2未清楚地限定要求专利保护的范围。

因此，在修改的权利要求1中，不是简单地将权利要求2限定部分的技术特征补充到权利要求1的特征部分，而是在补充的时候，对这部分内容作了进一步改写，明确地写明突起位于小孔中："所述外表面上的小孔中有一个从孔壁向孔中心伸出的非对称突起，它在小孔横截面上的投影面积与小孔横截面的面积比为0.4~0.8"。

3. 权利要求4以及原权利要求5与原权利要求1是不属于一个总的发明构思的两项以上的发明，不符合《专利法》第三十一条的规定

原权利要求4请求保护制造传热壁的方法，其对现有技术作出贡献的特定技术特征（即特征部分的技术特征）是为了在传热壁外表面的小孔中形成非对称的突起；原权利要求5请求保护该制造方法的专用铲刮刀具，其对现有技术作出贡献的特定技术特征"端部后缘的突出部分"也是为了在传热壁外表面的小孔中形成非对称的突起。而原权利要求1中并未包含有此非对称的突起，因而原权利要求4和5与原权利要求1不具有相同或相应的、从整体上对解决现有技术问题作出贡献的特定技术特征，未体现出它们之间在技术上相互关联，不属于一个总的发明构思，不满足单一性的要求。

当然，对于新修改的权利要求书来说，新权利要求1所体现的技术方案是在该传热壁外表面的每个小孔中设置了非对称突起，这样一来，3项独立权利要求特征部分的技术特征都是为了在传热壁小孔中形成非对称突起，三者的特征部分是相应的、从整体上为解决现有技术问题而作出贡献的技术特征，由此可知，修改后的这3项独立权利要求具有相应的特定技术特征，属于一个总的发明构思，符合《专利法》第三十一条及《专利法实施细则》第三十四条的规定。

4. 独立权利要求4在撰写格式上未体现出其为制造原权利要求1所述传热壁的方法，原独立权利要求5也未体现出其为原权利要求4所述制造方法中的专用铲刮刀具

在修改的权利要求书中，对于与此两权利要求相应的新权利要求3和4的前序部分进行了改写。对于方法权利要求3，写明为："一种制造权利要求1所述的沸腾液体传热壁的方法"；对于专用设备的权利要求4，写明为："一种实现权利要求3所述制造沸腾液体传热壁方法中的专用铲刮刀具"。从而进一步反映了该3项独立权利要求在技术上相互关联。

5. 独立权利要求5未相对于最接近的现有技术划清前序部分和特征部分的界限，不符合《专利法实施细则》的第二十一条第一款的规定

由于现有技术中的铲刮刀具的端部表面也是倾斜的，形成锐角的前缘，因此该技术特征应写入前序部分。在修改后的权利要求4（相应于原独立权利要求5）中就克服了此缺陷，将记载在原权利要求 5 特征部分的上述技术特征移至与其相应的新权利要求 4 的前序部分中。

二、说明书及其摘要

1. 名称

原说明书发明名称未清楚地反映本发明专利申请请求保护的主题，不符合《专利审查指南》第二部分第二章第 2.2.1 节的规定。

由本专利申请的权利要求书可知，本专利申请是 3 项发明的合案申请。第一项发明是用于沸腾液体的传热壁；第二项是制造该传热壁的方法；第三项是制造传热壁方法中的专用铲刮刀具。原发明名称仅反映第一项发明的主题，而未体现出第二项和第三项发明，因而不符合《专利审查指南》第二部分第二章第 2.2.1 节的规定。修改后的发明名称克服了上述缺陷，反映了 3 项发明的主题：用于沸腾液体的传热壁、其制造方法及专用铲刮刀具。

2. 技术领域

技术领域未体现三项发明所属或直接应用的技术领域，不符合《专利审查指南》第二部分第二章第 2.2.2 节的规定。

与原发明名称存在问题类似，所属技术领域仅反映了第一项发明——传热壁的技术领域，而未反映第二、第三项发明——传热壁制造方法及其专用铲刮刀具的技术领域，故在修改后的说明书中增加了这部分内容，指出"本发明还涉及该传热壁的制造方法以及该方法的专用铲刮刀具"。

3. 背景技术

背景技术部分仅介绍了一项发明的有关现有技术，因而未全面地反映本专利申请 3 项发明的背景技术。

原背景技术部分引证了两份对比文件：美国专利说明书

US4060125A 和 US4059147A。其中美国专利说明书 US4059147A 不仅披露了一种与本发明相近的沸腾液体传热壁，还披露了该传热壁的制造方法。而原说明书在引证这份对比文件时仅介绍了传热壁，而未具体说明该传热壁的制造方法，即未反映本专利申请第二项发明的背景技术，因而是不全面的。在修改的说明书中，引证第一份对比文件美国专利说明书 US4060125A 时，介绍了与传热壁有关的现有技术；而在引证第二份对比文件美国专利说明书 US4059147A 时，主要介绍了该传热壁的制造方法。从而，比较全面地反映了本专利申请的背景技术。

4. 发明内容中要解决的技术问题

要解决的技术问题部分存在两个问题：

（1）过于笼统，仅指出要改善传热性能，而未具体说明要解决的技术问题。

在修改的说明书中，具体说明要提供一种传热性能稳定的传热壁，不仅在正常工作状态而且在热载荷过大或过小时都能保持良好的传热性能。

（2）与发明名称、技术领域、背景技术部分一样，仅写明第一项发明所要解决的技术问题，未给出后两项发明所解决的技术问题。

5. 发明内容中的技术方案

技术方案部分存在两个问题：

（1）未清楚地说明本发明要求专利保护的客体。

技术方案与原权利要求 1 相比，写入了第一项发明的必要技术特征：非对称突起以及其与小孔横截面的面积比。但是，由于未给出该非对称突起设置的位置，因而仍然未清楚地说明本发明要求专利保护的用于沸腾液体的传热壁。在修改的说明书中，技术方案部分指出该非对称突起设置在传热壁外表面上沿通道间隔设置的小孔中。

（2）技术方案部分缺少反映 3 项发明有相应特定技术特征的内容。

原技术方案部分的第二项发明制造传热壁的方法以及第三项发明该方法的专用铲刮刀具基本上是清楚的。但是，本专利申请是 3 项发明的合案申请，在说明后两项发明的技术方案时未更明确地说明此两技术方案与第一项发明传热壁技术方案的技术联系。在修改后的说明书中，在说明第二项和第三项发明技术方案时，在其开始部分和结尾部分，增加了反映该两项发明与第一项发明中的关键技术特征"传热壁小孔中的非对称突起"技术相关联的内容。

6. 具体实施方式

说明书具体实施方式部分缺少足够的实施例来支持权利要求中的数值范围，不符合《专利法》第二十六条第四款以及《专利审查指南》第二部分第二章第 2.2.6 节的规定。

在本专利申请的权利要求书中，对非对称突起与小孔横截面面积比 ψ 限定为 0.4~0.8，给出一个较宽的数值范围。但在具体实施方式部分对此技术特征并未给出足够的实施例来加以说明，致使权利要求 2 对 ψ 所限定的数值范围得不到说明书的支持，也就是说权利要求 2 的保护范围未以说明书为依据，不符合《专利法》第二十六条第四款以及《专利审查指南》上述部分的规定。

为消除此缺陷，在修改的说明书中，在具体实施方式部分增加了两段文字说明，给出六组试验情况。此六组试验结果证明，其中与 ψ 为 0.4~0.8 范围相应的四组试验的传热效果远优于 ψ 小于 0.4 的另两组试验的传热效果，由此说明将权利要求书中的 ψ 限定为 0.4~0.8 是合理的。

为更清楚地帮助理解此 6 组试验结果，结合一幅附图加以说明。因此，说明书附图部分增加了一幅说明此 6 组试验结果的附图（图 11）；相应地，在说明书附图说明部分，增加了对图 11 内容所作的简要说明。

7. 说明书摘要

原说明书摘要存在的问题与发明名称、技术领域、背景技术以及发明内容中要解决的技术问题一样,**仅体现了第一项发明的具体内容,而未反映后两项发明的具体内容,**因而其反映的技术情报也是不全面的。修改后的说明书摘要中增加了后两项发明的具体内容,但由于受到摘要字数的限制,对后两项发明的具体内容未分开来加以描述,而是将它们结合起来进行说明。此外,**原说明书摘要中的附图标记未加括号,**不符合《专利审查指南》第二部分第二章第 2.4 节的规定。

【修改后的专利申请文件】

权 利 要 求 书

1. 一种用于沸腾液体的传热壁，传热壁外表面（6）下方有许多平行、窄长的通道（2），该外表面（6）上沿着该通道（2）间隔地开有小孔（5），使该通道（2）与传热壁外部相通，**其特征在于：所述外表面（6）上的小孔（5）中有一个从孔壁向孔中心伸出的非对称突起（4），它在小孔（5）横截面上的投影面积与小孔（5）横截面的面积比为 0.4~0.8。**

2. 按照权利要求 1 所述的传热壁，其特征在于：所述非对称突起（4）的一侧高于另一侧，整个突起（4）是倾斜的。

3. 一种制造权利要求 1 所述的沸腾液体传热壁的方法，先在管壁上形成彼此间隔很近的、端部带有多个均匀分布切口（12）的成排肋片（11），再将肋片（11）端部折弯，并与相邻肋片（11）搭接，从而在外表面（6）下方形成平行窄长的通道（2），肋片切口（12）处成为沿通道（2）间隔设置的小孔（5），其特征在于：所述带切口（12）的肋片（11）是按照下述工艺步骤制得的，先在金属管外表面上形成多条浅沟槽（7），此后用铲刮刀具（9）沿着金属管外表面铲刮起带切口（12）的肋片，在这同时铲刮刀具（9）的后缘（10）挤压该金属管上尚未被铲刮起的外表面（8），使与其相邻的浅沟槽（7）变形，在其斜面或波谷部分形成隆起（71），从而在铲刮下一个肋片（11）时，该肋片（11）的切口（12）内有一个隆起部分（13），这样在形成肋片后，将肋片折弯与相邻肋片搭接时，该隆起部分就成为小孔（5）内从孔壁向孔中心伸出的非对称突起（4）。

4. 一种实现权利要求 3 所述制造沸腾液体传热壁方法中

的专用铲刮刀具，该刀具端部表面是倾斜的，形成锐角前缘，其特征在于：在所述刀具端部的后缘（10）有一个高出端部斜面、可对尚未铲刮起的金属管外表面起挤压作用的突出部分。

用于沸腾液体的传热壁、
其制造方法及专用铲刮刀具

技术领域

本发明涉及一种用于空调、制冷系统中的沸腾液体传热壁,该传热壁通过液体的沸腾和汽化将热量传递给与其相接触的液体。**本发明还涉及该传热壁的制造方法以及该方法的专用铲刮刀具。**

背景技术

近一二十年来,为了有效地将热量从平板或管表面传递给液体,用于氟利昂这类液体的沸腾传热技术迅速发展。尤其是近几年来,在传热壁下方设置多排可与液体相接触的窄长通道来提高传热效果。美国专利说明书 US4060125A 就公开了这样一种传热壁,在该传热壁面下方的窄长通道平行地伸展着,它们彼此相隔很小的距离,外表面上沿着该通道间隔地开有小孔,使通道与传热壁外部相通。采用这样的结构后,液体通过小孔流入通道,在通道壁上形成一层液体,增加了液体与传热壁的接触面,从而可以提高沸腾传热的传热效率,但是这种结构的传热壁有一个与传热壁热载荷匹配的最佳小孔直径,热载荷过大或者过小都会降低传热性能。

美国专利说明书 US4059147A 不仅公开了类似结构的传热壁,还披露了该传热壁的制造方法:首先,用滚动挤压方法在传热壁表面上向外挤出肋片,肋片的高度比肋片的厚度大几倍,也大于肋片的间距;接着,用滚花刀具在肋片端部形成有间隔的小切口;然后,将肋片端部折弯,使其几乎与相邻的肋片相搭接。

发明内容

本发明要解决的技术问题是在上述用于沸腾液体的传热壁基础上提供一种传热性能稳定的传热壁，**该传热壁不仅在正常工作状态具有良好的传热性能，而且在热载荷过大或过小时同样保持良好的传热性能。**此外本发明另一个要解决的技术问题是还要提供一种制造该传热壁的方法以及一种实现该方法的专用铲刮刀具。

为解决上述技术问题，本发明对外表面下方有许多平行窄长通道的沸腾液体传热壁的结构作了进一步改进：**在外表面上沿通道间隔设置的小孔中形成一个从孔壁向孔中心伸出的非对称突起，它在小孔横截面上的投影面积与小孔横截面的面积比为 $0.4\sim0.8$。**

为了在传热壁小孔中形成上述非对称突起，本发明的制造方法包括下述几个步骤：先在金属管外表面上形成多条浅沟槽；然后用铲刮刀具沿着金属管外表面铲刮起带切口的肋片，在这同时铲刮刀具的后缘挤压该金属管上尚未被铲刮起的外表面，使与其相邻的浅沟槽处变形，在浅沟槽的斜面或波谷处形成隆起，从而在下一次铲刮时，铲刮起的肋片切口内有一个隆起部分；当制得带切口的肋片后，将肋片端部折弯，使其与相邻肋片搭接，从而在外表面下方形成平行窄长通道，肋片切口处成为沿通道间隔设置的小孔，**而在肋片切口内的隆起部分成为小孔内从孔壁向孔中心伸出的非对称突起。**

为使传热壁外表面的小孔中形成非对称突起，上述制造方法要采用专用的铲刮刀具。本发明专用铲刮刀具的端部表面是倾斜的，形成锐角前缘，端部的后缘有一个高出该端部斜面、可对尚未铲刮起的金属管外表面起挤压作用的突出部分，**当用这样的铲刮刀具铲刮肋片时，通过突出部分对金属管外表面的挤压作用，在浅沟槽的斜面或波谷处形成隆起，该隆起最后成为外表面小孔中的非对称突起。**

由于在上述传热管表面小孔中设置了非对称突起，它对从小孔流入通道的沸腾液体起到一种加热作用。当热负载较小情况下，通道内产生的蒸汽容积很小，液体很容易流入通道，使通道内充满液体，由于突起对沸腾液体的加热作用，使通道内充满沸腾液体的区域面积要小于没有突起存在的情况，也就是说加大了通道壁的液膜层，提高了沸腾传热的效率。

附图说明

下面结合附图和实施方式对本发明作进一步详细的说明。

图1为本发明用于沸腾液体的传热壁面的透视图。

图2为图1所示传热壁面外表面小孔的俯视图。

图3为图2所示小孔沿Ⅲ-Ⅲ线的剖视图。

图4为图2所示小孔沿Ⅳ-Ⅳ线的剖视图。

图5示意描述了本发明制造如图1所示传热管壁面时肋片成型的步骤。

图6为肋片成型时铲刮刀具挤压表面使浅沟槽端部变形的透视图。

图7为成型肋片的示意图。

图8至图10为沸腾液体在该传热壁通道中的3种工作状态。

图11 为图1至图4传热壁面的传热特性曲线图。

具体实施方式

图1为本发明沸腾液体传热壁面的透视图。在传热壁面基体或者传热管管体1上有许多平行的窄长通道2，这些通道彼此间距很小。通道2上方的外表面6上有许多三角形的小孔5，按一定的规则间隔排列。每个孔5中都有一个突起4，该突起4在小孔横截面的投影面积小于小孔5的横截面面积，突起4的形状是非对称的。如图2所示，三角形小孔5的底边51与通道2相平行，与该底边51斜交的两个侧边52、53以及从侧边52伸出的突起4相当于通道2侧壁3的延伸部分，突起4以横跨的方式伸进孔5中，并将孔5的一部分挡住。该小孔的形状也可以是其他形状，如矩形、梯形、

U 形或半圆形等，突起 4 也可以是任何所希望的形状，例如该突起的前端部有多个裂口，或者突起的前端成双舌片形。

从图 3 和图 4 可知，由三角形小孔 5 侧边 52 伸出的突起是倾斜的，倾角为 5°～80°，其靠近底边 51 处那部分的水平位置要高于靠近另一侧边 53 处那部分的水平位置。

图 1 到图 4 所示的传热壁面可以采用如下加工步骤制成：首先如图 5 所示在传热管管体 1 表面上加工出许多浅沟槽 7，其走向与垂直于管体 1 中心轴的平面斜交；然后以铲刮表面而不切削表面层的方式在传热管壁面上铲刮起许多肋片 11；最后将每个肋片 11 的端部折弯，使其与相邻的肋片相接触。图 5 中未画出最后一个加工步骤。

传热管管体 1 由导热材料制成，例如可选用外径为 18 毫米、壁厚为 1.1 毫米的铜管材。铜管表面的浅沟槽是用滚花刀具加工的，在管体 1 外表面上产生许多平行的、截面为 V 形的、螺旋状盘绕的浅沟槽。图 5 中的浅沟槽 7 与管体 1 的轴线成 45°角。各条浅沟槽彼此之间的间隔为 0.2～1 毫米，深度为 0.1～0.15 毫米。当然，浅沟槽 7 的形状不局限于 V 形，可以是任何一种所需要的截面形状，如矩形、梯形、U 字形或弧形。其加工方式不限于滚花加工，也可以是滚压成型、切削加工或其他方式。

在形成浅沟槽 7 后，用铲刮刀具 9 对管体 1 外表面进行加工，斜跨过浅沟槽 7 铲刮管体 1 外表面，而不切掉表面层，形成端部带有许多 V 形切口 12 的肋片 11。该铲刮刀具的形状与一般的切削刀具相近似，端部是倾斜的，其前缘成锐角，只是在其后缘 10 处有一个高出端部斜面的突出部分，因而，当铲刮刀具铲刮时，该后缘 10 上的突出部分对尚未铲刮起的管体表面 8 施加挤压摩擦作用，迫使 V 形浅沟槽 7 附近表面 8 上的材料流动到浅沟槽 7 中，在其一斜边及其波谷处形成如图 6 所示的隆起 71，这样当铲刮下一个肋片时，该肋片 11 端部切口 12 内也就出现一个隆起部分 13（见图 7）。在做上述铲刮加工时，若取铲刮角为 25°，肋片间的距离为 0.5 毫米，铲刮深度为0.35毫米，则加工制得的肋片高度可达0.9毫米。

在这之后，对肋片11端部进行变形加工，将肋片11端部折弯，其折弯方向朝着隆起部分13的方向，并使其与相邻的肋片11相接触，从而制得如图1所示的传热壁面，相邻肋片间的空间14成为该传热壁面6下方通过小孔5与外界相通的窄长通道2，肋片11切口12靠近波谷处的隆起部分13成为三角形小孔5中从孔壁向孔中心伸出的突起4。折弯肋片可以采用滚压的方法，也可以采用模压的方法。例如，在上述实施例中，使平滚轮与铜管外圆周保持接触，将铜管绕中心轴转动，并作轴向运动，在平滚轮施加的压力作用下，铜管外径减少到18.3毫米，最后形成的窄长通道宽度大约为0.26毫米，高度为0.50毫米。

当传热管管体1处于图8所示的工作状态时，通道2的整个壁面上都覆盖了一层液体薄膜105。此时，所有通道内壁上都有效地起到传递热量的作用，把热量传递到液体薄膜105上，液体薄膜105厚度很小，液体很快变成气态103，汽化的冷却介质101带着汽化潜热从通道2内排出。一旦通道2内壁面上没有液体浸润时，液体就立刻通过小孔5输送到通道2中，于是通道2的整个内壁表面又重新形成一层新的液体薄膜105。这样，在整个工作阶段，通道2整个内壁表面都有一层均匀的液体薄膜。

但当传热管管体1处于尚未达到有效地进行传热的情况时，通道2内产生的气态冷却介质容积很小，那么从通道2内释放到壁外的汽化的冷却介质101对进入通道2的液态冷却介质102的流动阻力很小，液态介质很容易进入通道，因而通道2的局部地区充满了液态介质，如图9中的106所示，因而产生的液体薄膜105区减小了。在充满液态介质区域，热量以显热方式传递，与以潜热方式传递相比，其传热性能大大降低。但是，对于有突起4的小孔来说，突起4对通过小孔5流进通道2的液态冷却介质起一种加热作用，与无突起的传热壁相比，通道2上充满液态冷却介质的区域减小了，也就是说液体薄膜105区加大了，有助于改善传热性能。

当传热管管体 1 热负荷加大时，通道 2 内产生的气态冷却介质容积增加。与此同时，流入到通道 2 的液态冷却介质容积减小，使通道 2 内壁表面上有一部分没有液体薄膜，如图 10 中表面 108 的情况。此处的热量也以显热方式传给汽化的冷却介质，传热性能大大下降，因而小孔 5 中的突起尺寸不可太大，以便在热负载高时，仍有足够的液体冷却介质流入通道 2，使通道 2 上没有润湿部分的内壁面积减小，以改善在高负载时的传热性能。

从上述分析可知，突起 4 的尺寸有一个最佳范围。为确定此突起 4 的最佳尺寸范围，做了 6 组试验。在这些试验中，均采用三氯氟甲烷作为冷却介质。设突起 4 在小孔 5 横截面上的投影面积与小孔横截面的面积比为 ψ，该 6 组试验中 ψ 的变化值和平均值如表 1 所示。

表 1

试验组别	NO.1	NO.2	NO.3	NO.4	NO.5	NO.6
ψ 值变化范围	0.19 ~ 0.33	0.27 ~ 0.36	0.37 ~ 0.53	0.54 ~ 0.66	0.58 ~ 0.74	0.61 ~ 0.78
ψ 值平均值	0.29	0.31	0.44	0.60	0.66	0.70

该 6 组试验结果如图 11 所示。从该图可知，当突起 ψ 在小孔横截面上的投影面积与小孔横截面积之比 ψ 的平均值在 0.44 ~ 0.70 之间变化时，有可能得到高的传热效率。这对于每个壁面来说，相当于 ψ 在 0.4 ~ 0.8 之间。

本发明不局限于上述管状传热壁面，同样适用于圆环状、板状或其他形状的传热壁面，只要在其外表面上小孔中设置了从孔壁向孔中心伸出的突起，均属于本发明的范围。

说 明 书 附 图

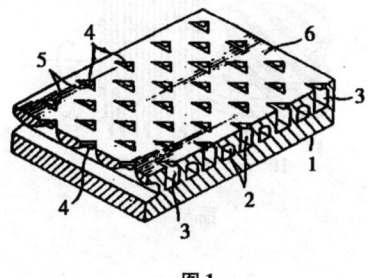

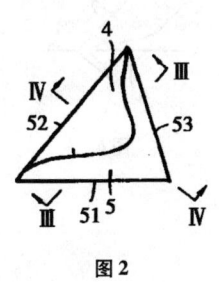

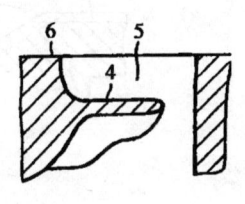

图1

图2

图3

图4

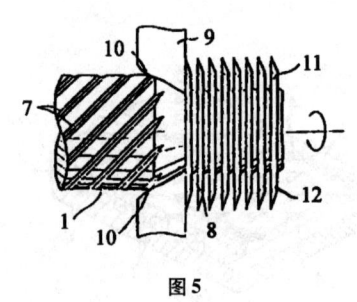

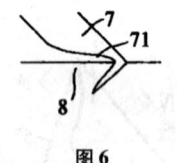

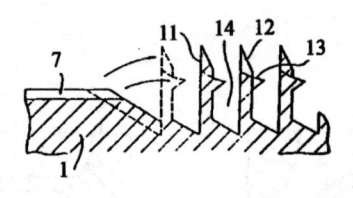

图 5

图 6

图 7

图 8

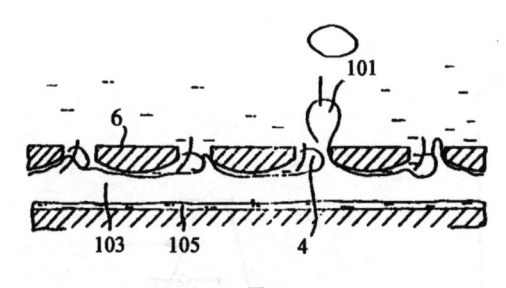

图 9

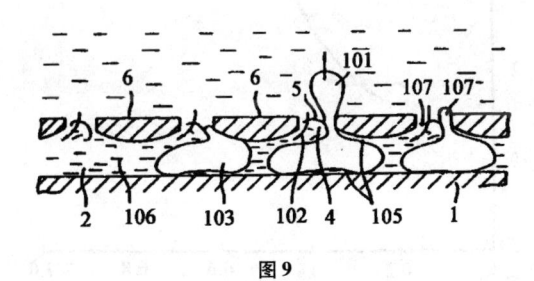

图 10

图 11

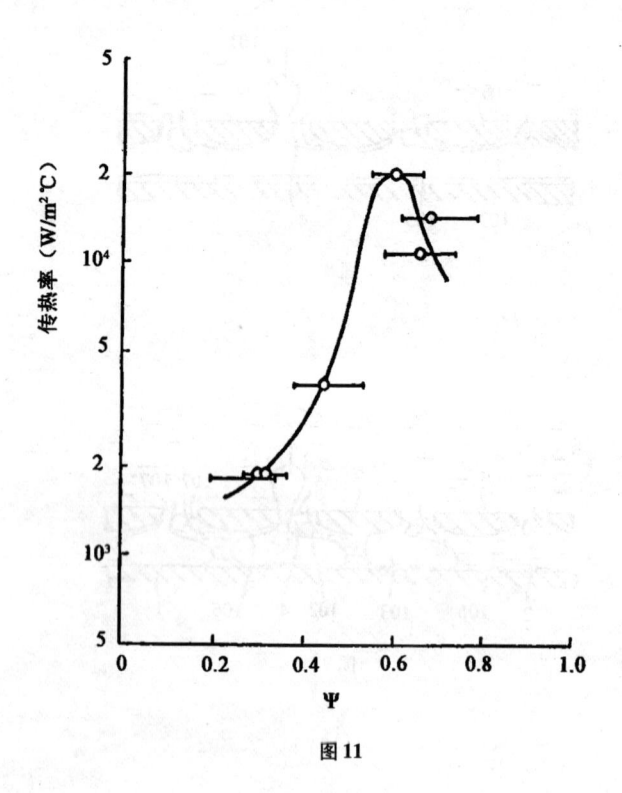

说明书摘要

本发明涉及一种空调、制冷系统中的沸腾液体传热壁、**其制造方法及专用铲刮刀具**。传热壁外表面（6）下方有许多平行的窄通道（2），外表面上沿通道间隔开有小孔（5），小孔中设置了从孔壁向孔中心伸出的突起（4），**其在小孔横截面上的投影面积与小孔横截面的面积比为 0.4~0.8**，从而保证该传热壁在高、低热负载及正常工作负载时均有较好的传热性能。为制得该传热壁面，先在金属管外表面上形成多条浅沟槽，然后用后缘有突出部分的铲刮刀具沿金属管外表面铲刮起带切口的肋片，由于铲刮刀具后缘突出部分对外表面上尚未铲刮起的部分起挤压作用，在浅沟槽内形成隆起，从而在切口中形成隆起，再折弯肋片端部，就制得小孔中有突起的传热壁面。

（"摘要附图"与原"摘要附图"相同，为节省篇幅此处从略，请参见第483页原专利申请文件中"摘要附图"）

案例六 水龙头

本案例原专利申请文件的撰写主要存在4个方面的问题。

1. 独立权利要求缺少解决本发明技术问题的必要技术特征，不符合《专利法实施细则》第二十条第二款的规定；而同时又记载有非必要技术特征，使该独立权利要求的保护范围过窄。

2. 从属权利要求存在引用部分的主题名称错误、记载的附加技术特征不清楚以及多项从属权利要求引用多项从属权利要求等问题。

3. 两项独立权利要求之间缺乏《专利法》第三十一条规定的单一性。

4. 说明书中的技术领域、发明内容、附图说明以及附图不符合《专利审查指南》第二部分第二章第2.2节或第2.3节的有关规定。

【原专利申请文件】

权 利 要 求 书

1. 一种水龙头；它包括壳体（1）、手柄（11）、阀杆（9）、阀芯（6）和阀座（34），所述壳体（1）具有相互连通的进水通道（31）、出水通道（32）以及阀杆安装通道（33），所述手柄（11）装于该阀杆（9）的一端，所述出水通道（32）与所述阀杆安装通道（33）基本位于一直线上，其特征在于：所述阀芯（6）装于所述阀杆（9）的两端部之间；所述阀杆（9）的一部分位于所述阀杆安装通道（33）中；该水龙头还包括一个用于封闭所述阀杆安装通道的密封丝堵（2）。

2. 如权利要求1所述的水龙头，其特征在于：所述水龙头还包括一个锁定装置；所述密封丝堵（2）是一种卡入式塞堵。

3. 如权利要求1所述的水龙头的阀芯位置锁定装置，其特征在于：它由磁铁（4）及导磁铁板（5）构成，所述磁铁（4）及导磁铁板（5）分别装在所述密封丝堵（2）上及所述阀杆（9）与所述手柄（11）相对的那一端上。

4. 如权利要求2或3所述的水龙头的阀芯位置锁定装置，其特征在于：它由装在所述阀杆（9）与所述手柄相对那一端上的腰形定位板（12）、截面形状与定位板（12）相同的腔体以及位于密封丝堵（2）下面的腔体圆周壁上的凹槽（22）构成。

5. 如权利要求1、2或3所述的水龙头，其特征在于：在所述出水通道（32）出口处装有一个带中间导孔（20）的十字形阀杆导引装置（10），所述阀杆穿过该中间导孔（20）。

6. 如权利要求5所述的水龙头，其特征在于：在所述出水通道（32）出口处装有一个带中间导孔（20）的喷淋网罩型阀杆导引装置（10），所述阀杆穿过该中间导孔（20）。

7. 如权利要求1、5或6所述的水龙头，其特征在于：所述阀杆（9）的另一部分位于所述出水通道（32）中，并且所述阀杆（9）的长度使其手柄端伸出所述出水通道（32）；所述阀芯位置锁定装置是一个可将所述阀芯（6）锁定于一个打开位置的阀芯位置锁定装置。

8. 一种水龙头，它包括壳体（1）、手柄（11）、阀杆（9）、阀芯（6）和阀座（34），所述壳体（1）具有相互连通的进水通道（31）、出水通道（32）以及阀杆安装通道（33），所述手柄（11）装于阀杆（9）的一端，其特征在于：所述出水通道（32）出口处装有一个喷淋网罩。

说 明 书

水龙头

技术领域

本发明涉及一种阀装置，特别是涉及一种自洁式水龙头。

背景技术

目前，公共场所设置的水龙头大多是如美国专利说明书US×××××号所公开的类型，它包括：壳体、阀杆、手柄、阀芯及阀座等组件，所述壳体具有相互连通的进水通道、出水通道及阀杆安装通道，该出水通道与阀杆安装通道不在一中心线上，手柄与阀芯分别装于阀杆的两端，阀杆的装有阀芯的那一部分装在壳体的阀杆安装通道中，并通过密封填料及压紧螺帽实现该通道的壁与阀杆间的密封。手柄位于壳体的上部，通过转动手柄可使阀杆在一个螺母上旋转，而阀杆在螺母上的旋转实现阀芯相对阀座的升降，从而实现水龙头的开或关。这种水龙头已广泛用于家庭及各种公共场所。但是，当其使用于公共场所时具有如下缺点：由于手柄及出水口分别位于壳体的上、下方，因此在使用过程中手柄得不到清洗，从而，手柄成了各种传染病菌的传播媒介，许多人在用完水后，因害怕弄脏洗净后的手，而不关闭水龙头，造成了水的浪费。

发明内容

本发明要解决的技术问题在于提供一种在打开水龙头用水时使得水能同时清洗其手柄，且使用方便的水龙头。

本发明的上述技术问题是通过提供一种具有如下结构的水龙头而解决的，该水龙头包括：壳体、阀座、手柄、阀杆、阀芯，所述壳体上具有相互连通的进水通道、出水通道和阀杆安装通道，所述出水通道及阀杆安装通道基本位于一直线上，所述手柄装在阀杆的一端，而所述阀芯固定于阀杆中间的适当位置上，所述阀杆位于所述的阀杆安装通道和出水通道中，该水龙头还包括一个用于封闭所述阀杆安装通道的密封丝堵和一个可使阀芯锁定于一个打开位置的阀芯位置锁定装置，所述锁定装置应当由分别装在所述密封丝堵及所述阀杆的与手柄相对的那一端上的磁铁及导磁铁板构成。

所述的密封丝堵也可以是卡入式塞堵或其他惯用形式的封堵件。

本发明水龙头与现有技术的水龙头相比具有如下的优点：使用方便、成本低、产生了好的社会效益和经济效益。

附图说明

下面将参照附图描述本发明的两个实施方式。

图1是本发明水龙头第一个实施方式（阀芯位于打开位置时）的剖视图。

图2为图1所示水龙头其阀芯位于关闭位置时的剖视图。

图3是本发明水龙头的另一个实施方式的剖视图。

具体实施方式

图1和图2示出了本发明水龙头的第一个实施方式，壳体1具有相互连通的进水通道31、出水通道32、阀杆安装通道33以及阀座34。出水通道32、阀杆安装通道33位于一直线上，并分别位于阀座34的下方和上方。阀芯位置锁定装置由导磁铁板5及磁铁4构成。导磁铁板5通过其上的螺纹孔35及螺母37装于阀杆9的一端，而与导磁铁板5相配合的磁铁4装在密封丝堵2上（如图2所示）。阀芯6通过螺母8、18、垫片7、17装在阀杆9两端部之间的合适位置处，阀杆9位于阀杆安装通道33和出水通道32中，使其一端穿过喷淋网罩型阀杆导引装置10上的中心导

孔20伸出出水通道32。在阀杆9端部装有手柄11。阀芯6位于阀杆安装通道33中。由密封丝堵2及密封圈3封闭阀杆安装通道33。

图1所示的是水龙头的开启状态。手握手柄11向上推，阀芯6离开阀座34，阀芯6上的导磁铁板5被密封丝堵2上的磁铁4所吸住，从而保证水流畅通。图2是水龙头的关闭状态，手握手柄61下拉，导磁铁板55被拉离磁铁4，阀芯6堵住阀座34，从而将水龙头关闭。为能将导磁铁板55轻松地拉离磁铁4，导磁铁板55上设有数个小孔。

当水龙头打开时，水从喷淋网罩型阀杆导引装置10上喷出，人们在用水的同时，水亦对手柄冲洗，因此，人们关闭水龙头时，不必担心手又被手柄污染。

图3示出了本发明水龙头的第二个实施方式，除去其阀芯位置锁定装置和阀杆导引装置不同于第一个实施方式外，水龙头的其他结构均是相同的。其阀杆导引装置10由带中心导孔20的十字形部件构成，阀杆9穿过其中心导孔20。如图3所示，其阀芯位置锁定装置的定位板12装于阀杆9的上端部，其形状如图3中的A－A剖视图所示。将其圆周相对中心线对称地各切去部分圆弧，形成一个腰形板，壳体1的对应腔体部分的截面形状也与定位板12相同，密封丝堵2下面的腔体圆周上各铣去凹槽22。当手握手柄11向上推，与密封丝堵2相碰时，将手柄旋转α角，定位板12即进入凹槽22中，从而阀芯6被挂住，不必人手继续推手柄11，即可保证水流畅通，同样，用水过程中，水流亦对手柄进行冲洗。用毕，将手柄11反方向旋转α角，定位板12离开凹槽22，阀芯6自动落入阀座34。

此外，第二个实施方式采用的阀芯位置锁定装置与第一个实施方式相比，具有工作稳定的优点，即不易发生阀芯误开启和误关闭的情况。

可以理解，上述两实施方式的一些特征可以互换或省略，例

509

如，图1和图2所示水龙头可采用十字形的阀杆导引装置，而图3所示水龙头可采用喷淋网罩型的阀杆导引装置，或者可以省去上述导引装置；所述阀芯不但可以装于阀杆的两端部之间，也可以装于阀杆的端部，例如，与导磁铁板或定位板制成一体。

说 明 书 附 图

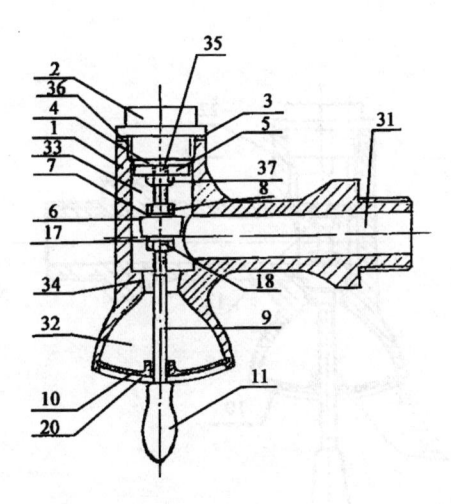

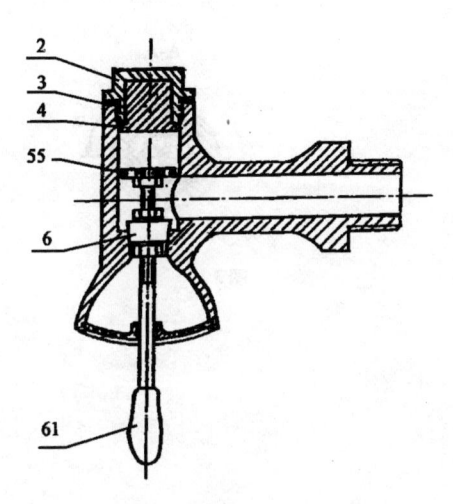

图1

图2

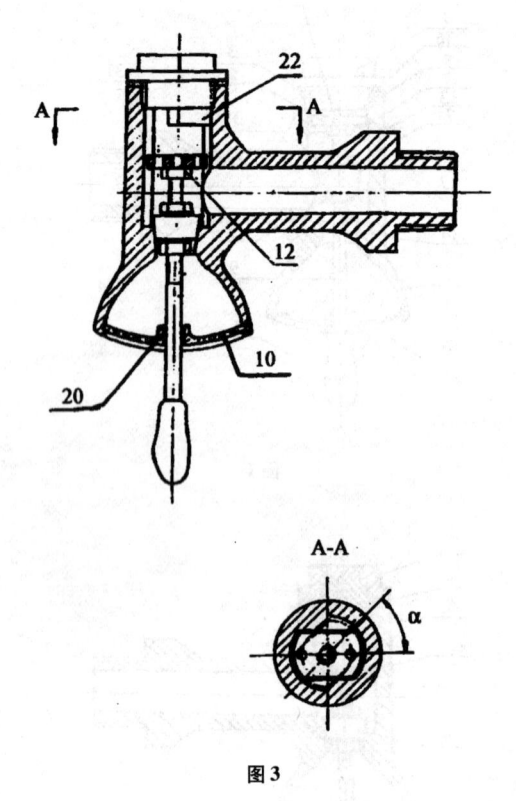

图 3

说 明 书 摘 要

本发明公开了一种水龙头,它包括:壳体(1)、手柄(11)、阀杆(9)、阀芯(6)和阀座(34);壳体具有相互连通的进水通道(31)、出水通道(32)及阀杆安装通道(33);出水通道与阀杆位于一直线上,阀杆位于阀杆安装通道和出水通道中,阀杆的长度使其手柄端能伸出所述出水通道,该水龙头还包括将阀芯锁定于打开位置的阀芯位置锁定装置。与已有水龙头相比,本发明的水龙头在打开使用的同时,流出的水亦可对手柄进行清洗,可避免洗净的手关闭水龙头时又被手柄污染,可广泛应用于公共场所。

摘 要 附 图

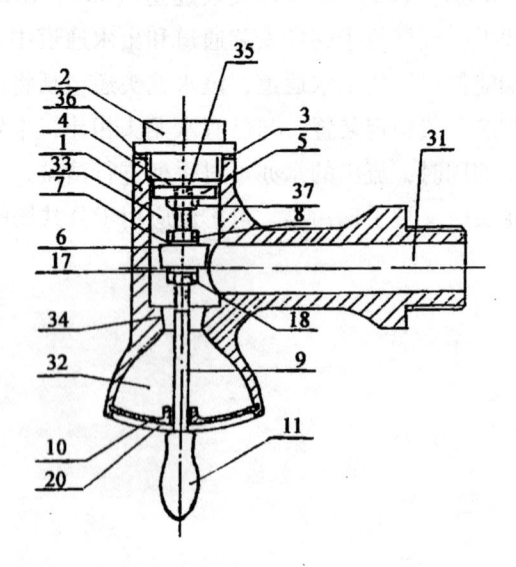

【对原专利申请文件的评析】

一、权利要求书

1. 独立权利要求1

本申请具有两个独立要求,即权利要求1和8。首先讨论权利要求1。权利要求1存在如下几个方面的问题。

(1) 原权利要求1未记载解决本发明技术问题的必要技术特征,不符合《专利法实施细则》第二十条第二款的规定。

首先,权利要求7中记载的阀杆的位置、长度限定即"所述阀杆的另一部分位于所述出水通道中,并且所述阀杆的长度使其手柄端伸出所述出水通道"应为本发明的必要技术特征。

这是因为,就本申请说明书所公开的内容而言,如果阀杆不位于出水通道中并使其手柄端伸出出水通道,则无法保证在打开水龙头时,使与阀杆端部相连的手柄位于出水通道的下方。这样,也就无法解决打开水龙头即可清洗手柄这个技术问题。

在此需要说明的是,如果在该说明书中还公开了其他实施方式,在这些实施方式所公开的技术方案中,阀杆虽不位于出水通道中也可保证在打开水龙头时手柄处于出水通道出水口下。此时,上述阀杆的位置及长度特征可以不作为必要技术特征记载于权利要求1中(此时,该技术特征可由其他可保证在打开水龙头时可冲洗手柄的上位概念的技术特征所替代)。

由此也可以看出权利要求的保护范围(包括其内涵和外延)与其公开实施方式之间的关系,即实施方式越多,则可获得的保护范围越大。

其次,权利要求2中的技术特征"所述水龙头还包括一个锁定装置"以及权利要求7中的技术特征"所述阀芯位置锁定装罩是一个可将所述阀芯锁定于一个打开位置的阀芯位置锁定装置"也是本发明的必要技术特征,应当并入权利要求1中。这是因为,如果缺少该阀芯位置锁定装置,则该水龙头的使用将极为不方便(只有用手一直向上推着手柄才能洗手),也就不能解决使用方便这一技术问题。

应当说明的是,上述补入权利要求1的技术特征"可将所述阀芯锁定于一个打开位置的阀芯位置锁定装置"是一种功能性限定。在适当情况下,使用功能性限定可以在合理范围内扩大权利要求的保护范围,此时在说明书中最好能公开多个实施方式。对本案例来讲,说明书中已给出两种锁定装置,作此功能性限定是允许的。

(2) 权利要求1中记载了非必要技术特征,使得该权利要求的保护范围变窄。

在其说明书中明确指出"所述密封丝堵也可以是卡入式塞堵或其他惯用形式的封堵件"。可以看出,在权利要求1中密封装置并非仅局限于密封丝堵这一下位的特定形式。因此,该权利要求1中的具体概念"丝堵"是一非必要技术特征,应将其删去而代之以合适的上位概念"件"或"装置"。即将"密封丝堵"改为"封堵件"或"封堵装置"。

此外,权利要求1中的特征,"所述阀芯装于阀杆的两端之间"是非必要技术特征。这是因为,在其说明书中也已明确说明阀芯不但可以装于阀杆的两端部之间,而且也可以装于阀杆的一端(参见说明书最后一部分的描述),因此,显然不应将阀芯的位置限定为位于阀杆的两端部之间,而应将其改为:所述阀芯装于所述阀杆上。

需要说明的是,如果将其改为"所述阀芯装于所述阀杆上",则这一技术特征已被美国专利说明书US××××所公开,应将其写入前序部分中。

(3) 权利要求1未相对于最接近的现有技术划清共有特征与区别特征的界限,不符合《专利法实施细则》第二十一条第一款的规定。

《专利法实施细则》第二十一条第一款第(一)项中明确规定:"前序部分:写明发明或者实用新型技术方案的主题名称和发明或者

实用新型主题与最接近的现有技术共有的必要技术特征"。在该权利要求中技术特征"所述出水通道与所述阀杆安装通道基本位于一直线上",并未被其说明书中所记载的现有技术所披露(该美国专利明确指出,其出水通道与阀杆安装通道不在一中心线上)。因此,它不属于《专利法实施细则》上述条款所规定的"与现有技术共有"这一条件。不应将其写入前序部分,而应将其置于区别特征部分。

需要特别说明的是,在独立权利要求的前序部分中仅需记载该项发明与最接近的现有技术所共有的技术特征,而属于最接近的现有技术但并未被该发明采用的技术特征则不能记载于独立权利要求的前序部分中。例如,"出水通道与阀杆安装通道不在一中心线上"这一技术特征虽是现有技术但并未被该发明所采用,因此不能记载于前序部分中(如果将其记入前序部分中,将使该权利要求不清楚,不符合《专利法》第二十六条第四款的规定)。

2. 权利要求2未用所记载的附加技术特征对被引用的权利要求作进一步的限定,不符合《专利法实施细则》第二十二条第一款第(二)项的规定

在权利要求1中已经明确限定了安装通道的密封装置是密封丝堵,而在权利要求2中又指出密封丝堵是卡入式塞堵。很显然,卡入式塞堵是密封丝堵的并列解决方案而并非是其下位概念(或者讲是进一步限定)。因此,这种限定不符合《专利法实施细则》上述条款的规定。当然,当权利要求1如前所述将密封丝堵更改为封堵装置时,权利要求2的缺陷就被克服。

3. 权利要求3中存在下述两个问题

(1) 权利要求3不符合《专利法实施细则》第十九条第一款的规定。

权利要求3所记载的附加技术特征是对权利要求2的阀芯位置

锁定装置进行了具体限定。而在权利要求1中根本未出现该阀芯位置锁定装置。权利要求3引用权利要求1时将使其保护范围变得不清楚。因此，**权利要求3只能引用权利要求2，而不能引用权利要求1**。当然，在修改后的权利要求书中，权利要求2已并入权利要求1中，则此问题就随之被克服。

（2）权利要求3引用部分的主题名称与其引用的权利要求主题名称不一致。不符合《专利法实施细则》第二十二条第一款第（一）项的规定。

《专利法实施细则》第二十二条第一款第（一）项中明确指出："引用部分：写明引用的权利要求的编号及其主题名称。"

原权利要求1请求保护的主题名称是水龙头，而并非是阀芯位置锁定装置。该权利要求引用部分的主题名称也应当为水龙头。

4. 权利要求4中存在两个问题

（1）权利要求4引用关系不当，致使其保护范围不清楚，不符合《专利法》第二十六条第四款的规定。

权利要求4所记载的附加技术特征是权利要求3的阀芯位置锁定装置的另一种变形，而并非是对其作进一步的具体限定。也就是说，权利要求4是一个与权利要求3并列的阀芯位置锁定装置的具体实施方式。因此，它只能引用权利要求2，而不能引用权利要求3。但在修改后的权利要求书中，已将阀芯位置锁定装置写入了独立权利要求1中，因此修改后的权利要求书中，该从属权利要求4的引用部分改为引用权利要求1。

（2）权利要求4的引用部分的主题名称与其所引用的权利要求的主题名称不一致。

权利要求4的引用部分的主题名称存在着与权利要求3引用部分同样的问题，即其引用部分的主题名称与其所引用的权利要求2的主题名称不一致。

5. 权利要求 6 引用关系不当，致使其保护范围不清楚，不符合《专利法》第二十六条第四款的规定

权利要求 6 所记载的附加技术特征是权利要求 5 的阀杆导引装置的另一种变形，因此，它不能引用权利要求 5，应当改为引用权利要求 1、2 或 3。

6. 权利要求 7 具有两方面的问题

（1）原多项从属权利要求 7 直接或间接引用另一项多项从属权利要求 5，不符合《专利法实施细则》第二十二条第二款的规定。

《专利法实施细则》第二十二条第二款规定："从属权利要求只能引用在前的权利要求，引用两项以上权利要求的多项从属权利要求，只能以择一方式引用在前的权利要求，并不得作为另一项多项从属权利要求的基础。"

在本案例中，权利要求 7 引用了权利要求 1、5 或 6，因而其本身是一项多项从属权利要求，其所引用的权利要求 5 本身也是一项多项从属权利要求，权利要求 6 从形式上看仅引用权利要求 5，但由于权利要求 5 引用了权利要求 1、2、3，故通过引用权利要求 6 间接引用了多项从属权利要求 5，这样的引用方式不符合《专利法实施细则》上述条款的有关规定，也就是说多项从属权利要求 7，既不能直接引用多项从属权利要求 5，也不能通过引用权利要求 6 间接地引用多项权利要求 5。

（2）权利要求 7 限定部分的技术特征是解决本发明技术问题的必要技术特征，应当记入权利要求 1 中。

此特征在前面已作了分析，在此不重复说明。

7. 独立权利要求 8

该权利要求 8 是本申请的一项并列独立权利要求。该权利要求不符合《专利法》第三十一条第一款及《专利法实施细则》第三十四条有关单一性的规定。

判断两项独立权利要求所限定的发明之间是否具备《专利法》第三十一条第一款规定的单一性，应当判断它们是否包含一个或者多个相同或者相应的特定技术特征，特定技术特征是指每一项发明作为整体考虑，对现有技术作出贡献的技术特征。

比较权利要求1和权利要求8可以看出，它们界定的两个技术方案虽然具有多个相同的技术特征，例如，壳体、手柄、阀杆等，但这些技术特征均不是其所限定的发明对现有技术作出贡献的特定技术特征。对于权利要求1而言，所述特定技术特征是阀杆安装通道与出水通道位于一直线上、阀杆位于所述的阀杆安装通道和出水通道中并且其手柄端伸出出水通道等；对于权利要求8而言，该特定技术特征是出水通道口处装有喷淋网罩。这两项权利要求的特定技术特征分别采用不同的技术措施，解决不同的技术问题，因而不是相应的特定技术特征。因此，独立权利要求1和8不具有至少一个相同或相应特定技术特征，不具有单一性。

二、说明书

1. 技术领域

原说明书的技术领域部分不符合《专利审查指南》第二部分第二章第2.2.2节的规定。

《专利审查指南》该节中规定：发明或者实用新型的技术领域应当是发明或者实用新型所属或者直接应用的具体技术领域，而不是上位的或者相邻的技术领域，也不是发明或者实用新型本身。

原说明书将技术领域写为其发明本身。这是因为，提供自洁式水龙头正是本发明所要解决的技术问题，在现有技术中并不存在自洁式水龙头的技术。因此，技术领域应为水龙头而并非自洁式水龙头。

2. 发明内容

原说明书的发明内容部分存在两个方面的问题。

（1）其中的技术方案部分不符合《专利审查指南》第二部分第二章第 2.2.4 节的规定。

《专利审查指南》该节中指出：一般情况下，说明书技术方案部分首先应当写明独立权利要求的技术方案，其用语应当与独立权利要求的用语相应或相同，以发明或者实用新型必要技术特征总和的形式阐明其实质，必要时，说明必要技术特征总和与发明或者实用新型效果之间的关系。

在本案例中，技术方案部分与独立权利要求的用语既不相同也不相应，而是记载了一个更为具体的技术方案，该技术方案基本与权利要求 3 的技术方案相对应（仅缺少使手柄端部从出水通道伸出这一技术特征）。这样的技术方案与权利要求 1 不相适应。

在修改后的说明书中，用修改后的独立权利要求的技术方案替代现有的技术方案部分。如果需要，可以按照《专利审查指南》中的要求将重要的从属权利要求对应的附加技术特征另起一段或几段置于与独立权利要求对应的技术方案的段落之后。在此需要说明的是，对于某一上位概念有几个实施方式而出现几个并列的从属权利要求的情况，在技术方案部分另起一段描述与从属权利要求对应的具体概念时，应当使用该上位概念"可以"是某一具体概念的用语，而不要使用该上位概念"应当"是某一具体概念的用语。这是因为，如果使用类似于"应当"的用语，则会将该上位概念局限于该特定的具体概念。也就是说在此情况下理解该上位概念包含的范围时，该上位概念仅包含所列举的特定具体概念。这将缩小该上位概念的内涵。

在本案例中，"所述锁定装置应当分别由……构成"应改为"所述锁定装置可以由……构成"。

（2）其中的有益效果部分不符合《专利审查指南》第二部分第二章第 2.2.4 节的规定。

按照《专利审查指南》的规定：有益效果是指由构成发明或者

实用新型的技术特征直接带来的技术效果，或者是由所述的技术特征必然产生的技术效果。

原说明书中所述的效果"产生了好的社会效益和经济效益"并非是由其技术特征必然产生的技术结果，而是一种广告性语言。

需要说明的是，对于机械领域的发明的有益效果，通常应结合其结构特征和工作过程来描述，如修改的说明书中所改写的那样。

3. 附图说明

附图说明不符合《专利审查指南》第二部分第二章第 2.2.5 节的规定。

按照《专利审查指南》的规定：附图不止一幅的，应当对所有附图作出图面说明。

该说明书共有四幅图，但在附图说明中写成为 3 幅。应将图 3 中沿 A－A 线的剖视图单独编号，并给出相应的附图说明。

在此需要说明的是，即使附图是一幅图面很小的局部放大图，也应将其单独编号。

4. 说明书附图

说明书附图不符合《专利审查指南》第二部分第二章第 2.3 节的规定。

《专利审查指南》该节中明确规定：一件专利申请有多幅附图时，在用于表示同一实施方式的各幅图中的同一技术特征，应当使用相同的附图标记。

在本案例中，图 1 和图 2 所示出的都是本发明水龙头的第一种实施方式，图 1 中手柄附图标记为 11，导磁铁板为 5，而在图 2 中则将手柄标为 61，导磁铁板标为 55，不符合《专利审查指南》中的上述规定。因此，应当将图 2 中手柄和导磁铁板的附图标记分别改为 11 和 5。同样，在说明书结合图 2 描述到手柄和导磁铁板，其标注在后面的附图标记也应由 61、55 分别改为 11 和 5。

【修改后的专利申请文件】

权 利 要 求 书

1. 一种水龙头，它包括壳体（1）、手柄（11）、阀杆（9）、阀芯（6）和阀座（34），所述壳体（1）具有相互连通的进水通道（31）、出水通道（32）以及阀杆安装通道（33），所述手柄（11）装于阀杆（9）的一端，所述阀芯（6）装于所述阀杆（9）上，其特征在于：所述出水通道（32）与所述阀杆安装通道（33）基本位于一直线上；所述阀杆（9）位于所述阀杆安装通道（33）和出水通道（32）中；所述阀杆（9）的长度使其手柄端能伸出所述出水通道；该水龙头还包括一个用于封闭所述阀杆安装通道（33）的封堵装置（2）以及一个可将所述阀芯（6）锁定于一个打开位置的阀芯位置锁定装置。

2. 如权利要求 1 所述的水龙头，其特征在于：所述封堵装置（2）是一个卡入式塞堵。

3. 如权利要求 1 所述的水龙头，其特征在于：所述阀芯位置锁定装置由磁铁（4）及导磁铁板（5）构成，所述磁铁（4）及导磁铁板（5）分别装在所述封堵装置（2）上及所述阀杆（9）与所述手柄（11）相对的那一端上。

4. 如权利要求 1 所述的水龙头，其特征在于：所述阀芯位置锁定装置由装在所述阀杆（9）与所述手柄相对那一端上的腰形定位板（12）、截面形状与定位板（12）相同的腔体以及位于封堵装置（2）下面的腔体圆周壁上的凹槽（22）构成。

5. 如权利要求1、2、3或4所述的水龙头❶，其特征在于：在所述出水通道（32）出口处装有一个带中间导孔（20）的十字形阀杆导引装置（10），所述阀杆穿过该中间导孔（20）。

6. 如权利要求**1、2、3或4**所述的水龙头，其特征在于：在所述出水通道（32）出口处装有一个带中间导孔（20）的喷淋网罩型阀杆导引装置（10），所述阀杆（9）穿过该中间导孔（20）。

---

❶ 原权利要求5的引用部分仅引用权利要求1、2或3是合适的，因为原权利要求4是一项多项从属权利要求，原权利要求5也是一项多项从属权利要求，因而其未引用原权利要求4，以免出现多项从属权利要求引用另一项多项从属权利要求的缺陷。但修改后的权利要求4不再是多项从属权利要求，因此修改后的权利要求5的引用部分改为引用权利要求1、2、3或4。

说 明 书

水龙头

技术领域

本发明涉及一种阀装置，特别是涉及一种水龙头。

背景技术

目前，公共场所设置的水龙头大多是如美国专利说明书US××××××号所公开的类型，它包括：壳体、阀杆、手柄、阀芯及阀座等组件，所述壳体具有相互连通的进水通道、出水通道及阀杆安装通道，该出水通道与阀杆安装通道不在一中心线上，手柄与阀芯分别装于阀杆的两端，阀杆的装有阀芯的那一部分装在壳体的阀杆安装通道中，并通过密封填料及压紧螺帽实现该通道的壁与阀杆间的密封。手柄位于壳体的上部，通过转动手柄可使阀杆在一个螺母上旋转，而阀杆在螺母上的旋转实现阀芯相对阀座的升降，从而实现水龙头的开或关。这种水龙头已广泛用于家庭及各种公共场所。但是，当其使用于公共场所时具有如下缺点：由于手柄及出水口分别位于壳体的上、下方，因此在使用过程中手柄得不到清洗，从而，手柄成了各种传染病菌的传播媒介。许多人在用完水后，因害怕弄脏洗净后的手，而不关闭水龙头，造成了水的浪费。

发明内容

本发明要解决的技术问题在于提供一种在打开水龙头用水时使得水能同时清洗其手柄且使用方便的水龙头。

本发明的上述技术问题是通过提供一种具有如下结构的水龙头而解决的，该水龙头包括：壳体、阀座、手柄、阀杆、阀芯，所述壳体上具有相互连通的进水通道、出水通道和阀杆安装通道，所述出水通道及阀杆安装通道基本位于一直线上，所述手柄装在阀杆的一端，**而所述阀芯固定于阀杆上**，所述阀杆位于所述的阀杆安装通道和出水通道中，该阀杆的长度使其手柄端从出水通道伸出，该水龙头还包括一个用于封闭所述阀杆安装通道的**封堵装置**和一个可将所述阀芯锁定于一个打开位置的阀芯位置锁定装置。

所述阀芯位置锁定装置可以由磁铁及导磁铁板构成，所述磁铁及导磁铁板分别装于所述封堵装置上及所述阀杆与所述手柄相对的那一端上。

所述阀芯位置锁定装置还可以由装于所述阀杆与所述手柄相对的那一端上的腰形定位板、截面形状与定位板相同的腔体以及位于所述封堵装置下面的腔体圆周壁上的凹槽构成。

所述的封堵装置可以是密封丝堵、卡入式塞堵或其他惯用形式的密封塞堵。

本发明水龙头与现有技术的水龙头相比具有如下的优点：由于手柄位于出水通道下端，因此，在打开水龙头使用的同时，流出的水亦对手柄进行清洗，可以避免洗净的手关闭水龙头时又被手柄污染，从而消除了手柄成为疾病传染源的危险。

附图说明

下面将参照附图描述本发明的两个实施方式。

图1是本发明水龙头第一个实施方式（阀芯位于打开位置时）的剖视图。

图2为图1所示水龙头其阀芯位于关闭位置时的剖视图。

图3是本发明水龙头的另一个实施方式的剖视图。

图4是沿图3中A-A线的剖视图。

具体实施方式

图1和图2示出了本发明水龙头的第一个实施方式。壳体1具有相互连通的进水通道31、出水通道32、阀杆安装通道33以及阀

座34。出水通道32、阀杆安装通道33位于一直线上，并分别位于阀座34的下方和上方。阀芯位置锁定装置由导磁铁板5及磁铁4构成。导磁铁板5通过其上的螺纹孔35及螺母37装于阀杆9的一端，而与导磁铁板5相配合的磁铁4装在密封丝堵2上（如图2所示），阀芯6通过螺母8、18，垫片7、17装在阀杆9两端部之间的合适位置处。阀杆9位于阀杆安装通道33和出水通道32中，使其一端穿过喷淋网罩型阀杆导引装置10上的中心导孔20伸出出水通道32。在阀杆9端部装有手柄11。阀芯6位于阀杆安装通道33中。由密封丝堵2及密封圈3封闭阀杆安装通道33。

图1所示的是水龙头的开启状态。手握手柄11向上推，阀芯6离开阀座34，阀芯6上的导磁铁板5被密封丝堵2上的磁铁4所吸住，从而保证水流畅通。图2是水龙头的关闭状态，手握手柄11下拉，导磁铁板5被拉离磁铁4，阀芯6堵住阀座34，从而将水龙头关闭。为能将导磁铁板5轻松地拉离磁铁4，导磁铁板5上设有数个小孔。

当水龙头打开时，水从喷淋网罩型阀杆导引装置10上喷出，人们在用水的同时，水亦对手柄冲洗，因此，人们关闭水龙头时，不必担心手又被手柄所污染。

图3和图4示出了本发明水龙头的第二个实施方式，除去其阀芯位置锁定装置和阀杆导引装置不同于第一个实施方式外，水龙头的其他结构均是相同的。其阀杆导引装置10由带中心导孔20的十字形部件构成，阀杆9穿过其中心导孔20。如图3所示，其阀芯位置锁定装置的定位板12装于阀杆9的上端部，其形状如图4所示，将其圆周相对中心线对称地各切去部分圆弧，形成一个腰形板，壳体1的对应腔体部分的截面形状也与定位板12相同，密封丝堵2下面的腔体圆周上各铣去凹槽22。当手握手柄11向上推，与密封丝堵2相碰时，将手柄旋转α角，定位板12即进入凹槽22中，从而阀芯6被挂住，不必人手继续推手柄11，即可保证水流畅通。同样，用水过程中，水流亦对手柄进行冲洗。用毕，将手柄11反方

527

向旋转α角，定位板12离开凹槽22，阀芯6自动落入阀座34。

此外，第二个实施方式采用的阀芯位置锁定装置与第一个实施方式相比，具有工作稳定的优点，即不易发生阀芯误开启和误关闭的情况。

可以理解，上述两实施方式的一些特征可以互换或省略，例如，图1和图2所示水龙头可采用十字形的阀杆导引装置，而图3所示水龙头可采用喷淋网罩型的阀杆导引装置，或者可以省去上述导引装置；所述阀芯不但可以装于阀杆的两端部之间，也可以装于阀杆的端部，例如，与导磁铁板或定位板制成一体。

说 明 书 附 图

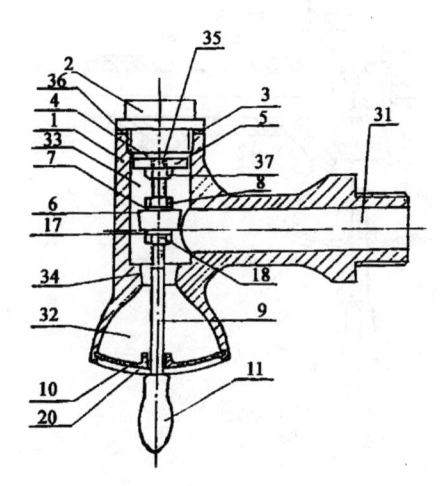

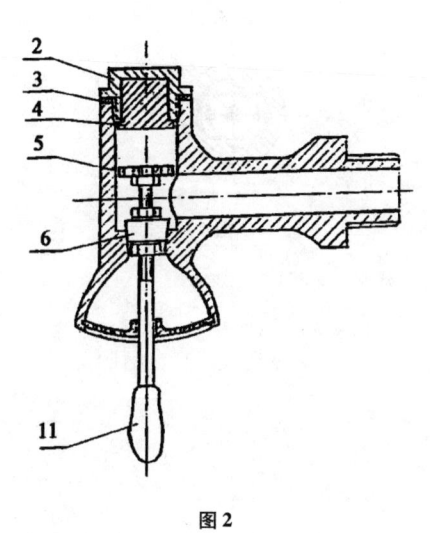

图 1

图 2

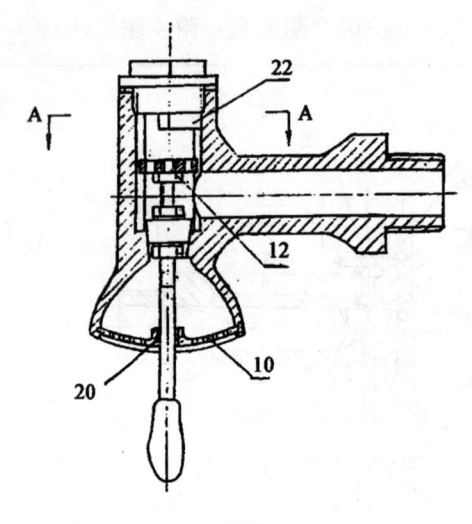

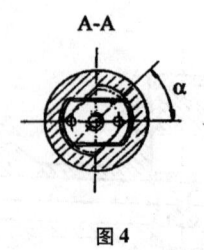

图 3

A-A

图 4

说　明　书　摘　要

　　本发明公开了一种水龙头，它包括：壳体（1）、手柄（11）、阀杆（9）、阀芯（6）和阀座（34）；壳体具有相互连通的进水通道（31）、出水通道（32）及阀杆安装通道（33）；出水通道与阀杆位于一直线上，阀杆位于阀杆安装通道和出水通道中，阀杆的长度使其手柄端能伸出所述出水通道，该水龙头还包括将阀芯锁定于打开位置的阀芯位置锁定装置。与已有水龙头相比，本发明的水龙头在打开使用的同时，流出的水亦可对手柄进行清洗，可避免洗净的手关闭水龙头时又被手柄污染，可广泛应用于公共场所。

　　（"摘要附图"与原"摘要附图"相同，为节省篇幅此处从略，请参见第514页原专利申请文件中的"摘要附图"。）

案例七　用于车辆的车身装置

本案例原专利申请文件的撰写主要存在 3 个方面的问题。

1. 原独立权利要求 1 既缺少解决其技术问题的必要技术特征，不符合《专利法实施细则》第二十条第二款的规定，又包含了不必写入独立权利要求的非必要技术特征，使该独立权利要求的保护范围过窄。

2. 从属权利要求的引用关系不当，以致未清楚地表述其请求保护的范围，不符合《专利法》第二十六条第四款有关权利要求书应当清楚地限定要求专利保护范围的规定。

3. 并列独立权利要求实际上包含了原独立权利要求 1 的保护范围，此外该并列独立权利要求保护范围与说明书中的实施方式不相适应，不符合《专利法》第二十六条第四款权利要求书应当以说明为依据的规定；此外，该独立权利要求相对于申请日前的现有技术不具备《专利法》第二十二条第三款规定的创造性。

【原专利申请文件】

权 利 要 求 书

1. 一种用于车辆的车身装置，它包括一个四边形的车身底板、一个围绕该底板周边并由此向上延伸的环形侧壁和一个顶篷，该环形侧壁上至少具有一个进出口，其特征在于：所述车身底板设置有支承机构，而所述环形侧壁可绕所述车身底板所确定平面的一垂直轴线作环绕转动。

2. 根据权利要求1所述的车身装置，其特征在于：所述支承机构为分别置于所述车身底板四角处垂直向上的滚筒，并且至少其中之一为主动滚筒。

3. 根据权利要求1或2所述的车身装置，其特征在于：所述环形侧壁为一环形薄板，它具有隔板和相应地固定于其上、下缘的环形上带和环形下带。

4. 根据权利要求3所述的车身装置，其特征在于：所述滚筒上、下端具有分别接收所述环形上带、下带的直径缩小部分。

5. 根据权利要求3所述的车身装置，其特征在于：所述环形薄板通过一个绷紧机构与相应的滚筒相连，从而使相应部分的薄板绷紧。

6. 根据权利要求5所述的车身装置，其特征在于：所述绷紧机构包括与相应滚筒上、下端相连的上调节装置和下调节装置，并由连接杆相互固定在一起。

7. 根据权利要求3所述的车身装置，其特征在于：所述环形下带置于所述车身底板的上表面之下。

8. 根据权利要求3所述的车身装置，其特征在于：所述环形侧壁上的进出口是由所述环形薄板两端缘构成进出口的两侧，其间形成进出口。

9. 根据权利要求 2 所述的车身装置，其特征在于：所述滚筒的每一个附近设置有从所述车身底板向上突起的垂直角板；所述车身装置前端处的两垂直角板位于所述环形侧壁的外侧；而其后端的垂直角板位于所述环形侧壁的内侧，且两者之间构成包容相应滚筒的空间。

10. 一种立方体容器，其特征在于：包括四边形底板、一组垂直安装于底板各个角处的滚筒、置于滚筒周围的环形薄板，并与滚筒紧贴接触，在薄板上有进出口和使其围绕滚筒运动的装置，从而可将进出口相应地置于该容器的前面、后面或两侧，以及可提升和运输该容器的装置。

说 明 书

用于车辆的车身装置

技术领域

本发明涉及一种车辆的车身装置,尤其是其侧壁上具有进出口的车辆车身装置。

背景技术

现有技术中此类车身装置或车辆已由下述专利文献予以披露。

美国专利说明书 US3709552A(1973 年 1 月 9 日公布)描述了一侧敞开的运货车辆,所述的那侧可由吊挂于车顶部的滑动隔板来封闭。

美国专利说明书 US4545611A(1985 年 10 月 8 日公布)披露了侧面打褶的篷车车身,其侧面可开口,由可滑动的门结构封闭,该门的两边侧固定,由可折叠的隔板连接两边侧。

此外,美国专利说明书 US4844524A(1989 年 7 月 4 日公布)披露了运货拖车的封闭机构,由张紧的柔性隔板覆盖开口,隔板具有垂直轴,该轴由轴承可转动地连接于拖车上。

上述现有技术所公开的车身装置或车辆侧壁的进出口仅能位于相应车辆的某(些)侧的固定位置,因而,当车辆停靠的位置使其进出口未能与欲装卸货物对准或完全偏离时,为装卸方便,势必要调整车辆的停靠方位,才能使其进出口正面向所述货物或场地,但是,若该停靠处十分狭小,而无法调整其停靠方位时,装卸难度随之进一步加大。

此外,上述现有技术中的车身装置均要在相应的进出口处设置单独的封闭部件,以保证车辆行驶时该车身装置封闭,因此,其结构较为复杂,增加了车辆自重,降低了车辆载荷比。

发明内容

为此，本发明要解决的技术问题在于提供一种用于车辆的车身装置，它的进出口可置于其任意一侧面，且该进出口无须单独设置封闭部件，从而克服上述现有技术的不足。

本发明的车身装置包括一个四边形的车身底板，一个围绕该底板周边并由此向上延伸的环形侧壁和一个顶篷，该环形侧壁上至少具有一进出口，所述车身底板设置有支承机构，所述环形侧壁可绕该车身底板所确定平面的一垂直轴线作环绕转动。

根据本发明的车身装置，其中的支承机构为分别置于所述底板四角处垂直向上的滚筒，且至少其中之一为主动滚筒。

所述车身装置的环形侧壁为一环形薄板，它具有隔板和相应固定于其上、下缘的环形上带和环形下带。所述滚筒的上、下端还可以具有分别接收环形上、下带的直径缩小部分。

上述环形薄板也可通过一个绷紧机构与相应的滚筒相连，从而使相应部分的薄板绷紧。该绷紧机构还可以包括与相应滚筒上、下端相连的上调节装置和下调节装置，并由连接杆相互固定在一起。

所述环形下带最好位于所述车身底板的上表面之下，以便于进出。而环形薄板的两端构成进出口的两侧，其间成为进出口。该进出口转至紧邻车辆驾驶室的后侧时，两者相互重叠，由该驾驶室的后壁封闭该进出口。

此外，本发明车身装置的每一滚筒附近设置有从所述车身底板向上突起的垂直角板，而该车身装置前端处的两垂直角板位于环形侧壁的外面；而其后端的另两垂直角板位于环形侧壁的里面，并围绕各自相应的滚筒，使环形侧壁的转动得到防护。

上述本发明的车身装置可以克服前述现有技术所存在的不足，即由于该车身装置的环形侧壁可置于相应车辆的任意一侧，因此，无论欲装卸货物位于车辆附近的哪一侧，均可通过将环形侧壁的进出口转至该侧，而无须反复调整车辆的方位，对于工作场地十分狭小的场合，其优越性更显突出。

并且，该车身装置环形侧壁的进出口转至与车辆驾驶室相互完全重叠，即可使该车身装置封闭，故无须单独设置封闭部件，如现有技术中的门或类似结构，从而简化了车身结构，降低了车身的重量。

附图说明

下面结合实施方式及附图，详细描述本发明的车身装置。

图1为可应用本发明车身装置的货车或带篷车的透视图。

图2与图1类似，是从易于观察的角度并去除部分顶篷的透视图。

图3为本发明车身装置后端滚筒上端的透视图。

图4为相应于图3所示滚筒下端的透视图。

图5示出本发明车身装置的绷紧机构的透视图。

图6为图5所示绷紧机构下部结构的透视图。

图7示出本发明车身装置的主动滚筒下端与传动机构电动机的连接。

具体实施方式

在图1和图2中，附图标记1为车辆驾驶室，2为本发明的车身装置，3为车身装置的车身底板，在此仅示出常见的四边形状，显然亦可采用其他的适当形状，4为车身装置的顶篷，当然，该车身装置也可不带顶篷。在此，图1和图2所示车身装置安装在其中未示出的车辆底架上，角板5垂直安装在底板3上，相对的另一侧装有类似的对称角板（图中未示）。车身装置2的前壁130固定于角板5和与其相对的所述对称角板之间，并从底板3向上延伸至与车身装置的高度平齐或延伸至顶篷4处，车身装置2的后部，一对角板6、7装设于其内，与角板5以及对称角板类似地垂直安装于底板3上，但其角板边的朝向分别与所述角板5以及对称角板相反。

所述车身装置2包括由各角处的支承机构使其直立于底板3上，并至少具有一进出口的环形侧壁，而支承机构设置在底板3上，并由滚筒8、9、10和11组成，所述的滚筒至少之一为主动滚筒，所述环形侧壁为可绕所述底板3所确定平面的一垂直轴线作环绕转动的环形薄板12，围绕上述诸滚筒周围且相互紧贴接触，该环形薄板12包括其上下缘分别固定于环形上下带14、15的隔板13。所述环形下带15最好置于底板3的上平面之下，由此可使隔板13的两端缘16、17之间构成的进出口18更为通畅，便于货物的装卸作业及进出。所述底板3或301下具有另一底板302，以支承由滚筒8~11或类似机构所组成的支承机构及其他机构。这样有利于所述环形下带15与滚筒8、9、10和11下端接触，由隔板13使其相互连接的端缘16和17构成进出口18，可置于车辆的任意一侧，如前后左右侧等，以便由该进出口进出车身装置，或由此装卸货物。当进出口18置于靠近车辆驾驶室1后侧，即车身装置的前壁130处，可由该前壁130将该进出口18封闭。此外，也可将所述前壁130取消，那么应使车辆驾驶室1的后侧壁可完全与进出口18相互重叠，由该后侧壁将进出口18封闭。当然，最好采用适当的密封结构，以获得良好的密封性能。所述环形薄板12的环绕转动可由人工手动操纵，也可由相应的机构来实现。

参照图3，其中顶篷4可由构件19、20组成的支架支承，所述构件19、20的相邻端固定在一起，形成车身装置2的角结构，并由角板5、6、7及所述与角板5对称的角板支承。

图3和图4分别示出车身装置后端滚筒11的上下端部，在此，所述上端部有凹槽110，以便与环形上带14配合，而下端部有凹槽111与环形下带15配合。

为了在环形薄板12上保持足够的张力而使其绷紧，可采用图5所示的绷紧机构，它包括分别与滚筒9上、下端相连的上调节装置和下调节装置，两者之间由连接杆34固定连接在一起，该绷紧机构用螺栓24、25将一基板23连于构件19上,将可运动的拉紧板26可转动安装于基板23的枢轴27上,由常规的轴颈支承结构将滚筒9的上端连于拉紧板26的右端,一基板28与滚筒9的下端相连,并由螺栓29、30将基板28固定于底板302。拉紧板31通过枢轴32与基板28相连,由常规的轴颈支承结构将滚筒9的下端安装在拉紧板31上以便旋转。

为保证滚筒9的垂直取向,可采用图6所示下部结构处的活塞汽缸装置37,活塞杆38由轴39可转动地连于基板28上,汽缸40通过枢轴41连于拉紧板31,这样活塞汽缸装置37操作时,将沿枢轴的转动传至拉紧板31和滚筒9,从而控制两者的位置及取向,并控制环形薄板12的张力,显然,亦可根据实际需要而在其他滚筒处设置相应的绷紧机构。

为使环形薄板12绕底板3平面的垂直轴线作环绕转动,可采用图7所示的连接结构及设置,如电动机101及与其相连的传动机构102,使轴103旋转,所述轴103与滚筒之一,如滚筒10相固接在此,电动机101及其传动机构102设置于下底板302之下表面处,当然,亦可在其他滚筒处相应地设置电动机及传动机构,以使所述的转动更加灵活,但应注意保持各个滚筒转动的协调性。显然,电动机及其传动机构使相应的滚筒如滚筒10转动,并带动环形薄板12(与滚筒紧贴接触)转动,从而可根据实际需要将车身侧壁上的进出口分别置于车辆的左、右或后侧,以方便车辆的装卸;而置于紧邻车辆驾驶室后侧壁时,可使车身装置封闭。

顶篷4可覆盖在环形薄板12、角板5、6、7及对称于角板5的角板以及滚筒8~11之上,从而保护车辆所装载的货物,且易于所述进出口18的设置及定位。

此外,只要转动环形薄板12,使进出口18位于车辆车身装置2的前端处,即紧邻驾驶室1的后侧壁且两者完全重叠,就可保证该车身装置的封闭,而不需单独设置其他的封闭部件如前壁130,当然为了获得更好的密封性能亦可保留之。

539

上述发明可用于运货带篷车，但不限于此，如可制造一底板为四边形的立方体容器，底板四角垂直安装一组滚筒，滚筒周围置有一环形薄板，两者紧贴接触，该薄板上有进出口和使其围绕滚筒运动的装置，从而可将所述进出口相应地置于该容器的前面、后面或任一侧面，此外还设置有可提升和运输该容器的装置。

毫无疑问，本发明的车身装置还可具有多种变换及改型，并不仅限于上述实施方式的具体结构，如所述底板可采用其他的几何形状，当然，应相应地变换支承机构的设置；所述环形薄板也可采用卷帘板的方式等。总之，本发明的保护范围应包括那些对于本领域普通技术人员来说显而易见的变换或替代以及改型。

说 明 书 附 图

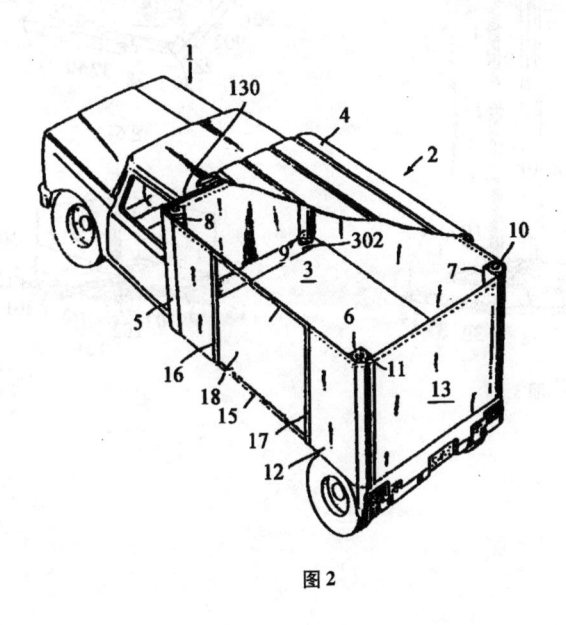

图1

图2

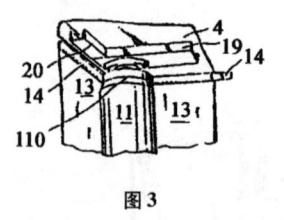

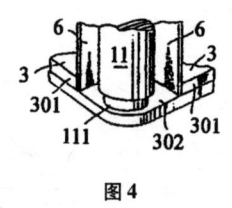

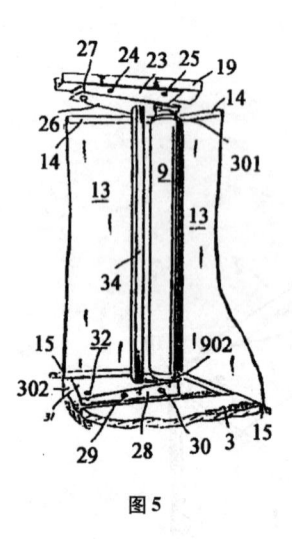

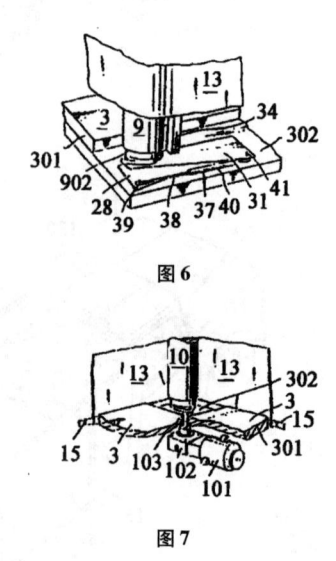

图 3

图 4

图 5

图 6

图 7

说 明 书 摘 要

本发明公开了一种用于车辆的车身装置，它包括一个四边形的车身底板、一个围绕该底板周边并由此向上延伸的环形侧壁和一个顶篷，该环形侧壁上至少有一个进出口，车身底板上设置支承机构，环形侧壁可绕此所述底板所确定平面的一垂直轴线作环绕转动，从而使所述环形侧壁上的进出口置于该车身装置的任意一侧，这样就可方便地使车身装置上的进出口正对着货物，便于装卸。

摘 要 附 图

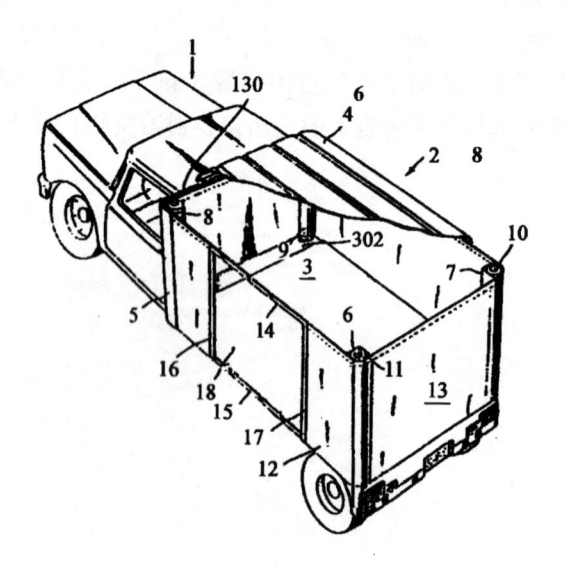

【对原专利申请文件的评析】

一、权利要求书

1. 按照《专利法实施细则》第二十条第二款的规定，独立权利要求应当从整体上反映发明或者实用新型的技术方案，记载解决技术问题的必要技术特征。然而，**本申请的独立权利要求 1 中缺少解决其技术问题的必要技术特征，与此同时还包含有不必写入独立权利要求的非必要技术特征。**

（1）由本申请说明书中对其要解决的技术问题及其对具体实施方式的描述可知，上述权利要求 1 中所述的围绕底板周边并由此向上延伸的环形侧壁，应当与其后所述的支承机构相互联系起来，否则环形侧壁的"向上延伸"无法实现，并且该支承机构对于所述环形侧壁的转动也是必不可少的，因此，上述支承机构与环形侧壁之间的相互联系为解决本发明技术问题的必要技术特征，故应当将其由说明书中补充到权利要求 1 中，如经修改的权利要求 1 中的相应部分的限定，即"所述车身底板上设置有使所述环形侧壁直立于其上的支承机构"。

（2）由本申请要解决的技术问题及具体实施方式可知，此车身装置可带顶篷，也可不带顶篷，因此车身装置的顶篷是本发明的附加技术特征，不应写入独立权利要求 1 中，而原权利要求 1 限定为带顶篷的车身装置，缩小了其保护范围，显然这样的限定是不合适的。同样权利要求 1 中将车身底板的形状限定为四边形也是不必要的，本发明要解决的技术问题是提供一种进出口可位于任意一侧的车身装置，因而其底板除了最常见的四边形之外还可以为圆形或其他合适的形状，权利要求 1 将底板限定为四边形也缩小了其保护范围。尽管按照请求原则，存在此类问题的权利要求在审查中仍可能被通过，但对于申请人的正当权益会造成损害。因而，在撰写独立权利要求时，不应写入此类非必要技术特征，而应将其作为附加技术特征写入从属权利要求。在修改后的权利要求书中，将"顶篷"作为附加技术特征，写成从属权利要求2；而将四边形车身底板与原权利要求2限定部分的技术特征结合起来，写成从属权利要求4。当然，对于上述权利要求1的修改，还应注意现有技术的状况以及说明书中所描述的实施方式是否能够提出一个保护范围合适的独立权利要求，在某些情况下可能需要增加相应的实施方式，对于此将在本文的其他部分再加以说明。

上述（1）、（2）两种情况均使权利要求1不满足《专利法实施细则》第二十条第二款的规定，但产生的原因不同。对于前者，少数是对申请的技术内容分析不当或理解不完全而疏漏了必要技术特征，多数是由于申请人不适当地追求过宽的保护范围而故意省略某些特征造成的。对于后者，多半由于对现有技术状况不甚了解，仅就发明人完成的本发明创造的一个具体实施方式来撰写独立权利要求，而未进行适当的、与所公开实施方式相应的扩展，更未对所述发明创造加以提炼。

2. 从属权利要求引用关系不当，以致未清楚地表述该从属权利要求的保护范围，不符合《专利法》第二十六条第四款和《专利法实施细则》第二十条第三款的规定。

从属权利要求3引用了权利要求1或权利要求2，从属权利要求4引用了权利要求3，因而从属权利要求4间接地引用了权利要求1或2。由于从属权利要求4的限定部分是对本发明中的滚筒从结构和连接关系作进一步限定，但是滚筒这个技术特征仅仅出现在权利要求2中，在整个权利要求1以及权利要求3的限定部分中均未作过描述，因此该权利要求4间接引用权利要求1的技术方案是不清楚的，也就是说只允许权利要求4间接引用权利要求2。为克服此问题，新修改的权利要求书中将相当于原权利要求3的权利要求改写成两个从属权利要求，其中之一（相当于修改后的权利要求3）仅引用原权利要求1（相当于修改后的权利要求1或2）；而另一个（相当于修改后的权利要求5）仅引用原权利要求2（相当于修改后的权利要求4），而相当于原权利要求4的从属权利要求6仅引用修改后的权利要求5。

3. 本申请的另一项独立权利要求10限定了一种立方容器，其保护范围远远超过原权利要求1的保护范围，它体现了本专利申请的最大保护范围。就一般的撰写方法及阅读习惯而言，一件专利申请的最大保护范围应由独立权利要求1来体现，因而原权利要求10与1的撰写顺序不宜于阅读和理解，应当予以避免。

（1）由本申请的说明书可知，通篇所描述的均为车身装置，其发明名称、技术领域、背景技术以及要解决的技术问题均如此，仅在该说明书的结尾处披露了原权利要求10相关的内容（两者所用文字基本相同），除此之外，整个说明书未提出与此有关的任何信息，如具体的实施方式、可能产生的效果等。但是，原权利要求10的保护范围不仅限于车身装置，还包括将其进出口置于任意侧面的立方容器，显然，**说明书中所描述的技术内容作为原权利要求10的依据是不够的，致使原权利要求10不符合《专利法》第二十六条第四款的规定，因此，这种撰写方式应予以避免。**

（2）退一步来说，即使原权利要求10不存在上述（1）中所述的问题，但由于其保护范围写得过宽，就有可能从现有技术中找到其他用途的、结构相近的立方容器来否定该权利要求的创造性，例如在美国专利说明书US4753343A中公开了一种"盛装磁带的容器"，两者之间的不同之处在于原权利要求10所述容器设置有提升和运输该容器的装置，而此不同之处完全是依据所述容器的尺寸规格而产生的，对于本领域普通技术人员来说，随着上述尺寸规格的变化，为了提升和运输的便利，设置上述装置完全是显而易见的。**因而原权利要求10不符合《专利法》第二十二条第三款有关创造性的规定，应予以删除。** 由此可知，权利要求所限定的保护客体不同，其保护范围随之发生变化，如本申请的原权利要求1和10，随着保护范围的扩大，权利要求被现有技术否定的可能性将增加。并且，一项保护范围适当的权利要求（尤其是独立权利要求），是以申请人或代理人对所涉及的现有技术确切了解为前提的，否则将会出现保护范围过小或过大的缺陷。

综上，对本申请原权利要求 1 和 10 的评析可知，须确切地了解与发明有关的现有技术，并将此现有技术体现于申请文件中，据此提出保护范围适当的权利要求，使申请人的正当权益得到保护。

二、说明书及其摘要

原说明书及其摘要相对于原权利要求书来说，基本上符合要求。由于该专利申请文件的权利要求书作了修改，则其说明书各个部分，例如发明内容中的技术方案、说明书摘要，也应作相应的修改，使其符合《专利法实施细则》第十七条和第二十三条的规定。

【修改后的专利申请文件】

权 利 要 求 书

1. 一种用于车辆的车身装置,包括**一个车身底板**,一个围绕该底板周边并由此向上延伸的**环形侧壁**,该环形侧壁上至少具有一个进出口,**所述车身底板设置有使所述环形侧壁直立于其上的支承机构,其特征在于**:所述环形侧壁可绕所述车身底板所确定平面的一垂直轴线作环绕转动。

2. **根据权利要求1所述的车身装置,其特征在于**:其顶部覆盖有顶篷。

3. 根据权利要求1或2所述的车身装置,其特征在于:所述环形侧壁为一环形薄板,它具有隔板和相应地固定于其上、下缘的环形上带和环形下带。

4. 根据权利要求1或2所述的车身装置,其特征在于:所述**车身底板为四边形**,相应的支承机构为分别置于该车身底板四角处垂直向上的滚筒,并且至少其中之一为主动滚筒。

5. **根据权利要求4所述的车身装置**,其特征在于:所述环形侧壁为一环形薄板,它具有隔板和相应地固定于其上、下缘的环形上带和环形下带。

6. 根据**权利要求5**所述的车身装置,其特征在于:所述滚筒上、下端具有分别接收所述环形上带、下带的直径缩小部分。

7. 根据权利要求**5**所述的车身装置,其特征在于:所述环形薄板通过一个绷紧机构与相应的滚筒相连,从而使相应部分的薄板绷紧。

8. 根据权利要求7所述的车身装置,其特征在于:所述绷紧机构包括与相应滚筒的上、下端相连的上调节装置和下调节装置,并由连接杆相互固定在一起。

549

9. 根据权利要求 5 所述的车身装置，其特征在于：所述环形下带置于所述车身底板的上表面之下。

10. 根据权利要求 5 所述的车身装置，其特征在于：所述环形侧壁上的进出口是由所述环形薄板两端缘构成进出口的两侧，其间形成进出口。

11. 根据权利要求 4 所述的车身装置，其特征在于：所述滚筒的每一个附近设置有从所述车身底板向上突起的垂直角板；所述车身装置前端处的两垂直角板位于所述环形侧壁的外侧；而其后端的垂直角板位于所述环形侧壁的内侧，且两者之间构成包容相应滚筒的空间。

说 明 书

用于车辆的车身装置

技术领域

本发明涉及一种车辆的车身装置，尤其是其侧壁上具有进出口的车辆车身装置。

背景技术

现有技术中此类车身装置或车辆已由下述专利文献予以披露。

美国专利说明书US3709552A（1973年1月9日公布）描述了一侧敞开的运货车辆，所述的那侧可由吊挂于车顶部的滑动隔板来封闭。

美国专利说明书US4545611A（1985年10月8日公布）披露了侧面打褶的篷车车身，其侧面可开口，由可滑动的门结构封闭，该门的两边侧固定，由可折叠的隔板连接两边侧。

此外，美国专利说明书US4844524A（1989年7月4日公布）披露了运货拖车的封闭机构，由张紧的柔性隔板覆盖开口，隔板具有垂直轴，该轴由轴承可转动地连接于拖车上。

上述现有技术所公开的车身装置或车辆侧壁的进出口仅能位于相应车辆的某（些）侧的固定位置，因而，当车辆停靠的位置使其进出口未能与欲装卸货物对准或完全偏离时，为装卸方便，势必要调整车辆的停靠方位，才能使其进出口正面向所述货物或场地，但是，若该停靠处十分狭小，而无法调整其停靠方位时，装卸难度随之进一步加大。

此外，上述现有技术中的车身装置均要在相应的进出口处设置单独的封闭部件，以保证车辆行驶时该车身装置封闭，因此，其结构较为复杂，增加了车辆自重，降低了车辆载荷比。

发明内容

为此，本发明要解决的技术问题在于提供一种用于车辆的车身装置，它的进出口可置于其任意一侧面，且该进出口无需单独设置封闭部件，从而克服上述现有技术之不足。

本发明的车身装置包括一个**车身底板**，一个围绕该底板周边并由此向上延伸的环形侧壁，该环形侧壁上至少具有一进出口，所述车身底板设置有使该环形侧壁直立于其上的支承机构，所述环形侧壁可绕该车身底板所确定平面的一垂直轴线作环绕转动。

所述车身装置可以在其顶部覆盖顶篷。

根据本发明的车身装置，**其车身底板可为四边形，其上**的支承机构为分别置于所述底板四角处垂直向上的滚筒，且至少其中之一为主动滚筒。

所述车身装置的环形侧壁为一环形薄板，它具有隔板和相应固定于其上、下缘的环形上带和环形下带。所述滚筒的上、下端还可以具有分别接收环形上、下带的直径缩小部分。

上述环形薄板也可通过一个绷紧机构与相应的滚筒相连，从而使相应部分的薄板绷紧。该绷紧机构还可以包括与相应滚筒上、下端相连的上调节装置和下调节装置，并由连接杆相互固定在一起。

所述环形下带最好位于所述车身底板的上表面之下，以便于进出。而环形薄板的两端构成进出口的两侧，其间成为进出口。该进出口转至紧邻车辆驾驶室的后侧时，两者相互重叠，由该驾驶室的后壁封闭该进出口。

此外，本发明车身装置的每一滚筒附近设置有从所述车身底板向上突起的垂直角板，而该车身装置前端处的两垂直角板位于环形侧壁的外面；而其后端的另两垂直角板位于环形侧壁的里面，并围绕各自相应的滚筒，使环形侧壁的转动得到防护。

上述本发明的车身装置可以克服前述现有技术所存在的不足，即由于该车身装置的环形侧壁可置于相应车辆的任意一侧，因此，无论欲装卸货物位于车辆附近的哪一侧，均可通过将环形侧壁的进出口转至该侧，而无须反复调整车辆的方位，对于工作场地十分狭小的场合，其优越性更显突出。

并且，该车身装置环形侧壁的进出口转至与车辆驾驶室相互完全重叠，即可使该车身装置封闭，故无须单独设置封闭部件，如现有技术中的门或类似结构，从而简化了车身结构，降低了车身的重量。

附图说明

下面结合实施方式及附图，详细描述本发明的车身装置。

图 1 为可应用本发明车身装置的货车或带篷车的透视图。

图 2 与图 1 类似，是从易于观察的角度并去除部分顶篷的透视图。

图 3 为本发明车身装置后端滚筒上端的透视图。

图 4 为相应于图 3 所示滚筒下端的透视图。

图 5 示出本发明车身装置的绷紧机构的透视图。

图 6 为图 5 所示绷紧机构下部结构的透视图。

图 7 示出本发明车身装置的主动滚筒下端与传动机构电动机的连接。

具体实施方式

在图 1 和图 2 中，附图标记 1 为车辆驾驶室，2 为本发明的车身装置，3 为车身装置的车身底板，在此仅示出常见的四边形状，显然亦可采用其他的适当形状，4 为车身装置的顶篷，当然，该车身装置也可不带顶篷。在此，图 1 和图 2 所示车身装置安装在其中未示出的车辆底架上，角板 5 垂直安装在底板 3 上，相对的另一侧装有类似的对称角板（图中未示）。车身装置 2 的前壁 130 固定于角板 5 和与其相对的所述对称角板之间，并从底板 3 向上延伸至与车身装置的高度平齐或延伸至顶篷 4 处，车身装置 2 的后部，一对角板6、7装设于其内，与角板5以及对称角板类似地垂直安装于底板3上，但其角板边的朝向分别与所述角板5以及对称角板相反。

所述车身装置2包括由各角处的支承机构使其直立于底板3上，并至少具有一进出口的环形侧壁，而支承机构设置在底板3上，并由滚筒8、9、10和11组成，所述的滚筒至少之一为主动滚筒，所述环形侧壁为可绕所述底板3所确定平面的一垂直轴线作环绕转动的环形薄板12，围绕上述诸滚筒周围且相互紧贴接触，该环形薄板12包括其上下缘分别固定于环形上下带14、15的隔板13。所述环形下带15最好置于底板3的上平面之下，由此可使隔板13的两端缘16、17之间构成的进出口18更为通畅，便于货物的装卸作业及进出。所述底板3或301下具有另一底板302，以支承由滚筒8~11或类似机构所组成的支承机构及其他机构。这样有利于所述环形下带15与滚筒8、9、10和11下端接触，由隔板13使其相互连接的端缘16和17构成进出口18，可置于车辆的任意一侧，如前后左右侧等，以便由该进出口进出车身装置，或由此装卸货物。当进出口18置于靠近车辆驾驶室1后侧，即车身装置的前壁130处，可由该前壁130将该进出口18封闭。此外，也可将所述前壁130取消，那么应使车辆驾驶室1的后侧壁可完全与进出口18相互重叠，由该后侧壁将进出口18封闭。当然，最好采用适当的密封结构，以获得良好的密封性能。所述环形薄板12的环绕转动可由人工手动操纵，也可由相应的机构来实现。

参照图3，其中顶篷4可由构件19、20组成的支架支承，所述构件19、20的相邻端固定在一起，形成车身装置2的角结构，并由角板5、6、7及所述与角板5对称的角板支承。

图3和图4分别示出车身装置后端滚筒11的上下端部，在此，所述上端部有凹槽110，以便与环形上带14配合，而下端部有凹槽111与环形下带15配合。

为了在环形薄板12上保持足够的张力而使其绷紧，可采用图5

所示的绷紧机构，它包括分别与滚筒9上、下端相连的上调节装置和下调节装置，两者之间由连接杆34固定连接在一起，该绷紧机构用螺栓24、25将一基板23连于构件19上，将可运动的拉紧板26可转动安装于基板23的枢轴27上，由常规的轴颈支承结构将滚筒9的上端连于拉紧板26的右端，一基板28与滚筒9的下端相连，并由螺栓29、30将基板28固定于底板302。拉紧板31通过枢轴32与基板28相连，由常规的轴颈支承结构将滚筒9的下端安装在拉紧板31上以便旋转。

为保证滚筒9的垂直取向，可采用图6所示下部结构处的活塞汽缸装置37，活塞杆38由轴39可转动地连于基板28上，汽缸40通过枢轴41连于拉紧板31，这样活塞汽缸装置37操作时，将沿枢轴的转动传至拉紧板31和滚筒9，从而控制两者的位置及取向，并控制环形薄板12的张力，显然，亦可根据实际需要而在其他滚筒处设置相应的绷紧机构。

为使环形薄板12绕底板3平面的垂直轴线作环绕转动，可采用图7所示的连接结构及设置，如电动机101及与其相连的传动机构102，使轴103旋转，所述轴103与滚筒之一，如滚筒10相固接在此，电动机101及其传动机构102设置于下底板302之下表面处，当然，亦可在其他滚筒处相应地设置电动机及传动机构，以使所述的转动更加灵活，但应注意保持各个滚筒转动的协调性。显然，电动机及其传动机构使相应的滚筒如滚筒10转动，并带动环形薄板12（与滚筒紧贴接触）转动，从而可根据实际需要将车身侧壁上的进出口分别置于车辆的左、右或后侧，以方便车辆的装卸；而置于紧邻车辆驾驶室后侧壁时，可使车身装置封闭。

顶篷4可覆盖在环形薄板12、角板5、6、7及对称于角板5的角板以及滚筒8~11之上，从而保护车辆所装载的货物，且易于所述进出口18的设置及定位。

此外，只要转动环形薄板12，使进出口18位于车辆车身装置2的前端处，即紧邻驾驶室1的后侧壁且两者完全重叠，就可保证

555

该车身装置的封闭，而不需单独设置其他的封闭部件如前壁 130，当然为了获得更好的密封性能亦可保留之。

  毫无疑问，本发明的车身装置还可具有多种变换及改型，并不仅限于上述实施方式的具体结构，如所述底板可采用其他的几何形状，当然，应相应地变换支承机构的设置；所述环形薄板也可采用卷帘板的方式等。总之，本发明的保护范围应包括那些对于本领域普通技术人员来说显而易见的变换或替代以及改形。

  （"说明书附图"与原"说明书附图"相同，为节省篇幅此处从略，可参见第 541~542 页原专利申请文件中的"说明书附图"。）

说 明 书 摘 要

本发明公开了一种用于车辆的车身装置,它包括一个车身底板,一个围绕该底板周边并由此向上延伸的环形侧壁。该环形侧壁上至少具有一个进出口,车身底板设置有使所述环形侧壁直立于其上的支承机构,环形侧壁可绕此所述底板所确定平面的一垂直轴线作环绕转动,从而使所述环形侧壁上的进出口置于该车身装置的任意一侧,这样就可方便地使车身装置上的进出口正对着货物,便于装卸。

("摘要附图"与原"摘要附图"相同,为节省篇幅此处从略,可参见第544页原专利申请文件中的"摘要附图"。)

案例八　密封装置

本案例原专利申请文件的撰写主要存在 5 个方面的问题。

1. 原独立权利要求 1 缺少解决本发明技术问题的必要技术特征，不符合《专利法实施细则》第二十条第二款的规定。

2. 权利要求中出现了一些不允许的功能性限定，或者部分技术特征表述不准确，从而使权利要求未清楚地限定要求专利保护的范围，不符合《专利法》第二十六条第四款的规定。

3. 部分从属权利要求中出现引用附图的语句，不符合《专利法实施细则》第十九条第三款的规定。

4. 部分从属权利要求的引用关系不符合《专利法实施细则》第二十二条第二款的规定。

5. 说明书各部分及其摘要的撰写不符合《专利法实施细则》第十七条和第二十三条以及《专利审查指南》相应部分的规定。

【原专利申请文件】

权 利 要 求 书

1. 一种用于圆筒式滤清器中的密封装置,该滤清器包括一个呈圆筒状的外壳、一个端盖及一个滤清元件,所述外壳具有纵轴线,并带有一个封闭端和一个敞开端,所述端盖设置在该外壳的敞开端,所述滤清元件安装在该外壳内,所述滤清器适用于螺纹形式连接到一块安装板上,所述密封装置包括:

一个环状垫圈,它安装在端盖的环状凹槽内,该垫圈的内表面上设有一圆周沟槽;

所述端盖包括一个固位装置,它伸入所述垫圈的沟槽内,将该垫圈保持在端盖的环状凹槽内。

2. 如权利要求1所述的密封装置,其特征在于:所述固位装置与所述垫圈上的沟槽松动地配合,使所述垫圈既可保留在所述端盖的凹槽中,又可在安装过程转动滤清器时相对端盖自由转动。

3. 如权利要求1所述的密封装置,其特征在于:所述垫圈的断面形状如说明书图2所示,即截面大致呈矩形,具有一对轴向延伸的相对表面和一对径向延伸的相对表面,所述圆周沟槽在所述垫圈的一个轴向延伸面上形成。

4. 如权利要求1所述的密封装置,其特征在于:所述垫圈大致是对称的。

5. 如权利要求4所述的密封装置,其特征在于:所述垫圈横截面大致呈矩形,它有一对轴向延伸的相对表面和一对径向延伸的相对表面,所述圆周沟槽在所述垫圈的一个轴向延伸面上形成。

6. 如权利要求1或2所述的密封装置,其特征在于:所述固位装置与所述端盖成一体。

7. 如权利要求6所述的密封装置,其特征在于:所述固位装置为与端盖成一体的、沿圆周方向间隔的、径向朝外延伸的舌片。

8. 如权利要求6或7所述的密封装置,其特征在于:所述固位装置为一个自环状凹槽内侧壁径向向外延伸的环状凸部,它伸入所述垫圈的沟槽内。

9. 如权利要求1所述的密封装置,其特征在于:所述垫圈的边缘可以阻止装配过程中存留空气。

10. 如权利要求9所述的密封装置,其特征在于:所述垫圈的边缘是圆形的。

11. 如权利要求1所述的密封装置,其特征在于:所述垫圈的内径大于所述环状凹槽内侧壁外表面直径。

12. 如权利要求1所述的密封装置,其特征在于:所述垫圈的外径小于所述环状凹槽外侧壁内表面直径。

13. 如权利要求1所述的密封装置,其特征在于:所述垫圈的内径大于所述环状凹槽内侧壁外表面的直径,且所述垫圈的外径小于所述环状凹槽外侧壁内表面的直径。

14. 如权利要求1所述的密封装置,其特征在于:所述垫圈轴向延伸的内表面与所述环状凹槽的内侧壁相互隔开。

15. 如权利要求1所述的密封装置,其特征在于:所述垫圈轴向延伸的外表面与所述环状凹槽的外侧壁相互隔开。

16. 如权利要求1所述的密封装置,其特征在于:所述垫圈轴向延伸的内表面和外表面分别与所述环状凹槽的内侧壁和外侧壁相互隔开。

17. 一种圆筒式滤清器的密封装置,所述滤清器包括一个呈圆筒状的外壳、一个端盖及一个滤清元件,所述外壳具有纵轴线,并带有一个封闭端和一个敞开端,所述端盖设置在该外壳敞开端,所述滤清元件安装在该外壳内,所述滤清器适于用螺纹形式连接到一块安装板上,所述密封装置包括:

一个大致对称的环状垫圈,它安装在端盖的环状凹槽内,该垫圈的截面大致呈矩形,它具有一对轴向延伸的相对表面和一对径向

延伸的相对表面,该垫圈的一个轴向延伸表面上具有一圆周沟槽;

所述端盖包括与其成一体的固位装置,它伸入所述垫圈的沟槽内,将该垫圈保持在该端盖的环状凹槽内;其中,该垫圈轴向延伸的内、外表面分别与该环状凹槽的内、外侧壁隔开,使该垫圈既可被保持在该端盖的凹槽内,又可在安装过程转动滤清器时相对端盖自由转动。

说 明 书

密封装置

技术领域

本发明涉及一种密封装置，具体地说，涉及一种液体密封装置。

背景技术

众所周知，圆筒式滤清器常用于内燃机的润滑系统中，这类滤清器通常包括一个外部容器和一个用来封闭中空圆筒状滤清元件的端盖。在滤清器的端盖和安装该滤清器的发动机机体或连接板或类似物件之间，需采用一个环状密封垫圈，从而使这些元件之间获得有效的密封。通常，在该端盖上所形成的环状凹槽内安装一个具有矩形横截面的垫圈，然后再将该凹槽的一侧或两侧的壁面卷曲，将密封圈封装在凹槽内。

这类密封垫圈的缺点是，垫圈相对端盖的转动受到阻碍。尽管垫圈在装配前预先经过了润滑，但是，一旦垫圈与密封基面相对接触之后，在滤清器旋转至最终工作位置时，垫圈会受到剪切变形力。垫圈所经受的这种内部剪切力会导致垫圈移动，并使密封失效。

采用这种密封垫圈的滤清器，还存在装配过程中垫圈与端盖之间存留空气的可能性。所存留的空气像一个弹簧，一旦空气逸出，会使作用于该垫圈的有效外加力矩减小。这样，会使滤清器因振动而松脱，甚至可能导致滤清器离开其安装位置。另外，由于这种垫圈是一种上下不对称的结构，无论对垫圈的制造还是安装都带来不便。

发明内容

因此，本发明提供了一种圆筒式滤清器的密封装置。这种圆筒式滤清器具有一个带有封闭端和敞开端的外壳，在其敞开端装有一个端盖，滤清元件装在外壳内，该滤清器以螺纹的方式连接在一块安装板上；本发明的滤清密封装置由环状垫圈组成，该环状垫圈安放在端盖的环状凹槽内，该垫圈的内表面上具有一个圆周沟槽；设置在端盖上的固位装置伸进该垫圈的沟槽内，将垫圈保持在该端盖的凹槽内。

以下结合附图对本发明的几个优选实施方式进行具体描述。

具体实施方式

图1示出了本发明所提供的圆筒式滤清器（8）。该滤清器（8）包括一个外壳或容器（10），其一端由一个与其成一体的端壁（12）封闭。外壳（10）的另一端设有加强板（14）及环形端盖（16）。用点焊或类似方式将端盖（16）的内周边固定到加强板（14）的下侧面，而端盖（16）的外周边则用不渗漏流体的滚轧缝或接合点（18）与容器（10）的下端固定在一起，垫圈（20）最好由腈橡胶或类似耐油的弹性材料制作，将其安放在端盖（16）下侧的环状凹槽（22）内，关于这一点，将在下文详述。当滤清器（8）安装在滤清器的安装座上，例如一台内燃机上时，将形成一个油进口腔（图中未示出），垫圈（20）对该油进口腔起到密封作用。

加强板（14）的中心处设有内螺纹套（24），该螺纹套（24）适于拧入一个带外螺纹的杆（图中未示出）。该外螺纹杆具有一中心通道，使来自滤清器（8）的油经过该通道而流出，加强板（14）还具有一组进口（26），来自进口腔需进行过滤的油液经进口（26）而流入滤清器（8）的内部，中空圆筒状滤清元件（28）安装在容器（10）内，并通过支承结构（30）安装在加强板（14）上方的某一位置上。这样，经进口（26）

563

流进滤清器（8）的油径向向外流到容器（10）和滤清元件（28）之间的空间，在该空间内又沿轴向朝端壁（12）的方向流动，此后再沿径向向内流动，当油液穿过滤清元件（28）时，便流入了多孔的中心管（32）内，并得到滤清，中心管（32）内的油经过内螺纹套（24）从滤清器（8）流出，再由上述外螺纹杆中的中心通道流回到发动机中。

采用合适的部件，例如设置在该滤清元件（28）端部和容器（10）的端壁（12）之间的片簧（34），可将滤清元件（28）固定在容器（10）内的一个合适位置上。片簧（34）推压滤清元件（28），使其靠在支承结构（30）上。通常，滤清器（8）在靠近加强板（14）处还设置有止回阀（36），以防止发动机停止工作时通过滤清器的油回流，压力安全阀（38）设置在支承结构（30）内，该阀可在滤清元件（28）阻塞时形成旁路，使油仍能流过滤清器（8）。

如图2所示，垫圈（20）设置在端盖（16）的环状凹槽（22）内。垫圈（20）最好带有圆角，以减少该滤清器安装时可能在凹槽（22）内存留过多的空气，业已发现，半径约为0.05英寸的圆角是适宜的。

端盖（16）的环状凹槽（22）处设有固位装置，该装置伸入垫圈（20）内表面的沟槽（44）中，从而将垫圈（20）保持在凹槽（22）内。在图1和图2所示的实施方式中，凹槽（22）的内侧壁（42）的末端处径向朝外形成夹角，构成环状凸部（46），该凸部伸入垫圈（20）的沟槽（44）内。这样，在滤清器的安装与操作过程中，垫圈（20）就不会从凹槽（22）内脱出。

尽管环状凸部（46）伸进沟槽（44）内，但并不紧贴住垫圈（20），垫圈（20）和凹槽（22）之间留有间隙。

在一个优选的实施方式中，垫圈（20）的内径与凹槽（22）内侧壁（42）的直径大体相等，而垫圈（20）的外径比凹槽（22）外侧壁（40）的直径约小0.025英寸。在该实施方式中，沟槽（44）的深度约为

0.025英寸，而该环状凸部（46）的直径比凹槽（22）内侧壁（42）的直径约大0.05英寸。最好垫圈（20）的外周与凹槽（22）外侧壁（40）之间以及垫圈（20）的内周与凹槽（22）内侧壁（42）之间都有间隙。在另一优选实施方式中，垫圈（20）的内径比凹槽（22）内侧壁（42）的直径约大0.03英寸，而该垫圈的外径比凹槽（22）外侧壁（40）的直径约小0.025英寸，沟槽（44）的深度也约为0.025英寸，环状凸部（46）的直径比凹槽（22）内侧壁（42）的直径约大0.05英寸。

这样，在安装过程中，当滤清器（8）转动时，垫圈（20）可以在凹槽（22）内自由转动，从而减小了作用于垫圈（20）上的剪切力。由于环状凸部（46）与沟槽（44）充分接触，从而避免了垫圈（20）沿轴向从凹槽（22）中脱出。垫圈（20）和凹槽（22）之间的间隙与垫圈（20）上圆角的作用相结合，使滤清器（8）安装时在垫圈（20）与凹槽（22）间的任何气体得以逸出。

沟槽（44）最好位于垫圈（20）内表面的中央处附近，如图2所示，垫圈（20）大体对称。尽管垫圈（20）小于凹槽（22）的尺寸，但是，将垫圈制成大致为"B"字的形状，有助于环状凸部（46）将垫圈（20）卡在凹槽（22）内。这种对称垫圈（20）的优点是：在垫圈（20）装进凹槽（22）之前，不需作安装面的选择。

图3示出了另外一个实施方式，在该实施方式中，端盖（16）上凹槽（22）的内侧壁（42）上沿圆周间隔设置了一组径向向外延伸的舌片（48），这些舌片（48）都伸进沟槽（44）中，从而将垫圈保持在凹槽内。

本发明的密封装置在操作时能将垫圈保持住，在安装过程中允许垫圈在凹槽内自由转动。这种密封装置不需对安装面进行选择，而且可以消除空气存留在装置内的缺陷。

以上所述的仅是本发明的优选实施方式。应当指出，对于本领域的普通技术人员来说，在不脱离本发明原理的前提下，还可以作出若干变型和改进，这些也应视为属于本发明的保护范围。

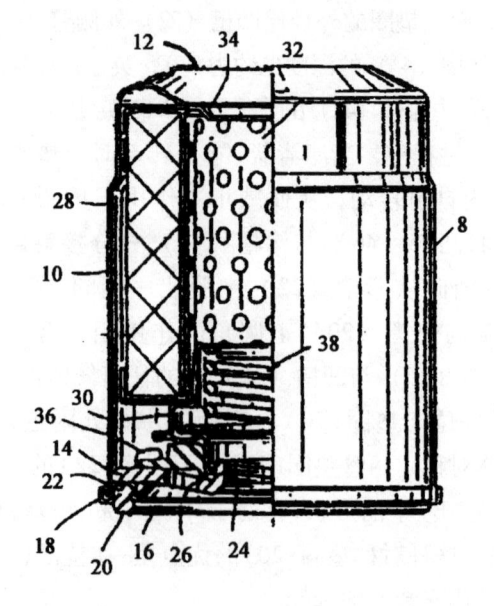

图1

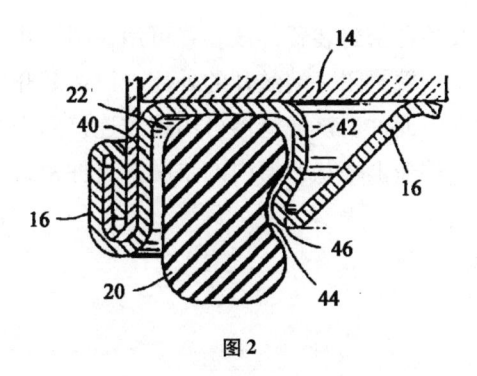

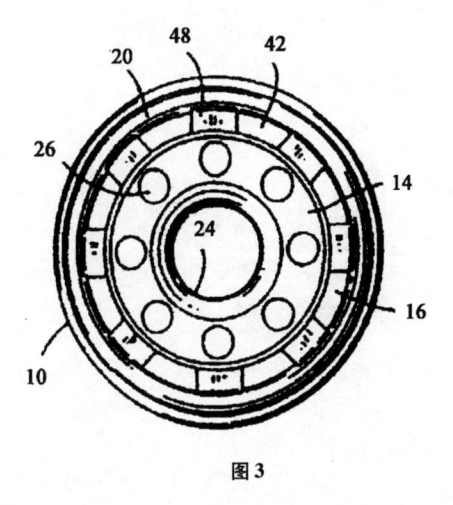

图 2

图 3

说 明 书 摘 要

本发明涉及一种密封装置，该装置可用在圆筒式滤清器中。该滤清器包括一个一端封闭一端敞开的外壳、设在敞开端的端盖及安装在外壳内的滤清元件。该滤清器可用螺纹连接到安装板上，密封装置包括安装在端盖上环状凹槽内的垫圈。这种密封装置在安装时能自由转动。

【对原专利申请文件的评析】

一、权利要求书

1. 权利要求1涉及一种用于圆筒式滤清器的密封装置,作为一项独立权利要求,应当符合《专利法实施细则》第二十条第二款的规定,即从整体上反映发明的技术方案,记载解决其技术问题的必要技术特征。

在该申请的说明书中,虽然申请人未正面明确提出该发明要解决的技术问题,但从其对背景技术所作的分析以及后述的技术方案中可以得知,解决垫圈安装过程中存在的剪切应力问题应是该发明要解决的技术问题。但权利要求1中所记载的技术方案无法解决上述技术问题,所记载的技术特征只能保证将垫圈保持在端盖的凹槽内,而不能使垫圈在安装过程中自由转动,从而消除剪切作用力的产生,只有当垫圈与凹槽之间存在运动间隙时,才能解决上述技术问题。因此,原权利要求1缺少解决该技术问题的必要技术特征,不符合《专利法实施细则》第二十条的规定。

2. 权利要求2的限定部分**与本发明上述要解决的技术问题直接有关,是解决本发明技术问题的必要技术特征,应当写入权利要求1**。此外,这些技术特征属于一种功能性的限定,垫圈"在安装过程转动滤清器时,相对端盖自由转动"是对该技术方案所达到的技术效果的描述,但缺少具体明确的技术特征,未清楚地限定要求专利保护的范围,不符合《专利法》第二十六条第四款的规定。

《专利审查指南》第二部分第二章第3.2.2节规定:通常,对产品权利要求来说,应当尽量避免使用功能或者效果特征来限定发明。只有在某一技术特征无法用结构特征来限定,或者技术特征用结构特征限定不如用功能或效果特征来限定更为恰当,而且该功能或者效果能够通过说明书中规定的实验或者操作或者所属技术领域的惯用手段直接和肯定地验证的情况下，使用功能或者效果特征来限定发明才可能是允许的。

权利要求 2 限定部分的技术特征显然不属于上述情况，因为从说明书所公开的技术方案来看，这些效果特征完全可以，也应该用具体的技术特征来取代。

3. 权利要求 3 中"所述垫圈的断面形状如说明书附图 2 所示"一句，属于对说明书附图的直接引用，不符合《专利法实施细则》第十九条第三款的规定：除绝对必要外，不得使用"如图……所示"的用语。

此外"截面大致呈矩形，具有一对轴向延伸的相对表面和一对径向延伸的相对表面"属于垫圈的一个重要结构特征。从说明书所公开的技术内容中可以得知：无论对现有技术还是对该发明，这种大致呈矩形的横截面形状都是唯一的形状。如果将该技术特征写入权利要求 3 中，则意味着在权利要求 1 的技术方案中，其垫圈的形状不是或者有可能不是矩形截面，这显然与说明书所公开的内容不相符，因此，应将该技术特征写入权利要求 1 的前序部分。

在撰写独立权利要求时，有些技术特征虽然是构成一项技术方案的必要技术特征，但它与现有技术完全相同，而且与其要解决的技术问题没有直接的关系。例如，一项发明涉及一种照相机，其发明点在于对照相机的快门机构作了改进，照相机的其他部分与现有技术相同，这时，其独立权利要求可以写作"一种照相机，它具有一个快门机构，其特征在于：……"这时，照相机的其他构件例如镜头并未被写入该权利要求中去，但这绝非意味着镜头不是组成该照相机的必要技术特征，而是意味着其镜头与现有技术的镜头相同，在独立权利要求的前序部分中省略了，省略并不意味着不存在。但如果在该权利要求的从属权利要求中将该技术特征写入，例如，将权利要求 2 写作：如权利要求 1 所述的照相机，其特征在于它还包括一个镜头。这时，将意味着权利要求 1 中所述的照相机不带或者可能不带镜头，这显然与该发明的技术方案相矛盾，故权利要求 2 不能被允许。如果申请人想把镜头这一技术特征写入权利要求书中，则只能将其写入权利要求 1 的前序部分。

基于同样理由，在本发明中，垫圈的横截面为矩形的形状技术特征只能写入权利要求 1 的前序部分。

4. 权利要求 4 中"所述垫圈大致是对称的"这一技术特征不够清楚和准确，它没有指明对称的方向。依照说明书的记载，应将其改为"所述垫圈的横截面沿径向上下对称"。从而使该权利要求符合《专利法》第二十六条第四款的规定：清楚地限定要求专利保护的范围。

5. 如前面第 3 点所述，权利要求 5 限定部分的特征，即对垫圈横截面形状及其外表面的限定应写入权利要求 1 的前序部分，在对权利要求 1 作了这种修改之后，权利要求 5 即没有存在的必要。

6. 权利要求 7 是对权利要求 6 的引用，"所述的固位装置为与所述端盖成一体"这一技术特征已写入权利要求 6 中，故应将该技术特征从原权利要求 7（见修改后的权利要求 5）中删除。

7. 从形式上看，**权利要求 8 引用了权利要求 6 或 7，而权利要求 6 又引用了权利要求 1 或 2，因而多项从属权利要求 8 引用了另一项多项从属权利要求 6**，这种引用关系不符合《专利法实施细则》第二十二条第二款的规定：多项从属权利要求不得作为另一项多项从属权利要求的基础。

从技术内容上看，根据说明书的记载，该密封装置中的"固位装置"有两种不同的实施方式，一是"一个自环状凹槽内侧壁径向向外延伸的环状凸部"；二是"与端盖成一体的、沿圆周方向间隔的、径向朝外延伸的舌片"，**两者属于并列的技术方案，故权利要**

求8不能对权利要求7进行引用,否则将会导致技术方案上的矛盾。

8. **权利要求9限定部分**也属于一种功能性限定,它仅仅记载了其效果特征,如同以上对权利要求2的分析,该效果特征**应采用具体结构特征来表示**。

9. 权利要求10限定部分的技术特征是产生权利要求9技术效果的具体结构特征,可以用之取代权利要求9,但"所述垫圈的边缘是圆形的"这一描述不够准确,应修改为:"所述垫圈的角部是圆形的"。为对本发明更好地加以保护,此从属权利要求改写成新权利要求3和7,前者引用权利要求1或2,后者引用权利要求6。

10. 如同以上对权利要求1的分析,为解决该发明的技术问题,权利要求1中至少应当包括使垫圈在安装过程中可以自由转动的具体技术特征。根据说明书的记载,能够解决该技术问题的技术方案有两个:一个是使垫圈的外直径小于凹槽外侧壁的直径,而其内直径又与凹槽内侧壁的直径大致相同;另一个是使垫圈的外直径小于凹槽外侧壁的直径,同时其内直径又大于凹槽内侧壁的直径。**权利要求11和12的技术特征均不完整**,它们只对内、外径中的一个尺寸作了限定,**与说明书所公开的技术方案不符**,而且,在不对内、外径作出同时限定的情况下,也难以保证其技术问题的解决,鉴于对内、外径尺寸同时作进一步限定的技术方案(即将权利要求11和12限定部分技术特征结合在一起对权利要求1作进一步限定的技术方案)已体现在原权利要求13中,**因此,权利要求11和12应当删除**。

11. **权利要求13**实际上相当于上述的第二种技术方案,根据《专利法》第二十六条第四款的规定,为了"清楚、简要地限定要求专利保护的范围",可以将说明书中所描述的两种方案归纳为:"垫圈的外直径小于端盖环状凹槽外侧壁的直径,而垫圈的内直径等于或大于环状凹槽内侧壁外表面的直径"。正如前面对权利要求1分析所指出的,该技术特征**是解决本发明技术问题的必要技术特征,因此应当将其补入权利要求1中,而将权利要求13删除**。

12. 权利要求14~16实际上就是权利要求11~13所达到的一种技术效果,不存在任何新的技术特征,因此,**从属权利要求14~16的保护范围实质上与从属权利要求11~13的保护范围完全相同,应当删除**。

13. 从形式上看,**权利要求17**是该发明的第二个独立权利要求,该权利要求**实际上涉及该发明的一种优选的技术方案**。该方案中除了包含解决本发明技术问题的全部必要技术特征之外,还包括了"一个大致对称的环状垫圈"和"与端盖成一体的固位装置"这两个技术特征。因而,对该技术方案与权利要求1的技术方案来说,属于一项发明,**按照《专利法实施细则》第二十一条第三款的规定,一项发明应当只有一个独立权利要求,该权利要求17应当以权利要求1的一项从属权利要求的形式来表达,从而使权利要求书更为"清楚、简要"**。修改后的权利要求4中引用权利要求2的部分,实际上就相当于该技术方案。

14. 在说明书的一个优选实施方式中,分别对垫圈、凹槽以及固位装置的尺寸作了具体限定,为了更有效地对该发明进行保护,不妨以该实施方式为依据撰写一个新的从属权利要求,如修改后的权利要求8。

15. 该发明的发明点在于对现有滤清器的密封装置进行改进,在选择专利保护的主题时,选择"密封装置"作为保护客体是十分

573

合适的。为了获得最大的保护范围，在权利要求 1 中应尽量避免写入与该密封装置无关的技术特征。原权利要求 1 中记载了若干有关圆筒式滤清器的结构特征，这将导致保护范围的缩小，修改后的权利要求 1 已删去这些结构特征。

如果该密封装置与圆筒式滤清器的结合要求滤清器结构本身或其结合本身作相应的改进，从而给滤清器本身带来了实质性的进步，不妨将"带有这种密封装置的滤清器"作为该发明的第二个技术主题进行保护。由于说明书中已经对滤清器的有关结构作了很详细的公开，这种补充也是有基础的。**但就本发明来说，该滤清器本身结构除密封装置外无任何其他改进，因而不应将滤清器作为第二个主题进行保护。**这里需要注意的是，如果权利要求书中增加了"滤清器"这一主题，说明书中的发明名称、技术领域、背景技术以及发明内容中的要解决的技术问题和技术方案都需作相应的修改。

二、说明书及其摘要

1. 名称

本发明是专用于圆筒式滤清器中的密封装置，而原发明名称"密封装置"过于笼统，**未体现其特定的应用领域，因此未清楚、简明地反映该发明的主题**。应将发明名称改为"圆筒式滤清器中的密封装置"。这样修改后，也满足了与权利要求书中所要求保护的主题名称相一致的要求。

2. 技术领域

原说明书中技术领域部分所提到的"涉及一种液体密封装置"与其权利要求中要求保护的主题不一致，概括得过于上位，根据《专利审查指南》第二部分第二章第 2.2.2 节的规定，该技术领域应当是发明所属或者直接应用的具体技术领域，而不是上位的或者相邻的技术领域，也不是发明本身，因此，将技术领域写作"涉及一种圆筒式滤清器的密封装置"为宜。

3. 背景技术

说明书原背景技术部分只写明与该发明最为相关的背景技术状况，**未写明该有关技术的出处**。根据《专利法实施细则》第十七条的有关规定，在背景技术部分应指明反映这些背景技术的有关文件，因此在修改后的说明书这一部分给出了反映此现有技术状况的德国专利申请公开文件的公告号。

4. 发明内容

说明书这一部分共存在 3 个方面的问题。

(1) 原说明书这一部分未写明本发明要解决的技术问题。根据《专利审查指南》第二部分第二章第 2.2.4 节的有关规定，在说明书发明内容部分首先应当用正面的、尽可能简洁的语言客观而有根据地反映发明要解决的技术问题。

根据说明书背景技术中对现有技术状况的分析以及结合实施方式对本发明所作的说明，可以得知该发明针对以下 3 个问题进行了改进：

①在**安装**过程中垫圈承受内部剪切作用力的问题。
②在**安装**过程中出现存留空气的问题。
③垫圈不规则形状给其制造和安装带来不便。

如果将以上 3 个问题同时作为该发明要解决的技术问题，则权利要求 1 的技术方案必须包括能解决上述 3 个问题的全部必要技术特征，这样，将会使保护范围变窄。通过阅读权利要求书及说明书可以得知，申请人是将上述问题中的第一个问题作为主要问题来解决的，其他两个问题都是在解决了第一个问题的基础上对该发明所作的进一步改进。这时，在撰写要解决的技术问题时就不应将上述 3 个问题混为一谈，而应分清主次，从而使权利要求 1 有可能获得最大的保护范围。

具体地说，有两种方式可供选择：一种是仅仅将解决第一个问题作为该发明要解决的技术问题，即写作"本发明要解决的技术问题在于消除垫圈安装过程中所承受的剪切作用力的问题"。第二个问题和第三个问题的解决，可以放在该发明所取得的有益效果部分进行叙述，即针对某些优选的实施方式，阐明其可以消除安装过程中存留空气的问题以及解决安装不便的问题。另一种方式是将解决第一个问题作为该发明首先要解决的技术问题，其余两个作为该发明进一步解决的技术问题。但这时应当注意，无论在说明书还是权利要求书中，与后两个技术问题有关的技术方案必须以第一个技术问题为基础，也就是说，在撰写权利要求书时，应将与第二、第三个技术问题有关的权利要求写作与第一个技术问题有关的权利要求（例如权利要求1）的从属权利要求。

（2）说明书发明内容部分中的技术方案与原权利要求1一样，缺少解决其技术问题的必要技术特征。应当根据修改后的权利要求1对这一部分作相应修改，使之成为一个能够解决该技术问题的技术方案。

此外，修改后的说明书中在这一部分还简要写明解决其另外两个技术问题的优选实施方式，即相应于修改后的权利要求2和4的两个技术方案。

（3）说明书发明内容部分中未写明本发明的有益效果，而将其写在说明书的末尾，不符合《专利法实施细则》第十七条规定的各部分的顺序。为此，在修改后的说明书中将这部分内容提前，写在"技术方案"之后。此外，为了更清楚地写明本发明的有益效果，更具体地通过对技术方案技术特征的分析来说明其有益效果。

5. 附图说明

说明书中缺少附图说明这一部分，也未给出这部分的标题。按照《专利法实施细则》第十七条的规定，说明书中有附图的，在结合附图描述具体实施方式之前应集中对所有附图作出说明。因此，在修改后的说明书中,在此处集中给出 3 幅附图的图面说明。

6. 具体实施方式

说明书这一部分共存在 4 个问题。

(1) **这一部分一开始写明图 1 为本发明所提供的滤清器,显然与本发明的主题不符**。因为本发明是用于滤清器中的密封装置,不是滤清器本身,故在修改后的说明书中改为"图 1 是一种采用本发明密封装置的滤清器的局剖侧视图"。

(2) 根据《专利审查指南》第二部分第二章第 2.2.6 节的规定,说明书中的附图标记不加括号,而原说明书中的附图标记全部带有括号,因此在修改后的说明书中有关附图标记的括号应全部删除。

(3) **说明书中出现了英制计量单位,不符合《专利审查指南》第二部分第二章第 2.2.7 节的有关规定**:应当使用国家法定计量单位。即长度单位不得用英寸,应将其换算成国家法定计量单位厘米。如果需要,可在其后括号内注明相应的英制单位。

(4) 与前面权利要求 4 中所指出的问题一样,**说明书中描述"垫圈 20 大体对称"时未指明对称的方向,以致造成描述不够清楚**。应修改为"垫圈 20 的横截面大体沿径向上下对称"。

7. 说明书摘要

说明书摘要主要存在两个问题:其一是**未写明本发明技术方案的要点**,即与原权利要求 1 一样缺少解决其技术问题的必要技术特征;其二是**缺少摘要附图**。

【修改后的专利申请文件】

权 利 要 求 书

1. 一种用于圆筒式滤清器中的密封装置,它包括一个环形垫圈和一个位于滤清器端盖上、用于安放此环形垫圈的环状凹槽,该环形垫圈的横截面大致呈矩形,包括一对径向延伸的表面和一对轴向延伸的表面,其特征在于:在所述垫圈的轴向内侧面上设有一圆周沟槽,所述滤清器端盖的环状凹槽内侧壁上设有一个伸入到该垫圈沟槽内的固位装置,将垫圈保持在该环状凹槽内,所述固位装置与该垫圈沟槽呈松动配合,该垫圈的外直径小于该端盖环状凹槽外侧壁的直径,而该垫圈的内直径则等于或大于该环状凹槽内侧壁外表面的直径。

2. 如权利要求1所述的密封装置,其特征在于:所述垫圈横截面的形状沿径向上下对称。

3. 如权利要求1或2所述的密封装置,其特征在于:所述垫圈的角部是圆形的。

4. 如权利要求1或2所述的密封装置,其特征在于:所述固位装置与所述端盖成一体。

5. 如权利要求4所述的密封装置,其特征在于:所述固位装置是多个沿环形凹槽内侧壁圆周方向间隔设置的、径向向外延伸的舌片。

6. 如权利要求4所述的密封装置,其特征在于:所述固位装置是一个自其环状凹槽内侧壁沿径向向外延伸的环状凸部。

7. 如权利要求6所述的密封装置,其特征在于:所述垫圈的角部是圆形的。

8. 如权利要求7所述的密封装置,其特征在于:所述垫圈的圆角半径为0.127厘米,该垫圈中沟槽深度为0.064厘米,所述端盖上环状凸部的直径比其内侧壁直径大 0.127 厘米，该垫圈的内直径比所述端盖环状凹槽的内侧壁直径大 0.076 厘米，该垫圈的外直径比所述端盖环状凹槽外侧壁的直径小 0.064 厘米。

圆筒式滤清器中的密封装置

技术领域

本发明涉及一种密封装置，具体地说，涉及一种圆筒式滤清器的密封装置。

背景技术

众所周知，圆筒式滤清器常用于内燃机的润滑系统中，这类滤清器通常包括一个外部容器和一个用来封闭中空圆筒状滤清元件的端盖。在滤清器的端盖和安装该滤清器的发动机机体或连接板或类似物件之间，需采用一个环状密封垫圈，从而使这些元件之间获得有效的密封。通常，在该端盖上所形成的环状凹槽内安装一个具有矩形横截面的垫圈，然后再将该凹槽的一侧或两侧的壁面卷曲，将密封圈封装在凹槽内。在德国专利申请公开说明书 DE－3222815A 中，对这种密封装置作了详细的描述。

这类密封垫圈的缺点是，垫圈相对端盖的转动受到阻碍。尽管垫圈在装配前预先经过了润滑，但是，一旦垫圈与密封基面相对接触之后，在滤清器旋转至最终工作位置时，垫圈会受到剪切变形力。垫圈所经受的这种内部剪切力会导致垫圈移动，并使密封失效。

采用这种密封垫圈的滤清器，还存在装配过程中垫圈与端盖之间存留空气的可能性，所存留的空气像一个弹簧，一旦空气逸出，会使作用于该垫圈的有效外加力矩减小。这样，会使滤清器因振动而松脱，甚至可能导致滤清器离开其安装位置。另外，由于这种垫圈是一种上下不对称的结构。无论对垫圈的制造还是安装都带来不便。

发明内容

本发明针对现有技术中所存在的上述问题提供了一种供圆筒式滤清器用的密封装置，其要解决的技术问题在于：该装置一方面可以将垫圈保持在端盖的凹槽内；另一方面在安装时又可使垫圈相对端盖自由转动，从而避免了内部剪切应力的产生。

本发明进一步要解决的技术问题在于使垫圈在安装时不需要对其安装面进行选择，以便于垫圈的加工和安装。

本发明更进一步要解决的技术问题在于使垫圈安装过程中在端盖凹槽中尽可能存留较少的空气。

本发明的上述第一个技术问题是这样实现的：提供一种用于圆筒式滤清器的密封装置，它包括一个环形垫圈和一个位于滤清器端盖上、用于安放此环形垫圈的环状凹槽，所述垫圈的横截面大致呈矩形，包括一对径向延伸的表面和一对轴向延伸的表面，在垫圈的轴向内侧面上设有一圆周沟槽，滤清器端盖的环状凹槽内侧壁上设有一个伸入到垫圈沟槽内的固位装置，将垫圈保持在环状凹槽内，所述的固位装置与所述垫圈沟槽呈松动配合，垫圈的外直径小于端盖环状凹槽外侧壁的直径，而垫圈的内直径则等于或大于环状凹槽内侧壁外表面的直径。

在一个优选实施方式中，将垫圈的横截面形状制成沿滤清器的径向上下对称的形状。

在另一个优选的实施方式中，将垫圈的角部制成圆形。

采用本发明的密封装置，端盖环状凹槽内侧壁上伸入垫圈内的固位装置能将垫圈保持在端盖的凹槽内，由于垫圈与凹槽之间留有间隙，在安装过程中，垫圈可以在凹槽内自由转动，从而避免了剪切应力的产生；由于垫圈为对称结构，便于制造，而且安装时不需对其安装面进行选择；垫圈的圆形角部可以防止在垫圈与端盖之间存留空气。

581

附图说明

以下结合附图对本发明的几个优选实施方式进行具体描述：

图 1 是一种采用本发明密封装置的滤清器的局部侧视图。

图 2 是图 1 所示滤清器的密封装置的局部放大图。

图 3 是本发明密封装置的另一实施方式的端部视图。

具体实施方式

图 1 示出了采用本发明密封装置的圆筒式滤清器 8，该滤清器 8 包括一个外壳或容器 10，其一端由一个与其成一体的端壁 12 封闭，外壳 10 的另一端设有加强板 14 及环形端盖 16。用点焊或类似方式将端盖 16 的内周边固定到加强板 14 的下侧面，而端盖 16 的外周边则用不渗漏流体的滚轧缝或接合点 18 与容器 10 的下端固定在一起，垫圈 20 最好由腈橡胶或类似耐油的弹性材料制作，将其安放在端盖 16 下侧的环状凹槽 22 内，关于这一点，将在下文详述。当滤清器 8 安装在滤清器的安装座上，例如一台内燃机上时，将形成一个油进口腔（图中未示出），垫圈 20 对该油进口腔起到密封作用。

加强板 14 的中心处设有内螺纹套 24，该螺纹套 24 适于拧入一个带外螺纹的杆（图中未示出）。该外螺纹杆具有一中心通道，使来自滤清器 8 的油经过该通道而流出，加强板 14 还具有一组进口 26，来自进口腔需要进行过滤的油液经进口 26 而流入滤清器 8 的内部，中空圆筒状滤清元件 28 安装在容器 10 内，并通过支承结构 30 安装在加强板 14 上方的某一位置上。这样，经进口 26 流进滤清器 8 的油径向向外流到容器 10 和滤清元件 28 之间的空间，在该空间内又沿轴向朝端壁 12 的方向流动，此后再沿径向向内流动，当油液穿过滤清元件 28 时，便流入了多孔的中心管 32 内，并得到滤清，中心管 32 内的油经过内螺纹套 24 从滤清器 8 流出，再由上述外螺纹杆中的中心通道流回到发动机中。

采用合适的部件，例如设置在该滤清元件 28 端部和容器 10 的端壁 12 之间的**片簧 34** 可将滤清元件 28 固定在容器 10 内的一个合适位置上。**片簧 34 推压**滤清元件 28，使其靠在支承结构 30 上。通常，滤清器 8 在靠近加强板 14 处还设置有止回阀 36，以防止发动机停止工作时通过滤清器的油回流。压力安全阀 38 设置在支承结构 30 内，该阀可在滤清元件 28 阻塞时形成旁路，使油仍能流过滤清器 8。

如图 2 所示，垫圈 20 设置在端盖 16 的环状凹槽 22 内。垫圈 20 最好带有圆角，以减少该滤清器安装时可能在凹槽 22 内存留过多的空气，业已发现，半径约为 0.127 厘米的圆角是适宜的。

端盖 16 的环状凹槽 22 处设有固位装置，该装置伸入垫圈 20 内表面的沟槽 44 中，从而将垫圈 20 保持在凹槽 22 内。在图 1 和图 2 所示的实施方式中，凹槽 22 的内侧壁 42 的末端处径向朝外形成夹角，构成环状凸部 46，该凸部伸入垫圈 20 的沟槽 44 内。这样，在滤清器的安装与操作过程中，垫圈 20 就不会从凹槽 22 内脱出。

尽管环状凸部 46 伸进沟槽 44 内，但并不紧贴住垫圈 20，垫圈 20 和凹槽 22 之间留有间隙。

在一个优选实施方式中，垫圈 20 的内径与凹槽 22 内侧壁 42 的直径大体相等，而垫圈 20 的外径比凹槽 22 外侧壁 40 的直径约小 0.064 厘米。在该实施方式中，沟槽 44 的深度约为 0.064 厘米，而该环状凸部 46 的直径比凹槽 22 内侧壁 42 的直径约大 0.127 厘米。最好垫圈 20 的外周与凹槽 22 外侧壁 40 之间以及垫圈 20 的内周与凹槽 22 内侧壁 42 之间都有间隙。在另一优选实施方式中，垫圈 20 的内径比凹槽 22 内侧壁 42 的直径约大 0.076 厘米，而该垫圈的外径比凹槽 22 外侧壁 40 的直径约小 0.064 厘米，沟槽 44 的深度也约为 0.064 厘米，环状凸部 46 的直径比凹槽 22 内侧壁 42 的直径约大 0.127 厘米。

这样，在安装过程中，当滤清器 8 转动时，垫圈 20 可以在凹槽 22 内自由转动，从而减少了作用于垫圈 20 上的剪切力。由于环状凸部 46 与沟槽 44 充分接触，从而避免了垫圈 20 沿轴向从凹槽 22 中脱出。垫圈 20 和凹槽 22 之间的间隙与垫圈 20 上圆角的作用相结合，使滤清器 8 安装时在垫圈 20 与凹槽 22 间的任何气体得以逸出。

沟槽 44 最好位于垫圈 20 内表面的中央处附近，如图 2 所示，垫圈 20 的横截面大体沿径向上下对称。尽管垫圈 20 小于凹槽 22 的尺寸，但是，将垫圈制成大致为"B"字的形状，有助于环状凸部 46 将垫圈 20 卡在凹槽 22 内。这种对称垫圈 20 的优点是：在垫圈 20 装进凹槽 22 之前，不需作安装面的选择。

图 3 示出了另外一个实施方式，在该实施方式中，端盖 16 上凹槽 22 的内侧壁 42 上沿圆周间隔设置了一组径向向外延伸的舌片 48，这些舌片 48 都伸进沟槽 44 中，从而将垫圈保持在凹槽内。

以上所述的仅是本发明的优选实施方式。应当指出，对于本领域的普通技术人员来说，在不脱离本发明原理的前提下，还可以作出若干变形和改进，这些也应视为属于本发明的保护范围。

（"说明书附图"与原"说明书附图"相同，为节省篇幅此处从略，可参见第 566~567 页原专利申请文件的"说明书附图"。）

说　明　书　摘　要

　　本发明涉及一种圆筒式滤清器中的密封装置，它包括一个环形垫圈和一个位于滤清器端盖上、用于安放此垫圈的环状凹槽，此垫圈横截面大致为矩形，在其轴向内侧面上设有一道圆周沟槽，端盖环状凹槽内侧壁上设置了一个可伸入此沟槽内的固位装置，固位装置与该沟槽呈松动配合，且垫圈与凹槽间留有间隙，使垫圈在凹槽内可自由转动，从而避免在安装过程产生剪切力。垫圈角部制成圆形，且垫圈大致沿径向上下对称，可消除安装过程中存留过多的空气，且不需对安装表面进行选择。

摘 要 附 图

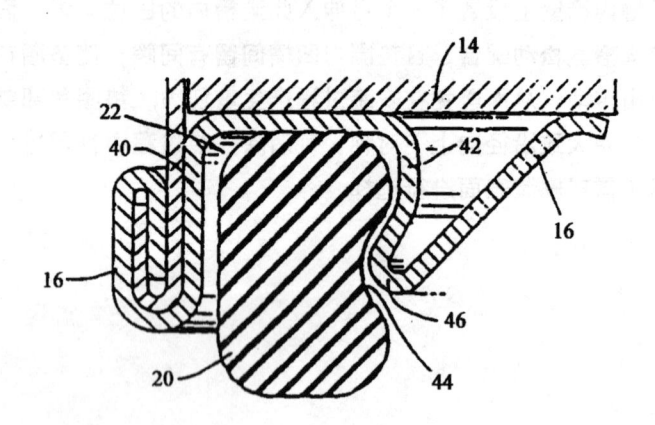

案例九　带吸墨水腔室的墨水瓶

本案例原专利申请文件的撰写主要存在4个方面的问题。

1. 独立权利要求缺少解决本实用新型技术问题的必要技术特征，不符合《专利法实施细则》第二十条第二款的规定。

2. 一部分从属权利要求的主题名称与其引用的独立权利要求的主题名称不一致，不符合《专利法实施细则》第二十一条第一款的规定。

3. 一部分从属权利要求引用关系不正确，不符合《专利法实施细则》第十九条第一款或者不符合《专利法实施细则》第二十二条第二款的规定。

4. 说明书名称及其各个部分的撰写不符合《专利法实施细则》第十七条的有关规定，说明书摘要不符合《专利法实施细则》第二十三条的有关规定。

【原专利申请文件】

权　利　要　求　书

1. 一种墨水瓶，包括瓶体和瓶盖，其特征在于：所述瓶体1有一个从其瓶口部分5伸入到瓶体1内腔的吸墨水腔室2，该吸墨水腔室2的高度大体上等于从该瓶体1瓶口部分5的顶端到该瓶体1内腔底壁11的高度；该吸墨水腔室2上部4的外形与该瓶体1瓶口部分5内部的形状相配；该吸墨水腔室2的底壁12或其侧壁靠近底壁12处有一个墨水流入口7。

2. 根据权利要求1所述墨水瓶的吸墨水腔室，其特征在于：在其侧壁上与底壁12相距10至20毫米处还开有一个导气口8。

3. 根据权利要求1或2所述墨水瓶的吸墨水腔室，该吸墨水腔室2还带有一根导气管9，其特征在于：该吸墨水腔室2下部6横截面外周边的尺寸至少比该瓶口部分5横截面内周边的尺寸小一个导气管9的横向尺寸，该导气管9从导气口8通往瓶体1内墨水3上方的空气腔。

4. 根据权利要求1、2、3所述的墨水瓶，其特征在于：在所述吸墨水腔室2上部4及所述瓶体1的瓶口部分5之间设置一个密封件。

5. 根据权利要求4所述的墨水瓶，其特征在于：所述吸墨水腔室2上部4顶端向外折弯，在该吸墨水腔室2折弯部分的下方与所述瓶体1的瓶口部分5顶部之间有一个密封垫片14。

6. 根据权利要求1或5所述的墨水瓶，其特征在于：所述吸墨水腔室2底壁12上设置一垫块13，该垫块13横截面占整个吸墨水腔室2下部空腔横截面的1/5至1/2，该垫块13与该吸墨水腔室2底壁12或其下部6侧壁上无墨水流入口的部分相邻，且该垫块13的顶部比该吸墨水腔室2侧壁上导气口8的位置低2至8毫米。

带吸墨水腔室的墨水瓶

技术领域

本实用新型涉及一种带吸墨水腔室的墨水瓶。

背景技术

在商店中买回的墨水通常是装在一个由大体为圆柱形或长方体形的瓶体和瓶盖构成的墨水瓶中。当将钢笔插入到墨水瓶内吸墨水时经常发生笔杆被墨水弄脏，尤其是新开启不久使用的墨水瓶。1990年8月出版的第33期《少年科普报》第4版上介绍了一种名称为卫生墨水瓶的小发明，在墨水瓶口内安装了一块中间带有一个钢笔刚好能穿过的圆形通孔的泡沫塑料。当吸完墨水抽回钢笔时，泡沫塑料就把沾附在笔杆上的墨水吸掉。但是，这种结构仍然会浪费墨水，更何况这种结构的墨水瓶在使用一段时间后泡沫塑料内就吸有墨水，此时抽回钢笔时就难以将笔杆上的墨水擦拭干净，仍然会弄脏使用者的手。

实用新型内容

本实用新型要解决的技术问题是提供一种带吸墨水腔室的墨水瓶，从瓶口部分5伸入瓶体1内腔的吸墨水腔室2的高度大体上等于从瓶体1瓶口部分5的顶端到瓶体1内腔底壁11的高度，该吸墨水腔室2上部4的外形与瓶体1瓶口部分5内部的形状相配，该吸墨水腔室2的底壁12或其侧壁靠近底壁12处有一个墨水流入口7，其侧壁还开有一个导气口8，从此导气口8至瓶体1内墨水3上方的空气腔10之间有一根导气管9。

作为本实用新型的进一步改进，在吸墨水腔室2上部4及瓶体

1的瓶口部分5之间设置一个密封件；也可以让吸墨水腔室2上部4的顶端向外折弯，在此折弯部分的下方与瓶体1的瓶口部分5顶部之间设置一个密封垫片14。

作为本实用新型的另一种改进，该吸墨水腔室2底壁12上设置一垫块13，该垫块横截面占整个吸墨水腔室2下部空腔横截面的1/5至1/2，该垫块13与吸墨水腔室2底壁12或其下部6侧壁上无墨水流入口的部分相邻，且该垫块13的顶部比吸墨水腔室2侧壁上导气口8的位置低2至8毫米。

采用本实用新型的墨水瓶结构之后，当将吸墨水腔室放入到此装满墨水的墨水瓶中时，墨水经吸墨水腔室底部的墨水流入口流入吸墨水腔室，与此同时，空气通过导气口（或再经导气管）流入到墨水瓶瓶体内墨水上方的空气腔，从而保证墨水能继续流向吸墨水腔室。一旦吸墨水腔室中的墨水超过其侧壁导气口时，墨水瓶瓶体内墨水上方的空气腔就不能得到补充的新空气，从而吸墨水腔室与墨水瓶内压力很快就达到平衡，墨水就不再经墨水流入口流向吸墨水腔室。此时，当将笔尖未被笔杆包住的钢笔放入到吸墨水腔室内抽吸墨水时，则墨水刚好没过钢笔笔尖，而不会沾附在笔杆上。

当在吸墨水腔室底部设置一块垫块之后，则可将笔杆包住笔尖的钢笔放在此垫块上吸墨水，此时墨水仅没过该笔尖露出部分，从而墨水也不会沾附在笔杆上。

附图说明

下面结合附图对本实用新型作进一步详细的说明。

图1是本实用新型墨水瓶瓶体结构的剖视图。

图2是在本实用新型另一种墨水瓶内吸墨水时的示意图。

具体实施方式

本实用新型墨水瓶的结构如图1所示，由瓶体1和瓶盖（图中未画出）构成。瓶体1内有一个吸墨水腔室2，该吸墨水腔室2的高度大体上等于瓶体 1 瓶口部分 5 的顶端到瓶体 1 内腔底壁 11 的高度，吸墨水腔室 2 上部 4 的外形与瓶体 1 瓶口部分 5 内部的形状相配。当此吸墨水腔室 2 带有导气管 9 时，其下部 6 横截面外周边的尺寸至少比瓶口部分 5 横截面内周边的尺寸小一个导气管 9 的横向尺寸，从而该吸墨水腔室 2 可以放入到墨水瓶瓶体 1 内或从其中取出。在该吸墨水腔室 2 的底部开有墨水流入口 7。在图 1 的实施方式中，该墨水流入口 7 位于吸墨水腔室 2 侧壁上靠近底部的位置，但也可以位于该吸墨水腔室 2 的底壁 12 上。在该吸墨水腔室 2 侧壁距离其底壁 12 为 10 至 20 毫米的地方（相当于不包尖普通钢笔笔尖的高度）还开有一个导气口 8。该导气口 8 通过导气管 9 与墨水瓶瓶体 1 内墨水 3 上方的空气腔 10 相通。吸墨水腔室 2 上部 4 的顶端向外折弯，在此折弯部分下方与瓶口部分 5 的顶部之间有一密封垫片 14，其作用是保证瓶体 1 内墨水 3 上方的空气腔 10 与瓶体 1 外部空间之间气密封。这样，当吸墨水腔室 2 向下放到瓶体 1 内时，墨水 3 经其底部的墨水流入口 7 进入吸墨水腔室 2，与此同时，吸墨水腔室 2 内的空气经导气口 8、通过导气管 9 流向墨水 3 上方的空气腔 10 内，从而使墨水 3 继续不断地流向吸墨水腔室 2。一旦吸墨水腔室 2 内的墨水升高到刚刚淹没导气口 8 时，则吸墨水腔室 2 内的空气就不能再从导气口 8 和导气管 9 流向墨水 3 上方的空气腔 10。在这同时，由于密封垫片 14 的作用，瓶外的空气也不能经过吸墨水腔室 2 和瓶体 1 的瓶口部分 5 之间流到空气腔 10 内。从而，随着墨水 3 流入到吸墨水腔室 2，空气腔 10 内的压力降低，当吸墨水腔室 2 内的压力与瓶体 1 内的压力达到平衡时，墨水就不再流入到吸墨水腔室 2。也就是说，吸墨水腔室 2 内墨水的高度大体维持在刚没过导气口 8 的位置。

作为本实用新型的另一种实施方式，密封垫片 14 也可以用密封环的方式设置在吸墨水腔室 2 上部 4 与瓶体 1 的瓶口部分 5 之间。这同样能对瓶体 1 中墨水 3 上方的空气腔 10 与瓶体 1 外部之间起密封作用。

作为本实用新型的另一种实施方式，可以如图 2 所示墨水瓶瓶体 1 的结构那样，在导气口 8 和空气腔 10 之间不设置导气管 9，此时吸墨水腔室 2 下部 6 的尺寸可以与上部 4 的尺寸相同，也可略小于其上部 4 的尺寸。当墨水 3 从吸墨水腔室 2 底部的墨水流入口 7 流向吸墨水腔室 2，吸墨水腔室 2 中的空气也会由导气口 8 经墨水 3 而进入瓶体 1 内墨水 3 上方的空气腔 10。

作为本实用新型的另一种改进实施方式，可以如图 1 或图 2 所示那样，在吸墨水腔室 2 的底部一侧设置一块垫块 13，其位置不能挡住吸墨水腔室 2 底壁 12 上和侧壁上的墨水流入口 7，该垫块 13 的横截面占整个吸墨水腔室 2 下部空腔横截面的 1/5 至 1/2，垫块 13 的顶端比吸墨水腔室 2 侧壁上导气口 8 的位置低 2 至 8 毫米。

当吸墨水时，对于不包尖的普通钢笔，可以如图 2 所示，将其放入到吸墨水腔室 2 底部不带垫块 13 的一侧，从而墨水刚刚没过钢笔尖，这样墨水就不会弄脏钢笔杆。相反，对包尖钢笔来说，吸墨水时将其插入到吸墨水腔室 2 中带垫块 13 的一侧，笔尖与该垫块 13 的顶端相接触，这样墨水也刚没过包尖钢笔笔尖露出在外的部分，从而吸墨水后沾附在笔杆上的墨水量很少，不致弄脏使用者的手。

说 明 书 附 图

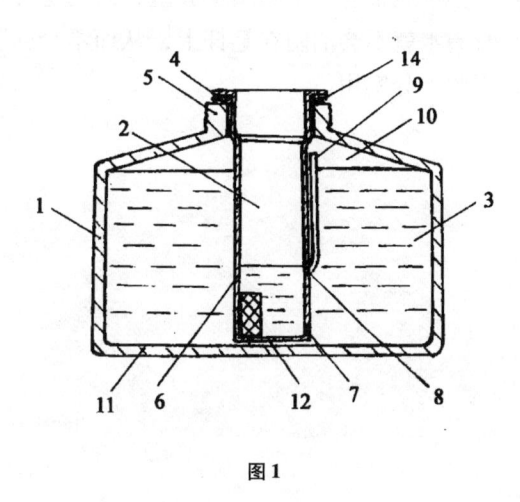

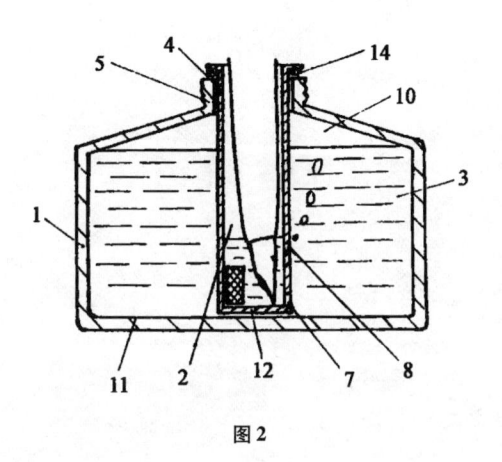

图 1

图 2

说　明　书　摘　要

　　本实用新型墨水瓶带有一个吸墨水腔室，采用这种结构的墨水瓶，抽吸墨水时墨水就不会沾附在笔杆上，从而不会弄脏使用者的手、纸张等，因此十分实用。

【对原专利申请文件的评析】

一、权利要求书

1. 权利要求 1 存在下述两个方面的问题

（1）原权利要求 1 缺少解决本实用新型技术问题的必要技术特征，不符合《专利法实施细则》第二十条第二款的规定。

本实用新型要解决的技术问题是提供一种灌注墨水时墨水不会沾附在钢笔笔杆上的墨水瓶。为此，本实用新型的墨水瓶有一个吸墨水腔室，该吸墨水腔室中墨水的高度保持在大体相当于钢笔笔尖的高度。由本实用新型说明书所描述的实施方式可知，为使吸墨水腔室中墨水高度保持在这样的高度，在吸墨水腔室的底壁或者侧壁上靠近底壁处有一个墨水流入口，侧壁上距底壁 10 至 20 毫米处开有一个导气口，且在吸墨水腔室和瓶口部分之间气密封。采用这样的结构后，吸墨水腔室内墨水的高度大体维持在刚超过导气口的位置，大体相当于钢笔笔尖的高度。如果按原权利要求 1 限定的技术方案，仅仅在吸墨水腔室底壁或侧壁上靠近底壁处开有墨水流入口，而在侧壁上没有导气口，在吸墨水腔室和瓶口部分之间不密封，则随着墨水从墨水流入口流到吸墨水腔室，空气就会从吸墨水腔室和瓶口之间流入到瓶体内墨水上方的空气腔中，于是墨水继续从墨水流入口流到吸墨水腔室内，直到吸墨水腔室中墨水高度等于墨水瓶内墨水高度为止，因而不能解决本实用新型的技术问题。如果此时仅在吸墨水腔室和瓶口之间增加密封件，而在侧壁上不增设导气口，则当墨水从墨水流入口流到吸墨水腔室后，因无空气补充到瓶体内墨水上方的空气腔中，吸墨水腔室中只能流入很少的墨水，因而无法完成墨水的灌注。由上述分析可知，侧壁上距底壁 10 至 20 毫米处开有导气口以及吸墨水腔室和瓶口部分之间气密封是本实用新型的必要技术特征，应补充到权利要求 1 中去。

在这里，需要说明一点，在说明书的第一个实施方式中，该吸墨水腔室还带有一根从导气口通往瓶体内墨水上方空气腔的导气管，密封垫片位于吸墨水腔室上部顶端向外折弯部分的下方与瓶口部分顶部之间（即相当于原权利要求 3 和原权利要求 5 进一步限定的内容），但它们只是本实用新型的附加技术特征，不包含此两个技术特征的本实用新型就能解决本实用新型的技术问题，因此不应当将这两个技术特征补入到修改后的权利要求 1 中去。

（2）权利要求中出现的附图标记未置于括号中，不符合《专利法实施细则》第十九条第四款的规定。

权利要求中引用附图标记是为了帮助理解权利要求所记载的技术方案，但该附图标记不得解释为对权利要求保护范围的限制，因而《专利法实施细则》第十九条第四款规定，权利要求中的技术特征可以引用说明书附图中相应的标记，该标记应当放在相应的技术特征后面，并置于括号内。而目前权利要求 1 和其从属权利要求中出现的附图标记均未置于括号中，不符合上述规定。因此在修改的权利要求书中，所有的附图标记均加上括号。[❶]

2. 权利要求 2 除附图标记未加括号外还存在两个方面的问题

（1）权利要求 2 的主题名称与其引用的权利要求 1 的主题名称不一致，不符合《专利法实施细则》第二十二条第一款的规定。

《专利法实施细则》第二十二条第一款规定，从属权利要求的引用部分应当写明引用的权利要求的编号及其主题名称，原权利要求 1 请求保护的是一种墨水瓶，而原权利要求 2 引用部分却写明为该墨水瓶的吸墨水腔室，两者明显不一致，不符合上述规定。也就是说，权利要求 2 仍应请求保护一种墨水瓶，即应改写成"根据权利要求 1 所述的墨水瓶，其特征在于：……"。

---

❶ 从属权利要求中均存在此问题，在评析从属权利要求时不再重复。

（2）权利要求 2 中进一步限定的内容是本实用新型的必要技术特征，应写入权利要求 1。

正如前面所指出的，"在吸墨水腔室侧壁上与底壁相距 10 至 20 毫米处开有一个导气口"是本实用新型解决其技术问题的必要技术特征，因此应将其补入到权利要求 1 的特征部分，与此相应，在修改后的权利要求书中删去原权利要求 2。

3. 权利要求 3 除附图标记未加括号外，其引用部分存在三方面的问题

（1）与权利要求 2 中第（1）个问题一样，其主题名称与权利要求 1 不一致，应改写成"根据权利要求 1 所述的墨水瓶"。

（2）权利要求 3 引用部分写入了附加技术特征，不符合《专利法实施细则》第二十二条第一款的规定。

根据《专利法实施细则》第二十二条第一款的规定，从属权利要求的引用部分仅写明引用的权利要求的编号及其主题名称，而限定部分写明发明或实用新型的附加技术特征。而原权利要求 3 中将一部分附加技术特征"该吸墨水腔室还带有一根导气管"写入了引用部分，不符合上述规定。修改后的此权利要求（因删去原权利要求 2，故相当于修改后的权利要求 2）将此技术特征从引用部分移至限定部分。

（3）权利要求 3 引用关系不当，不符合《专利法实施细则》第十九条第一款的规定。

从属权利要求在引用多项在前的权利要求时，应使其限定部分的附加技术特征和每一项被引用权利要求技术特征结合起来而限定的保护客体都能清楚地表述其保护范围。原权利要求 3 引用权利要求 1 或 2，在其限定部分进一步限定导气管与导气口之间的关系，但导气口是原权利要求 2 的附加技术特征，并未出现在原权利要求 1 中，因而该权利要求 3 仅能引用权利要求 2，引用权利要求 1 会导致其保护范围不清，是不合适的。但在修改后的权利要求书中，由于已将原权利要求2进一步限定的内容并入新修改的权利要求1中，因此第（3）个问题就自然而然地解决了。

4. 权利要求4除附图标记未加括号外还存在三方面的问题

（1）原权利要求4引用部分采用了非择一的引用方式，不符合《专利法实施细则》第二十二条第二款的规定。

《专利法实施细则》第二十二条第二款规定，引用两项以上权利要求的多项从属权利要求，只能以择一方式引用在前的权利要求，即多项从属权利要求引用的权利要求的编号应当用"或"或者其他与"或"同义的方式表示。而原权利要求4引用了权利要求1、2、3，这种类似于"和"结构的非择一引用方式，不符合上述规定。因此，应当将其修改成"根据权利要求1、2或3所述的……"

（2）原权利要求4这项多项从属权利要求引用了另一项多项从属权利要求，不符合《专利法实施细则》第二十二条第二款的规定。

原权利要求4是一项引用权利要求1、2或3的多项从属权利要求，其引用的原权利要求3也是一项多项从属权利要求，这种引用方式不符合《专利法实施细则》第二十二条第二款的规定：引用两项以上权利要求的多项从属权利要求，不得作为另一项多项从属权利要求的基础，因而这样引用是不允许的。

（3）原权利要求4中进一步限定的内容是本实用新型的必要技术特征，应写入权利要求1。

正如前面评析原权利要求1和2所指出的那样，原权利要求4限定部分的附加技术特征是本实用新型解决其技术问题的必要技术特征，因此，应当将其补入到权利要求1的特征部分，与此相应，在修改后的权利要求书中删去原权利要求4。

在这里需要说明一点，为了达到使吸墨水腔室上部和瓶口部分之间密封，不一定局限于采用密封垫一类的密封构件，还可以采用其他密封方式，如缝隙式密封结构，因此在修改后的权利要求1中将该技术特征表述成"吸墨水腔室上部与瓶体瓶口部分之间气密封"。

5. 权利要求5中进一步限定内容的文字表达与其引用权利要求4中所限定的内容重复，使该权利要求未清楚地限定要求专利保护的范围，不符合《专利法》第二十六条第四款的规定

在原权利要求4中限定"在吸墨水腔室上部和瓶口部分之间设置一密封件"，原权利要求5进一步限定"在吸墨水腔室上部顶端向外折弯部分的下方与瓶口部分顶部之间有一密封垫片"。这样一来，对原权利要求5保护客体的保护范围可能出现两种不同的理解：一种是在吸墨水腔室上部和瓶口部分之间只有一个密封件，即密封垫片；而另一种可以认为在它们之间既有一个密封件，又有一个密封垫片。因而，权利要求5限定部分的文字表达是不清楚的，使其表述的保护范围不清。对此，应当如新修改的权利要求3限定部分那样，先将其引用权利要求中的"气密封"（即相当于原权利要求4中的"密封件"）限定为密封垫片，然后进一步限定该密封垫片的位置——位于吸墨水腔室上部顶端向外折弯部分的下方与瓶口部分顶部之间。

6. 原权利要求6这项多项从属权利要求间接引用了另一项多项从属权利要求，不符合《专利法实施细则》第二十二条第二款的规定

原权利要求6引用了权利要求1或5，原权利要求5表面上看来仅引用原权利要求4，由于原权利要求4是多项从属权利要求，因此原权利要求6间接引用了多项从属权利要求4，按照《专利审查指南》的规定，这种多项从属权利要求间接引用多项从属权利要求也是不允许的，对此应当作出修改。在修改后的权利要求书中将此权利要求分为两项从属权利要求（见新修改后的权利要求4和

5），从而克服了多项从属权利要求间接引用多项从属权利要求的缺陷。

二、说明书及其摘要

1. 名称

原说明书中实用新型名称与权利要求书中请求保护的技术方案的主题名称不一致。

《专利审查指南》第二部分第二章第 2.2.1 节中对发明或者实用新型名称，作出了具体规定，其中要求发明或者实用新型的名称清楚、简要地反映权利要求的主题名称。由于原说明书中实用新型名称包含了区别技术特征"带吸墨水腔室"，为使说明书的实用新型名称与其相应的独立权利要求技术方案的主题名称一致，则与其相应的独立权利要求技术方案的主题名称中也就包含了本实用新型的区别技术特征，也就是说本实用新型的区别技术特征写入了独立权利要求的前序部分，显然不符合《专利法实施细则》第二十一条第一款的规定。因此，应当将本说明书实用新型名称中的区别技术特征"带吸墨水腔室"删去，改为"墨水瓶"，从而使实用新型名称与修改后的独立权利要求技术方案的主题名称相一致，以符合《专利审查指南》第二部分第二章第2.2.1 节中的有关规定。

2. 技术领域

技术领域中包含了本实用新型的区别技术特征，不符合《专利审查指南》第二部分第二章第 **2.2.2** 节的规定。

《专利审查指南》第二部分第二章第 2.2.2 节中指出，技术领域不应当写成发明或实用新型本身，通常与发明或实用新型在《国际专利分类表》中可能分入的最低位置有关，该分类最低位置所包含的技术特征显然是本实用新型与最接近的现有技术所共有的技术特征，因而不应当将反映实用新型本身的区别技术特征写入到技术领域部分。因此，修改后的说明书中，将区别技术特征"带吸墨水腔室"从技术领域部分删去，改为"本实用新型涉及一种墨水瓶"。

3. 实用新型内容

原说明书这部分存在 3 个问题：

（1）说明书中将本实用新型要解决的技术问题写成解决技术问题的技术方案，未明确写明要解决的技术问题，因而不符合《专利法实施细则》第十七条第一款的规定。

在原说明书中未直接写明本实用新型要解决的技术问题，而将本实用新型技术方案作为本实用新型要解决的技术问题，显然不符合《专利法实施细则》第十七条的有关规定。

修改后的说明书在技术方案部分之前增加了一段，明确地给出本实用新型要解决的技术问题：提供一种灌注墨水时不会使笔杆上沾附有较多墨水的墨水瓶。

（2）与独立权利要求相应的技术方案部分未写明要求专利保护的实用新型的技术方案，不符合《专利法实施细则》第十七条第一款的规定。

原说明书技术方案中与独立权利要求相应的一段中缺少解决本实用新型技术问题的必要技术特征——在吸墨水腔室上部及瓶体的瓶口部分之间气密封。此外，该段中还包括了不应写入该段中的本实用新型附加技术特征——从导气口到瓶体内墨水上方的空气腔之间有一根导气管。因此，技术方案这部分未写明本实用新型要求专利保护的技术方案。在修改后的说明书中，这一部分增补了"气密封"这一必要技术特征，并删去了"导气管"这一附加技术特征，使其与修改后的独立权利要求 1 的技术方案相应。

（3）技术方案部分中不需写入附图标记。

由于说明书这一部分只是写明技术方案，而不是具体实施方式，因此不应写入附图标记。更何况说明书这一部分之前尚未出现对附图的描述，引入附图标记显然不妥。修改后的说明书这一部分已将附图标记删去。

4. 具体实施方式

原说明书中这一部分存在的问题是描述吸墨水腔室及瓶口部分之间的密封手段局限于密封件，从而可能使权利要求书所表述的保护范围过窄。

为使修改后的权利要求书具有更宽的保护范围，修改后的权利要求 1 中将该技术特征表述成"气密封"。与此相应，说明书具体实施方式在说明该密封件的同时，增加一部分有关其他密封结构的说明。

5. 说明书附图

说明书具体实施方式中所提到的部分附图标记在所有附图中均未出现，不符合《专利法实施细则》第十八条第三款的规定。

按照《专利法实施细则》第十八条第三款的规定：发明或者实用新型说明书文字部分中未提及的附图标记不得在附图中出现，附图中未出现的附图标记不得在说明书文字部分中提及。而在原说明书的具体实施方式中对垫块标注了附图标记 13，但该附图标记 13 在附图中未出现，这是不允许的。对此，有两种修改方式，一种是将说明书文字部分中的附图标记 13 删去，另一种是在说明书附图中标明附图标记 13。对本案来说，似乎应在附图中补上附图标记 13，这样可使说明书的描述更为清楚。

6. 说明书摘要

原说明书摘要存在两方面的问题：其一是摘要中未写明本实用新型技术方案的要点，不符合《专利法实施细则》第二十三条的规定，在修改后的说明书摘要中已将独立权利要求 1 技术方案的要点补充进去；**其二是缺少说明书摘要附图，同样不符合《专利法实施细则》第二十三条的规定**。修改后的说明书摘要，提供了一幅能说明本实用新型技术方案的附图，即图 2。

【修改后的专利申请文件】

权 利 要 求 书

1. 一种墨水瓶，包括瓶体和瓶盖，其特征在于：所述瓶体（1）有一个从其瓶口部分（5）伸入到瓶体（1）内腔的吸墨水腔室（2），该吸墨水腔室（2）的高度大体上等于从该瓶体（1）瓶口部分（5）的顶端到该瓶体（1）内腔底壁（11）的高度；该吸墨水腔室（2）上部（4）的外形与该瓶体（1）瓶口部分（5）内部的形状相配，且该吸墨水腔室（2）上部（4）与该瓶体（1）瓶口部分（5）之间气密封；该吸墨水腔室（2）的底壁（12）或其侧壁靠近底壁（12）处有一个墨水流入口（7），在其侧壁上与底壁（12）相距10至20毫米处还开有一个导气口（8）。

2. 根据权利要求1所述的**墨水瓶**，其特征在于：所述吸墨水腔室（2）还带有一根导气管（9），该吸墨水腔室（2）下部（6）横截面外周边的尺寸至少比所述瓶口部分（5）横截面内周边的尺寸小一个导气管（9）的横向尺寸，该导气管（9）从导气口（8）通往该瓶体（1）内墨水（3）上方的空气腔。

3. 根据权利要求1或2所述的**墨水瓶**，其特征在于：**所述吸墨水腔室（2）上部（4）与所述瓶体（1）的瓶口部分（5）之间的气密封采用密封垫片（14）**，该吸墨水腔室（2）上部（4）顶端向外折弯，**该密封垫片（14）位于该吸墨水腔室（2）上部（4）顶端向外折弯部分的下方与该瓶口部分（5）顶部之间**。

4. 根据权利要求3所述的墨水瓶，其特征在于：所述吸墨水腔室（2）底壁（12）上设置一垫块（13），该垫块（13）横截面占整个吸墨水腔室（2）下部空腔横截面的1/5至1/2，该垫块（13）与该吸墨水腔室（2）底壁（12）或其下部（6）侧壁上无墨水流入口的部分相邻，且该垫块（13）的顶部比该吸墨水腔室（2）侧壁上导气口（8）的位置低2至8毫米。

5. 根据权利要求**1**或**2**所述的墨水瓶，其特征在于：所述吸墨水腔室（2）底壁（12）上设置一垫块（13），该垫块（13）横截面占整个吸墨水腔室（2）下部空腔横截面的1/5至1/2，该垫块（13）与该吸墨水腔室（2）底壁（12）或其下部（6）侧壁上无墨水流入口的部分相邻，且该垫块（13）的顶部比该吸墨水腔室（2）侧壁上导气口（8）的位置低2至8毫米。

说 明 书

墨水瓶

技术领域

本实用新型涉及一种墨水瓶。

背景技术

在商店中买回的墨水通常是装在一个由大体为圆柱形或长方体形的瓶体和瓶盖构成的墨水瓶中。当将钢笔插入到墨水瓶内吸墨水时经常发生笔杆被墨水弄脏，尤其是新开启不久使用的墨水瓶。1990年8月出版的第33期《少年科普报》第4版上介绍了一种名称为卫生墨水瓶的小发明，在墨水瓶口内安装了一块中间带有一个钢笔刚好能穿过的圆形通孔的泡沫塑料。当吸完墨水抽回钢笔时，泡沫塑料就把沾附在笔杆上的墨水吸掉。但是，这种结构仍然会浪费墨水，更何况这种结构的墨水瓶在使用一段时间后泡沫塑料内就吸有墨水，此时抽回钢笔时就难以将笔杆上的墨水擦拭干净，仍然会弄脏使用者的手。

实用新型内容

本实用新型要解决的技术问题是**提供一种在钢笔灌注墨水时不会使笔杆上沾附有较多墨水的墨水瓶。**

为解决上述技术问题，本实用新型的技术方案是：该墨水瓶瓶体内有一个从其瓶口部分伸入到瓶体内腔的吸墨水腔，吸墨水腔室的高度大体上等于从瓶体瓶口部分的顶端到瓶体内腔底壁的高度；该吸墨水腔室上部的外形与瓶体瓶口部分内部的形状相配，**且该吸墨水腔室上部与瓶体瓶口部分之间气密封；**该吸墨水腔室的底壁或其侧壁靠近底壁处有一个墨水流入口，在其侧壁上**与底壁相距10**

至 20 毫米处还开有一个导气口。

作为本实用新型的进一步改进,该吸墨水腔室还带有一根导气管,该吸墨水腔室下部横截面外周边的尺寸至少比该瓶口部分横截面内周边的尺寸小一个导气管的横向尺寸,该导气管从导气口通往瓶体内墨水上方的空气腔。

作为本实用新型更进一步的改进,该吸墨水腔室上部与瓶体瓶口部分之间的气密封采用密封垫片,该吸墨水腔室上部顶端向外折弯,此密封垫片位于吸墨水腔室上部顶端向外折弯部分的下方与瓶口部分顶部之间。

作为本实用新型另一种改进,该吸墨水腔室底壁上设置一垫块,该垫块横截面占整个吸墨水腔室下部空腔横截面的 1/5 至 1/2,该垫块与吸墨水腔室底壁或其下部侧壁上无墨水流入口的部分相邻,且该垫块的顶部比吸墨水腔室侧壁上导气口的位置低 2 至 8 毫米。

采用本实用新型的墨水瓶结构之后,当将吸墨水腔室放入到此装满墨水的墨水瓶中时,墨水经吸墨水腔室底部的墨水流入口流入吸墨水腔室,与此同时,空气通过导气口(或再经导气管)流入到墨水瓶瓶体内墨水上方的空气腔,从而保证墨水能继续流入吸墨水腔室。一旦吸墨水腔室中的墨水超过其侧壁导气口时,墨水瓶瓶体内墨水上方的空气腔就不能得到补充的新空气,从而吸墨水腔室与墨水瓶内压力很快就达到平衡,墨水就不再经墨水流入口流向吸墨水腔室。此时,当将笔尖未被笔杆包住的钢笔放入到吸墨水腔室内抽吸墨水时,则墨水刚好没过钢笔笔尖,而不会沾附在笔杆上。

当在吸墨水腔室底部设置一块垫块之后,则可将笔杆包住笔尖的钢笔放在此垫块上吸墨水,此时墨水仅没过该笔尖露出部分,从而墨水也不会沾附在笔杆上。

附图说明

下面结合附图对本实用新型作进一步详细说明。

图1是本实用新型墨水瓶瓶体结构的剖视图。

图2是在本实用新型另一种墨水瓶内吸墨水时的示意图。

具体实施方式

本实用新型墨水瓶的结构如图1所示，由瓶体1和瓶盖（图中未画出）构成。瓶体1内有一个吸墨水腔室2，该吸墨水腔室2的高度大体上等于瓶体1瓶口部分5的顶端到瓶体1内腔底壁11的高度，吸墨水腔室2上部4的外形与瓶体1瓶口部分5内部的形状相配。当此吸墨水腔室2带有导气管9时，其下部6横截面外周边的尺寸至少比瓶口部分5横截面内周边的尺寸小一个导气管9的横向尺寸，从而该吸墨水腔室2可以放入到墨水瓶瓶体1内或从其中取出。在该吸墨水腔室2的底部开有墨水流入口7。在图1的实施方式中，该墨水流入口7位于吸墨水腔室2侧壁上靠近底部的位置，但也可以位于该吸墨水腔室2的底壁12上。在该吸墨水腔室2侧壁距离其底壁12为10至20毫米的地方（相当于不包尖普通钢笔笔尖的高度）还开有一个导气口8。该导气口8通过导气管9与墨水瓶瓶体1内墨水3上方的空气腔10相通。吸墨水腔室2上部4的顶端向外折弯，在此折弯部分下方与瓶口部分5的顶部之间有一密封垫片14，其作用是保证瓶体1内墨水3上方的空气腔10与瓶体1外部空间之间气密封。这样，当吸墨水腔室2向下放到瓶体1内时，墨水3经其底部的墨水流入口7进入吸墨水腔室2，与此同时，吸墨水腔室2内的空气经导气口8、通过导气管9流向墨水3上方的空气腔10内，从而使墨水3继续不断地流向吸墨水腔室2。一旦吸墨水腔室2内的墨水升高到刚刚淹没导气口8时，则吸墨水腔室2内的空气就不能再从导气口8和导气管9流向墨水3上方的空气腔10。在这同时，由于密封垫片14的作用，瓶外的空气也不能经过吸墨水腔室2和瓶体1的瓶口部分5之间流到空气腔10内。

从而，随着墨水 3 流入到吸墨水腔室 2，空气腔 10 内的压力降低，当吸墨水腔室 2 内的压力与瓶体 1 内的压力达到平衡时，墨水就不再流入到吸墨水腔室 2。也就是说，吸墨水腔室 2 内墨水的高度大体维持在刚没过导气口 8 的位置。

作为本实用新型的另一种实施方式，密封垫片 14 也可以用密封环的方式设置在吸墨水腔室 2 上部 4 与瓶体 1 的瓶口部分 5 之间。**当然，还可以在吸墨水腔室 2 上部 4 与瓶体 1 的瓶口部分 5 之间采用一种密封结构，如缝隙式密封结构。**这同样能对瓶体 1 中墨水 3 上方的空气腔 10 与瓶体 1 外部起密封作用。

作为本实用新型的另一种实施方式，可以如图 2 所示墨水瓶瓶体 1 的结构那样，在导气口 8 和空气腔 10 之间不设置导气管 9，此时吸墨水腔室 2 下部 6 的尺寸可以与上部 4 的尺寸相同，也可略小于其上部 4 的尺寸。当墨水 3 从吸墨水腔室 2 底部的墨水流入口 7 流向吸墨水腔室 2，吸墨水腔室 2 中的空气也会由导气口 8 经墨水 3 而进入瓶体 1 内墨水 3 上方的空气腔 10。

作为本实用新型的另一种改进实施方式，可以如图 1 或图 2 所示那样，在吸墨水腔室 2 的底部一侧设置一块垫块 13，其位置不能挡住吸墨水腔室 2 底壁 12 上或侧壁上的墨水流入口 7，该垫块 13 的横截面占整个吸墨水腔室 2 下部空腔横截面的 1/5 至 1/2，垫块 13 的顶端比吸墨水腔室 2 侧壁上导气口 8 的位置低 2 至 8 毫米。

当吸墨水时，对于不包尖的普通钢笔，可以如图 2 所示，将其放入到吸墨水腔室 2 底部不带垫块 13 的一侧，从而墨水刚刚没过钢笔尖，这样墨水就不会弄脏钢笔杆。相反，对包尖钢笔来说，吸墨水时将其插入到吸墨水腔室 2 中带垫块 13 的一侧，笔尖与该垫块 13 的顶端相接触，这样墨水也刚没过包尖钢笔笔尖露出在外的部分，从而吸墨水后沾附在笔杆上的墨水量很少，不致弄脏使用者的手。

说 明 书 附 图

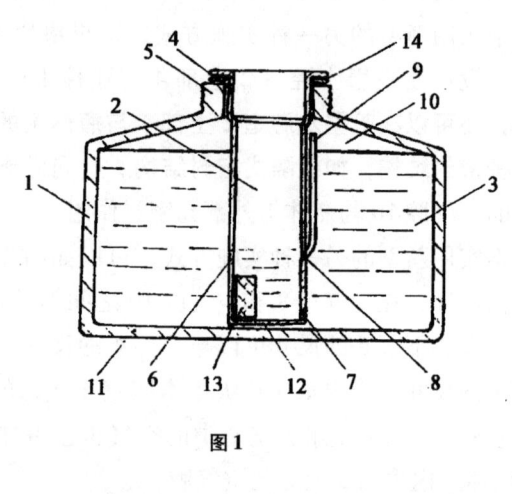

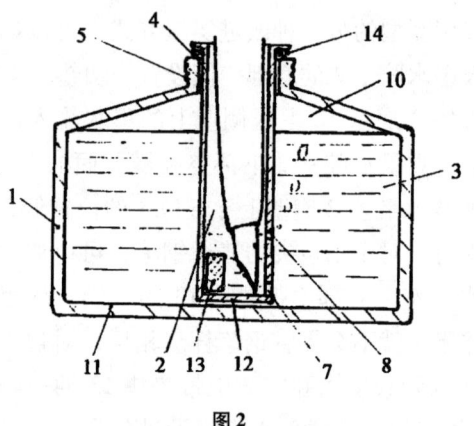

图1

图2

说 明 书 摘 要

本实用新型公开了一种墨水瓶,瓶体(1)内有一个吸墨水腔室(2),其高度大体等于从瓶口到瓶体内腔底壁(11)的高度;吸墨水腔室上部(4)的外形与瓶口内部形状相配,且吸墨水腔室上部与瓶口部分之间气密封;吸墨水腔室底壁或靠近底壁的侧壁处有墨水流入口(7),而距底壁10至20毫米处还开有一导气口。在这种墨水瓶中灌注墨水时,可减少沾附在笔杆上的墨水,不会弄脏使用者的手和纸张。若在吸墨水腔室底壁上设置垫块(13)时,对包尖钢笔也可有类似效果。

摘 要 附 图

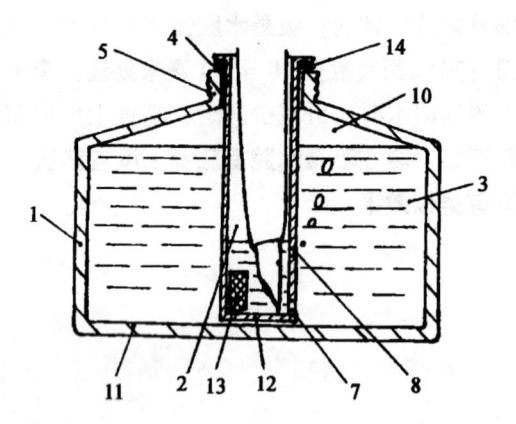

案例十　直流煤粉燃烧器

本案例原专利申请文件的撰写主要存在两个方面的问题。

1. 权利要求中技术特征重复，未采用本领域通用技术名词，从而权利要求未清楚、正确地表述保护范围，不符合《专利法》第二十六条第四款的规定。

2. 说明书各部分内容和说明书不符合《专利法实施细则》第十七条和第二十三条的规定。

【原专利申请文件】

权 利 要 求 书

1. 一种带有火焰稳定器的直流煤粉燃烧器，其特征在于：在直流煤粉燃烧器的煤粉气流喷口加装一个火焰稳定船（2），该船由船底（3）、船帮（5）和带有点火油枪（10）的中心管组成，在船头、船尾（4）及中心管（6）附近各有一个喷射气流的喷出口(7，8)。

2. 按照权利要求1所述的直流煤粉燃烧器，其特征在于：所述火焰稳定船的船头和船尾各有一狭缝形喷射气流的喷出口（7），在中心管附近有环缝形喷射气流的喷出口（8）。

3. 按照权利要求1或2所述的直流煤粉燃烧器，其特征在于：所述喷射气流的压力为 0~6 公斤/厘米^2 表压。

火焰稳定船式直流煤粉燃烧器

技术领域

本发明涉及煤粉燃烧设备上的一种燃烧装置。

背景技术

在现有技术中，直流煤粉燃烧技术的煤粉锅炉，在点火升炉时，一般都要先烧大量的油，然后才能使喷入的煤粉燃烧稳定。此外，由于一般煤粉锅炉在负荷低于70%时，燃烧会不稳定，为了保持低负荷下稳定燃烧，也必须喷入相当多的助燃用油。在现有技术中还有一种直流煤粉燃烧器，它带有一种三棱柱状的钝体火焰稳定器，此稳定器安装在煤粉燃烧器一次风喷口外的燃烧室内，较易烧坏。

发明内容

本发明要解决的技术问题是提供一种克服上述缺点的直流煤粉燃烧器。

本发明是这样实现的：在直流煤粉燃烧器的煤粉气流（即一次风）喷口加装一只火焰稳定船。此船由船底、船帮及带点火油枪的中心管组成，并在船头、船尾以及中心管和油枪形成的环缝处各有一个喷射气流的喷出口。

此种火焰稳定船式直流煤粉燃烧器的优点是：（1）结构简单，安装和更换船体方便；（2）可适应锅炉所燃煤种的变化或者负荷的变化；（3）可延长火焰稳定器的寿命；（4）可以节约大量的点火及助燃用油。

附图说明

下面结合附图对本发明的实施方式作进一步详细说明。

图1和图2给出了本发明的结构示意图。

具体实施方式

本发明主要由燃烧器喷口1及装在喷口1通道9内的火焰稳定船2组成。该船由船底3、船帮5、船头和船尾4以及装在船底中心部位的带有点火油枪10的中心管6组成，船底为曲面，船帮、船头和船尾为平面和曲面。在船头和船尾4的端部分别有一狭缝形喷口7，并由专门的管道向狭缝形喷口7引入蒸汽或压缩空气，喷入燃烧室。在船底中心部位的中心管和点火油枪之间有一环缝8，也有蒸汽或压缩空气从其中喷出。进入煤粉气流喷口1的含煤粉气流绕流过船体，在其后形成温度不太高的回流区，该回流区未直接引燃煤粉，当煤粉气流喷出喷口时，煤粉气流的外缘形成局部的高煤粉浓度和合适氧浓度的区域，并在其外部高温气体的作用下，引燃气流中的煤粉，从而形成稳定的燃烧火焰。调节经船头、船尾及中心管附近缝隙送入的3股气流的喷射压力和流量，可控制此火焰区的位置、大小和温度。

实施例：

燃烧褐煤、烟煤的火焰稳定船式直流煤粉燃烧器，单个燃烧器的烧煤量为2.5~3.5吨/时，喷口尺寸为320毫米×400毫米，面积为0.125米^2，船体投影面积为0.062米^2。煤粉气流沿船体周围的平均流速为20米/秒。通向船头、船尾的狭缝喷口及中心管环缝的蒸汽或压缩空气的压力为0~6公斤/厘米^{2}表压，船体最宽处为230毫米，长度为380毫米，船帮高123毫米，船头船尾高223毫米。中心管为Φ31×3无缝钢管，内插点火油枪，点着煤粉后油枪退出。本实施例可利用原有锅炉上的一次风喷口和原有的一次风管道及给煤机，不必改动水冷壁管。实验表明，点火升炉时可节油70%以上，在锅炉负荷低到50%时不需投入助燃用油，燃烧稳定，船体不被烧坏，喷口内不积粉结渣，安全可靠，可以长期连续使用。

说 明 书 附 图

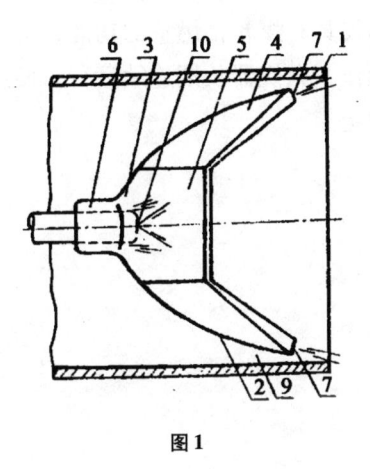

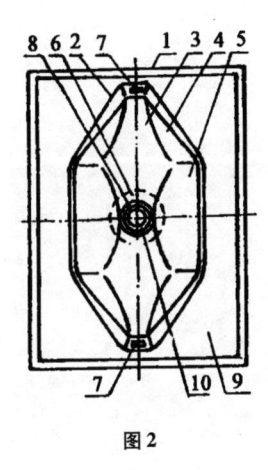

图1

图2

说　明　书　摘　要

　　火焰稳定船式直流煤粉燃烧器，系煤粉燃烧设备上的一种燃烧装置。由于该装置的特殊结构形状，决定了它是一种多功能的直流煤粉燃烧器。它不仅具有煤粉预燃室的功能，可以节约大量的点火及助燃用油，又能作主燃烧器长期连续运行。使用方便，在实际煤质多变时，燃烧稳定。

摘 要 附 图

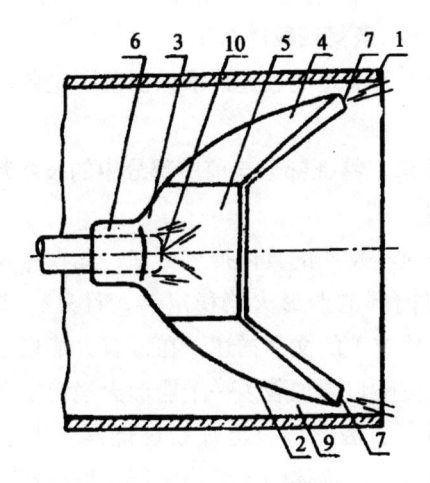

【对原专利申请文件的评析】

一、权利要求书

1. 原权利要求 1 未清楚地限定要求专利保护的范围，不符合《专利法》第二十六条第四款的规定

原权利要求 1 未清楚地表述请求保护范围主要是由下述 3 个方面的原因造成。

（1）权利要求 1 特征部分与前序部分中的技术特征重复，未正确限定保护范围。

根据说明书对本发明的具体描述可知，此直流煤粉燃烧器有一个设置在其喷口内部的船形火焰稳定器，且只有这一个火焰稳定器。但根据权利要求 1 的文字描述：在带有火焰稳定器的直流煤粉燃烧器的煤粉气流喷口内加装了一个船形火焰稳定器，火焰稳定器这个特征前后重复，因此该直流煤粉燃烧器似乎有两个火焰稳定器，一个是前序部分所描述的火焰稳定器，根据现有技术来看，其设置在喷口外；另一个是加装在气流喷口内的船形火焰稳定器，从而该权利要求 1 未正确限定发明。如果第三者生产了一种如说明书所描述的只有一个船形火焰稳定器的煤粉燃烧器，就可能认为不侵权。当然，申请人可以通过说明书来解释权利要求的含义，但这样至少会在侵权诉讼中引起麻烦。

申请人若将权利要求 1 中的"加装"两字改为"装有"，仍然是不清楚的，还有可能理解成两个火焰稳定器。正确的写法应该是在特征部分中对前序部分的技术特征火焰稳定器作进一步限定，即修改成："所述火焰稳定器为船形，设置在煤粉气流喷口的通道内，……"

（2）权利要求 1 中的结构关系未清楚地加以限定。

权利要求 1 的描述至少有两处结构关系不清楚。一个是船形火焰稳定器的位置，根据说明书的描述，"它位于煤粉气流喷口的通道内，因而不易烧坏"，而在权利要求1中未指出该船形火焰稳定器位于喷口内部、外部还是附近，即未清楚地给出其位置；另一个是"带点火油枪的中心管"这个特征，未给出点火油枪与中心管之间的结构关系。

(3) 权利要求1中的技术名词与该领域通用的技术名词不一致。

权利要求1中的技术名词"火焰稳定船"不确切，不是该领域的通用技术名词，容易引起误解，应采用通用的技术名词"火焰稳定器"，此处应改为"船形火焰稳定器"为好。

权利要求2和说明书中存在同样的问题，也应作类似修改，为节约篇幅，在分析权利要求2和说明书时不再重复。

2. 原权利要求1未相对于最接近的现有技术划清前序部分和特征部分的界限，不符合《专利法实施细则》第二十一条第一款的规定

在现有技术中，直流煤粉燃烧器包括煤粉气流喷口、火焰稳定器和点火油枪，而原权利要求1中煤粉气流喷口、点火油枪仅出现在特征部分，未写进前序部分，因此应按照《专利法实施细则》第二十一条第一款的规定，将这两个技术特征写入前序部分，对此可参见修改后的权利要求1。

3. 原权利要求2限定部分的技术特征与其所引用的权利要求1中的技术特征重复，未清楚地限定权利要求2要求专利保护的范围，不符合《专利法》第二十六条第四款的规定

原权利要求1中限定船形火焰燃烧器的船头、船尾及中心管附近各有一个喷射气流喷出口，而在权利要求2中又限定船头、船尾各有一狭缝形喷射气流的喷出口，在中心管附近有一环缝形喷射气流喷出口。采用这样的表达方式，不清楚这3个部位究竟各有一条喷射气流喷出口还是两条喷出口。正确的写法应像修改后的权利要求2那样，对权利要求1中的技术特征——船头、船尾和中心管附近的喷射气流喷出口从形状上作进一步限定。

有些申请人在撰写权利要求书时会将权利要求2的限定部分写成："……其特征在于：喷出口（7）是狭缝形的，喷出口（8）是环缝形的。"这样的表达方式是借助于括号中的附图标记7来限定船头、船尾的喷射气流喷出口是狭缝形的，用括号中的附图标记8来限定中心管附近的喷射气流喷出口是环缝形的。根据《专利法实施细则》第十九条第四款的规定，附图标记不得解释为对权利要求的限制，因此这样的表述方式也是不允许的，应当用文字对其作进一步限定，即应写成："在上述船头船尾端部的喷射气流喷出口（7）是狭缝形的，上述中心管和点火油枪之间的喷射气流喷出口（8）是环缝形的"。

4. 原权利要求3进一步限定的技术特征是非结构特征，不符合《专利审查指南》第二部分第二章第3.2.2节的规定

《专利审查指南》第二部分第二章第3.2.2节规定，产品权利要求适用于产品发明，通常应当用产品的结构特征来描述。本发明的主题是直流煤粉燃烧器，属于产品发明，与其相应的产品权利要求应当用结构特征来描述，而权利要求3进一步限定的技术特征并不是直流煤粉燃烧器的结构特征，仅仅是该直流煤粉燃烧器的使用工艺条件，因此这样的从属权利要求应该删去。

二、说明书及其摘要

1. 名称

原说明书中发明名称包含了本发明的区别技术特征——火焰稳定船，因此与权利要求书中请求保护客体的名称不一致。

若说明书中发明名称包含了区别技术特征，则与其相应的独立权利要求所请求保护客体的名称中也就包含了本发明的区别技术特征，也就是说本发明的区别技术特征写入了独立权利要求的前序部分，显然不符合《专利法实施细则》第二十一条第一款的规定。因此应将发明名称中的区别技术特征"火焰稳定船式"删去，改为"直流煤粉燃烧器"。

2. 技术领域

技术领域写成本发明所属的上位技术领域，不符合《专利审查指南》第二部分第二章第2.2.2节的规定。

《专利审查指南》第二部分第二章第2.2.2节规定，发明的技术领域应当是发明所属或者直接应用的具体技术领域，而不是上位的或者相邻的技术领域，也不是发明本身。原说明书这一部分将技术领域写为煤粉燃烧设备上的一种燃烧装置，写得过宽，成为其上位技术领域，也就是说其未写明具体技术领域，应写成："本发明涉及一种主要由煤粉气流喷口和火焰稳定器组成的直流煤粉燃烧器，尤其是安装在煤粉锅炉炉膛四角的直流煤粉燃烧器"。

3. 背景技术

背景技术部分未写明现有技术的具体出处，不符合《专利审查指南》第二部分第二章第2.2.3节的规定。

《专利审查指南》第二部分第二章第2.2.3节规定，背景技术部分应当引证反映背景技术的文件，引证专利文件的，要写明专利文件的国别、公开号，引证非专利文件，要写明这些文件的详细出处。在原说明书中描述背景技术时未给出现有技术的出处，显然不满足要求。在修改后的说明书中，对第一个现有技术写明其是工业生产中公知公用的情况，而对第二个现有技术，给出其具体出处：《动力工程》杂志，1983年第6期及其文章名"钝体稳燃理论及试验分析"。

4. 发明内容

说明书这一部分的撰写存在两个方面的问题。

（1）发明要解决的技术问题未从正面加以具体描述，不符合《专利审查指南》第二部分第二章第 2.2.4 节的规定。

《专利审查指南》第二部分第二章第 2.2.4 节规定，这一部分应当用正面的、尽可能简洁的语言客观而有根据地反映发明要解决的技术问题。而在原说明书这一部分仅笼统地指出要克服上面现有技术所存在的问题，但前面现有技术描述部分指出多个存在的问题，因而不清楚本发明究竟是解决其中哪一些具体问题。在修改后的说明书中用正面描述的方式指出其要解决的具体技术问题。

（2）有益效果。

原说明书这一部分对有益效果的描述仅给出断言，不符合《专利审查指南》第二部分第二章第 2.2.4 节的规定。

《专利审查指南》第二部分第二章第 2.2.4 节规定，有益效果可以通过对发明结构特点的分析和理论说明相结合或者通过列出实验数据的方式予以说明，不得只断言发明的有益效果。原说明书这一部分仅列出四个有益效果，而未对其作具体分析。修改后的说明书，从权利要求 1 技术方案出发，通过对其结构特点的分析方式来说明本发明的有益效果。此外，原说明书发明内容部分中的技术方案与原权利要求 1 相应，从这个角度看不存在撰写的问题。但由于修改后的权利要求书中对权利要求 1 作了修改，因而修改后说明书这一部分相应于修改后的权利要求 1 作了适应性修改。

5. 附图说明

按照《专利审查指南》第二部分第二章第 2.2.5 节的规定，这一部分应该列出说明书所有附图的图名。**原说明书这一部分并未具体给出其两幅附图的图名。**修改后的说明书中，为更清楚地描述本发明，增加了一幅附图，因此这一部分给出了 3 幅附图的图名。

6. 具体实施方式

原说明书这一部分共存在两个方面的问题。

(1) 对机械领域来说，通常不应当以产品的具体尺寸作为其实施例。

按照《专利审查指南》第二部分第二章第2.2.6节的规定，对于产品发明，其实施方式应当描述产品的机械构成、电路构成或者化学成分，说明组成产品的各部分之间的相互关系。而目前有不少申请人对实施方式或实施例的理解不正确，正如本申请原说明书那样，给出产品结构的具体尺寸，将化学领域的特殊要求不恰当地应用到机械、物理领域中来。在机械、物理领域，除非这些具体结构尺寸有特定的选择含义（参见第三部分案例五），通常不需要在这一部分以实施例方式给出。产品发明的实施方式是指那些有同一构思，但结构不同的实施方式，而不是具体结构尺寸，因此只需要结合附图描述本发明的具体结构形式，不必罗列具体结构尺寸和加上小标题"实施例"。

(2) 涉及计量单位时，未使用国家法定计量单位。

按照《专利审查指南》第二部分第二章第2.2.7节中的规定，说明书中的计量单位应当使用国家法定计量单位，包括国际单位制计量单位和国家选定的其他计量单位。原说明书中的压力单位公斤/厘米^{2}不符合上述规定，故在修改后的说明书中改为"帕"。

此外，原权利要求3也存在同样的问题，由于修改后的权利要求书中已删去权利要求3，故在分析原权利要求3时未再重复指出此问题。

除了上述两个问题外，在修改后的说明书中这一部分增加一幅附图3，并结合此附图描述了船形火焰燃烧器的工作原理，以便更清楚地理解本发明。

7. 说明书摘要

原说明书摘要缺少对技术方案要点的描述，不符合《专利法实施细则》第二十三条的规定。

按照《专利法实施细则》第二十三条的规定，说明书摘要应当写明发明或者实用新型的名称和所属技术领域,并清楚地反映所要解决的技术问题、解决该问题的技术方案的要点以及主要用途。其中,最主要的内容是发明名称和技术方案的要点,以体现说明书摘要作为技术情报的功能。而原说明书摘要以过多的文字描述了发明的效果和优点,而未具体给出技术方案要点。修改后的说明书摘要主要反映了权利要求1的技术方案。

【修改后的专利申请文件】

权 利 要 求 书

1. 一种直流煤粉燃烧器,它包括煤粉气流喷口、火焰稳定器和点火油枪,其特征在于:所述火焰稳定器(2)为船形,设置在所述煤粉气流喷口(1)的通道(9)内;该船形火焰稳定器由船底(3)、船头和船尾(4)、船侧舷(5)以及装在船底(3)中心部位的中心管(6)组成,所述点火油枪可伸缩地设置在该中心管(6)内;在船头和船尾(4)的端部各有一个喷射气流的喷出口(7),在中心管(6)和点火油枪(10)之间也形成喷射气流的喷出口(8)。

2. 根据权利要求1所述的直流煤粉燃烧器,其特征在于:在所述船头船尾(4)端部的喷射气流喷出口(7)是狭缝形的,所述中心管(6)和点火油枪(10)之间的喷射气流喷出口(8)是环缝形的。

说 明 书

直流煤粉燃烧器

技术领域

本发明涉及一种主要由煤粉气流喷口和火焰稳定器组成的直流煤粉燃烧器，尤其是安装在煤粉锅炉炉膛四角的直流煤粉燃烧器。

背景技术

工业生产中的大多数煤粉锅炉在点火升炉时都要先烧大量的油，然后才能使喷入的煤粉稳定燃烧。此外，煤粉锅炉在负荷低于 70% 时燃烧不稳定，为保持低负荷下稳定燃烧，必须喷入相当多的助燃用油。

在杂志《动力工程》1983 年第 6 期的《钝体稳燃理论及试验分析》一文中公开了由煤粉气流喷口和火焰稳定器组成的直流煤粉燃烧器，三棱柱状的钝体火焰稳定器安置在煤粉气流喷口外，这样的火焰稳定器较易烧坏。

发明内容

本发明要解决的技术问题是提供一种煤粉锅炉的直流煤粉燃烧器，其火焰稳定器不易烧坏，而且能适应不同煤质和负荷变化，保持稳定燃烧。

为解决上述技术问题，对于由煤粉气流喷口、火焰稳定器和点火油枪组成的直流煤粉燃烧器，本发明采用一种船形火焰稳定器，将其安装在煤粉气流喷口的通道内；该船形火焰稳定器由船底、船头和船尾、船侧舷以及装在船底中心部位的中心管组成；点火油枪可伸缩地设置在中心管内，中心管和点火油枪之间形成喷射气流的喷出口，在船头和船尾的端部也各有一个喷射气流的喷出口。

采用上述结构后，由于在船头、船尾及中心管内喷出3股喷射气流，通过调节这3股气流的喷射压力和流量，可使煤粉空气两相流绕流此船形火焰稳定器后形成合适的煤粉浓度场、气流速度场和温度场，成为引燃煤粉气流的稳定着火源，鉴于此，该直流煤粉燃烧器能适应锅炉所燃煤种的变化或者负荷的变化。此外，这3股喷射气流对船形火焰稳定器和喷口起到了良好的冷却作用，加之火焰稳定器设置在煤粉气流喷口的通道内，不再暴露在火焰中，因而延长直流煤粉燃烧器（尤其是其中火焰稳定器）的寿命。采用这种直流煤粉燃烧器的试验结果表明，点火升炉时可节油70%以上，锅炉负荷降低到50%时不需投入助燃用油，燃烧稳定，船形火焰稳定器不易烧坏，煤粉气流喷口内不积粉结渣，安全可靠，可长期连续使用。

附图说明

下面结合附图对本发明的实施方式作进一步详细的说明。

图1是本发明直流煤粉燃烧器的正视剖面图。

图2是本发明直流煤粉燃烧器的侧视图。

图3是本发明直流煤粉燃烧器的工作原理示意图。

具体实施方式

由图1和图2可知，本发明的直流煤粉燃烧器由煤粉气流喷口（即燃烧器喷口）1和船形火焰稳定器2组成。船形火焰稳定器2安装在煤粉气流喷口1的通道9内，它由船底3、船头和船尾4、船侧舷5以及装在船底3中心部位的中心管6组成，船底3为曲面，船头和船尾4以及船侧舷5为平面和曲面，**船底3对着煤粉气流的来流方向**。在中心管6内装有点火油枪10，它可沿着中心管6来回移动。点火时，点火油枪10从中心管6中伸出，点着煤粉后，再缩回到中心管6内。在船头船尾4的端部各有一个喷射气流的喷出口7，该喷出口7最好是狭缝形的。由专门的管道向此狭缝形喷出口7输送蒸汽或压缩空气,**例如压力为 $0\sim6\times10^5$ 帕表压的蒸汽或压缩空气。**在中心管6和点火油枪10之间也形成一个喷射蒸汽或压缩空气的环缝形喷出口8。

如图3所示,含煤粉的气流在喷口**1**的通道**9**中绕流过船形火焰稳定器**2**后,形成一个回流区**11**,该回流区**11**温度不太高,其中的回流气体未直接引燃煤粉。煤粉气流从喷口1射出后,煤粉气流的外缘形成局部的高煤粉浓度、合适的氧浓度区12,该区在火焰13附近的高温气体作用下有较高的温度,从而引燃气流中的煤粉,形成稳定的燃烧火焰13。调节经船头船尾4以及中心管6和点火油枪10之间的气流喷出口送入的3股气流的喷射压力和流量,可控制此火焰区13的位置、大小和温度,**以适应煤种变化和负荷变化。**

本发明也可直接利用原有锅炉的一次风喷口、一次风送风管来实现,不必改动水冷壁面。❶

---

❶ 此推荐修改后的专利申请文件相对于原专利申请文件所增加的内容超出了原说明书和权利要求书的记载范围,因而这样的修改方式只适用于未提出专利申请之前的修改,若在专利申请提出后的审查期间,修改专利申请文件就不得增加附图以及补充原说明书和权利要求书中未记载的内容。

说 明 书 附 图

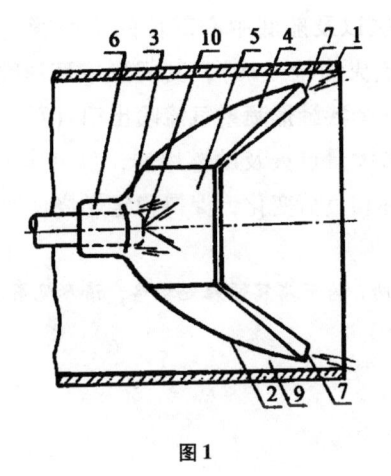

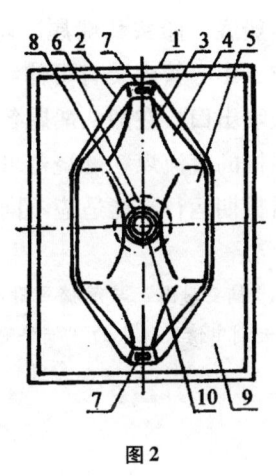

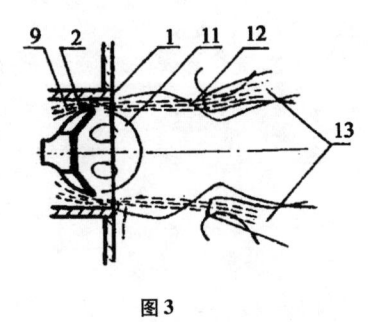

图 1

图 2

图 3

说 明 书 摘 要

本发明公开了一种直流煤粉燃烧器。其火焰稳定器（2）是船形的，设置在煤粉气流喷口（1）的通道（9）内，船形火焰稳定器由船底、船头和船尾、船侧舷以及船底中心部位的中心管（6）组成，中心管内装有可伸缩的点火油枪（10），其间形成环形喷射气流喷出口，在船头船尾各有一个狭缝形喷射气流喷出口（7）。这种结构的直流煤粉燃烧器可节省大量点火及助燃用油，且可作主燃烧器长期运行，能适应不同煤种和负荷变化，保持稳定燃烧。

（"摘要附图"与原摘要附图相同，为节省篇幅此处从略，请参见第619页原专利申请文件中的"摘要附图"。）